Simonetta Klein

Il racconto delle scienze naturali

Organica, biochimica, biotecnologie, tettonica delle placche

a Stefano

SCIENZE ZANICHELLI

Realizzazione editoriale:
– Coordinamento redazionale: Martina Mugnai
– Redazione: Martina Mugnai, Claudio Dutto
– Segreteria di redazione: Deborah Lorenzini, Rossella Frezzato
– Progetto grafico: Studio Emme Grafica +, Granarolo dell'Emilia (BO)
– Impaginazione e composizione dei testi: Publi&Stampa, Conselice (RA)
– Ricerca iconografica: Martina Mugnai, Claudio Dutto
– Ufficio iconografico: Claudia Patella, Chiara Presepi
– Fotografie: Martina Mugnai
– Disegni: Thomas Trojer; Studio Emme Grafica +; Grafie di Luca Tible, Andrea Pizzirani
– Correzione bozze e rilettura testi: Federica Padovani, Chiara Lambertini
– Indice analitico: Silvia Cacciari

Contributi:
– Stesura testi di biologia molecolare e biotecnologie: Chiara Gedressi
– Revisione creativa: Francesco Stezzi, Andrea Pizzirani (capitoli 5, 6, 7)
– Stesura schede storiche: Marco Boscolo
– Sezione CLIL tratta da Natural Science.CLIL di Ting, Bertella, Langellotti, Caponsacco
– Pagine A scuola di lavoro: Riccardo Falcinelli (progetto grafico e impaginazione); Chiara Ghigliazza (disegni)

Le fonti delle illustrazioni si trovano su online.scuola.zanichelli.it/klein

Copertina:
– Progetto grafico: Miguel Sal & C., Bologna
– Ideazione: Studio 8vo, Bologna
– Realizzazione: Roberto Marchetti e Francesca Ponti
– Immagine di copertina: Magone/123RF. Aleksei Kurguzov/123RF. Asawin Kanakasai/123RF. Artwork Studio 8vo, Bologna

Prima edizione: marzo 2018

Ristampa:
7 6 5 4   2021 2022 2023 2024

Zanichelli garantisce che le risorse digitali di questo volume sotto il suo controllo saranno accessibili, a partire dall'acquisto dell'esemplare nuovo, per tutta la durata della normale utilizzazione didattica dell'opera. Passato questo periodo, alcune o tutte le risorse potrebbero non essere più accessibili o disponibili: per maggiori informazioni, leggi my.zanichelli.it/fuoricatalogo

File per sintesi vocale
L'editore mette a disposizione degli studenti non vedenti, ipovedenti, disabili motori o con disturbi specifici di apprendimento i file pdf in cui sono memorizzate le pagine di questo libro.
Il formato del file permette l'ingrandimento dei caratteri del testo e la lettura mediante software screen reader. Le informazioni su come ottenere i file sono sul sito
http://www.zanichelli.it/scuola/bisogni-educativi-speciali

Grazie a chi ci segnala gli errori
Segnalate gli errori e le proposte di correzione su www.zanichelli.it/correzioni.
Controlleremo e inseriremo le eventuali correzioni nelle ristampe del libro.
Nello stesso sito troverete anche l'errata corrige, con l'elenco degli errori e delle correzioni.

Zanichelli editore S.p.A. opera con sistema qualità
certificato CertiCarGraf n. 477
secondo la norma UNI EN ISO 9001:2015

Questo libro è stampato su carta che rispetta le foreste.
www.zanichelli.it/chi-siamo/sostenibilita

Stampa: La Fotocromo Emiliana
Via Sardegna 30, 40060 Osteria Grande (Bologna)
per conto di Zanichelli editore S.p.A.
Via Irnerio 34, 40126 Bologna

Realizzazione eBook:
– Coordinamento redazionale: Claudio Dutto, Martina Mugnai
– Redazione: Diego Canuto
– Segreteria di redazione: Deborah Lorenzini, Rossella Frezzato
– Progettazione esecutiva e sviluppo software: duDAT srl, Bologna

Video di chimica organica:
– Coordinamento redazionale: Elena Bacchilega
– Sceneggiatura, regia e narrazione: Christian Biasco
– Testi e supervisione scientifica: Ludovico De Padova, Massimo Dellavalle, Gianluigi Broggini

Video Un minuto di biologia e Un minuto di scienze della Terra:
– Coordinamento redazionale: Claudio Dutto, Sara Urbani
– Testi e animazioni: Lisa Lazzarato e Simona Marra, formicablu srl, Bologna
– Voce: Ilaria Garaffoni
– Produzione audio: Enrico Bergianti, formicablu srl, Bologna

Animazioni Video esperimenti in 3D:
– Redazione: Claudio Dutto, Sara Urbani
– Ideazione e modellazione 3D: Pasqualino Anziano
– Testi e post-produzione: Francesca Cammilli, formicablu srl, Bologna
– Coordinamento: Lisa Lazzarato, formicablu srl, Bologna
– Attore: Christian Biasco
– Fotografia: Christian Caiumi
– Fonico: Enrico Bergianti, formicablu srl, Bologna

Guarda!:
– Coordinamento editoriale: Enrico Poli
– Progettazione esecutiva e sviluppo software dell'applicazione Guarda!: Yoomee Technologies, Bologna | Ravenna

Tavola periodica interattiva:
– Ideazione e redazione: Martina Mugnai, Beppe Chia, Manuel Zanettin, Edoardo Cavazza
– Progetto generale, interfaccia grafica e sviluppo: Chialab, Bologna
– Stesura testi: Massimo Dellavalle, Laura Moroni
– Consulenza e revisione: Massimo Dellavalle, Elisa Zini

Sommario

Sommario

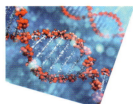

Il menu delle competenze

Asse scientifico-tecnologico	Indicazioni nazionali	Nel libro
Osservare, descrivere e analizzare fenomeni appartenenti alla realtà naturale e artificiale e riconoscere nelle varie forme i concetti di sistema e di complessità.	Saper **effettuare connessioni** logiche.	COLLEGA (per esempio es. 75 pag. 195)
	Riconoscere e **stabilire relazioni**.	OSSERVA (per esempio es. 71 pag. 70)
	Formulare ipotesi in base ai dati forniti.	IPOTIZZA (es. 71 pag. 42)
	Trarre conclusioni basate sui risultati ottenuti e sulle ipotesi verificate.	DEDUCI (es. 60, pag 98)
Analizzare qualitativamente e quantitativamente fenomeni legati alle trasformazioni di energia a partire dall'esperienza.	**Risolvere situazioni problematiche** utilizzando linguaggi specifici.	CACCIA ALL'ERRORE (per esempio es. 65 pag. 42)
Essere consapevole delle potenzialità e dei limiti delle tecnologie nel contesto culturale e sociale in cui vengono applicate.	**Comunicare** in modo corretto ed efficace le proprie conclusioni usando un linguaggio specifico.	SPIEGA (per esempio es. 57 pag. 98)
	Applicare le conoscenze acquisite a situazioni di vita reale, anche per porsi in modo critico e consapevole di fronte allo sviluppo scientifico e tecnologico presente e dell'immediato futuro.	RICERCA (per esempio es. 46 pag. 135)

Competenze chiave di cittadinanza	Nel libro
COMUNICAZIONE NELLA MADRELINGUA	Esercizi SPIEGA per esempio es. 42 pag. 135
COMUNICAZIONE NELLE LINGUE STRANIERE	Esercizi in lingua, per esempio es. 45, pag. 21 Modulo CLIL pagg. 240-245
COMPETENZA DIGITALE	Esercizi RICERCA per esempio es. 46 pag. 135
IMPARARE A IMPARARE	Esercizi RICERCA per esempio es. 53 pag. 135
COMPETENZE SOCIALI E CIVICHE	Per esempio, capitolo 4, paragrafo 7 *Alcune applicazioni delle biotecnologie* pag. 128
SPIRITO DI INIZIATIVA E IMPRENDITORIALITÀ	Per esempio, scheda *La bioinformatica: una scienza del futuro* pag. 131
CONSAPEVOLEZZA ED ESPRESSIONE CULTURALE	Per esempio, scheda *La scienza nella storia - Inge Lehmann, l'«unica sismologa danese»* pagg. 142-143

Per esercitarsi sulle competenze

COLLEGA — **Effettuare connessioni logiche** per capire l'unitarietà delle scienze.

75. COLLEGA Completa la figura inserendo i tipi di magma negli spazi.

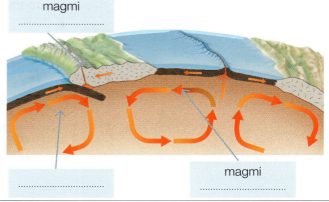

magmi

....

magmi

....

OSSERVA — **Mettere a confronto** dati, fenomeni, molecole per cogliere analogie e differenze.

71. OSSERVA Esamina le etichette nutrizionali di alcuni alimenti che hai in casa.
a. Qual è il contenuto in carboidrati?
b. Quale valore energetico hanno tali alimenti? Sapresti spiegarne la ragione?

IPOTIZZA — Ricavare **dati e** formulare **ipotesi** a partire dall'**osservazione**.

71. IPOTIZZA Per quali ragioni gli scienziati si sono convinti che la formula del benzene non corrisponde a quella dell'1,3,5-cicloesatriene, ossia che la struttura del benzene non può avere legami π e legami σ alternati nell'anello?

DEDUCI — **Trarre conclusioni** in base a dati e risultati ottenuti da **misure sperimentali**.

60. DEDUCI La seguente equazione esprime la combustione completa e ideale del glucosio in eccesso di ossigeno:

$$C_6H_{12}O_{6(s)} + 6O_{2(g)} \longrightarrow 6CO_{2(g)} + 6H_2O_{(l)}$$
$$\Delta H = -673 \ kcal \ mol^{-1}$$

Confronta i reagenti e i prodotti di questa reazione con i reagenti e i prodotti finali del metabolismo aerobico del glucosio

CACCIA ALL'ERRORE — Individuare e **correggere un errore** in un ragionamento, in un dato, in una formula.

65. CACCIA ALL'ERRORE Qual è l'intruso fra le formule e i modelli seguenti?

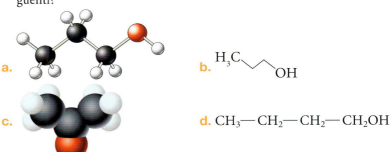

a.

b. $H_3C \diagdown OH$

c.

d. $CH_3 — CH_2 — CH_2 — CH_2OH$

SPIEGA — **Spiegare** i fenomeni naturali, scegliendo il **registro linguistico** adeguato rispetto all'interlocutore.

57. SPIEGA La seguente equazione rappresenta nell'insieme il processo di fotosintesi:

$$6CO_{2(g)} + 6H_2O_{(l)} \longrightarrow C_6H_{12}O_{6(s)} + 6O_{2(g)}$$

a. Quali sono le semireazioni che la compongono? Con quali modalità avvengono nei cloroplasti?
b. 🇬🇧 Describe the Calvin-Benson cycle.

RICERCA — **Applicare le conoscenze acquisite** a situazioni di vita reale, anche attraverso la ricerca di **informazioni su carta o online, da vagliare in modo consapevole**.

46. RICERCA Cerca in rete informazioni sui telomeri e rispondi alle seguenti domande.
▶ Che cosa sono i telomeri? Come si comportano nel corso della replicazione del DNA?

Basi di chimica organica

1. I composti organici

(handwritten note: perché furono trovati all'interno di organismi viventi)

Il carbonio è l'elemento di tutto il sistema periodico che, escludendo l'idrogeno, forma il maggior numero di composti: se ne conoscono infatti decine di milioni, ciascuno con composizione, proprietà fisiche e chimiche diverse dagli altri; sommando insieme i composti di tutti gli altri elementi privi di carbonio si ottiene un numero totale minore più di dieci volte. Nella descrizione sistematica delle sostanze conosciute si distinguono due grandi branche della chimica: *organica* e *inorganica*.

La **chimica organica** si occupa di tutti i composti del **carbonio**, esclusi i pochi in cui l'elemento è legato unicamente all'ossigeno (oppure all'azoto o agli ioni metallici).

La **chimica inorganica** ha come oggetto di studio **tutti gli altri elementi del sistema periodico** e i loro composti che non contengono carbonio, a cui si devono aggiungere quelli, esclusi in precedenza, in cui il carbonio è legato solamente a ossigeno, azoto e ioni metallici.

(handwritten note: della tavola periodica)

Non vi è quindi una differenza strutturale fra composti organici e inorganici, tuttavia la distinzione ha importanza per fini pratici, poiché i composti organici, che sono *decine di milioni*, possono essere raggruppati con criteri abbastanza semplici, non applicabili alle sostanze inorganiche.

Il termine «organico» ha un'origine storica, in quanto i primi composti scoperti erano in effetti presenti negli organismi viventi o nei loro resti. Si pensava perciò che gli atomi che li componevano fossero uniti da una forza sconosciuta chiamata *vis vitalis*, cioè forza vitale, che si trasmetteva soltanto da una sostanza organica all'altra. Nel 1828 il chimico tedesco **Friedrich Wöhler** fece una scoperta che confutò definitivamente la teoria della *vis vitalis*: riuscì a ottenere in laboratorio una sostanza *(handwritten note: (sintetizzata))*

i composti organici possono trovarsi anche in organismi non viventi

organica, l'**urea**, prodotta nei viventi dal metabolismo delle proteine, a partire da un composto inorganico, il *cianato di ammonio* (**figura** ■ 1.1). Oggi è noto che i legami che uniscono gli atomi nei composti organici sono semplicemente **legami covalenti** che si scindono e si riformano nel corso delle reazioni.

il carb. mette in comune i suoi elettroni
C—C
C—H

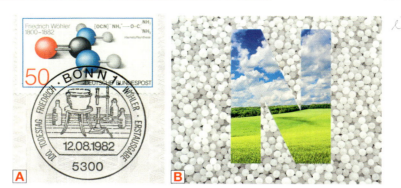

Il protagonista della chimica organica: il carbonio

Il carbonio è dunque l'elemento caratteristico di tutti i composti organici. Ma che cosa lo rende così speciale?

L'elemento carbonio è un *non metallo* che occupa il primo posto del 14° gruppo nel sistema periodico (**figura** ■ 1.2). La sua elettronegatività non è particolarmente alta né bassa, ed è simile a quella dell'idrogeno.

Z=6 N° atomico = n° dei protoni

> **Ricorda**
> L'**elettronegatività** esprime la capacità di un atomo di attrarre gli elettroni di un legame covalente: più un atomo è elettronegativo, più attira elettroni di legame.

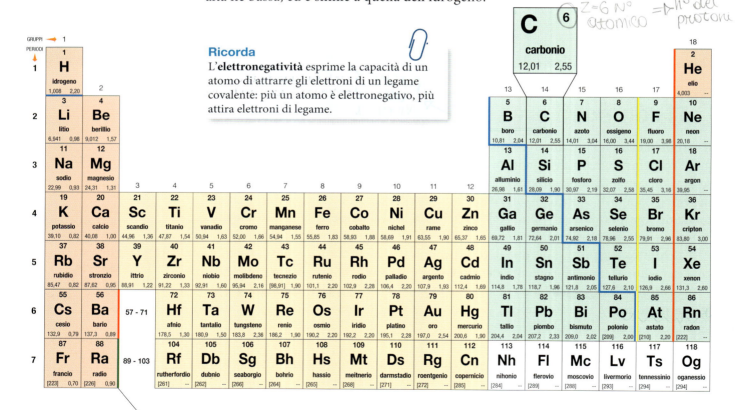

Allo *stato elementare* il carbonio si trova nei minerali *diamante* e *grafite*, nei *carboni fossili* (in percentuale variabile), nel nerofumo e in varie altre forme «tecniche» (ottenute artificialmente) come il grafene e il fullerene (**figura ■ 1.3**).

In tutte queste forme gli atomi di carbonio instaurano quattro legami covalenti semplici o multipli con altri atomi di carbonio. Ebbene, si tratta di caratteristiche peculiari di tutti i composti organici:

▶ il carbonio forma sempre **quattro legami covalenti**

▶ i legami **carbonio-carbonio (C—C)**, sono forti e stabili, come i legami **carbonio-idrogeno (C—H)**.

Figura ■ 1.3
Varie forme alternative del carbonio allo stato elementare, che differiscono per il modo in cui gli atomi di carbonio sono legati tra loro a formare strutture assai diverse per le proprietà chimiche e fisiche.

Grafite: minerale tenero, sfaldabile, che conduce l'elettricità. Si utilizza per le mine delle matite.

A. Grafite, struttura atomica e minerale grezzo.

Diamante: uno dei minerali più duri in assoluto, viene usato come abrasivo e come rivestimento per strumenti da taglio. In gioielleria, per la sua limpidezza e brillantezza, rappresenta una delle pietre più preziose.

B. Diamante, struttura atomica e minerale grezzo.

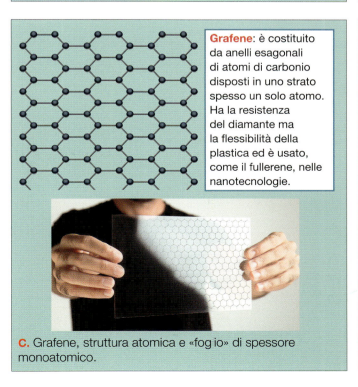

Grafene: è costituito da anelli esagonali di atomi di carbonio disposti in uno strato spesso un solo atomo. Ha la resistenza del diamante ma la flessibilità della plastica ed è usato, come il fullerene, nelle nanotecnologie.

C. Grafene, struttura atomica e «foglio» di spessore monoatomico.

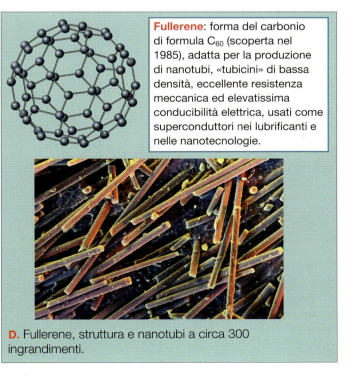

Fullerene: forma del carbonio di formula C_{60} (scoperta nel 1985), adatta per la produzione di nanotubi, «tubicini» di bassa densità, eccellente resistenza meccanica ed elevatissima conducibilità elettrica, usati come superconduttori nei lubrificanti e nelle nanotecnologie.

D. Fullerene, struttura e nanotubi a circa 300 ingrandimenti.

per *saperne di più*

L'ibridazione del carbonio

La nube elettronica di un atomo legato ad altri atomi è ben diversa da quella di un atomo singolo. Per esempio, in una molecola con quattro legami semplici, intorno al carbonio vi sono quattro orbitali di legame perfettamente uguali e simmetrici disposti lungo gli assi di un tetraedro, diversi dagli orbitali atomici *s* e *p* da cui si originano.

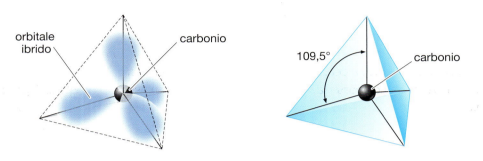

Come si giustifica questo cambiamento? Che cosa accade all'atomo quando si forma il legame? Ancora una volta è la meccanica quantistica a rispondere a tali domande con la **teoria dell'ibridazione**, un ulteriore approfondimento della teoria del legame.

In base alla teoria dell'ibridazione, gli elettroni appartenenti alle molecole con legami covalenti possono trovarsi in *orbitali atomici ibridi* anziché in orbitali atomici *puri*.

▶ **Un orbitale ibrido è il risultato della combinazione di due o più orbitali atomici di uno stesso atomo.**

I legami covalenti di tipo σ (sigma) si formano dalla *combinazione degli orbitali ibridi* di ciascuno degli atomi coinvolti nel legame. I legami covalenti di tipo π (pi greco) invece non coinvolgono orbitali ibridi, ma orbitali atomici di tipo *p* che non hanno partecipato all'ibridazione.

Un esempio di composto nella cui molecola il carbonio forma quattro legami di tipo sigma è il metano, CH_4.

L'atomo di carbonio isolato, ossia non ancora legato all'idrogeno, ha una configurazione elettronica esterna come quella indicata in figura: $2s^2$, $2p^2$. Con questi quattro elettroni il carbonio si predispone a formare quattro legami σ.

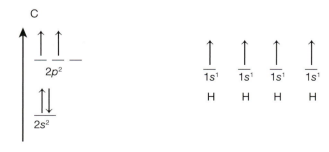

In accordo con la teoria dell'ibridazione, gli orbitali *s* e *p* del carbonio, prima di formare il legame, si combinano tra loro generando **orbitali ibridi**. Tali orbitali hanno identica energia e sono diretti in modo da minimizzare la repulsione fra le coppie elettroniche che ospitano, ossia lungo gli assi di un tetraedro.

I legami covalenti si formano dalla combinazione dei quattro orbitali ibridi del carbonio con gli orbitali dell'idrogeno.

Video Qual è l'ibridazione del carbonio?

Scarica **GUARDA!** e inquadrami per guardare i video

per saperne di più

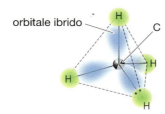

orbitale ibrido

L'ibridazione del carbonio (ossia il tipo di orbitali ibridi che esso forma) in questo caso deriva dalla combinazione di *un* orbitale *s* e *tre* orbitali *p*, perciò è detta **sp³**. I quattro orbitali ibridi sp^3 hanno uguale forma lobata, uguale energia e sono direzionati lungo gli assi di un tetraedro. La geometria della molecola di CH_4 è pertanto tetraedrica.

Si prenda in esame adesso la molecola dell'etilene, C_2H_4. In essa è presente un legame π fra i due atomi di carbonio. In base alla teoria dell'ibridazione, gli orbitali atomici coinvolti nel legame π non partecipano all'ibridazione, pertanto ciascuno dei due atomi di carbonio impegna nei legami tre orbitali ibridi e un orbitale atomico *p* che partecipa al legame π.

Gli orbitali ibridi derivano dalla combinazione di *un* orbitale *s* e *due* orbitali *p*, quindi prendono il nome di ibridi sp^2. Hanno uguale forma lobata, uguale energia e sono diretti lungo gli assi di un triangolo equilatero.

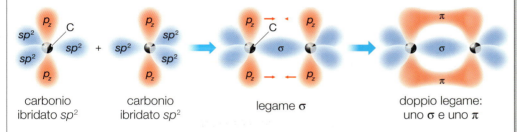

carbonio ibridato sp^2 — carbonio ibridato sp^2 — legame σ — doppio legame: uno σ e uno π

L'ultimo esempio riguarda l'*etino* o *acetilene*, C_2H_2, nel quale i due atomi di carbonio sono uniti da un legame covalente *triplo*. Anche in questa molecola gli elettroni coinvolti nei legami π non partecipano all'ibridazione, pertanto quest'ultima riguarda soltanto un orbitale *s* e un orbitale *p* e genera due orbitali ibridi *sp* con uguale forma lobata, uguale energia e diretti lungo uno stesso asse in direzione opposta.

carbonio ibridato *sp* — carbonio ibridato *sp*

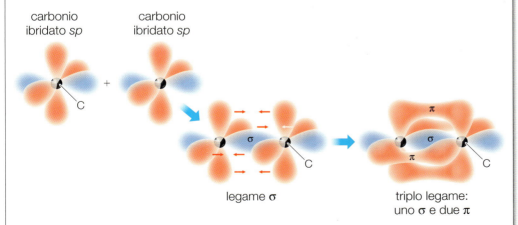

legame σ — triplo legame: uno σ e due π

Riassumendo, per il carbonio e per gli altri atomi che seguono la regola dell'ottetto, si possono avere le seguenti ibridazioni:

- **sp³**: quattro legami σ diretti lungo gli assi di un **tetraedro**;
- **sp²**: tre legami σ diretti lungo gli assi di un **triangolo equilatero** e *un* legame π;
- **sp**: due legami σ coassiali **allineati** e *due* legami π.

2. Le caratteristiche delle molecole organiche

Un atomo di carbonio ha quattro elettroni nel livello più esterno che possono essere impegnati nei legami e che, a causa della repulsione elettrostatica (teoria VSEPR), determinano la geometria delle molecole.

In accordo con la teoria VSEPR, in ogni molecola *le coppie elettroniche di legame e quelle di non legame* (ossia gli elettroni esterni che non partecipano al legame) si dispongono in modo che la *repulsione elettrostatica* fra di esse sia la *minima possibile*. A questo fenomeno non partecipano gli elettroni π.

In relazione al carbonio, con la formazione di quattro legami covalenti sull'atomo non restano coppie elettroniche non condivise (di non legame), perciò saranno soltanto gli elettroni appartenenti ai legami di tipo σ a dettare le regole per la geometria della molecola.

In base al numero di **legami σ** che si trovano intorno a ogni atomo, si può prevedere la disposizione geometrica degli atomi legati:

1. se **il carbonio è legato a quattro atomi** (con legami tutti semplici di tipo σ), la geometria è **tetraedrica**. Gli angoli di legame sono di **109,5°** e l'ibridazione del carbonio e sp^3;

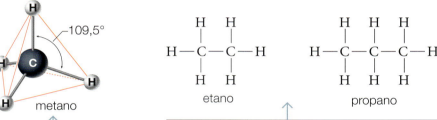

metano

etano   propano

Quattro legami semplici: sono tutti e quattro di tipo **σ**. Gli atomi legati si trovano ai vertici di un tetraedro. Gli angoli di legame sono di **109,5°**.

Nei due composti, il carbonio forma quattro legami semplici, perciò la disposizione dei legami è tetraedrica, ma non è rappresentata dalle rispettive strutture di Lewis. Gli angoli di legame sono di **109,5°**.

2. se **il carbonio è legato a tre atomi** (due legami semplici e uno doppio, quindi tre legami σ e un legame π), la geometria è **trigonale planare**. Gli angoli di legame sono di **120°** e l'idridazione del carbonio è sp^2;

etene — 120°

Per ogni atomo di carbonio vi sono un legame doppio e due semplici, ovvero quattro legami (tre **σ** e uno **π**). Gli atomi legati sono ai vertici di un **triangolo equilatero**, con angoli di legame di **120°**.

3. se **il carbonio è legato a due atomi** (un legame semplice e uno triplo oppure due legami doppi, perciò due legami σ e due legami π), la forma della molecola è **lineare** con un angolo di legame pari a **180°** e l'idridazione del carbonio è sp.

180°
$$H—C\equiv C—H$$
etino

180°
$$H—C=C=C—H$$
1,2-propandiene

Un legame triplo e due semplici per un totale di quattro legami: la molecola è **lineare** e gli angoli di legame sono di **180°**.

Due legami doppi per un totale di quattro legami: la molecola attorno all'atomo di carbonio centrale è **lineare** e gli angoli di legame sono di **180°**.

In sintesi, la geometria intorno a ciascun atomo di carbonio di ogni molecola è una delle tre prese in considerazione.

Nelle molecole allo stato liquido e aeriforme, i gruppi di atomi possono ruotare completamente o parzialmente. In particolare, la rotazione è sempre possibile intorno a un legame semplice ma non lo è mai intorno a un legame doppio (**figura ▪ 1.4**).

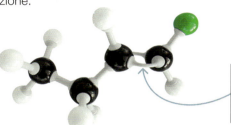

Figura ▪ 1.4
La rotazione intorno al legame carbonio-carbonio è possibile solo attorno al legame semplice e non attorno al legame doppio.

La rotazione intorno al legame semplice C—C avviene continuamente a causa dell'agitazione termica. La nube elettronica del legame sigma rimane integra anche se si verifica la rotazione.

La rotazione intorno al legame doppio C═C non avviene a meno che non si scinda il legame π.

? DOMANDA al volo
Quali sono gli angoli fra i legami C—C nella seguente catena?

H   H   H   H   H
| | | | |
H—C—C—C—C—C—H
| | | | |
H   H   H   H   H

Ricorda
Forma e funzione delle molecole sono strettamente collegate: dalla forma delle molecole dipendono infatti moltissime proprietà delle sostanze. In particolare, nella **chimica biologica**, o **biochimica**, che si occupa delle molecole tipiche dei viventi, la capacità di certe molecole di svolgere specifiche funzioni (per esempio l'eredità biologica affidata al DNA o la funzione enzimatica delle proteine) dipende strettamente dalla disposizione degli atomi nella molecola. Come accade per l'incastro degli ingranaggi nei dispositivi meccanici più complessi che, se non è perfetto, causa inceppamenti, così anche piccolissimi errori nella struttura molecolare producono conseguenze come disfunzioni, malattie o anche la morte.

Le catene di atomi di carbonio

> Se i legami nella catena di carbonio sono tutti semplici il composto si dice **saturo**; se, invece, sono presenti uno o più legami doppi o tripli il composto organico è **insaturo**.

La facilità con cui il carbonio forma legami con altri atomi di carbonio spiega l'esistenza di un così grande numero di composti organici. Si possono infatti formare **catene** di varie lunghezze, *lineari*, *ramificate* o chiuse *ad anello* (**figura ▪ 1.5**).

? DOMANDA al volo
In questa molecola la linea che unisce tutti gli atomi di carbonio è retta o spezzata? Perché?

H   H   H   H
| | | |
H—C—C—O—C—C—H
| | | |
H   H   H   H

A

H   H   H
| | |
H—C—C—C—H
| | |
H   H   H

RAMIFICATA

B

H   H   H   H
| | | |
H—C—C—C—C—H
| | | |
H   H   H   H

C RAMIFICATA

H   H   H
| | |
H—C—C—C—H
| | |
H   C   H
|
H—C—H
|
H

D

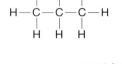
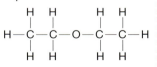

CH₃—CH₂—CH—CH—CH₂—CH₂—CH—CH—CH₂—CH₃
CH₃—CH—CH—CH₃   CH₃—CH—CH₂—CH₃

E

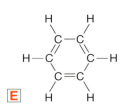

Figura ▪ 1.5
Catene di atomi di carbonio legati a idrogeno.
A.B. Catene lineari sature.
C.D. Catene ramificate sature.
E. Catena ad anello insatura.

apolare
H – H
H – C
polare
H – F

Molecole polari e apolari, idrofile e idrofobe

Prima di affrontare questo importante argomento, è necessario ricordare alcuni aspetti del legame chimico affrontati in precedenza.

Ricorda

Un legame covalente è **apolare** se i due atomi legati hanno *pari elettronegatività*, per cui gli elettroni di legame sono perfettamente condivisi fra i due atomi. Se, invece, il legame covalente unisce atomi con *diversa elettronegatività*, gli elettroni si concentrano sull'atomo più elettronegativo; uno dei due atomi legati acquista una parziale carica negativa e l'altro una parziale carica positiva, quindi il legame è **polare**.

Ricorda

Una molecola apolare stabilisce solo deboli forze attrattive intermolecolari con altre molecole apolari, mentre le molecole polari possono determinare fra loro interazioni intermolecolari più stabili. In particolare, si ricorda che la forza attrattiva intermolecolare più forte, il **legame a idrogeno**, si instaura fra molecole che contengono gruppi O—H o N—H o F—H. Si tratta della forza intermolecolare caratteristica dell'acqua, che determina la sua forza di coesione (nell'immagine).

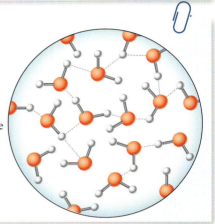

▶ Il **legame carbonio-carbonio** è completamente *apolare*, mentre il legame carbonio idrogeno mostra una polarità minima.

Per questa ragione, una molecola che possieda solo atomi di carbonio e idrogeno (un *idrocarburo*) è **apolare** e può stabilire forze attrattive intermolecolari *solo con altre molecole apolari*, la cui intensità aumenta quanto maggiore è il numero di atomi di carbonio che la molecola presenta. Se, invece, uno o più atomi di carbonio della catena sono legati a gruppi di atomi con elevata polarità (come —OH, —NH$_2$), allora la molecola diviene **polare** e può determinare forze intermolecolari più forti come i **legami a idrogeno**.

È molto importante, specialmente in chimica biologica, sapere se una molecola può o non può stabilire *interazioni intermolecolari con l'acqua*. L'acqua, infatti, è il solvente più comune esistente in natura e componente primario di tutti gli organismi viventi.

▶ In base alla loro affinità per l'acqua, si distinguono (**figura** ■ **1.6**):
- molecole **idrofile**, che *possono* instaurare forze attrattive con l'acqua in quanto possiedono gruppi —OH o —NH$_2$;
- molecole **idrofobe**, che *non presentano* interazioni con l'acqua in quanto non possiedono gruppi con elementi più elettronegativi del carbonio.

🇬🇧 **Hydrogen bond**
(Legame a idrogeno)
A weak bond between a hydrogen atom in a molecule and a highly electronegative atom (such as O, N or F) in another molecule. Hydrogen bonds typically form between H$_2$O, NH$_3$ and HF molecules.

Figura ■ **1.6**
A. La cellulosa, materiale con cui sono realizzati alcuni panni, è una molecola organica di origine vegetale ed è idrofila, cioè è in grado di assorbire facilmente l'acqua.
B. Le cere, lipidi con cui sono rivestite la maggior parte delle foglie, sono sostanze idrofobe, con efficace azione impermeabilizzante.

Certe molecole organiche hanno lunghe catene di atomi di carbonio idrofobe, ma possono presentare anche un gruppo di atomi idrofilo. Il loro comportamento nei confronti dell'acqua, perciò, è diverso nelle due regioni della molecola (**figura** ■ **1.7**).

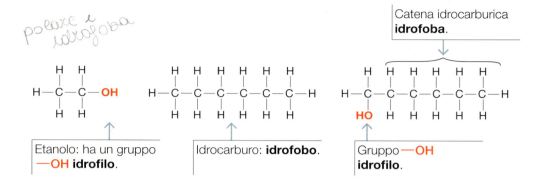

Etanolo: ha un gruppo
—**OH** idrofilo.

Idrocarburo: **idrofobo**.

Catena idrocarburica
idrofoba.

Gruppo—**OH**
idrofilo.

Figura ■ **1.7**
Esempi di molecole organiche: idrofila, idrofoba e anfipatica, cioè con una regione idrofila e una idrofoba.

**DOMANDA
al volo**

Il *metanolo*, che ha formula CH_3OH, è una molecola polare o apolare? Idrofila o idrofoba?

---

sperimentando

Sostanze idrofobe e sostanze idrofile

Materiali

- una pentola antiaderente (o un tagliere di Teflon®)
- un foglio di alluminio ben disteso senza pieghe
- un tagliere di legno
- un foglio di carta
- acqua
- contagocce

Procedimento e osservazioni

- Deposita una goccia d'acqua su ciascuno dei materiali di cui disponi (Teflon®, metallo, legno, carta) e osserva la forma di ciascuna goccia. Puoi notare che la goccia più arrotondata si è formata sul tagliere di Teflon® (o sulla pentola antiaderente, rivestita dello stesso materiale). Seguono il metallo, il legno e la carta. Le gocce sono più rotonde quando non riescono a stabilire inerazioni intermolecolari con il fondo di appoggio, perciò le loro molecole restano unite mediante forti legami a idrogeno (coesione). Se il materiale su cui la goccia è appoggiata è maggiormente idrofilo, le forze intermolecolari che vengono stabilite con l'acqua sono più intense, perciò la goccia si appiattisce, aderendo al fondo.

Teflon®   metallo   legno   carta

Le reazioni di combustione dei composti organici

Tutti i composti organici possono partecipare alla reazione di **combustione**. La reazione per il *metano* (CH_4), il più semplice dei composti organici (del gruppo degli idrocarburi) è la seguente:

$$CH_4 + 2O_2 \longrightarrow CO_2 + 2H_2O + calore$$

Se l'ossigeno non è molto abbondante, come negli ambienti chiusi e nelle camere di scoppio dei motori, alla normale reazione di combustione si sostituisce un'altra reazione, molto più pericolosa:

$$2CH_4 + 3O_2 \longrightarrow 2CO + 4H_2O + calore$$

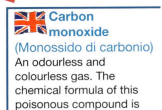

Il pericolo (mortale) è dovuto alla produzione di **monossido di carbonio (CO)**, un gas letale anche in piccole quantità. Per la sicurezza personale, comunque, è bene ricordare sempre di non permettere **mai** che avvenga una combustione libera in un ambiente chiuso in cui la quantità di ossigeno è limitata e di spegnere sempre il motore di un'auto o di un motorino quando si è in garage.

3. Le basi della nomenclatura dei composti organici

Per assegnare un nome chiaro e univoco ai composti organici, occorre tenere presente i tre seguenti aspetti: la classe di appartenenza, la lunghezza della catena di carbonio e la presenza di gruppi di altri atomi.

1. Dall'*appartenenza a una specifica classe* di composti deriva il **suffisso** da usare nel nome. Per esempio, gli idrocarburi saturi a catena aperta (*alcani*) hanno il suffisso in -*ano* (metano, etano, propano ecc.); se è presente un doppio legame (*alcheni*), il suffisso è -*ene* (etene, propene, butene ecc.); gli alcoli, in cui è presente un gruppo —OH, terminano in -*olo* (metanolo, etanolo, propanolo ecc.).

2. Dalla *lunghezza della catena di atomi di carbonio* deriva la **radice** da utilizzare nel nome, in base allo schema (**tabella ▪ 1.1**):

Tabella ▪ 1.1
Le radici derivanti dal greco indicano la lunghezza della catena.

Atomi di C	Radice	Esempio
uno	**met-**	**met**ano
due	**et-**	**et**ano
tre	**prop-**	**prop**ano
quattro	**but-**	**but**ano
cinque	**pent-**	**pent**ano
sei	**es-**	**es**ano

3. Il **prefisso** rende conto di eventuali *ramificazioni*. Esprime la denominazione del gruppo atomico legato alla catena (**tabella ▪ 1.2**), preceduta dalla posizione numerica dell'atomo di carbonio a cui è connesso. Se un certo gruppo si ripete più volte, il suo nome è preceduto da **di-**, **tri-**, **tetra-**, a seconda di quante volte il gruppo è presente.

Tabella ▪ 1.2
Prefissi che indicano le ramificazioni della catena.

Gruppo atomico	Nome
CH_3—	**metil-**
CH_3—CH_2—	**etil-**
CH_3—CH_2—CH_2—	**n-propil-**
CH_3—CH_2—CH_2—CH_2—	**n-butil-**
CH_3—CH_2—CH_2—CH_2—CH_2—	**pentil-**
CH_2=CH—	**vinil-**

Per esempio:

$$H_3C—CH(CH_3)—CH_2—CH_3$$

- **2-metilbutano** un gruppo *metile* (—CH_3) è unito al carbonio in *seconda* posizione nella catena;

$$H_3C - \underset{\underset{CH_3}{|}}{CH} - \underset{\underset{CH_3}{|}}{CH} - CH_2 - CH_3$$

- **2,3-dimetilpentano** due gruppi *metile* (—CH_3) sono uniti agli atomi di carbonio in *seconda* e in *terza* posizione nella catena;

$$H_3C - CH_2 - \underset{\underset{CH_2 - CH_3}{|}}{CH} - CH_2 - CH_3$$

- **3-etilpentano** un gruppo *etile* (—C_2H_5) è unito al carbonio in *terza* posizione nella catena.

---

in *pratica*

Come nominare un idrocarburo

Il procedimento, per assegnare un nome agli idrocarburi, consiste in una serie di passaggi.

1.
$$H_3C - \underset{\underset{CH_3}{|}}{CH} - CH_2 - \underset{\underset{CH_2 - CH_3}{|}}{CH}$$
$$ \overset{CH_3}{}\overset{CH_3}{}$$

1. La catena è satura e aperta, quindi il composto è un alcano (suffisso **-ano**).

2. Si individua la catena più lunga di atomi di carbonio; non è detto che gli atomi siano allineati, l'importante è che siano concatenati. In figura la catena è indicata con la linea rossa.

$$H_3C - \underset{\underset{CH_3}{|}}{CH} - CH_2 - \underset{\underset{CH_2 - CH_3}{|}}{CH}$$

3. Si contano gli atomi della catena. Si tratta di un alcano con sei atomi concatenati, perciò la denominazione è **-esano**.

4. Si numerano gli atomi di carbonio della catena iniziando da destra verso sinistra o da sinistra verso destra in modo che la prima ramificazione abbia il numero più piccolo possibile.

3.
$$H_3C - \underset{\underset{CH_3}{|}}{CH} - CH_2 - \underset{\underset{CH_2 - CH_3}{|}}{CH}$$

| 1 | 2 | 3 | 4 |

| 6̸ | 5̸ | 4̸ | 3̸ |

$$CH_2 - CH_3$$

| 5 | 6 |

| 2̸ | 1̸ |

5. Si individuano le catene laterali che, nell'idrocarburo preso in esame, sono costituite da due gruppi metile. Si completa il nome anteponendo a «esano» i nomi delle catene laterali preceduti dalla posizione che occupano nella catena e dai prefissi di- tri- tetra-, se esse si ripetono più volte. Il composto è, quindi, il **2,4-dimetilesano**.

4.
$$H_3C - \underset{\underset{2}{|}}{CH} - CH_2 - \underset{\underset{4}{|}}{CH}$$
$$\boxed{CH_3}\boxed{CH_3}$$
$$CH_2 - CH_3$$

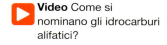
Video Come si nominano gli idrocarburi alifatici?

4. Le formule in chimica organica

Il composti organici possono essere rappresentati con vari tipi di formule **bidimensionali** scelte in base alle necessità (**figura** ▪ **1.8A**):

- la **formula grezza** (o *formula bruta*) esprime le varietà e il numero degli atomi di ogni molecola;
- la **formula di struttura** (o *formula di Lewis*) rappresenta l'intera molecola evidenziando i legami covalenti che ogni atomo stabilisce con gli altri;
- la **formula razionale** è una formula di struttura semplificata in cui sono esplicitati soltanto i legami carbonio-carbonio e gli eventuali legami fra il carbonio e altri atomi, mentre il numero di atomi di idrogeno legati a ciascun carbonio è indicato a pedice;
- la **formula condensata** presenta un'ulteriore semplificazione con l'eliminazione dei trattini che rappresentano i legami e l'inserimento tra parentesi tonde dei gruppi ripetuti più volte, riportandone il numero a pedice della parentesi. Per esempio, CH_3COOH, $CH_3(CH_2)_6CH_3$;
- la **formula topologica** si esprime con una linea spezzata che rappresenta lo **scheletro carbonioso**, ossia i legami carbonio-carbonio della catena. Gli atomi di carbonio e idrogeno sono quasi del tutto assenti. Sono invece esplicitati gli atomi diversi eventualmente presenti nella molecola.

Queste formule descrivono la disposizione degli atomi e il modo con cui sono concatenati. Più difficile è evidenziare l'effettiva disposizione spaziale della molecola.
Quando è necessario esprimere **la geometria tridimensionale** di una molecola si ricorre ad altri modelli (**figura** ▪ **1.8B**):

- il modello ***ball and stick*** in cui i legami sono rappresentati con aste e gli atomi con sfere;
- il modello ***space filling***, (detto anche «a calotta») in cui ogni atomo è una sfera dal raggio proporzionale al raggio medio dell'atomo stesso;
- la proiezione a ***cunei e tratteggi***, che può essere usata per disegnare a mano libera: i legami rivolti verso l'osservatore (al di sopra del piano del foglio) si rappresentano con un «cuneo» nero (◀■), mentre i legami che stanno al di sotto del piano del foglio vengono rappresentati con un tratteggio (·····IIIII).

Figura ▪ **1.8**
Rappresentazioni
A. bidimensionali e
B. tridimensionali delle
molecole organiche.

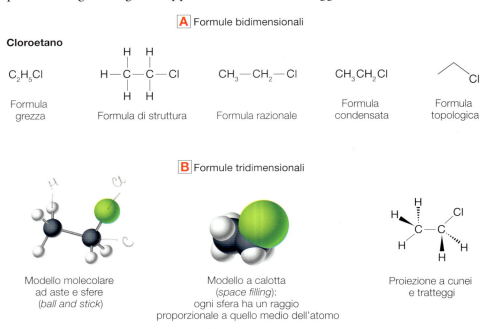

A Formule bidimensionali

Cloroetano

Formula grezza — Formula di struttura — Formula razionale — Formula condensata — Formula topologica

B Formule tridimensionali

Modello molecolare ad aste e sfere (*ball and stick*)

Modello a calotta (*space filling*): ogni sfera ha un raggio proporzionale a quello medio dell'atomo

Proiezione a cunei e tratteggi

5. Le varietà di composti organici

Data la grandissima varietà di composti organici, può essere opportuno distinguere schematicamente tre grandi gruppi:

- **idrocarburi,** costituiti da carbonio e idrogeno;
- **derivati degli idrocarburi,** nei quali una catena di atomi di carbonio e idrogeno (detta *scheletro carbonioso*) è unita a un gruppo di atomi caratteristico, detto **gruppo funzionale.** Ciascuno di tali gruppi conferisce alla molecola delle particolari proprietà chimiche e fisiche, pertanto le diverse classi di composti si distinguono in base a due aspetti: alla natura della catena carboniosa e al tipo e al numero di gruppi funzionali legati a essa (**figura ▪ 1.9**);
- **biomolecole** con strutture caratteristiche, come DNA, proteine, lipidi e carboidrati.

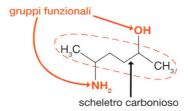

Figura ▪ 1.9
Scheletro carbonioso e gruppi funzionali.

I radicali

Certe reazioni provocano la scissione di un legame covalente con la produzione di due atomi, che possiedono entrambi un elettrone «spaiato», ossia un elettrone che occupa da solo un orbitale. Tali atomi sono molto reattivi e prendono il nome di **radicali**.

Con lo stesso termine, impropriamente, può essere indicato un gruppo di atomi legato a una catena organica per esempio: $—CH_3$, gruppo metile o (impropriamente) «radicale metile».

$$A—A \longrightarrow A \not| A \longrightarrow 2A\bullet$$

Radicale: ha un elettrone spaiato.

6. L'isomeria

> Si definiscono **isomeri** (dal greco *isos* = uguale e *méros* = parte) due o più composti che possiedono *stessa formula grezza* ma *diversa struttura molecolare*.

Isomers
(Isomeri)
Two isomers contain the same number of the same element; however, atoms and groups of atoms are arranged differently in the two compounds. In other words, isomers share the same chemical formula, but not the chemical structure.

Gli isomeri sono sostanze costituite dagli stessi atomi, hanno quindi uguale massa molare ma diverse proprietà fisiche e chimiche, ossia diversi punti di fusione, solubilità in acqua, acidità, capacità ossidante. Queste differenti proprietà possono essere utilizzate per separare due isomeri presenti in un miscuglio.

Affinché una molecola si trasformi in un suo isomero, occorre che almeno un legame chimico (σ o π) si scinda e se ne formi uno nuovo, perciò, in ogni caso, è necessario che avvenga una reazione chimica (**figura ▪ 1.10**, a pagina seguente).

Se, per passare da una formula di struttura all'altra di una molecola, non serve scindere alcun legame, non si è in presenza di isomeri. Difatti, le tre formule, **A.**, **B.**, **C.** rappresentano la stessa molecola.

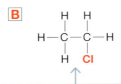

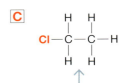

La formula B può essere ottenuta dalla A ruotando il legame semplice C—C. Ciò si verifica continuamente allo stato liquido o aeriforme mediante l'agitazione termica della molecola.

La formula C può essere ottenuta dalla A ruotando l'intera molecola di 180° oppure osservandola dal lato opposto del foglio.

▶ Se invece due molecole si differenziano per la *rotazione* di una parte della molecola intorno a un legame semplice, si dice che le due molecole hanno diversa **conformazione**.

Le varie classi di composti organici presentano i diversi tipi di isomeria, che sono schematizzati di seguito.

> **Isomeria:**
> stessa formula grezza, ma diversa formula di struttura e diverse proprietà fisiche e chimiche.

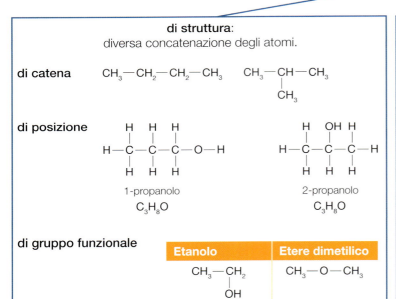

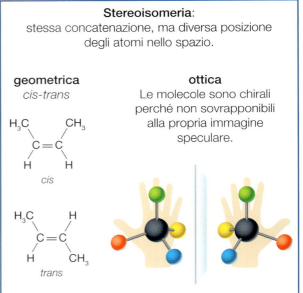

Isomeria di struttura

Gli isomeri di struttura hanno atomi concatenati in modo diverso; ossia, nei due isomeri, singoli atomi o interi gruppi di atomi si trovano spostati gli uni rispetto agli altri.

L'isomeria di struttura può riguardare:

- la catena di atomi di carbonio (**isomeria di catena**);
- la posizione di un gruppo funzionale (**isomeria di posizione**);
- la struttura stessa di un gruppo funzionale, per cui i due isomeri risultano appartenere a due classi di composti diversi.

Due isomeri strutturali si riconoscono perché, pur avendo uguale formula grezza, presentano diverse formule di struttura, razionali e condensate.

Stereoisomeria

In relazione alla stereoisomeria (dal greco *stereòs* = solido), il modo in cui sono uniti gli atomi tra loro non cambia, sia nella catena sia nei gruppi funzionali. La diversità fra gli isomeri è dovuta alla *disposizione spaziale* dei vari atomi legati fra loro.

Non solo le formule grezze sono uguali, ma anche quelle razionali e condensate, per cui occorre disegnare la formula di struttura dei composti.

Si possono distinguere due diversi tipi di stereoisomeria: l'**isomeria geometrica** e l'**enantiomeria**.

Isomeria geometrica (o *cis-trans*)

Questo tipo di stereoisomeria si presenta nelle molecole in cui è bloccata la rotazione intorno a un legame perché impedita o dalla presenza di un legame π o dal fatto che la catena carboniosa è chiusa ad anello (**figura ■ 1.11**).

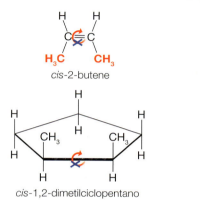

cis-2-butene   *trans*-2-butene

cis-1,2-dimetilciclopentano   *trans*-1,2-dimetilciclopentano

Figura ■ 1.11
Esempi di isomeria *cis-trans*.

In entrambi gli esempi presentati in figura, la molecola *non può ruotare* intorno a un legame *senza che tale legame si scinda*, pertanto, i gruppi di atomi della catena sono bloccati nelle proprie posizioni. Se i due atomi o gruppi atomici uguali sono dalla stessa parte del doppio legame (o del piano dell'anello) l'isomero è detto *cis,* se invece si trovano da parti opposte è detto *trans* e il nome del composto è preceduto dai prefissi *cis-* o *trans-* scritti in corsivo (es: *trans*-dicloroetene).

Video Che cos'è la stereoisomeria?

Enantiomeria (o isomeria ottica)

> ▶ L'enantiomeria si verifica quando gli atomi di carbonio sono legati a *quattro atomi o gruppi di atomi diversi fra loro*, posizionati ai vertici *di un tetraedro*.

Tali atomi o gruppi rappresentano uno *stereocentro* e possono disporsi in due modi distinti (**figura ■ 1.12**). Anche ruotando il tetraedro in ogni modo possibile, le due

Figura ■ 1.12
Si definiscono enantiomeri le molecole che sono l'una l'immagine speculare dell'altra.

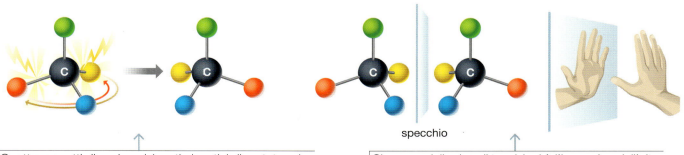

specchio

Quattro oggetti diversi posizionati ai vertici di un tetraedro mostrano due disposizioni spaziali distinte: non è possibile passare dall'una all'altra senza che due oggetti si «stacchino» per scambiarsi di posto.

Ciascuna delle due disposizioni è l'immagine dell'altra vista allo specchio, come accade per le nostre mani, che sono l'una l'immagine speculare dell'altra.

Le caratteristiche degli enantiomeri

Le proprietà fisiche dei due enantiomeri sono identiche, eccetto che per l'interazione dei due isomeri con la luce polarizzata; per questa ragione l'isomeria viene definita «ottica».

La luce polarizzata si ottiene quando un fascio luminoso attraversa uno speciale filtro, detto appunto *polarizzatore*. Tali filtri selezionano la luce che li attraversa in modo che l'oscillazione elettromagnetica avvenga su un singolo piano. In pratica, la luce polarizzata ha la caratteristica per cui tutte le oscillazioni di ognuna delle onde elettromagnetiche che la compongono, avvengono sullo stesso piano.

Se una luce polarizzata attraversa due enantiomeri, il piano di polarizzazione ruota di un certo angolo, a destra per un isomero, a sinistra per l'altro (**figura ▪ A**). Gli enantiomeri sono otticamente attivi e mostrano quindi un **potere rotatorio** che è specifico (**rotazione specifica**) per ogni sostanza.

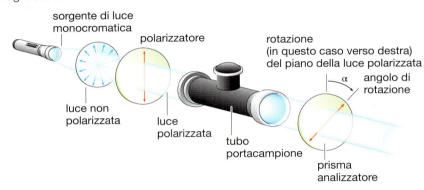

Figura ▪ A
Quando la luce polarizzata attraversa una sostanza chirale il piano di polarizzazione ruota a destra o a sinistra.

Gli enantiomeri nelle biomolecole

Le proprietà chimiche degli enantiomeri sono identiche, tranne il loro comportamento verso i reattivi otticamente attivi.

Nei sistemi biologici la distinzione fra due enantiomeri è così importante da determinare in certi casi la differenza fra la vita e la morte. I due isomeri di una biomolecola infatti interagiscono diversamente con gli enzimi e i recettori molecolari. Un enzima è una molecola proteica che catalizza una specifica reazione chimica biologica. Il funzionamento di un enzima è dovuto alla struttura del suo *sito attivo*. Le molecole che devono reagire si collocano in tale sito come la chiave in una serratura e, grazie a ciò, reagiscono. Se il legame fra enzima e sostanza (detta «substrato») non avviene, l'azione catalitica non si verifica. Se il reagente è una sostanza chirale, potrà formare un legame «chiave-serratura» con l'enzima soltanto se vi si adatta perfettamente, ossia se si tratta del corretto isomero: se non lo è, l'enzima non lo riconosce e la reazione non avviene (**figura ▪ B**).

I recettori molecolari sono molecole proteiche che reagiscono specificamente con determinate molecole, in pratica «riconoscendole» rispetto alle altre che hanno diversa struttura. Come accade per gli enzimi, il recettore riconosce solo uno dei due enantiometri.

Figura ▪ B
Molti siti di recezione o enzimatici riconoscono solo un enantiomero ma non il suo speculare.

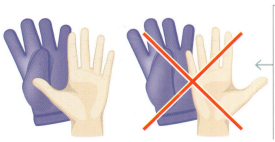

La mano destra non può infilarsi nel guanto sinistro. Allo stesso modo, gli enzimi e i recettori molecolari funzionano soltanto quando interagiscono con il corretto enantiomero.

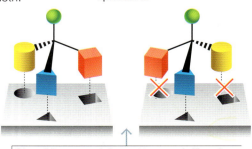

Sito di legame del recettore o dell'enzima.

disposizioni alternative *non sono sovrapponibili l'una sull'altra*: per farlo, sarebbe necessario scindere i legami di due atomi e invertirne la posizione. Ciascuno dei due tetraedri appare come l'immagine dell'altro vista allo specchio (specularità) e i due isomeri prendono il nome di **enantiomeri** (dal greco *enantios* = opposto).

Questo fenomeno in genere è detto anche **chiralità** (dal greco *chèir* = mano), in quanto la specularità degli isomeri ricorda quella delle due mani, destra e sinistra, che sono l'immagine speculare l'una dell'altra.

Una particolarità che distingue i due enentiomeri è la diversa risposta all'azione della *luce polarizzata,* da cui il nome di isomeria ottica. Un'altra, fondamentale per le biomolecole, è la diversa capacità di reagire in presenza di particolari enzimi.

7. Gli idrocarburi

I composti organici più semplici sono gli **idrocarburi**, costituiti solo da **carbonio e idrogeno**. Possono essere *saturi* (se i legami C—C sono tutti semplici) o *insaturi* (se presentano almeno un doppio o un triplo legame); le catene di atomi di carbonio possono essere lineari, ramificate o chiuse ad anello.

> Gli idrocarburi sono composti **apolari** e **idrofobi**, pertanto sono **insolubili** in acqua.

Hydrocarbon (Idrocarburo)
Any organic compound made up exclusively of carbon (C) and hydrogen (H) atoms.

Gli idrocarburi più leggeri, con al massimo 4 atomi di carbonio, sono *gassosi*, quelli che hanno da 5 a 10 atomi di carbonio sono *liquidi*, quelli più pesanti sono *solidi*. In natura si trovano prevalentemente nel petrolio, da cui sono ricavati nelle *raffinerie* mediante un processo di *distillazione frazionata*. Sono impiegati prevalentemente come **combustibili** per alimentare i motori dei veicoli, le centrali termoelettriche, gli impianti industriali, le caldaie per il riscaldamento e i fornelli domestici.

Un altro impiego importante degli idrocarburi consiste nel loro utilizzo come **materie prime** per la preparazione di una vasta gamma di prodotti industriali come plastiche, resine, colle, vernici, fibre tessili e molti altri.

Si distinguono le seguenti classi di idrocarburi (**tabella** 1.3):

- gli **idrocarburi alifatici** che sono costituiti da catene di carbonio e idrogeno e possono essere saturi (alcani e cicloalcani) o insaturi (alcheni, alchini, cicloalcheni e cicloalchini).
- gli **idrocarburi aromatici** che sono composti ciclici **insaturi**, caratterizzati da anelli che presentano delocalizzazione elettronica; il benzene e i suoi derivati sono idrocarburi aromatici.

Tabella 1.3
Le diverse classi di idrocarburi.

Idrocarburi alifatici	Saturi	Alcani	Idrocarburi saturi a catena aperta lineare o ramificata.
		Cicloalcani	Sono come gli alcani, ma con la catena chiusa ad anello.
	Insaturi	Alcheni	Idrocarburi con almeno un legame **doppio** fra carbonio e carbonio, a catena aperta, lineare o ramificata.
		Alchini	Idrocarburi con almeno un legame **triplo** fra carbonio e carbonio.
		Cicloalcheni e cicloalchini	Sono come gli alcheni e gli alchini, ma con la catena chiusa ad anello.
Idrocarburi aromatici o areni	Insaturi	Comprendono il **benzene**, i suoi derivati e le molecole caratterizzate da delocalizzazione elettronica in un anello carbonioso.	

Alcani

▶ Gli alcani sono **idrocarburi saturi a catena aperta**, lineare o ramificata.

La caratteristica strutturale che accomuna gli idrocarburi saturi è di avere atomi di carbonio legati ad altri quattro atomi mediante una geometria **tetraedrica**.

Il nome ha suffisso -ano. La formula generale è C_nH_{2n+2}.

Sono *pochissimo reattivi* perché i legami σ carbonio-carbonio e carbonio-idrogeno in cui il carbonio ha ibridazione sp^3 si scindono con difficoltà, tanto che sono anche detti **paraffine**.

CH_4 è il **metano**, un gas inodore e incolore impiegato come combustibile nelle reti domestiche (**figura ■ 1.13**). Per favorirne il riconoscimento in caso di fuga, al metano viene aggiunto un altro gas dall'odore forte e caratteristico. Si deve la sua scoperta ad Alessandro Volta, nelle esalazioni che provenivano dal fondo di acque stagnanti, per questo motivo viene anche detto «gas di palude».

Figura ■ 1.13
Il metano si usa comunemente nelle reti domestiche per il riscaldamento e come gas da cucina.

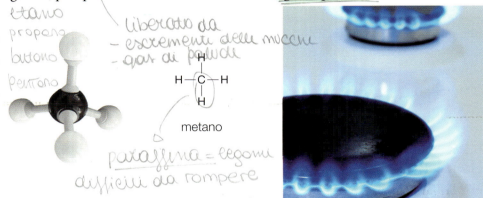

metano

$CH_3—CH_2—CH_3$ (C_3H_8), il **propano**, e $CH_3—CH_2—CH_2—CH_3$ (C_4H_{10}), il **butano**, compongono i cosiddetti **GPL** (Gas di Petrolio Liquefatto, **figura ■ 1.14**); per compressione diventano liquidi, perciò si definiscono più propriamente *vapori*.

Figura ■ 1.14
Il GPL (o GLP) è composto da una miscela di idrocarburi a basso peso molecolare, come gli alcani propano e butano; viene impiegato anche come carburante per autotrazione.

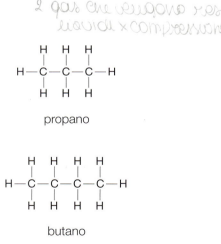

propano

butano

Cicloalcani

▶ I **cicloalcani** sono **idrocarburi alifatici saturi con la catena chiusa ad anello**, l'ibridazione degli atomi di carbonio è sp^3. La denominazione si ricava anteponendo al nome dell'idrocarburo corrispondente il prefisso *ciclo-*. La formula generale è C_nH_{2n}.

Il **cicloesano** (C_6H_{12}) è un solvente assai impiegato nell'industria. I sei atomi di carbonio dell'anello non sono complanari perché instaurano legami con geometria

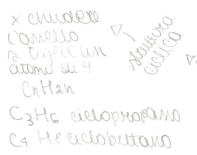

tetraedrica e angoli di legame di 109,5°. La forma della molecola è pertanto piegata e può assumere due conformazioni alternative dette «a sedia» e «a barca» che, allo stato liquido, si convertono l'una nell'altra (**figura ■ 1.15**). La conformazione a sedia è la più stabile e viene assunta anche dalla molecola di glucosio.

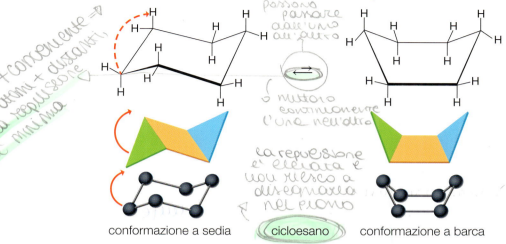

conformazione a sedia   cicloesano   conformazione a barca

Figura ■ 1.15
Conformazioni a sedia e a barca nel cicloesano.

⊞ Cyclohexane conformation
(Conformazioni del cicloesano)
Cyclohexane exists in two conformations interconverting into each other. They are known as boat- and chair- conformation. The latter is considered to be the most stable one.

Alcheni

▶ Gli **alcheni** sono **idrocarburi insaturi** con almeno un legame **doppio** fra carbonio e carbonio **a catena aperta**, lineare o ramificata.

Il nome presenta il suffisso **-ene,** eventualmente preceduto dal numero che esprime la posizione nella catena del doppio legame. L'ibridazione degli atomi di carbonio uniti da legame doppio è sp^2. La formula generale è C_nH_{2n}, per esempio:

- $CH_2=CH_2$ (C_2H_4): **etène** o **etilene** (**figura ■ 1.16**);
- $CH_2=CH-CH_3$ (C_3H_6): **propène** o **propilene**;
- $CH_2=CH-CH_2-CH_3$ (C_4H_8): **1-butène**; il numero 1 nel nome indica che il doppio legame è posizionato fra il primo e il secondo atomo di carbonio.

Caratteristica degli alcheni è l'isomeria *cis-trans*. Si tratta di composti più reattivi degli alcani a causa degli elettroni π, che attraggono reagenti con carica elettrica positiva o poveri di elettroni.

Alchini

Sono idrocarburi con almeno un legame **triplo** fra carbonio e carbonio, a catena aperta, lineare o ramificata. L'ibridazione degli atomi di carbonio uniti da legame triplo è *sp*. Le denominazioni sono caratterizzate dal suffisso **-ino**. La formula generale è C_nH_{2n-2}.

Il più leggero è l'**etino**, o **acetilene**, con formula $CH\equiv CH$ (**figura ■ 1.17**). A seguire si trovano il propino $CH\equiv C-CH_3$, l'1-butino $CH\equiv C-CH_2-CH_3$, il 2-butino $CH_3-C\equiv C-CH_3$ ecc.

Figura ■ 1.16
Struttura dell'etene.

Figura ■ 1.17
Struttura dell'etino, noto più comunemente come acetilene.

Areni, idrocarburi aromatici

Comprendono il **benzene** (C_6H_6), i suoi derivati e altri idrocarburi che presentano uno o più **anelli aromatici**. Nel benzene i sei atomi di carbonio della molecola formano un anello esagonale nel quale hanno ibridazione sp^2, perciò l'intera molecola giace su un unico piano, con angoli di legame di 120°.

Da esami strutturali si ricava che i legami C—C dell'anello benzenico sono tutti

ciò rende il benzene stabile ← *stanno dappertutto* ← *delocalizzate sopra e sotto l'anello benzenico*

siccome sperimentalmente la distanza tra legami singoli e doppi è intermedia → *è uno strato di legami doppi*

come una nube elettronica

di uguale lunghezza, intermedia fra quelle di un legame semplice (più lungo) e di uno doppio (più corto). Tali risultati sono stati interpretati con una struttura nella quale, oltre ai tre legami σ, vi sono **legami π delocalizzati** sopra e sotto il piano della molecola. Gli orbitali *p* dei sei atomi di carbonio si combinano tra loro generando una nube elettronica di tipo π che unisce tutti gli atomi dell'anello e conferisce al benzene aromaticità (**figura ▪ 1.18**).

sono vere entrambe

il benzene risuona tra due formule limite → **IBRIDI DI RISONANZA**

orbitali atomici *p*

legami σ

orbitali π delocalizzati

Figura ▪ 1.18
Rappresentazione e struttura dell'anello aromatico del benzene.

🇬🇧 **Benzene**
(Benzene)
An organic compound belonging to the class of hydrocarbons. Its molecule consists of six carbon atoms linked together to form a ring; each carbon in the ring is linked to a hydrogen atom.

La delocalizzazione elettronica rende l'anello benzenico particolarmente stabile e spiega la sua tendenza a conservarsi nel corso delle reazioni chimiche.

Il benzene è un componente del petrolio, impiegato come solvente nell'industria chimica. È usato come additivo nelle benzine, ma se ne sta limitando l'impiego a causa della pericolosità per la salute.

L'agenzia IARC (*International Agency for Research on Cancer*) l'ha incluso nel gruppo 1, nella classificazione degli agenti cancerogeni, ciò significa che è sicuramente cancerogeno per l'uomo.

Derivati del benzene → *anche essi cancerogeni*

I derivati del benzene presentano uno più sostituenti legati all'anello benzenico e si denominano indicando il gruppo sostituente e poi la desinenza -*benzene*, come nei seguenti esempi.

Kekulé tentava di trovare la formula giusta x il benzene. Sognò un serpente che si mangiava la coda e ne dedusse la delocalizzazione degli elettroni.

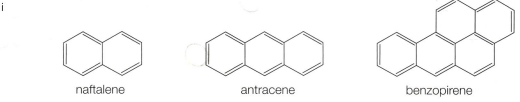

CH_3

metilbenzene
(o **toluene**)

CH_2
CH_3

etilbenzene

$CH_2CH_2CH_3$

propilbenzene

$-CH=CH_2$

etenilbenzene
(vinilbenzene o **stirene**)

Se all'anello sono uniti *due sostituenti*, compare una isomeria di posizione, caratteristica dell'anello.

gruppo fenile

L'anello benzenico si può presentare anche come sostituente, in tal caso prende il nome di **fenile** ed è indicato con **Ph—** o con $C_6H_5—$.

Gli **idrocarburi policiclici aromatici** (IPA) hanno più anelli benzenici condensati, cioè uniti tra loro. Si formano tramite le combustioni e sono sostanze inquinanti per l'ambiente. Molti di essi sono cancerogeni accertati.

▶ **Video** Che cosa sono i composti aromatici?

naftalene

antracene

benzopirene

La lavorazione del petrolio

> Il **petrolio** (dal latino *petra*, roccia, e *oleum*, olio, olio di roccia) è una miscela liquida viscosa di idrocarburi solidi, liquidi e gassosi, che si trova in giacimenti del sottosuolo, dove impregna le rocce porose.

Deriva dalla decomposizione di organismi viventi vissuti molti milioni di anni fa, sepolti da strati di sedimenti che hanno rallentato e poi impedito la completa ossidazione delle molecole biologiche. La lavorazione del petrolio comprende varie fasi; quelle salienti sono elencate di seguito.

- **Estrazione** Viene svolta inizialmente mediante *torri di perforazione*, sulla terraferma oppure su fondali marini nelle cosiddette piattaforme *offshore*, che creano un **pozzo** attraverso il quale il petrolio **greggio** (che significa grezzo, allo stato naturale) risale spontaneamente spinto dalla propria pressione, oppure per azione di speciali pompe (**figura ■ A**).

Figura ■ A
A sinistra, un campo petrolifero in cui il greggio viene estratto e inviato direttamente tramite oleodotti. A destra, una piattaforma marina di estrazione (*offshore*), il cui greggio viene caricato su navi petroliere.

- **Trasporto** Il greggio estratto viene inviato agli impianti di raffinazione mediante tubature (**oleodotti**) o in navi cisterna (**petroliere**).

- **Raffinazione** In questa fase il petrolio viene separato in vari componenti che saranno inviati alle rispettive destinazioni. La fase principale della raffinazione è la **distillazione frazionata**: il greggio viene riscaldato fino alla temperatura di ebollizione e i vapori prodotti sono quindi raffreddati e condensati separatamente a varie temperature (**figura ■ B**). Nelle **torri di distillazione**, dal basso verso l'alto si separano:

  - gasolio pesante;
  - gasolio leggero;
  - kerosene;
  - benzine pesanti;
  - benzine leggere;
  - gas.

Ciascuna di queste frazioni subisce successivamente altri trattamenti, prima di essere messa in commercio. I residui solidi formano il **bitume**, con cui viene preparato l'asfalto.

Figura ■ B
Nelle torri di distillazione delle raffinerie (nella foto se ne vedono alcune) il greggio viene riscaldato fino alla temperatura di ebollizione. I vapori risalgono lungo la torre di frazionamento, dove sono collocati vari «piani», ciascuno con una propria temperatura, che diminuisce dal basso verso l'alto. Salendo lungo la torre, i vapori si raffreddano e ricondensano tornando allo stato liquido ciascuno al livello corrispondente al proprio punto di ebollizione.

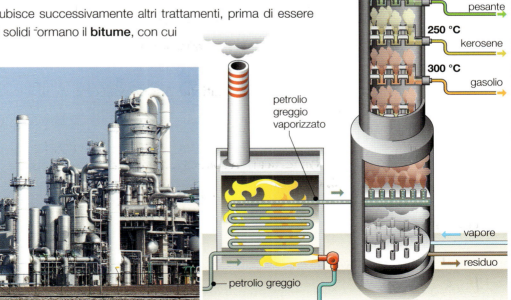

petrolio greggio vaporizzato

gas
120 °C — benzina leggera
200 °C — benzina pesante
250 °C — kerosene
300 °C — gasolio

vapore
residuo

petrolio greggio

8. I gruppi funzionali

I composti organici, derivati dagli idrocarburi, oltre al carbonio e all'idrogeno presentano altri elementi. Tali atomi, o gruppi di atomi, legati allo scheletro carbonioso delle molecole organiche, conferiscono loro delle particolari caratteristiche tipiche di quel gruppo, pertanto sono detti **gruppi funzionali** (tabella ■ 1.4).

Tabella ■ 1.4
Gruppi funzionali e composti organici, una sintesi.

Gruppo funzionale	Composti	Esempi/componenti
Alogeno —X	Alogenoderivati	Cloroformio
Ossidrile —OH	Alcoli	Metanolo, etanolo, glicerolo
Ossigeno etereo —O—	Eteri	Etere dietilico
Carbonile $>$C$=$O	Aldeidi e chetoni	Formaldeide, acetone
Carbossile —COOH	Acidi carbossilici	Acido formico, acido acetico, acido stearico
Estereo —COO—	Esteri	Grassi
Amminico —NH$_2$, $>$NH o $>$N—	Ammine	Amminoacidi, DNA
Ammidico —CO—NH—	Ammidi	Proteine
Fosfato —O—PO$_3^{2-}$	del fosforo	DNA, RNA, ATP, fosfolipidi

Le diverse classi di composti si distinguono sia in base alla natura della catena di atomi di carbonio sia in base al tipo e al numero di gruppi funzionali che vi sono legati. Osserva nella formula che segue i gruppi funzionali. Per comodità di esposizione, sono rappresentati in un'unica molecola immaginaria. Se catena carboniosa è alifatica, è detta in generale **alchilica** e, d'ora in avanti, sarà indicata con —R (o —R′, —R″ ecc.), se invece è aromatica è detta **arilica** e sarà indicata con —Ar.

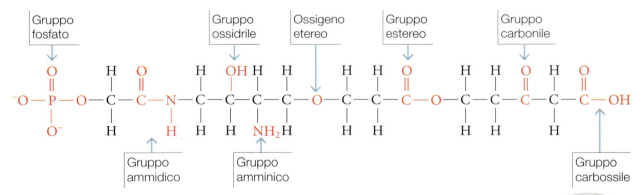

L'atomo di carbonio a cui è legato il gruppo funzionale viene definito **primario**, se legato a un solo altro atomo di carbonio e a due atomi di idrogeno, **secondario** se è legato a due atomi di carbonio e un atomo di idrogeno, **terziario** se è legato a tre atomi di carbonio.

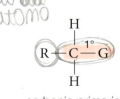

carbonio primario   carbonio secondario   carbonio terziario

G = gruppo funzionale

Nella maggioranza dei derivati degli idrocarburi, il carbonio è legato a un atomo più elettronegativo mediante *un legame covalente eteropolare*, con notevoli conseguenze sugli aspetti fisici e chimici. Le molecole polari possono infatti stabilire attrazioni intermolecolari più forti (dipolo-dipolo o legami a idrogeno), pertanto sono meno volatili e più idrosolubili di quelle apolari.

Da un punto di vista chimico, la polarità del legame rende possibile un gran numero di reazioni che, negli idrocarburi, non avvengono.

Alogenoderivati —Cl (F, Br, I)

[annotazione manoscritta: → si ottengono × sostituzione di 10 + atomi di H con un idrocarburo]

Gli alogenoderivati presentano molecole costituite da uno scheletro carbonioso unito a un alogeno: fluoro, cloro, bromo o iodio. Si distinguono **alogenuri alchilici (R—X)**, derivati da idrocarburi alchilici, e **alogenuri arilici (Ar—X)**, nei quali l'alogeno è legato all'anello benzenico.

Sono insolubili in acqua ma solubili in sostanze apolari, pertanto sono ampiamente impiegati come solventi per materiali organici.

I più usati sono il diclorometano CH_2Cl_2, il cloroformio o triclorometano $(CHCl_3)$ il tetracloruro di carbonio o tetraclorometano (CCl_4).

Sono chiamati **clorofluorocarburi** (**CFC**) gli alogenuri alchilici con fluoro e cloro. Sono gas inerti usati come propellenti nelle bombolette spray (**figura ■ 1.19**), nei motori frigoriferi e per produrre schiume sintetiche. Poiché hanno scarsa reattività, si liberano nell'atmosfera e vi permangono, tuttavia, interagendo con la radiazione solare, soprattutto alle basse temperature della stratosfera polare possono liberare radicali Cl· che promuovono la reazione di *distruzione dell'ozono* O_3, contribuendo pesantemente alla forma di inquinamento chiamata «buco dell'ozono». Il **protocollo di Montreal** del 1990 li ha **vietati** per tutti gli impieghi per i quali non sono indispensabili.

Chlorofluorocarbon, CFC

(Clorofluorocarburi, CFC)
Organic gaseous compounds containing chlorine, fluorine and carbon. They represent a serious environmental threat as they contribute to the depletion of the ozone layer.

Figura ■ 1.19
I CFC sono usati come propellenti nelle bombolette spray.

Il gruppo ossidrile, —OH

[annotazione manoscritta: → gli alcoli si ottengono × sostituzione di 10 + atomi di H con un gruppo ossidrile]

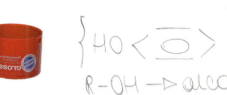

[annotazione manoscritta: gruppo ossidrile attaccato al = fenolo benzene; R-OH → alcoli]

> I composti organici che possiedono un gruppo ossidrile **—OH** legato a una catena alifatica sono gli **alcoli**; il suffisso caratteristico nella denominazione degli alcoli è **-olo**. Si chiamano invece **fenoli** i composti in cui l'ossidrile è legato a un anello benzenico.

Il gruppo **—OH** è **idrofilo**, perciò può formare legami a idrogeno con le molecole d'acqua; la catena alifatica, invece, è **idrofoba**. La solubilità di un alcol in acqua dipende quindi da due fattori, il numero di gruppi ossidrile presenti e la lunghezza della catena idrocarburica:

- le molecole che possiedono *più gruppi* —OH sono *più solubili* di quelle che ne hanno solo uno;
- gli alcoli a *catena più lunga* sono *meno solubili* in acqua degli alcoli a catena corta.

[annotazioni manoscritte a destra: struttura H-C-OH con H sopra e H sotto; CH₃OH]

Tra gli alcoli più noti vi sono il **metanolo**, con formula CH_3—OH (figura ■ **1.20**), molto volatile e tossico, e l'**etanolo**, con formula CH_3—CH_2—OH (figura ■ **1.21**), l'alcol alimentare presente nel vino, nella birra e negli alcolici in genere; l'etanolo si usa anche come disinfettante, una volta «denaturato» con sostanze odorose che lo rendono inadatto all'uso alimentare.

Figura ■ 1.20
Formula di struttura estesa e modelli del metanolo.

Figura ■ 1.21
Formula di struttura estesa e modelli dell'etanolo.

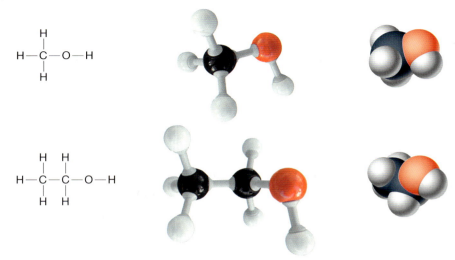

Un altro alcol importante, specialmente per il suo ruolo nei viventi, è il **glicerolo**, la cui formula è CH_2(**OH**)—CH(**OH**)—CH_2(**OH**) (figura ■ **1.22**); è noto anche come glicerina (nome IUPAC: 1,2,3-propantriolo).

Figura ■ 1.22
Formula di struttura estesa e modelli del glicerolo, un alcol con tre gruppi ossidrili.

? DOMANDA al volo
Il glicerolo è più o meno solubile in acqua del butanolo?

I **fenoli**, i composti in cui l'ossidrile è legato a un anello benzenico, presentano la seguente formula di struttura.

nelle sale operatorie → desinfettante ad ampio spettro

base x fareio di resine...

Ricorda
Si chiamano **alcoli poli-funzionali** i composti nei quali vi è più di un gruppo ossidrilico. Il nome IUPAC si ricava dalla catena idrocarburica con la terminazione **-diolo**, **-triolo** ecc. indicante il numero di ossidrili presenti e con la rispettiva posizione espressa all'inizio: per esempio, l'1,2 etandiolo, detto anche *glicole etilenico* (CH_2OH—CH_2OH), utilizzato come liquido anticongelante nei radiatori.

Il fenolo è stato il primo antisettico usato in chirurgia nel 1865 dal medico scozzese Joseph Lister su una frattura esposta. Da allora è stato impiegato sistematicamente nelle sale operatorie. Il fenolo distrugge le cellule batteriche aggredendo le proteine della parete cellulare. È anche materia prima per l'ottenimento di farmaci, coloranti e resine sintetiche.

L'ossigeno etereo o ponte ossigeno, —O—

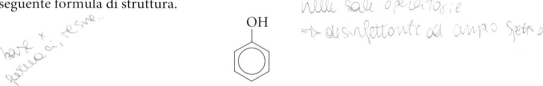

▶ I composti che possiedono un atomo di ossigeno legato a due catene idrocarburiche, **—O—**, sono gli **eteri**. Gli eteri sono **idrofobi** e molto volatili.

L'atomo di ossigeno viene chiamato quindi etereo, oppure anche «**ponte ossigeno**».

↳ H_3C—O—CH_3

$CH-CH_2-O-CH_2-CH_3$ è la formula dell'**etere dietilico**, un liquido volatile che bolle a 34 °C, impiegato in passato come anestetico (**figura ■ 1.23**).

Un etere si può formare quando due alcoli reagiscono fra loro con una **reazione di condensazione**:

$$condensazione \quad R-OH + HO-R' \longrightarrow R-O-R' + H_2O$$
$$alcol + alcol' \longrightarrow etere + H_2O$$

DOMANDA al volo

Quale ibridazione hanno gli atomi di carbonio presenti nelle formule di queste due pagine?

Si tratta di una reazione importante per i carboidrati, le cui molecole sono formate da molti gruppi ossidrili. La reazione inversa alla condensazione, in generale, si chiama **idrolisi** (dal greco *ydor*, acqua, e *lyo*, scindere, cioè scissione tramite l'acqua).

$$idrolisi \quad R-O-R' + H_2O \longrightarrow R-OH + HO-R'$$
$$etere + H_2O \longrightarrow alcol + alcol'$$

Il gruppo carbonile, $>C=O$ → si possono ottenere 2 tipi di composti

▶ Il gruppo $>C=O$, polare e solo moderatamente idrofilo, è caratteristico delle *aldeidi* e dei *chetoni*.

Il gruppo carbonile $>C=O$ si trova all'inizio della catena carboniosa nelle aldeidi, mentre nei chetoni occupa una posizione intermedia. La catena può essere alifatica (indicata con R) o aromatica (Ar). Il gruppo carbonile è polare e solo moderatamente idrofilo. Il carbonio carbonilico ha ibridazione sp^2 e forma legami con angoli di 120°.

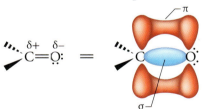

- Le **aldeidi** hanno formula generale $R-CH=O$, pertanto il gruppo $-CH=O$ può anche essere chiamato *gruppo aldeidico*.
- I **chetoni** hanno formula:

$$\overset{\displaystyle O}{\underset{\displaystyle R-C-R'}{\|}}$$

in cui il gruppo carbonile è disposto come un «ponte» fra due catene R e R'.

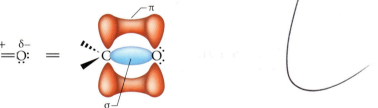

Il nome IUPAC per le aldeidi ha il suffisso in **-ale** dopo la radice indicante il numero di atomi di carbonio della catena.

Per i chetoni, invece, il suffisso è **-one**. Per entrambe le classi di composti sono ancora molto utilizzati i nomi tradizionali.

$H_2C=O$ è la formula della **formaldeide** (figura ▪ 1.24A), molto impiegata anche per la produzione di materiali per l'arredamento e per le schiume isolanti. Si tratta in effetti di uno dei principali inquinanti dell'aria domestica. $CH_3-CO-CH_3$ è la formula dell'**acetone** (figura ▪ 1.24B), un liquido organico molto usato come solvente anche per uso domestico.

Figura ▪ 1.24
Modello **A.** della formaldeide e **B.** dell'acetone.

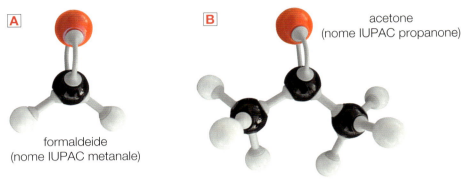

A

B

acetone
(nome IUPAC propanone)

formaldeide
(nome IUPAC metanale)

Il gruppo carbossile, —COOH

▶ Il **gruppo carbossile** (o carbossilico), **—COOH**, molto *idrofilo* e *reattivo*, caratterizza gli **acidi carbossilici**.

i composti che si formanoprendono il nome di:

gruppo carbossile

L'atomo di carbonio nel gruppo carbossile è legato a *due* atomi di ossigeno con i quali stabilisce, rispettivamente, un doppio legame —C=O, come nel gruppo carbonile, e un legame —C—OH come negli alcoli.

L'atomo di carbonio del gruppo carbossile ha ibridazione sp^2 e perciò si trova sullo stesso piano dei tre atomi a cui è legato con angoli di legame di 120°.

Il nome di questa classe di composti evidenzia la natura acida del gruppo carbossile, che può liberare uno ione H^+ in un processo acido-base:

$$RCOOH + H_2O \longrightarrow RCOO^- + H_3O^+$$

Il gruppo carbossilico può formare legami a idrogeno con altre molecole dello stesso acido e con le molecole d'acqua. Per questa ragione, a parità di peso molecolare, gli acidi carbossilici sono i composti meno volatili, con i punti di fusione ed ebollizione generalmente più elevati. I primi quattro termini della serie sono liquidi a temperatura ambiente, i successivi sono solidi. Due legami a idrogeno possono unire tra loro due molecole di acido, formando un dimero.

I primi termini della serie sono anche ben solubili in acqua. Come per tutti i composti organici, la solubilità diminuisce con l'aumentare della lunghezza della catena carboniosa e aumenta con la presenza di gruppi funzionali idrofili.

La denominazione inizia con acido, prosegue con il nome della catena carboniosa e termina in –**oico**. Sono molto usati anche i nomi tradizionali.

HCOOH è la formula dell'**acido formico** (nome IUPAC acido metanoico), un liquido fortemente irritante presente nel veleno delle formiche rosse, da cui prende il nome (**figura ■ 1.25**).

Figura ■ 1.25
Formula e modello dell'acido formico. Sia le formiche rosse sia i peli urticanti dell'ortica (nelle fotografie) contengono acido formico, che irrita la pelle in caso di puntura.

CH_3—$COOH$ è l'**acido acetico** (nome IUPAC acido etanoico), che dà il sapore pungente all'aceto. Si forma naturalmente dall'*etanolo* (CH_3—CH_2OH) per *fermentazione* a opera di batteri del genere *Acetobacter* (**figura ■ 1.26**).

Figura ■ 1.26
Formula e modello dell'acido acetico. Nella fotografia, batteri del genere *Acetobacter*, responsabili della trasformazione dell'alcol etilico (etanolo) in acido acetico per fermentazione, una reazione che avviene in assenza di ossigeno.

CH_3—$(CH_2)_{16}$—$COOH$ è la formula dell'**acido stearico** (**figura ■ 1.27**), uno dei numerosi **acidi grassi**. Si tratta di acidi carbossilici a *catena lineare* con un *numero elevato* (e *pari*) di atomi di carbonio. Sono biomolecole fondamentali, poiché reagiscono con il glicerolo per formare i *trigliceridi* o *grassi*, importanti composti biologici.

Gli acidi carbossilici reagiscono con gli **alcoli** per formare gli **esteri** e con le **ammine** producendo le **ammidi**.

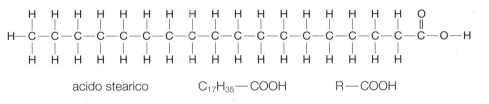

acido stearico $C_{17}H_{35}$—$COOH$ R—$COOH$

DOMANDA al volo
Gli angoli fra i legami C—C della catena qui a fianco sono effettivamente di 180°, come rappresentato nella formula? E i legami del carbonio carbossilico sono di 90°?

Figura ■ 1.27
Formula e immagine dell'acido stearico, un acido grasso che a temperatura ambiente si presenta solido e a forma di scaglie. Insolubile in acqua e poco solubile in alcol, è usato per la preparazione di candele e di saponi e come componente inattivo di molti farmaci.

Nei sistemi biologici sono presenti molti altri acidi carbossilici che partecipano a importanti reazioni metaboliche. Per esempio:

■ gli **amminoacidi**, i «mattoni» con cui sono costruite le **proteine**, hanno un atomo di carbonio unito sia a un gruppo amminico sia a un gruppo carbossilico;

■ l'**acido piruvico** CH_3—CO—$COOH$ è prodotto dalla glicolisi nella prima serie di reazioni del metabolismo del glucosio;

■ l'**acido lattico** CH_3—$CHOH$—$COOH$ è prodotto della fermentazione lattica.

Il gruppo estereo, —COO—

▶ Il **gruppo estereo, —COO—**, è il gruppo caratteristico degli **esteri**, composti con formula generale **R—CO—O—R'** in cui un gruppo estereo è legato «a ponte» fra due catene idrocarburiche (R e R'):

$$
\begin{array}{c}
O \\
\parallel \\
C \\
R \diagdown \quad \diagup O \diagdown R'
\end{array}
$$

estere, formula generale

Gli esteri si formano in una reazione di esterificazione (condensazione) fra un acido carbossilico e un alcol:

$$R—CO—OH + HO—R' \underset{H^+}{\overset{H^+}{\rightleftharpoons}} R—CO—O—R' + H_2O$$

acido carbossilico + alcol $\underset{}{\overset{H^+}{\rightleftharpoons}}$ estere + H_2O

esterificazione $R—C \overset{O}{\underset{O—H}{<}} + H—O—R' \overset{H^+}{\rightleftharpoons} R—C \overset{O}{\underset{O—R'}{<}} + H_2O$

La reazione inversa è l'idrolisi, con la quale l'estere si scinde formando l'acido carbossilico e l'alcol.

$$R—CO—O—R' + H_2O \underset{H^+}{\overset{H^+}{\rightleftharpoons}} R—CO—OH + HO—R'$$

estere + H_2O $\underset{}{\overset{H^+}{\rightleftharpoons}}$ acido carbossilico + alcol

idrolisi $R—C \overset{O}{\underset{O—R'}{<}} + H_2O \overset{H^+}{\rightleftharpoons} R—C \overset{O}{\underset{OH}{<}} + R'OH$

I **grassi** sono esteri che derivano dalla condensazione fra il glicerolo e tre acidi grassi. Verranno approfonditi con le molecole biologiche nel prossimo capitolo.

Il gruppo estereo è *polare* a causa del legame $>C=O$, ma *non può formare legami a idrogeno*; i grassi pertanto sono completamente insolubili in acqua.
Nei sistemi biologici si incontrano numerosi esteri:

- gli **esteri della frutta**, che ne determinano il profumo (**figura** ■ 1.28), in cui sia l'acido sia l'alcol hanno basso peso molecolare;
- le **cere**, che derivano dalla esterificazione di *un acido grasso con un alcol a elevato peso molecolare*. Esempi di cere di origine animale sono la cera d'api e la lanolina, secreta dal vello delle pecore, mentre un esempio di origine vegetale è la cera di carnauba, ricavata da una palma;
- i **gliceridi**, esteri in cui l'alcol è sempre il **glicerolo** (o 1,2,3 propantriolo), con tre atomi di carbonio e tre gruppi —OH. I **trigliceridi** sono esteri del glicerolo con tre acidi grassi; verranno trattati nel capitolo dedicato alle biomolecole.

Figura ■ **1.28**
L'odore caratteristico di molti frutti è dovuto agli esteri che li compongono.

Il gruppo amminico, —NH₂, >NH o >N—

▶ Il **gruppo amminico** è caratteristico delle ammine e contiene un atomo di *azoto*, N, legato ad atomi di carbonio e/o atomi di idrogeno.

Le ammine possono essere considerate derivati dell'*ammoniaca*, NH_3, per sostituzione di uno o più atomi di idrogeno con un gruppo alchilico R (ammine alifatiche), o arilico Ar (ammine aromatiche).

Il gruppo amminico ha comportamento **basico** perciò le ammine reagiscono con gli acidi formando sali solubili in cui lo ione positivo è un alchilammonio con formula $R—NH_3^+$, derivante dalla protonazione dell'ammina.

$$RNH_2 + HCl \longrightarrow RNH_3^+ + Cl^-$$

La basicità delle ammine è dovuta al doppietto elettronico non condiviso sull'atomo di azoto, che è capace di «catturare» un protone.

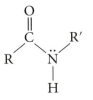

Fra i composti amminici di interesse biologico si ricordano nuovamente gli **amminoacidi**, ossia i monomeri delle proteine, che presentano un gruppo amminico e un carbossile legati a un atomo di carbonio.

▷ I CONCETTI PER IMMAGINI

Ammina primaria

L'atomo di azoto è unito a *due* atomi di idrogeno come in $R—NH_2$, mentre il terzo legame viene stabilito con un atomo di carbonio della catena R (**ammina primaria**).

Ammina secondaria

Vi è un solo legame N—H, e l'azoto forma un ponte fra due catene R e R′ (**ammina secondaria**), R—NH—R′.

Ammina terziaria

L'atomo di azoto è legato a tre catene R, R′ e R″, per cui non vi è più spazio per un legame fra azoto e idrogeno (**ammina terziaria**).

L'azoto è presente in molti composti organici e in molte molecole biologiche, come per esempio il DNA.

Il gruppo ammidico, —CO—NH—

▶ Dalla reazione di condensazione fra un *acido carbossilico* (R—COOH) *e un'ammina primaria* (R′—NH₂) si ottiene un'**ammide** con il caratteristico **gruppo ammidico**, —CO—NH—, che fa da ponte fra due catene idrocarburiche R e R′.

Il gruppo ammidico è presente in tutte le **proteine**, come illustrato nel prossimo capitolo.

gruppo ammidico

Il primo antibiotico, isolato da Alexander Fleming nel 1928, è stato la penicillina, un'ammide ciclica prodotta da alcune muffe.

Il gruppo fosfato, —O—PO$_3^{2-}$

> ▶ Il **gruppo fosfato, —O—PO$_3^{2-}$**, comprende un atomo di fosforo (**P**) unito a quattro atomi di ossigeno.

$$
\begin{array}{c}
O \\
\parallel \\
{}^-O{-}P{-}O{-}R \\
\mid \\
O^-
\end{array}
$$

gruppo fosfato

Le cariche negative sono dovute alla cessione di ioni H$^+$. Uno degli atomi di ossigeno è legato a un carbonio della catena idrocarburica R. Si tratta di un gruppo **idrofilo**, perché può stabilire *interazioni ione-dipolo* con l'acqua. È presente in molti importanti biomolecole, come i **fosfolipidi** che compongono le membrane cellulari, il **DNA**, l'**RNA** e le molecole di **ATP**.

Può partecipare a reazioni di condensazione formando gruppi **difosfato** o **trifosfato** e **ponti** con altre catene idrocarburiche e il legame che unisce insieme due unità molecolari tramite un gruppo fosfato è detto **fosfodiesterico**.

$$
\begin{array}{ccc}
\begin{array}{c}
O \quad\;\; O \\
\parallel \quad\;\; \parallel \\
{}^-O{-}P{-}O{-}P{-}O{-}R \\
\mid \qquad \mid \\
O^- \quad\;\; O^-
\end{array}
&
\begin{array}{c}
O \quad\;\; O \quad\;\; O \\
\parallel \quad\;\; \parallel \quad\;\; \parallel \\
{}^-O{-}P{-}O{-}P{-}O{-}P{-}O{-}R \\
\mid \qquad \mid \qquad \mid \\
O^- \quad\;\; O^- \quad\;\; O^-
\end{array}
&
\begin{array}{c}
O \\
\parallel \\
R{-}O{-}P{-}O{-}R' \\
\mid \\
O^-
\end{array}
\end{array}
$$

9. Le reazioni dei composti organici

La reattività chimica dei composti descritti nelle pagine precedenti consiste nella loro tendenza a reagire con determinate sostanze.

In generale, una molecola organica comprende una catena idrocarburica (lo scheletro carbonioso) e uno o più gruppi funzionali.

Nella catena idrocarburica, i legami carbonio-carbonio sono apolari e stabiliti fra atomi con piccolo raggio atomico, per queste ragioni sono piuttosto forti e difficili da scindere. Lo stesso accade per i legami carbonio-idrogeno, che presentano una debole polarità. Le catene carboniose sature, costituite da legami semplici C—C e C—H, sono quindi assai poco reattive.

Invece, in presenza di un legame doppio, ossia nelle molecole *insature*, la reattività aumenta, in quanto si può scindere il legame π pur mantenendo integro il legame σ, perciò gli alcheni sono più reattivi degli alcani. La reattività delle molecole organiche, dunque, dipende sostanzialmente dalla presenza di gruppi funzionali capaci di interagire con altre molecole.

Addizione al legame ⟩C=C⟨

In presenza di legami π ⟩C=C⟨ le molecole sono soggette a reazioni di **addizione** come le seguenti:

$$
\begin{array}{c}
\diagdown \quad\quad \diagup \\
C=C \\
\diagup \quad\quad \diagdown
\end{array}
\;+\; XY \quad\longrightarrow\quad
\begin{array}{c}
\mid \quad\;\; \mid \\
{-}C{-}C{-} \\
\mid \quad\;\; \mid \\
X \quad\; Y
\end{array}
$$

Una molecola XY provoca la scissione del legame π, che porta alla formazione di nuovi legami C—X e C—Y. Il reagente XY, che attacca la molecola organica attratto dalla nube elettronica del legame π, viene definito **reagente elettrofilo**.

Esempi di reazioni di **addizione elettrofila al legame π** sono l'idrogenazione e l'idratazione.

Idrogenazione

L'**idrogenazione** avviene in presenza di opportuni **catalizzatori metallici** come nichel, palladio, platino: un alchene reagisce con idrogeno elementare, H_2 formando l'alcano corrispondente.

etene   etano

Idratazione

Nell'**idratazione** una molecola di acqua si addiziona a un alchene. La reazione viene utilizzata per la produzione industriale di etanolo, CH_3CH_2OH.

etene   alcol etilico (etanolo)

Addizione al legame $\diagup$C=O

Anche i composti che presentano il gruppo carbonile $\diagup$C=O, ossia le aldeidi e i chetoni, sono soggetti a reazioni di addizione, che avvengono tuttavia con meccanismo assai diverso dalle precedenti. La differenza di elettronegatività fra carbonio e ossigeno rende elevata la *polarità* del legame fra i due atomi. Il carbonio, pertanto, è sede di una carica parziale positiva ($\delta+$) che lo rende vulnerabile all'attacco di reagenti carichi di elettroni come ioni negativi o basi di Lewis (ossia atomi con doppietti elettronici non condivisi); tali reagenti sono chiamati **nucleofili**, in quanto attratti dalla carica positiva dei nuclei atomici.

Un'aldeide (o un chetone) reagisce con un alcol con il seguente meccanismo: l'ossigeno dell'alcol si comporta da nucleofilo legandosi al carbonio carbonilico, che presenta una parziale carica positiva dovuta alla protonazione in ambiente acido. Si ottiene così una molecola detta *emiacetale*. Il carbonio che ha subito l'attacco risulta unito a un gruppo ossidrile (—OH) e a un atomo di ossigeno a ponte con la catena carboniosa dell'alcol (—OR').

aldeide   alcol   emiacetale

L'emiacetale può reagire ancora con un'altra molecola di alcol formando un *acetale*, ma in tal caso il meccanismo di reazione è di sostituzione.

Si incontreranno queste reazioni nello studio dei monosaccaridi come il glucosio, nel quale entrambi i gruppi reagenti (ossidrile e carbonile) appartengono alla stessa molecola.

polarizzazione del gruppo carbonile

Eliminazione

L'eliminazione è il meccanismo contrario delle reazioni precedenti: in una molecola satura si scindono due legami σ per formare un legame π, con eliminazione di una piccola molecola quasi sempre inorganica.

$$-\overset{|}{\underset{\underset{X}{|}}{C}}-\overset{|}{\underset{\underset{Y}{|}}{C}}- \longrightarrow \diagup\overset{\diagdown}{C}=\overset{\diagup}{C}\diagdown + X-Y$$

Un esempio è la **disidratazione degli alcoli** nella quale, per effetto della temperatura e di una molecola avida di acqua (l'acido solforico), un alcol si trasforma in un alchene con liberazione di acqua:

$$\underset{\underset{OH}{|}}{\overset{\overset{CH_3}{|}}{H_3C-C-CH_3}} \xrightarrow[50\,°C]{H_2SO_4} \overset{\overset{CH_3}{|}}{H_3C-C}=CH_2 + H_2O$$

Sostituzione

> Le **sostituzioni** rappresentano una vasta categoria di reazioni nelle quali si scinde un legame σ e se ne forma uno nuovo con un altro atomo o gruppo atomico.

La molecola che produce l'attacco può essere **elettrofila** o **nucleofila**.

In questa sede, si esamineranno soltanto le **sostituzioni nucleofile**, che sono tipiche di molecole nelle quali un atomo di carbonio presenta una parziale carica positiva a causa del legame eteropolare che forma con un atomo più elettronegativo come ossigeno, alogeni o azoto (indicati genericamente con Y). Il carbonio, in queste reazioni, è soggetto all'attacco di un reagente carico negativamente, cioè ricco di elettroni (Nu^-, nucleofilo). Il nucleofilo, richiamato dalla carica positiva sul carbonio, lo attacca formando un legame, mentre il gruppo Y si stacca, perciò il nucleofilo *sostituisce* il gruppo Y nella molecola. L'atomo o il gruppo che si libera dalla molecola viene definito **gruppo uscente**.

$$Nu^- + \underset{\delta+ \delta-}{R-Y} \longrightarrow Nu-R + Y^-$$

Esempi di sostituzioni nucleofile sono i seguenti:

- formazione di eteri e reazione inversa;
- reazione di un emiacetale con un alcol;
- sostituzioni negli acidi carbossilici;
- esterificazione;
- formazione di ammidi.

Formazione di eteri e reazione inversa

Per azione di acido solforico su un alcol si ottiene un *etere*. Si tratta di una *sostituzione nucleofila* in cui l'agente nucleofilo è l'atomo di ossigeno dell'alcol.

$$R-OH + R'-OH \longrightarrow \underset{etere}{R-O-R'} + H_2O$$

Questa reazione di preparazione degli *eteri* è stata precedentemente presentata come una reazione di **condensazione**, in quanto due molecole organiche si uniscono liberando una piccola molecola inorganica.

Anche la reazione inversa (**idrolisi**) consiste in una sostituzione, in quanto il gruppo —OH sostituisce il gruppo —O—R nell'etere.

$$R—O—R' + H_2O \longrightarrow R—OH + R'—OH$$
etere

Reazione di un emiacetale con un alcol

Un emiacetale, ottenuto per reazione di addizione al gruppo carbonilico, può reagire con una seconda molecola di alcol formando un **acetale**, ossia una molecola in cui un atomo di carbonio è unito a due atomi di ossigeno rispettivamente legati a una catena R' e una catena R". La reazione di sostituzione avviene con l'eliminazione di una molecola d'acqua.

La formazione di acetali è una reazione che riveste grande importanza nella chimica dei carboidrati.

Sostituzioni negli acidi carbossilici

Le sostituzioni nucleofile riguardano anche le reazioni degli acidi carbossilici. Il carbonio del carbossile, reso positivo dal doppio legame con l'ossigeno, ha anche un legame con l'ossigeno ossidrilico, perciò è il «bersaglio ideale» per un attacco nucleofilo.

Sono infatti numerose le reazioni nelle quali il gruppo —OH viene sostituito da un altro gruppo atomico con la formazione di composti che, nell'insieme, si denominano *derivati degli acidi carbossilici*. Alcune di queste reazioni come, per esempio, l'esterificazione o la formazione di ammidi sono **condensazioni** in quanto da due (o più) molecole organiche se ne forma una di maggiore peso molecolare con la liberazione di una piccola molecola inorganica. Le reazioni inverse sono dette **idrolisi**.

polarizzazione del gruppo carbossilico

Il gruppo R—C— prende il nome di **acile**. Nei processi metabolici ha un ruolo di primo piano il **gruppo acetile**, che ha formula CH_3—CO—.

Esterificazione

La reazione, già trattata in precedenza in relazione al gruppo estereo, —COO—, avviene fra un acido carbossilico e un alcol in ambiente acido con la formazione di un **estere**:

Formazione di ammidi

Per reazione fra un acido carbossilico e un'ammina si forma un'**ammide**:

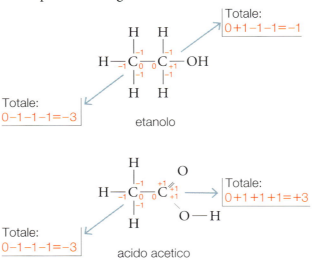

acido carbossilico   ammina   ammide

Ossidoriduzioni (o reazioni redox)

In generale non c'è differenza fra una redox organica e una inorganica: le ossidazioni e le riduzioni si verificano quando il numero di ossidazione di un atomo di carbonio aumenta o diminuisce algebricamente. Il n.o. del carbonio assume valori compresi fra $+4$ e -4 e, in una stessa molecola, può avere anche valori diversi. Per attribuirlo correttamente a ogni atomo di una molecola occorre tener presente la formula di struttura e le seguenti regole:

- in ogni legame C—C il n.o. del carbonio è zero;
- in ogni legame C—H il carbonio ha n.o. -1, in quanto è più elettronegativo dell'idrogeno;
- in ogni legame con altri non metalli (O, N, S, alogeni) il carbonio ha n.o $+1$, perché tali atomi sono più elettronegativi del carbonio.

Totale:
$0+1-1-1=-1$

$$H-\underset{-1}{\overset{H}{\underset{|}{C}}}\underset{0}{}-\underset{+1}{\overset{H}{\underset{|}{C}}}-OH$$

Totale:
$0-1-1-1=-3$

etanolo

Totale:
$0+1+1+1=+3$

Totale:
$0-1-1-1=-3$

acido acetico

Se, in modo ancora più semplice, si vuole riconoscere a colpo d'occhio l'ossidazione o la riduzione di una molecola organica, si può seguire questa indicazione intuitiva:

- la molecola organica **si ossida**, se nel prodotto di reazione è aumentato il numero totale di legami fra carbonio e **ossigeno**, se invece è diminuito è avvenuta una riduzione;
- la molecola organica **si riduce**, se nel prodotto di reazione è aumentato il numero totale di legami fra carbonio e **idrogeno** e viceversa.

$$CH_3-\underset{\underset{2\text{-butanolo}}{\overset{|}{OH}}}{\overset{|}{CH}}-CH_2-CH_3 \xrightarrow{KMnO_4/H_3O^+} CH_3-\underset{\underset{\text{butanone}}{\overset{||}{O}}}{C}-CH_2-CH_3$$

È aumentato il numero di legami fra carbonio e ossigeno ed è diminuito il numero di legami tra carbonio e idrogeno. La molecola organica è ossidata.

Le reazioni di ossidoriduzione organiche hanno un ruolo centrale in biologia in quanto costituiscono il filo conduttore dell'intero metabolismo del glucosio. Ricordiamo pertanto la seguente sequenza di ossidazioni e di riduzioni nelle quali con *ox* si intende un reagente ossidante e con *rid* un riducente:

idrocarburo $\xrightarrow{ox}$ alcol (primario) $\xrightarrow{ox}$ aldeide $\xrightarrow{ox}$ acido carbossilico

acido carbossilico $\xrightarrow{rid}$ aldeide $\xrightarrow{rid}$ alcol (primario) $\xrightarrow{rid}$ idrocarburo

Reazioni acido-base

Nonostante la presenza di molti atomi di idrogeno, le molecole organiche non hanno tendenza a reagire mediante reazioni acido-base, a meno che non possiedano specifici gruppi funzionali con spiccato carattere acido o basico, tra cui il carbossile, —COOH, caratteristico degli acidi carbossilici (con carattere acido), e il gruppo amminico, —NH_2, che ha carattere basico.

Reazioni radicaliche

Sono le reazioni tipiche degli alcani (alogenazione); inoltre vengono impiegate nella produzione di polimeri.

Sono reazioni che provocano la scissione di un legame covalente con la produzione di due radicali che possiedono entrambi un elettrone spaiato. I radicali sono molto reattivi perché tendono a riappaiare i propri elettroni.

I legami carbonio-carbonio si scindono con difficoltà, per cui queste reazioni prendono di solito avvio da un iniziatore che ha un elettrone spaiato, cioè che è a sua volta un radicale.

10. I polimeri

= di grandi dimensioni

Un gran numero di sostanze naturali e di prodotti dell'industria chimica sono costituiti da **macromolecole**, ossia molecole di elevato peso molecolare, che comprendono centinaia o migliaia di atomi.

presente in natura   prodotto all'interno di industrie chimiche o laboratori

▶ I **polimeri** sono sostanze naturali o sintetiche formate da un insieme di macromolecole, simili tra loro ma non necessariamente tutte identiche.

▶ Ogni macromolecola è formata dalla ripetizione di piccole unità strutturali legate fra loro con legami generalmente covalenti. I **monomeri** sono le sostanze da cui si ottengono i polimeri. ↳ possono essere divisi in 2 categorie

Le *materie plastiche*, le *gomme*, le *resine*, le *fibre* naturali e quelle sintetiche sono costituite da polimeri. Vi sono polimeri importantissimi fra le molecole biologiche, come i polisaccaridi, le proteine, il DNA e l'RNA.

Il **polietilene** (sigla PE) ha come monomero l'**etilene**, $CH_2\text{=}CH_2$. Con la reazione di **polimerizzazione** si ottiene la seguente molecola:

$$…\text{—}CH_2\text{—}CH_2\text{—}CH_2\text{—}CH_2\text{—}CH_2\text{—}CH_2\text{—}CH_2\text{—}CH_2\text{—}CH_2\text{—}CH_2\text{—}CH_2\text{—}CH_2\text{—}…$$

Polymers
(Polimeri)
Complex organic molecules made up of repeated units called monomers, linked by covalent bonds.

NATURALI = glicogeno, cellulosa, amidi, acidi nucleici...
SINTETICI

OMOPOLIMERI = ripetizione della stessa unità ripetente
[A]—[A]—[A] vengono x addizione dello stesso monomero es. POLIETILENE

COPOLIMERI

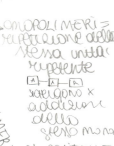

Figura ■ 1.29
Il polietilene (PE) è un materiale molto comune anche in ambito domestico (sacchetti e pellicole per alimenti) e in agricoltura (nei teli per serre). Si ricicla in modo efficiente con la produzione di nuovi manufatti.

L'*unità molecolare* che si ripete, l'unità di ripetizione, è $\begin{array}{c}\\[-CH_2-]_n\end{array}$. Il polietilene è un materiale che si ottiene dal petrolio ed è economico, versatile e riciclabile. Con il polietilene si producono, per esempio, le buste di plastica, i rivestimenti e i contenitori per alimenti (**figura ■ 1.29**).

Le **poliammidi**, come il **nylon** (**figura ■ 1.30**), derivano dalla reazione di condensazione di due monomeri: un *acido dicarbossilico con due gruppi funzionali* e una *diammina con due gruppi funzionali*. La reazione produce una catena in cui si ripetono moltissime volte i **gruppi ammidici** (ricorda che un'ammide si forma per reazione di un acido carbossilico con un'ammina). Fra le biomolecole, le proteine sono delle poliammidi.

[annotazione manoscritta: 2 gruppi carbossi]

$$HO-\underset{\underset{\displaystyle O}{\parallel}}{C}-CH_2-CH_2-CH_2-CH_2-\boxed{C-OH} \; + \; \boxed{NH_2}-CH_2-CH_2-CH_2-CH_2-CH_2-CH_2-NH_2$$

reazione di condensazione

[annotazione manoscritta: 2 ammine]

$$HO-\underset{\underset{\displaystyle O}{\parallel}}{C}-(CH_2)_4-\underset{\underset{\displaystyle O}{\parallel}}{C}-NH-(CH_2)_6-\boxed{NH_2+HO-\underset{\underset{\displaystyle O}{\parallel}}{C}}-CH_2-CH_2-CH_2-CH_2-\boxed{C-OH+NH_2}-(CH_2)_6-NH_2$$

gruppo ammidico   La reazione di condensazione si ripete più volte

$$\left[\; -\underset{\underset{\displaystyle O}{\parallel}}{C}-CH_2-CH_2-CH_2-CH_2-\underset{\underset{\displaystyle O}{\parallel}}{C}-NH-CH_2-CH_2-CH_2-CH_2-CH_2-CH_2-NH-\; \right]_n$$

nylon 6,6

Figura ■ 1.30
Alcuni oggetti di nylon.

▶ Lavorare con le mappe

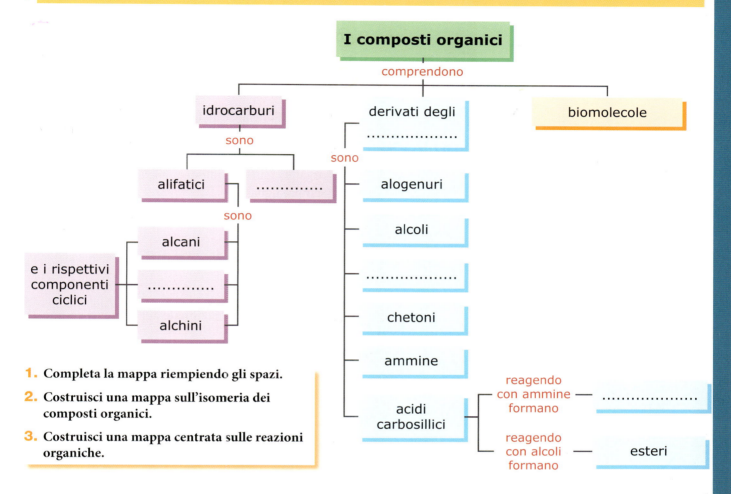

1. Completa la mappa riempiendo gli spazi.
2. Costruisci una mappa sull'isomeria dei composti organici.
3. Costruisci una mappa centrata sulle reazioni organiche.

▶ Conoscenze e abilità

Generalità su carbonio, formule e isomeria

Indica la risposta corretta

1. Quale, fra i seguenti composti, è un composto organico?

A CO_2

B Na_2CO_3

C KCN

D CH_3OH

2. Quale ibridazione ha il carbonio nel seguente composto?

$$CH_2 = CH_2$$

A *sp*

B *sp²*

C *sp³*

D non ha ibridazione

3. In quali delle seguenti molecole c'è uno stereo-centro, ossia un atomo di carbonio che può presentare isomeria ottica?

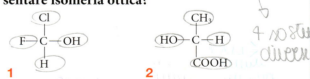

1   **2**

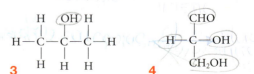

3   **4**

A 1, 2, 3, 4

B 1, 2

C 1

D 1, 2, 4

37

4. Nella seguente formula, quali sono, per i legami evidenziati, gli angoli di legame?

alcano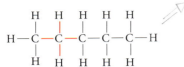

H–C–C–C–C–C–H (con atomi di H su ciascun carbonio)

A tutti di 90°

B due di 90° e due di 180°

C tutti di 109,5°

D tutti di 120°

5. In quale delle seguenti molecole l'atomo di carbonio ha lo stato di ossidazione più elevato?

A $CH_2{=}CH{-}CH_3$

B $CH_2{=}CH{-}CH_2{-}OH$

C $CH_2{=}CH{-}\overset{\displaystyle H}{\underset{}{C}}{=}O$

D $CH_2{=}CH{-}\overset{\displaystyle OH}{\underset{}{C}}{=}O$

6. 🇬🇧 Which of the following statements about combustion is correct?

A Any organic compound can be a fuel for combustion reactions.

B The reaction of combustion always releases CO_2.

C CO_2 can be lethal in small doses.

D Sometimes, combustion reactions release heat.

Completa la frase

7. La formula razionale è una formula di struttura semplificata in cui sono esplicitati soltanto i legami ..carbonio.. - ..carbonio.. e gli eventuali legami fra il carbonio e altri atomi mentre il numero di atomi di .... legati a ciascun carbonio è indicato con un ....

8. Un atomo di carbonio di un composto è detto asimmetrico se è unito a .... atomi (o gruppi atomici) .... fra loro. I due isomeri prendono il nome di *enantiomeri*. I due isomeri sono l'immagine .... l'uno dell'altro, come accade per le mani destra e sinistra che sono uguali ma non *sovrapponibili*, per tale ragione questo fenomeno è detto anche *chiralità*.

9. Il punto di fusione e il punto di ebollizione di una sostanza dipendono dalla lunghezza della .... di atomi di .... e dalla presenza di legami covalenti .... del carbonio con altri atomi. A parità di altre condizioni,

i composti con .... più lunga hanno punti di .... e di .... più ....

Vero o falso?

10. Il carbonio in ogni composto forma sempre legami con altri quattro atomi. V̶ F

11. Nelle formule razionali i legami C—C non sono esplicitati. V F̶

12. La rotazione intorno a un legame semplice C—C è sempre possibile. V̶ F

13. A parità di massa molecolare, due composti organici hanno punti di ebollizione sempre uguali. V F̶

14. 🇬🇧 Carbon atoms always form four covalent bonds. V F

15. 🇬🇧 C—C bonds are weak and unstable. V F

Applica

16. Scrivi la formula razionale dei seguenti composti.

a. (struttura a lisca) → $H_3C{-}OH$

b. (struttura) → $H_3C{-}CH_2{-}OH$

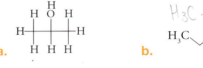

c. (modello)

d. (modello)

e. $CH_3(CH_2)_3CH_3$ → $CH_3{-}CH_2{-}CH_2{-}CH_2{-}CH_3$

f. $CH_3(CH_2)_2CH(OH)CH_3$ → $CH_3{-}CH_2{-}\underset{}{C}H{-}CH{-}OH{-}CH_3$

g. $CH_3(CH_2)_6CH_2Cl$ → $CH_3{-}CH_2{-}CH_2CH_2{-}CH_2CH_2CH_2{-}CH_2{-}Cl$

17. Scrivi la formula di struttura di due isomeri di posizione del seguente composto:

$\overset{1}{C}H_2{=}\overset{2}{C}H{-}\overset{3}{C}H_2{-}\overset{4}{C}H_2{-}\overset{5}{C}H_2{-}\overset{6}{C}H_3$

1-esene C_6H_{12}

18. 🇬🇧 Write the balanced equation for the complete co...

$C{=}C{-}C{-}C{-}C{-}C{-}$ → doppio leg.

fa al massimo 4 legami

Gli id...

Indica la risposta corretta

19. Quale delle seguenti formule è corretta?

A $CH_2{=}CH_2{\diagup}CH_3{-}CH_3$ →

B $CH_2{=}CH{-}CH_2{-}CH_3$

C $CH_2{\bigcirc}CH_2{-}CH_2{-}CH_3$

D $CH_3{=}CH{-}CH_2{-}CH_3$

NON esiste!!

20. Quale delle seguenti formule di struttura è il 5-etil-3,5-dimetilottano?

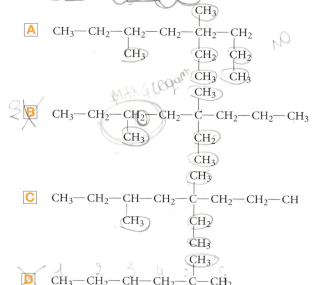

A $CH_3-CH_2-CH_2-CH_2-CH_2-CH_2$
  $\qquad\qquad\qquad CH_3 \quad\quad CH_2 \quad CH_2$
  $\qquad\qquad\qquad\qquad\qquad\quad CH_3 \quad CH_3$
  $\qquad\qquad\qquad\qquad\qquad\quad CH_3$

NO

B $CH_3-CH_2-CH_2-CH_2-C-CH_2-CH_2-CH_3$
  $\qquad\qquad\qquad\quad CH_3 \qquad\quad CH_2$
  $\qquad\qquad\qquad\qquad\qquad\qquad CH_3$
  $\qquad\qquad\qquad\qquad\qquad\qquad CH_3$

C $CH_3-CH_2-CH-CH_2-C-CH_2-CH_2-CH$
  $\qquad\qquad\qquad\quad CH_3 \qquad\quad CH_2$
  $\qquad\qquad\qquad\qquad\qquad\quad CH_3$

D $CH_3-CH_2-CH-CH_2-C-CH_2$
  $\qquad\qquad\qquad CH_3 \qquad CH_2\ CH_2$
  $\qquad\qquad\qquad\qquad\qquad CH_3\ CH_3$

21. Which of the following formulas is not suitable for representing benzene?

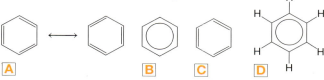

A $\qquad$ B $\qquad$ C $\qquad$ D

Completa la frase

22. Gli idrocarburi in natura si rinvengono nel .... da cui sono ricavati nelle .... mediante un processo di .... frazionata. Sono impiegati prevalentemente come .... e come .... per la produzione di molteplici materiali industriali come ...., ..., ..., e molti altri.

23. CH_4, il ...., fu scoperto da Alessandro Volta nelle esalazioni che provenivano dal fondo di acque stagnanti, per cui è anche detto «gas di ....»; $CH_3-CH_2-CH_3$ ossia il .... e $CH_3-CH_2-CH_2-CH_3$, il ...., compongono i ....

Vero o falso?

24. Negli alcani il carbonio ha sempre ibridazione sp^3 e forma sempre quattro legami con disposizione tetraedrica. **V F**

25. La reazione di alogenazione degli alcani avviene con decorso ionico. **V F**

26. Gli alcheni sono meno reattivi degli alcani. **V F**

27. Gli idrocarburi aromatici sono più reattivi dei corrispondenti alcheni a catena aperta. **V F**

28. Methane is an aromatic hydrocarbon. **V F**

29. You can recognize aromatic hydrocarbons by the presence of one or more benzene rings in their structure. **V F**

Applica

30. Assegna il nome IUPAC ai seguenti alcani.

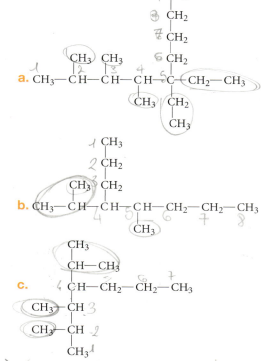

a. $CH_3-CH-CH-CH-C-(CH_2-CH_3)$

b. $CH_3-CH-CH-CH-CH_2-CH_2-CH_3$

c.

31. Scrivi la formula di Lewis dei seguenti alcani.

a. 2,3-dimetilpentano
b. 3,3-dimetilesano
c. 3-etil-2,2-dimetileptano
d. 1,2-dimetilcicloesano

32. Draw the *cis* and *trans* isomers of the following alkenes.

a. $CH_3-CH=CH-CH_2-CH_3$
b. $CH_3-CH_2-CH=CH-CH_2-CH(CH_3)-CH_3$
c. $CH_3-CH(CH_3)-CH=CH-CH_2-$
   $CH(CH_3)-CH_3$

I derivati degli idrocarburi

Indica la risposta corretta

33. In quali dei seguenti composti organici è presente il gruppo ossidrile —OH?

A aldeidi $\quad$ B chetoni $\quad$ C alcoli $\quad$ D esteri

34. In generale, quale parte di una molecola organica è idrofoba?

- [A] ~~la catena carboniosa~~ ✗
- [B] tutti i gruppi funzionali
- [C] i gruppi —NH_2
- [D] i gruppi —OH

35. Fra i seguenti composti, quale ha temperatura di ebollizione più elevata? *bisogna guardare catena + lunga*

- [A] metanolo *alcoli*
- [B] propano
- [C] etanolo ✗
- [D] propene

36. Quale dei seguenti composti è più solubile in acqua?

- [A] etanolo ✗
- [B] etandiolo → *2 gruppi -OH*
- [C] cloroetano *non sono solubili*
- [D] dicloroetano

37. Che cos'è il glicerolo?

- [A] un triolo ⟹ *3 gruppi OH* ✗
- [B] un diolo
- [C] un acido grasso
- [D] un grasso

38. Osserva la formula seguente che si riferisce all'acido lattico.

C he 4 sostituenti ≠ carbonio chirale (può fare isomeria ottica)

Da essa si può dedurre

- [A] che esistono due <u>isomeri ottici</u> dell'acido lattico ✗
- [B] che esistono due isomeri cis-trans dell'acido lattico
- [C] che non esistono isomeri dell'acido lattico
- [D] che l'acido lattico è insolubile in acqua

39. 🇬🇧 Phospholipids, DNA, RNA, and ATP all contain

- [A] amide groups
- [B] carboxyl groups
- [C] phosphate groups ✗
- [D] hydroxyl groups

Completa la frase

40. Nelle ammine un atomo di azoto è legato ad atomi di *idrogeno* e/o atomi di *carbonio*. Possono essere considerate derivate dell'*ammoniaca* per sostituzione di uno o più atomi di idrogeno con un gruppo *alchilico* R o *arilico* Ar.

41. Il nylon è una poli *ammide* che si ottiene per reazione di un acido *dicarbossilico* e una ammina *con 2 gruppi funzionali*.

Vero o falso?

42. Gli alogenoderivati alifatici sono più solubili in acqua dei corrispondenti alcoli. V ✗F

43. Gli acidi carbossilici sono acidi forti. ✗V F

44. Gli acidi grassi sono trigliceridi. V ✗F

45. 🇬🇧 Amines are basic in nature. ✗V F

Applica

46. Assegna il nome ai seguenti composti. *+ posto + basso*

a.
alcol 2-METIL 4, PENT 4, olo

b.
etere

c.
2 metil-propanolo

47. Completa la seguente tabella.

n° di atomi di C	Classe di composti	Gruppo funzionale	Formula grezza	Una possibile formula razionale
2	alcoli	R-OH	C_2H_5OH	-C̶ -C̶ -OH
2	eteri	—O—	C_2H_6O	CH_3—O—CH_3
4	chetoni	C=O *R˶ ˶R*	C=O *CH_2˶ ˶CH_2*	
2	*acido carbossilico*	—COOH	CH_2-COOH	
4	esteri	—COO—	CH_2-COO-CH_2	
1	*ammina*	NH_2		CH_3—NH_2
2	*gruppo CO-NH ammidico*			CH_3—CO—NH—CH_3

Le reazioni

Indica la risposta corretta

48. Quale, fra le seguenti, è una reazione di addizione?

- [A] $CH_2{=}CH_2 + H_2O \rightarrow CH_3{-}CH_2{-}OH$ ✗
- [B] $CH_3{-}CH_2{-}OH + HCl \rightarrow CH_3{-}CH_2{-}Cl + H_2O$
- [C] $CH_3{-}CH_2{-}OH \rightarrow CH_2{=}CH_2 + H_2O$
- [D] $CH_3{-}CH_2{-}OH \rightarrow CH_3{-}CH_2{-}CH{=}O + H_2$

49. Quale, fra le seguenti, è una reazione di sostituzione?

- [A] $CH_2{=}CH_2 + H_2O \rightarrow CH_3{-}CH_2{-}OH$
- [B] $CH_3{-}CH_2{-}OH + HCl \rightarrow CH_3{-}CH_2{-}Cl + H_2O$

C $CH_3-CH_2-OH \rightarrow CH_2=CH_2 + H_2O$

D $CH_3-CH_2-OH \rightarrow CH_3-CH_2-CH=O + H_2$

50. In quale delle seguenti sequenze i vari composti hanno un atomo di carbonio in uno stato di ossidazione maggiore del precedente?

A alcoli < aldeidi < chetoni

B acidi carbossilici < aldeidi < chetoni

C aldeidi < alcoli < acidi carbossilici

D alcoli < aldeidi < acidi carbossilici

51. Quale tipo di reazione è la seguente, che avviene fra un alcol e un'aldeide?

A addizione elettrofila

B addizione nucleofila

C sostituzione nucleofila

D eliminazione

52. Con quale delle seguenti reazioni si ottiene un estere?

A per reazione fra due alcoli

B per reazione fra due acidi carbossilici

C per reazione fra un acido carbossilico e un'ammina

D per reazione fra un acido carbossilico e un alcol

53. 🇬🇧 Which of the following reactions will yield an amide?

A The reaction between two amines.

B The reaction between an alcohol and an amine.

C The reaction between a carboxylic acid and an amine.

D The reaction between an amine and an aldehyde

Completa la frase

54. Una reazione di addizione si verifica quando una molecola si unisce a un'altra senza altri .... Il reagente organico ha un legame ...., che si scinde producendo due legami .... La reazione di elimina-

zione, al contrario, avviene quando in una molecola .... si scindono due legami .... per formare un legame .... con eliminazione di una .... molecola quasi sempre ....

55. Nelle reazioni di sostituzione si scinde un legame .... e se ne forma uno nuovo con un altro atomo o gruppo atomico. L'atomo o il gruppo che si stacca dalla molecola è detto gruppo ....

56. Nelle aldeidi e nei chetoni la polarità del gruppo .... lo rende soggetto ad attacchi .... sul carbonio. Un esempio è l'......................... di un alcol che porta alla formazione di un .... Successivamente questo composto può reagire con una seconda molecola di .... formando un ....

Vero o falso?

57. Le reazioni di sostituzione nucleofila sono caratteristiche degli alcoli e degli alogenoderivati alifatici. **V F**

58. Le reazioni di addizione sono caratteristiche degli alcoli e degli alogenoderivati alifatici. **V F**

59. Le reazioni di eliminazione sono caratteristiche degli alcoli e degli alogenoderivati alifatici. **V F**

60. Per ossidazione di un alcol secondario si ottiene un chetone. **V F**

61. 🇬🇧 The hydration of alkenes yields alcohols. **V F**

62. 🇬🇧 The hydration of ethane yields ethanol. **V F**

Applica

63. 🇬🇧 Write an example for each of the following reactions.

a. alcohol + alcohol

b. alcohol + carboxylic acid

c. amine + carboxylic acid

64. Completa la tabella inserendo i composti che si ottengono per sostituzione nucleofila fra le specie indicate. Segui l'esempio svolto.

	nucleofilo Cl⁻	nucleofilo OH⁻	nucleofilo Br⁻	nucleofilo CH₃–O⁻
CH_3-Cl	—	$CH_3-OH + Cl^-$	$CH_3-Br + Cl^-$	$CH_3-O-CH_3 + Cl^-$
CH_3-OH				
CH_3-Br				
CH_3-O-CH_3				

1 Esercizi

Il laboratorio delle competenze

65. CACCIA ALL'ERRORE Qual è l'intruso fra le formule e i modelli seguenti?

a.

b.

c.

d. CH₃—CH₂—CH₂—CH₂OH

66. IPOTIZZA In quale modo procederesti per riconoscere in laboratorio due composti organici come i seguenti, che, a temperatura e pressione ambiente, sono liquidi e incolori?
a. CH₃—CH₂—CH₂—CH₂—CH₂—OH
b. CH₃—CH₂—CH₂—CH₂—CH₂—CH₃

67. OSSERVA E SPIEGA In base alla tua esperienza, l'etanolo (formula CH₃—CH₂—OH), ossia l'alcol presente nel vino, si scioglie in acqua?
▸Perché?

68. SPIEGA Che cosa accade mescolando insieme acqua ed esano (C_6H_{14})?
▸Quale dei due ha densità maggiore, per cui affonda sotto l'altro? Perché?

69. RESEARCH 🇬🇧 Research online for the products yielded by the combustion of tobacco. Explain why many of these products can cause cancer.

70. RICERCA Certi radicali liberi potrebbero formarsi nell'organismo in seguito a determinati processi metabolici.
▸Informati sulla loro composizione e sugli effetti dei radicali liberi nelle molecole biologiche.

71. IPOTIZZA Per quali ragioni gli scienziati si sono convinti che la formula del benzene non corrisponde a quella dell'1,3,5-cicloesatriene, ossia che la struttura del benzene non può avere legami π e legami σ alternati nell'anello?

72. RICERCA La cottura dei cibi può avvenire al massimo a 250 °C perché al di sopra di questo valore inizia ad avvenire la combustione delle molecole organiche per cui inizialmente si formano idrocarburi aromatici policiclici (IPA).
▸Informati su questi composti e scopri perché sono pericolosi.

73. EXPLAIN 🇬🇧 What are CFC gases?
▸Explain why they have been banned by the Montreal Protocol.

74. RICERCA Metano, propano, ottano, etanolo sono usati come combustibili.
▸Informati sui rispettivi poteri calorifici, cercando quanta energia (espressa in joule o in calorie) può essere ottenuta dalla combustione di un grammo (o un kilogrammo, o una mole) di combustibile.
▸Quale tra di essi ha il potere calorifico maggiore?

75. IPOTIZZA Una soluzione acquosa contenente un acido carbossilico ha maggiore, minore o uguale conducibilità elettrica rispetto all'acqua distillata?
▸Perché?

Le biomolecole

1. Le molecole della vita

> La **biosfera** è lo strato del nostro pianeta in cui vivono, crescono, interagiscono e si riproducono gli **organismi viventi**, tra i quali la nostra stessa specie. Fisicamente, la biosfera comprende gli strati più bassi dell'*atmosfera*, il suolo e uno strato di sottosuolo (parti della *litosfera*) e tutte le masse d'acqua, cioè l'*idrosfera* (**figura ■ 2.1**).

Figura ■ 2.1
La biosfera e le sue dinamiche comprendono e dipendono dal mondo dell'aria (atmosfera), da parti di quello geologico (litosfera) e da quello dell'acqua (idrosfera).

Non si tratteranno, in questa sede, le singolari e meravigliose proprietà che rendono un corpo «vivo», ma si esamineranno le sostanze che compongono e caratterizzano tutti gli esseri viventi.

Ogni organismo, come ogni parte del nostro pianeta e dell'Universo conosciuto, è costituito da **particelle elementari** che, aggregate, formano gli **atomi**. Tutti gli atomi che compongono i viventi, che ne costituiscono l'ambiente e l'intero pianeta si sono originati prima che la Terra stessa si formasse (escludendo i pochissimi che si formano tuttora nel corso dei processi nucleari). Infatti, tutta questa materia componeva la nebulosa che ha dato origine al Sole e a tutti i corpi del Sistema solare.

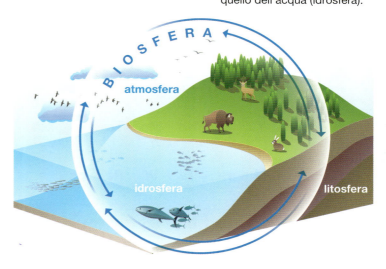

Gli atomi interagiscono continuamente fra loro formando legami chimici, e ciò avviene anche nella biosfera, dove le molecole vanno incontro a reazioni chimiche che trasformano continuamente gli organismi viventi.

La materia che costituisce un organismo vivente non è quindi «insolita» o «diversa» da ogni altro tipo di materia presente sulla Terra, tuttavia ha delle particolarità che rendono possibili i meccanismi dei processi vitali. I viventi, per esempio, sono capaci di «autocostruirsi»: ciò significa che riescono a incorporare alcune sostanze prelevate dal loro ambiente e trasformarle in altre che vanno a costituire il loro stesso organismo. Tutto ciò avviene grazie a un articolato sistema di reazioni chimiche nelle quali sono coinvolte molecole particolari, con strutture piuttosto complesse, capaci di «riconoscere» specificamente altre molecole e farle reagire.

In altre parole, le molecole che caratterizzano i sistemi biologici possono essere definite come *complesse, composite, articolate*. In pratica, in gran parte, si tratta di **macromolecole** con strutture molto specifiche. È possibile descrivere e comprendere la struttura e il lavoro delle macromolecole dei viventi, chiamate anche **biomolecole**, grazie a quanto appreso finora con lo studio della chimica organica.

Ricorda

Le **macromolecole** sono molecole di elevato peso molecolare che comprendono centinaia o migliaia di atomi. I **polimeri**, sono composti da macromolecole che, a loro volta, sono costituite da unità di ripetizione, ripetute per un numero altissimo di volte (per **polimerizzazione**). I monomeri sono le sostanze da cui si ottengono i polimeri.

Gli elementi e le sostanze negli organismi viventi

Quali sono gli elementi più rappresentati nei viventi (**figura** ■ 2.2)?

▶ Il 96% della materia biologica è composto da atomi di solo quattro elementi: **carbonio** (C), **idrogeno** (H), **ossigeno** (O), **azoto** (N). Il 4% rimanente è ripartito fra **fosforo** (P), **zolfo** (S), **sodio** (Na), **potassio** (K), **calcio** (Ca), **cloro** (Cl); infine, solo lo 0,01% è composto da altri atomi che sono chiamati **oligoelementi**.

Figura ■ 2.2
In questa tavola periodica sono evidenziati gli elementi che costituiscono il 99,99% della materia vivente.

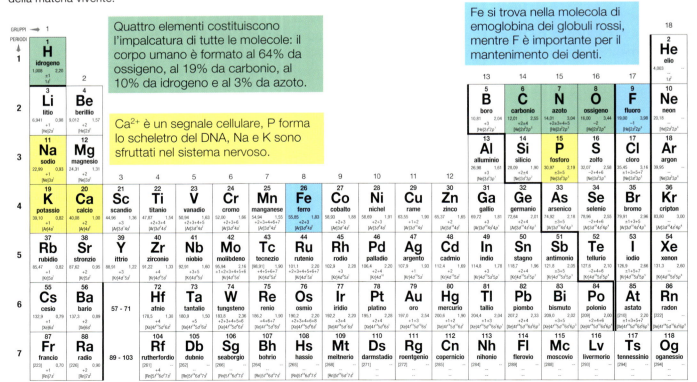

Gli atomi di questi elementi compongono le sostanze inorganiche e organiche che, nel complesso, sono presenti nelle cellule degli organismi viventi.

I composti *inorganici* principali sono **acqua** e **sali** (per la maggior parte dissociati in ioni e disciolti in acqua), mentre i composti *organici* o *biomolecole* sono **carboidrati**, **lipidi**, **proteine** e **acidi nucleici**.

Verranno esaminate ora singolarmente queste sostanze che, interagendo tra loro, assicurano i complessi meccanismi che rendono *vivo* ogni organismo.

L'acqua è l'ambiente di reazione

▶ *Ogni* parte di *ogni* organismo contiene acqua allo stato liquido che discioglie e disperde *ogni* altro componente.

Le cellule che compongono ogni organismo contengono acqua al loro interno (nel citosol) e sono immerse a loro volta in un «velo» d'acqua (la matrice extracellulare). L'acqua costituisce il 65% della massa dell'uomo adulto, nella medusa il 95%, nella carota l'88%. Il sangue, la saliva, le lacrime, il sudore, lo sperma, la linfa che scorre nelle piante sono soluzioni e dispersioni acquose. Inoltre, tutti gli organismi scambiano continuamente acqua con il proprio ambiente; per esempio, una persona adulta dovrebbe berne circa 2 L ogni giorno per reintegrare le perdite dovute all'evaporazione, la traspirazione e l'espulsione di urina.

L'aspetto che più di ogni altro si vuole mettere in evidenza è la capacità delle molecole d'acqua di *stabilire attrazioni intermolecolari con altre molecole e ioni*, poiché è proprio questo comportamento a rendere possibili tutte le interazioni biologiche. Le molecole d'acqua formano una «matrice» ben aggregata e coesa (unita) che permea ogni parte di ciascun organismo. Nelle piante l'acqua riesce a risalire dalle radici alle foglie anche per molti metri all'interno dei *vasi conduttori* senza che il flusso si interrompa: ciò è possibile grazie ai **legami a idrogeno** che le molecole d'acqua formano fra loro, assicurando al liquido un'elevata **coesione**.

Le cellule possiedono molte diverse varietà di sostanze molecolari e ioniche che interagiscono continuamente le une con le altre (**figura** ■ **2.3**).

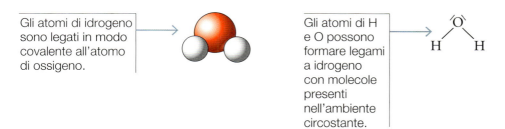

Gli atomi di idrogeno sono legati in modo covalente all'atomo di ossigeno.

Gli atomi di H e O possono formare legami a idrogeno con molecole presenti nell'ambiente circostante.

Figura ■ **2.3**
La struttura di una singola molecola d'acqua.

🇬🇧 **Biomolecules**
(**Biomolecole**)
Organic molecules that are produced in living organisms. They include carbohydrates, lipids, proteins and nucleic acids.

▶ Nei viventi, sostanze e ioni sono disciolti in acqua grazie a forze **intermolecolari**, tra cui i legami a idrogeno e le **interazioni ione-dipolo**. L'acqua, pertanto, costituisce **l'ambiente di reazione** dei processi chimici delle cellule.

Ecco alcuni esempi di molecole che si trovano in soluzione acquosa e che svolgono ruoli di primo piano nei processi vitali:

- il glucosio, gli amminoacidi, i nucleotidi sono disciolti in acqua grazie a *legami a idrogeno*;
- gli ioni come Na^+, K^+, Ca^{2+}, HCO_3^-, HPO_4^{2-} mostrano *interazioni ione-dipolo* con l'acqua;
- gas come O_2 e CO_2 mostrano *interazioni dipolo-dipolo indotto* con le molecole d'acqua.

Gli organismi viventi, grazie alla propria acqua, riescono a sostenere innalzamenti o abbassamenti della temperatura esterna senza che avvengano pericolose variazioni termiche al loro interno. In altre parole, l'acqua svolge una importante *funzione termoregolatrice* resa possibile dalla sua elevata **capacità termica**. L'acqua, infatti, richiede una notevole quantità di calore per innalzare la propria temperatura e presenta un valore più elevato della maggior parte delle altre sostanze.

sperimentando

L'acqua nelle piante

Materiali

- un sacchetto di plastica trasparente
- un elastico o uno spago
- alcune foglie fresche

Procedimento e osservazioni

- Inserisci le foglie bene asciutte nel sacchetto e chiudilo ben stretto con l'elastico (**A**). Dopo poche ore puoi osservare che il sacchetto è rivestito internamente di goccioline d'acqua (**B**). Ne puoi dedurre che l'acqua proviene dalla traspirazione delle foglie che, anche se apparentemente asciutte, la contengono all'interno dei loro tessuti.

Gli ioni favoriscono le reazioni biologiche

 Ion
(Ione)

An electrically charged atom or molecule. Ions can be either positively charges (*anions*) or negatively charged (*cations*).

Molte specie chimiche disciolte in acqua sono **ioni**. Se ne segnalano solo alcuni sottolineando che, in totale, le cariche positive e negative di tutti gli ioni si bilanciano, perciò ogni liquido biologico risulta elettricamente neutro.

- **Ioni sodio e potassio.** Ioni **sodio (Na^+)** e **potassio (K^+)**: sono coinvolti nella trasmissione dell'impulso nervoso in tutti neuroni (cellule nervose).
- **Ioni calcio.** Ioni **calcio (Ca^{2+})**: rendono possibile la contrazione dei muscoli e compongono sali solidi come il **fosfato di calcio** delle ossa e il **carbonato di calcio** delle conchiglie dei molluschi, sostanze che danno robustezza e sostegno a molti animali.
- **Ioni ferro.** Ioni **ferro (Fe^{2+}, Fe^{3+})**: sono componenti dell'emoglobina dei globuli rossi, la proteina che trasporta l'ossigeno nel sangue.
- **Ioni magnesio.** Ioni **magnesio (Mg^{2+})**: sono importanti per tutte le reazioni che avvengono nelle cellule e sono componenti della clorofilla, la molecola che permette la fotosintesi nelle parti verdi delle piante.
- **Ioni idrogenofosfato.** Ioni **idrogenofosfato (HPO_4^{2-})**, indicati con la sigla **P_i (fosfato inorganico)**: partecipano a tutti i processi energetici delle cellule e inoltre, uniti agli ioni calcio, formano la matrice solida delle ossa.
- **Ioni idrogenocarbonato.** Ioni **idrogenocarbonato (HCO_3^-)**: si formano quando il diossido di carbonio (CO_2) si scioglie e reagisce con l'acqua. Si tratta di reazioni che avvengono continuamente nelle cellule dei viventi e che ne mantengono l'acidità nei limiti vitali.

$$CO_2 + H_2O \rightleftharpoons H_2CO_3 \rightleftharpoons HCO_3^- + H^+$$

2. I carboidrati

> I **carboidrati** sono polimeri costituiti da carbonio, idrogeno e ossigeno. Sono detti anche *glucidi*, *glicidi*, *saccaridi* o, in generale, *zuccheri*. Le molecole di questi composti possiedono *gruppi ossidrili* (—OH) e pertanto sono **idrofile**.

Nei viventi i carboidrati svolgono ruolo centrale in quanto:

- hanno **funzione energetica** poiché, ossidandosi e decomponendosi, cedono alle cellule energia da sfruttare nelle varie attività biologiche, come per esempio il *glucosio*. Il loro valore energetico è mediamente di 4 kcal/g, pari a 16,7 kJ/g;
- hanno **funzione di riserva** perché garantiscono una «scorta» di molecole di glucosio da sfruttare in caso di necessità, come per esempio l'*amido* e il *glicogeno*;
- hanno **funzione strutturale**, in quanto costituiscono parti di sostegno e di protezione delle cellule, come per esempio la *cellulosa*.

In base al numero di monomeri di cui sono costituiti, i carboidrati sono classificati nelle tre categorie: *monosaccaridi*, *oligosaccaridi* e *polisaccaridi*.

I monosaccaridi sono gli zuccheri più semplici

I **monosaccaridi** hanno formula generale $C_nH_{2n}O_n$, per esempio il **glucosio** ($C_6H_{12}O_6$), il **fruttosio** (con la stessa formula grezza del glucosio, $C_6H_{12}O_6$, ma diversa formula di struttura), il **ribosio** ($C_5H_{10}O_5$) e il **desossiribosio** ($C_5H_{10}O_4$).

Sono sostanze solide cristalline costituite da carbonio, idrogeno e ossigeno. I gruppi funzionali caratteristici dei monosaccaridi sono *più gruppi ossidrile* (—OH) e *un gruppo carbonile* (C=O). Se il gruppo carbonile è all'estremità della catena la molecola è un'**aldeide**, se invece il C=O è intermedio nella catena, è un **chetone**: per esempio, il glucosio è un'aldeide e il fruttosio è un chetone, ma per entrambi la formula grezza è $C_6H_{12}O_6$, perciò sono due *isomeri di struttura* (**figura ■ 2.4**). In base al numero di atomi di carbonio i monosaccaridi prendono il nome di **triosi** (con tre atomi di C), **pentosi** (con cinque atomi di C), **esosi** ecc.

Monosaccharides
(Monosaccaridi)
Simple sugars having general formula $C_nH_{2n}O_n$. They represent the most basic components of carbohydrates.

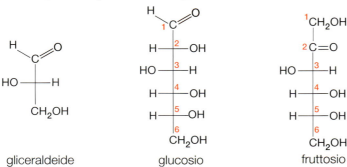

gliceraldeide   glucosio   fruttosio

Figura ■ 2.4
La gliceraldeide ha formula grezza $C_3H_6O_3$ ed è lo zucchero con funzione aldeidica a catena più corta. È un importante intermedio del metabolismo del glucosio. Il glucosio e il fruttosio sono isomeri con formula grezza $C_6H_{12}O_6$. Il glucosio ha un gruppo aldeidico (—CHO) il fruttosio è invece un chetone —CO—.

I monosaccaridi con 5 o 6 atomi di carbonio sono soggetti a una reazione interna con la quale la molecola si chiude su se stessa, formando un anello (**figura ■ 2.5**).

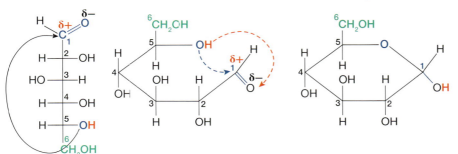

Figura ■ 2.5
La reazione porta alla chiusura dell'anello nei monosaccaridi come il glucosio.

La chiusura dell'anello è dovuta a un'**addizione** nucleofila del gruppo —OH nella posizione 5 della catena sul carbonio del gruppo carbonile. Quando il monosaccaride è in soluzione o allo stato liquido, la catena può ruotare, piegarsi e incurvarsi; in questo modo l'ossidrile in posizione 5, può trovarsi nella giusta posizione per attaccare il carbonio. In **figura** ▪ **2.6** sono rappresentate le formule a catena chiusa di diversi monosaccaridi che incontreremo spesso più avanti.

Figura ▪ **2.6**
Esempi di monosaccaridi: glucosio, fruttosio, galattosio, ribosio e desossiribosio.

Glucosio: formula grezza $C_6H_{12}O_6$

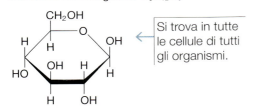

Si trova in tutte le cellule di tutti gli organismi.

Fruttosio: formula grezza $C_6H_{12}O_6$

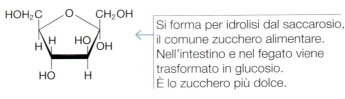

Si forma per idrolisi dal saccarosio, il comune zucchero alimentare. Nell'intestino e nel fegato viene trasformato in glucosio. È lo zucchero più dolce.

Galattosio: formula grezza $C_6H_{12}O_6$

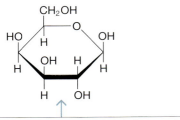

Si forma per idrolisi del disaccaride lattosio, zucchero del latte. Il fegato lo trasforma in glucosio.

Ribosio: formula grezza $C_5H_{10}O_5$

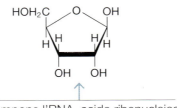

Compone l'RNA, acido ribonucleico e l'ATP, adenosintrifosfato.

Desossiribosio: formula grezza $C_5H_{10}O_4$

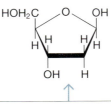

La formula deriva da quella del ribosio, ma si differenzia per l'assenza di un atomo di ossigeno da cui il prefisso desossi. Compone il DNA, l'acido desossiribonucleico.

In seguito alla chiiusura dell'anello l'atomo di carbonio in prima posizione C_1 cambia la propria geometria da trigonale planare a tetraedrica e si trova a essere legato a quattro sostituenti diversi (stereocentro). Si possono così formare due stereoisomeri chiamati **anomeri**, che si distinguono per la posizione del gruppo ossidrile (**figura** ▪ **2.7**): l'**anomero α** ha l'ossidrile in posizione *trans* rispetto al gruppo —CH_2OH, (e viene disegnato *in basso* rispetto all'anello), mentre l'**anomero β** lo ha in *cis* (*in alto* rispetto all'anello).

Questo concetto è rilevante quando due o più monosaccaridi si uniscono per formare un carboidrato più complesso.

Figura ▪ **2.7**
La posizione del gruppo ossidrile legato al C_1 permette di distinguere l'anomero α da quello β.

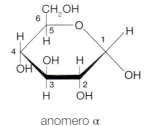

anomero α

anomero β

I disaccaridi e gli altri oligosaccaridi

🇬🇧 **1,4 Glycosidic bond**
(Legame glicosidico)
A covalent bond that links the carbon-1 of one monosaccharide and the carbon-4 of another monosaccharide to form a disaccharide.

Gli **oligosaccaridi** sono brevi polimeri formati dalla condensazione di poche molecole di monosaccaride (fino a una decina). A tenere uniti due monomeri è un legame chiamato **glicosidico** (**figura** ▪ **2.8** a pagina seguente), in cui un atomo di ossigeno fa da ponte fra il carbonio in posizione 1 di un monosaccaride e quello in posizione 4 (legame 1⟶4 glicosidico) oppure in posizione 6 (legame 1⟶6 glicosidico) del secondo. Il risultato più semplice è la formazione dei **disaccaridi**, costituiti da due sole unità di monomero. Il disaccaride più noto è il **saccarosio**, il comune zucchero ali-

Reazione di condensazione di due monomeri nella formazione di un disaccaride

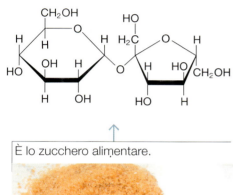

glucosio + fruttosio ⇌ saccarosio + H_2O

Figura ■ 2.8
Schema della reazione di condensazione di due monomeri (glucosio e fruttosio) per formare un disaccaride, il saccarosio. La reazione inversa, l'idrolisi, fornisce nuovamente i due monomeri.

mentare, ottenuto dalla condensazione di una molecola di glucosio con una di fruttosio (figura ■ 2.9); altri disaccaridi sono il **lattosio** (glucosio + galattosio) e il **maltosio** (glucosio + glucosio).

Saccarosio: formula grezza $C_{12}H_{22}O_{11}$

Lattosio: formula grezza $C_{12}H_{22}O_{11}$

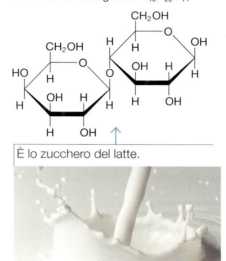

È lo zucchero alimentare.

È lo zucchero del latte.

Figura ■ 2.9
Due formule di disaccaridi, il saccarosio e il lattosio.

Dalla reazione di idrolisi dei disaccaridi e degli altri oligosaccaridi si ottengono i rispettivi monosaccaridi.

Oltre ai disaccaridi, esistono oligosaccaridi con catene di poche unità, anche ramificate in cui si ha la formazione di un secondo legame glicosidico da parte di una unità di glucosio.

Di particolare importanza sono gli oligosaccaridi uniti a lipidi o proteine che compongono le **glicoproteine** e i **glicolipidi** di membrana. Essi hanno strutture variabili, diverse da organismo a organismo, per cui possono essere riconosciuti da altre cellule, svolgendo l'importante funzione di *marcatori cellulari*. Un esempio è quello degli antigeni presenti sui globuli rossi, che determinano i gruppi sanguigni nel sistema AB0.

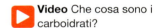

Video Che cosa sono i carboidrati?

Scarica **GUARDA**! e inquadrami per guardare i video

I polisaccaridi: amido, glicogeno e cellulosa

> **Amidi**, **cellulosa**, **glicogeno** sono **polisaccaridi** e, in particolare, polimeri del glucosio.

Ciò significa che si ottengono per condensazione del glucosio il quale, a propria volta, è il prodotto dell'idrolisi di tutti e tre i polimeri. Le diversità fra questi tre polisaccaridi risiedono nel modo con cui le unità di monomero sono legate fra loro. Ciascun polisaccaride viene prodotto con una specifica reazione di condensazione catalizzata da un proprio enzima; allo stesso modo, gli enzimi che determinano l'idrolisi sono specifici per ognuno.

 Starch
(Amido)
The form in which glucose molecules are stored in plants as energy storage.

Gli **amidi** costituiscono il materiale di riserva delle piante, che li conservano in speciali cellule situate nelle foglie, nel fusto, nelle radici e nei semi (**figura ■ 2.10**).

Figura ■ 2.10
A. Alimenti amidacei.
B. Granuli di amido in cellule di patata.
C. Struttura dell'amido.

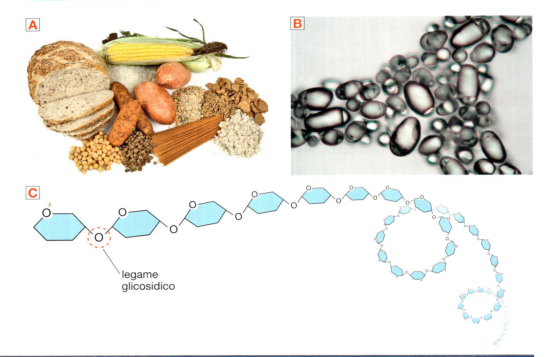

legame glicosidico

per *saperne di più*

Enantiomeri D o L?

La maggior parte dei monosaccaridi presenti nei viventi è rappresentata da enantiomeri D. La lettera D all'inizio del nome dei carboidrati si riferisce alla struttura del *penultimo* atomo di carbonio della catena (nel glucosio e nel fruttosio è in posizione 5). Si tratta di un carbonio unito a quattro sostituenti diversi: si definisce D l'enantiomero con l'ossidrile (—OH) scritto a *destra*, L l'enantiomero con l'ossidrile a *sinistra*.

Per capire meglio, si esamini la molecola di glucosio concentrando l'attenzione sull'atomo di carbonio in posizione 5: si può notare che forma quattro legami semplici, perciò ha geometria tetraedrica; inoltre è legato a quattro atomi o gruppi di atomi diversi fra loro: un atomo di idrogeno, un gruppo ossidrile, il gruppo di atomi unito al carbonio in posizione 6 e un altro gruppo (diverso dal precedente) legato al carbonio 4. Dunque, i quattro gruppi possono disporsi in due modi distinti (ma non sovrapponibili) di cui l'uno è immagine speculare dell'altro, formando due **enantiomeri** o **isomeri ottici**, D-glucosio e L-glucosio.

Per distinguere la forma tridimensionale delle due molecole speculari si possono impiegare le **proiezioni di Fischer**, una convenzione che adotta i seguenti accorgimenti:

■ la catena di atomi di carbonio è scritta verticalmente, in modo lineare, con il gruppo carbonile in alto;

■ i due legami scritti orizzontalmente (—H e —OH) si dirigono verso l'osservatore dal piano della molecola;

■ i legami scritti verticalmente vanno in direzione opposta rispetto al piano della molecola.

Anche negli altri monosaccaridi si prende in considerazione il carbonio che presenta quattro gruppi diversi ed è posizionato più lontano rispetto al gruppo carbonile, cioè il penultimo nella catena, e si adotta la stessa convenzione.

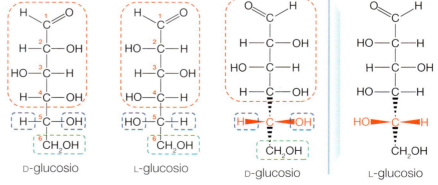

D-glucosio   L-glucosio   D-glucosio   L-glucosio

All'occorrenza, gli amidi vengono idrolizzati fornendo glucosio per la respirazione cellulare. L'uso del plurale per il termine *amidi* è dovuto al fatto che se ne conoscono due varietà diverse, con struttura lineare e ramificata: amilosio e amilopectina.

L'**amilosio** è costituito da macromolecole con migliaia di unità di glucosio (circa 4000) unite da un legame 1,4-glicosidico, come nel maltosio. Le catene sono continue e non ramificate. L'**amilopectina**, invece, ha una struttura più compatta e ramificata. Gli enzimi riversati nell'apparato digerente idrolizzano le molecole di amilosio e di amilopectina producendo dapprima *oligosaccaridi*, poi *maltosio* e infine *glucosio* (**figura ▪ 2.11**). Il glucosio, dopo aver attraversato le pareti del canale digerente, si immette nel sangue destinato al fegato, che lo elabora producendo glicogeno.

Gli amidi contenuti nei semi dei cereali (frumento, mais, riso) forniscono la maggior parte delle calorie alimentari all'intera umanità sin dai primi impieghi dell'agricoltura.

Alimenti contenenti carboidrati
(farinacei, cereali, patate, legumi)

Amido (polisaccaride)
enzimi digestivi

Maltosio (disaccaride)
enzimi digestivi

Glucosio (monosaccaride)

Figura ▪ 2.11
Schema della digestione degli amidi contenuti negli alimenti. Nel nostro sistema digerente, operano diversi enzimi, che degradano i polisaccaridi in glucosio, lo zucchero che fornisce energia chimica a tutte le nostre cellule.

Anche la **cellulosa**, come gli amidi, è un polisaccaride costituito da centinaia di unità di glucosio. Se ne differenzia per la struttura che presenta catene di unità di glucosio affiancate l'una all'altra (**figura ▪ 2.12**). Grazie a tale disposizione, la cellulosa forma fasci di fibre che costituiscono le *pareti cellulari* e le *strutture di sostegno* nelle piante.

A differenza degli amidi (nei quali si ripete l'anomero α del glucosio), le catene di cellulosa derivano dalla condensazione dell'anomero β.

Gli enzimi digestivi prodotti dall'uomo non riescono a scindere i legami β-glicosidici. La cellulosa attraversa pressoché inalterata il nostro canale digerente. Le **fibre** indigeribili di cui molti alimenti sono ricchi (farine integrali, verdure) non

Cellulose
(Cellulosa)
A polysaccharide consisting of several hundred D-glucose molecules bound together to form linear chains. It plays a key role as a structural component in green plants.

Figura ▪ 2.12
A. Vegetali, ricchi di cellulosa.
B. Le pareti delle cellule vegetali contengono cellulosa.
C. Struttura della cellulosa.

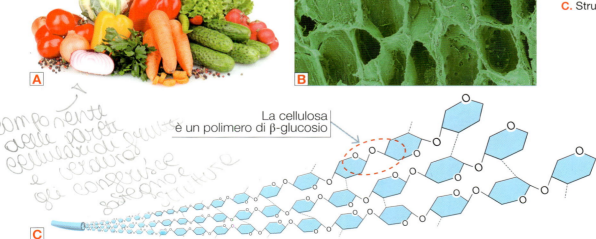

La cellulosa è un polimero di β-glucosio

hanno pertanto funzione energetica, ma favoriscono la digestione contribuendo alla degradazione del cibo nello stomaco e nell'intestino; inoltre, le fibre mantengono e favoriscono il transito del cibo nell'intestino e sono funzionali per la buona salute della nostra flora intestinale (batteri utili alla digestione e alla produzione di vitamine).

Gli animali *ruminanti*, come bovini e ovini, riescono invece a sfruttare l'energia contenuta in queste molecole grazie all'azione degli enzimi prodotti non dalle proprie cellule ma da microrganismi che vivono in simbiosi nel loro apparato digerente.

Il **glicogeno** (**figura** ■ 2.13) è un polisaccaride del glucosio sintetizzato dal fegato e dalle cellule muscolari dei vertebrati, con struttura simile a quella degli amidi ramificati; costituisce una riserva di glucosio per l'organismo, che lo scinde quando è necessario. Ha molecole anche più ramificate dell'amilopectina e più compatte. Il maggior numero di ramificazioni (e quindi di estremità libere) consente una più rapida mobilizzazione rispetto agli amidi.

🇬🇧 **Glycogen**
(Glicogeno)
The form in which glucose molecules are stored in animal cells as energy storage. In humans, glycogen is mainly found in the liver.

Figura ■ 2.13
A. Posizione del fegato nell'uomo. Nell'organo viene immagazzinato, per la maggior parte, il glicogeno derivato dai carboidrati.
B. Granuli di glicogeno (di colore più scuro) depositati nelle cellule del fegato.
C. Struttura del glicogeno.

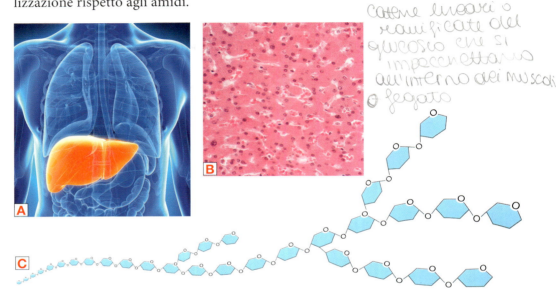

catene lineari o ramificate del glucosio che si impacchettano all'interno dei muscoli e fegato

per saperne di più

La chitina

La chitina è un amminozucchero, ha una struttura simile a quella della cellulosa, con la differenza che i monomeri possiedono anche atomi di azoto. Conferisce resistenza e impermeabilità all'*esoscheletro* degli insetti (il rivestimento esterno rigido, le ali ecc.) e di altri artropodi (crostacei, scorpioni ecc.). Si trova anche nei rivestimenti di alcuni invertebrati (conchiglie dei molluschi) e nelle pareti cellulari dei funghi; dopo la cellulosa, è il biopolimero più abbondante in natura.

Figura ■ A
Struttura chimica della chitina, con il gruppo azotato in evidenza.

Figura ■ B
La chitina forma i rivestimenti esterni di molti artropodi, come i coleotteri.

Figura ■ C
La chitina è un componente importante della parete cellulare dei funghi.

3. I lipidi

▶ I **lipidi** costituiscono un gruppo di biomolecole piuttosto eterogenee per struttura; hanno la caratteristica comune di essere *insolubili in acqua* e solubili in solventi come etere, acetone e idrocarburi.

Sono costituiti da atomi di carbonio, idrogeno e ossigeno e, nelle molecole dei soli fosfolipidi, anche da fosforo. Si distinguono in quattro gruppi principali: *trigliceridi, fosfolipidi, cere* e *steroli*. A differenza delle altre biomolecole, i lipidi non sono dei polimeri formati da unità di ripetizioni sempre uguali.

I trigliceridi o grassi

Chimicamente, si tratta di *esteri* ottenuti dalla condensazione del *glicerolo* con tre *acidi grassi* (**figura ■ 2.14**); si ricorda che il glicerolo è un *alcol* con tre atomi di carbonio e tre gruppi ossidrili, —OH, mentre gli acidi grassi sono *acidi carbossilici* a catena lunga e lineare.

Figura ■ 2.14
Dalla condensazione dell'alcol glicerolo con tre catene di acidi grassi si ottiene un trigliceride, o grasso, con liberazione di tre molecole di acqua.

glicerolo + 3 acidi grassi ⟶ trigliceride + 3H₂O

I grassi nell'organismo umano hanno funzione di riserva energetica e vengono immagazzinati nelle cellule *adipose*. In base alla natura degli acidi grassi che li costituiscono, i trigliceridi si distinguono in *saturi* e *insaturi* (**figura ■ 2.15A**).

glicerolo   tre molecole di acidi grassi

acido grasso saturo
acido grasso saturo
acido grasso insaturo

A **B** **C**

Figura ■ 2.15
A. Struttura generica di un trigliceride.
B. Fonti di grassi saturi, generalmente solidi a temperatura ambiente, sono le carni e i latticini.
C. Fonti di grassi insaturi, generalmente liquidi a temperatura ambiente, sono gli oli e i grassi contenuti nella frutta secca, nei semi oleosi e in frutti come l'avocado; ricchi di grassi insaturi sono anche pesci come il salmone.

legami semplici

Phospholipids (Fosfolipidi)

Amphiphilic molecules which are major components of cell membranes. *con cui viene aggiunta l'H₂O il doppio legame si rompe diventano saturi e si impacchettano*

■ Nei **grassi saturi**, le catene di atomi di carbonio degli acidi grassi sono prive di legami multipli (doppi o tripli); sono prevalentemente di origine animale (carni e latticini) e sono solidi a temperatura ambiente, come il grasso della carne e il burro (figura ■ 2.15B).

■ I grassi **insaturi** possiedono doppi legami nelle catene idrocarburiche dei loro acidi grassi. Alcuni sono di origine vegetale, liquidi a temperatura ambiente e sono chiamati **oli**, come quelli di oliva, o quelli contenuti nella frutta secca e nei semi oleosi; altri grassi insaturi si trovano nel pesce, come nel salmone (figura ■ 2.15C).

doppi o tripli 2 o 3 genera pieghe all'interno della molecola

Nell'alimentazione umana, pochissimi acidi grassi (come gli acidi *linoleico* e *linolenico*) sono detti *essenziali*: ciò significa che devono essere assunti con la dieta, in quanto l'organismo non riesce a sintetizzarli a partire da altre molecole.

⊕ *Grassi idrogenati → in alcune patatine e cibi confezionati vengono dalla reazione di idrogenazione dell'olio di colza o di cotone*

I fosfolipidi

Hanno struttura simile ai trigliceridi, ma con una notevole differenza: uno degli acidi grassi è sostituito da un **gruppo fosfato** (figura ■ 2.16). Questo gruppo funzionale ha la caratteristica di essere *idrofilo*, poiché possiede una carica negativa con la quale può stabilire un'interazione ione-dipolo con l'acqua. In ogni molecola di fosfolipide, pertanto, si riconosce *una parte idrofila* (il gruppo fosfato, detto «**testa**») e *due catene idrofobe* (le «**code**»). Questa particolarità (testa idrofila e code idrofobe) rende i fosfolipidi adatti per costituire *tutte* le membrane di *tutte* le cellule: essi si dispongono infatti spontaneamente formando uno **doppio strato molecolare** nel quale le code di uno strato sono rivolte verso le code del secondo strato, mentre le teste sono rivolte all'esterno dello strato, verso l'interno (*citosol*) e verso l'esterno della cellula. Il potere energetico dei lipidi alimentari è di circa 37,7 kJ/g (9,0 kcal/g).

Figura ■ 2.16
A. B. Struttura generica di un fosfolipide, con la testa idrofila contenente il gruppo fosfato, e le due code idrofobe di acidi grassi.
C. Disposizione spontanea dei fosfolipidi in doppio strato a formare una membrana cellulare, con le teste idrofile rivolte verso il citoplasma (l'interno) e verso l'esterno delle cellule e le code idrofobe a contatto tra loro al centro del doppio strato.

funzione impermeabile

sia negli animali che nei vegetali (= funzione protettiva) + impedisce la disidratazione

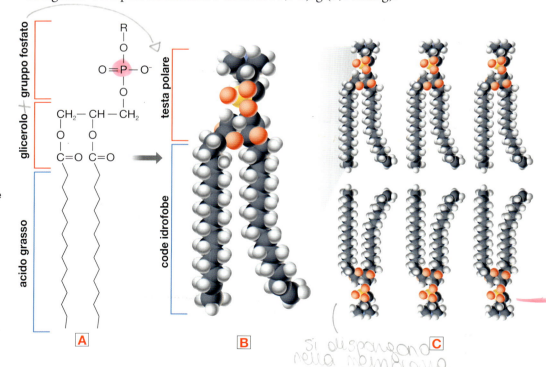

si dispongono nella membrana plasmatica in un doppio strato, modello a mosaico fluido

Le cere

Sono *esteri* di *acidi grassi* con *alcoli monovalenti* (cioè, con un solo gruppo ossidrile) (figura ■ 2.17). Hanno funzione protettiva e impermeabilizzante; per esempio, nelle piante difendono le foglie e i frutti dalla disidratazione. Sono prodotte anche nel mondo animale, come la cera d'api negli alveari o la lanolina nel mantello delle pecore.

$$R'{-}OH \; + \; HO{-}\overset{\overset{\displaystyle O}{\|}}{C}{-}R'' \; \underset{}{\overset{H^+}{\rightleftharpoons}} \; R{-}O{-}\overset{\overset{\displaystyle O}{\|}}{C}{-}R'' \; + \; H_2O$$

A | alcol | acido grasso | cera

Figura ■ 2.17
A. Reazione che dà origine alle cere, esteri di un acido grasso con un alcol monovalente.
B.C. Sono cere quella d'api, che compone le cellette degli alveari, e la lanolina che impermeabilizza e protegge il vello delle pecore, da cui si ricava la lana.

Gli steroidi *+ sono apolari*

Sono lipidi con struttura completamente diversa dai precedenti (**figura ■ 2.18**) caratterizzata da un sistema di quattro anelli di atomi di carbonio. Comprendono una varietà di molecole (tutte insolubili in acqua) con svariate funzioni: il *colesterolo* costituisce le membrane cellulari disponendosi fra le code idrofobiche dei fosfolipidi; *aldosterone, testosterone, estradiolo, progesterone* sono esempi di **ormoni steroidei**, cioè sostanze che regolano la funzioni corporee a lungo termine.

Cholesterol
(Colesterolo)
A lipid which is a major component of animal cell membranes.

colesterolo *4 anelli condensati*

progesterone

testosterone

Figura ■ 2.18
Formule di alcuni steroidi, tutti ormoni presenti nel nostro organismo.

Le vitamine liposolubili

Le **vitamine** rappresentano un gruppo molto vario di sostanze organiche, che sono necessarie al metabolismo e che devono essere introdotte mediante il cibo, in quanto l'organismo non riesce a sintetizzarle. Le vitamine **A, D, E e K** hanno molecole idrofobe, perciò sono insolubili in acqua e devono essere veicolate nell'organismo mediante i lipidi:

Video Che cosa sono i lipidi?

- **Vitamina A** o **retinolo** si combina con una proteina (*opsina*) formando la *rodopsina*, una molecola responsabile del comportamento fotosensibile dei recettori della luce nella retina. È presente negli organismi animali. Le piante possiedono un suo precursore, il *β-carotene*, dal quale può essere sintetizzata.
- **Vitamina D** o **colecalciferolo** regola l'assorbimento intestinale di Ca^{2+} e di P e i processi di mineralizzazione delle ossa. È un costituente solo degli organismi animali, ma si forma anche per azione delle radiazioni ultraviolette sulla pelle.
- **Vitamina E** ha una funzione antiossidante ed è presente nei grassi di origine vegetale.
- **Vitamina K** promuove la sintesi della protrombina, una proteina responsabile della coagulazione del sangue. Si trova solo negli alimenti di origine vegetale, ma è sintetizzata anche dai batteri simbionti dell'intestino.

4. Le proteine

Insieme con gli acidi nucleici, le proteine sono le macromolecole biologiche più complesse e con le funzioni di regolazione più delicate e specifiche per la vita e la riproduzione degli organismi viventi.

Svolgono un ruolo da protagonista in ogni processo biologico (tabella ■ 2.1):

- *accelerano* le reazioni chimiche che altrimenti non avverrebbero, senza alterare l'equilibrio delle reazioni (**enzimi**);
- *incanalano* specifiche molecole o ioni attraverso la membrana cellulare (**proteine canale**);
- *riconoscono* delle molecole fra milioni di altre formando con loro specifici legami (**recettori molecolari**). Fra le molecole che svolgono il ruolo di riconoscimento si ricordano gli anticorpi, i quali individuano i microrganismi patogeni che infettano l'organismo;
- *trasmettono* specifici segnali ad altre molecole (**ormoni proteici**);
- *veicolano* delle molecole nel sangue o nelle cellule (**proteine di trasporto**);
- *danno forma e sostegno* a tutte le cellule, costituendo una rete di microtubuli e microfilamenti nel citoplasma (**citoscheletro**);
- *danno forma, sostegno, elasticità* ai tessuti connettivi (**collagene**, **elastina**); determinano la contrazione muscolare (**actina**, **miosina**).

Da un punto di vista nutrizionale le proteine alimentari hanno un potere energetico di 16,7 kJ/g pari a 4,0 kcal/g.

Proteins
(Proteine)
Organic macromolecules made of one of several long chains of amino acids linked together by peptide bonds.

Tabella ■ **2.1** Funzioni delle proteine.

Categoria	Funzione	Esempio
Enzimi	Sono i *catalizzatori biologici* da cui dipende il corretto andamento di tutte le reazioni che avvengono nell'organismo.	*Pepsina*: un enzima digestivo che agisce sulle proteine alimentari.
Proteine canale	Sono associate alle membrane delle cellule e regolano finemente l'ingresso e la fuoriuscita dalla cellula di specifiche molecole.	*Pompa sodio-potassio*: regola il flusso di questi ioni da e verso l'interno della cellula.
Proteine segnale e regolatrici	Indispensabili per indurre determinati processi cellulari.	*Insulina*: un ormone peptidico prodotto dal pancreas.
Recettori molecolari	Sono proteine che si legano alle *molecole segnale*, attivando o disattivando certi processi metabolici.	*Recettori di ormoni*: riconoscono i segnali sulla superficie cellulare e attivano i corretti processi interni.
Proteine di trasporto	Si legano a specifici atomi o molecole e li veicolano nell'organismo.	*Emoglobina*: trasporta O_2 e CO_2 nel sangue.
Proteine strutturali	Danno spessore, forma e resistenza alle cellule, ai tessuti e agli organi.	*Collagene*: irrobustisce tendini e legamenti.
Proteine contrattili	Determinano il movimento di cellule e organi.	*Actina* e *miosina*: muovono i muscoli.
Proteine di difesa	Agiscono nel sistema immunitario per la difesa dalle infezioni.	*Anticorpi*: intervengono su sostanze e cellule estranee all'organismo.

Gli amminoacidi, i monomeri delle proteine

Il comportamento specifico delle proteine è dovuto alla loro struttura molecolare caratterizzata da una **elevata complessità**. Le macromolecole proteiche infatti sono polimeri nei quali una lunga catena di unità molecolari (gli amminoacidi, **figura ▪ 2.19**) è ripiegata su se stessa più volte e aggregata ad altre catene o ad altre molecole non proteiche.

> Gli **amminoacidi** sono piccole molecole costituite da un atomo di carbonio centrale legato a un **gruppo amminico** (—**NH₂**), un **gruppo carbossilico** (—**COOH**), un atomo di **idrogeno** (—**H**) e una **catena laterale** formata da uno o più atomi e indicata con (—**R**).

A differenza dei carboidrati e dei grassi, le proteine contengono anche azoto (N), oltre a carbonio, ossigeno e idrogeno. Gli amminoacidi si differenziano fra loro in base alla struttura della catena laterale —R in cui può essere presente anche lo zolfo (S). Nei sistemi biologici, ve ne sono in tutto 20 (**figura ▪ 2.20**); alcuni sono definiti *essenziali*, ciò significa che è indispensabile assumerli con gli alimenti, in quanto il nostro organismo non riesce a sintetizzarli a partire da altre molecole.

Nella figura, dove sono illustrati i 20 amminoacidi, è evidenziata la distinzione fra

Figura ▪ 2.19
Formula generale di un amminoacido.

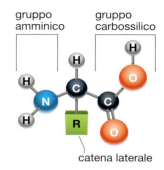

gruppo amminico   gruppo carbossilico

catena laterale

Figura ▪ 2.20
I 20 amminoacidi divisi in base alle caratteristiche dei gruppi —R. Si noti che cisteina e metionina contengono zolfo (in giallo).

Amminoacidi con catene laterali idrofile e dotate di carica elettrica

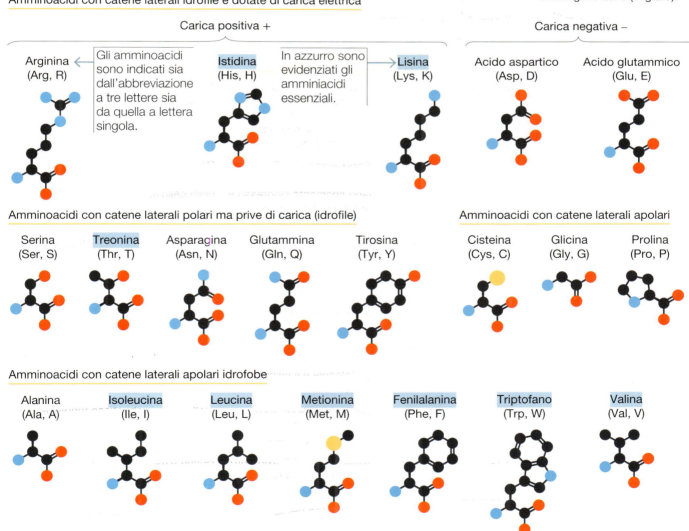

Carica positiva +

Arginina (Arg, R)

Gli amminoacidi sono indicati sia dall'abbreviazione a tre lettere sia da quella a lettera singola.

Istidina (His, H)

In azzurro sono evidenziati gli amminiacidi essenziali.

Lisina (Lys, K)

Carica negativa −

Acido aspartico (Asp, D)

Acido glutammico (Glu, E)

Amminoacidi con catene laterali polari ma prive di carica (idrofile)

Serina (Ser, S)

Treonina (Thr, T)

Asparagina (Asn, N)

Glutammina (Gln, Q)

Tirosina (Tyr, Y)

Amminoacidi con catene laterali apolari

Cisteina (Cys, C)

Glicina (Gly, G)

Prolina (Pro, P)

Amminoacidi con catene laterali apolari idrofobe

Alanina (Ala, A)

Isoleucina (Ile, I)

Leucina (Leu, L)

Metionina (Met, M)

Fenilalanina (Phe, F)

Triptofano (Trp, W)

Valina (Val, V)

catene laterali—R idrofobe e idrofile; inoltre, gli amminoacidi essenziali sono evidenziati in azzurro.

Escludendo la *glicina*, in cui la catena laterale è costituita da un singolo atomo di idrogeno (perciò —R coincide con —H), in tutti gli altri amminoacidi il carbonio centrale forma legami con *quattro sostituenti diversi*. Ne consegue la formazione di due **enantiomeri** distinti con struttura speculare, così come accade anche nei carboidrati. Per convenzione, sono **D** gli amminoacidi che presentano il gruppo amminico —NH₂ a destra dell'atomo di carbonio (nella formula di proiezione di Fischer), mentre sono **L** quelli che lo presentano a sinistra. In natura tutte le proteine sono costituite soltanto da L-amminoacidi.

Il legame tra gli amminoacidi

Le macromolecole proteiche derivano dalla reazione di condensazione fra amminoacidi, con la formazione di un legame ammidico chiamato **legame peptidico**, e la liberazione di una molecola d'acqua (**figura ▪ 2.21**). Dopo che due monomeri hanno reagito, rimangono libere le estremità con i gruppi carbossilico (—COOH) e amminico (—NH₂), che possono a loro volta reagire con altri amminoacidi, fino a raggiungere la lunghezza necessaria al completamento della catena.

🇬🇧 **Peptide bond**
(Legame peptidico)
A covalent bond that links the carbon atom in the carboxyl group of one amino acid to the nitrogen atom in the amino group of the next amino acid.

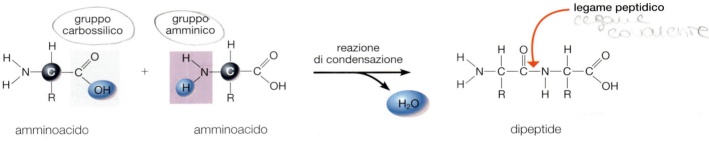

Figura ▪ 2.21
Condensazione tra due amminoacidi, con formazione di un dipeptide e liberazione di una molecola d'acqua.

La molecola ottenuta dall'unione di *due* amminoacidi è detta **dipeptide**, con *tre* amminoacidi si ottiene un **tripeptide** e così via fino al **polipeptide**, che presenta una sequenza lunghissima di unità.

La reazione di condensazione fra amminoacidi avviene nei **ribosomi**, gli organuli delle cellule in cui la corretta sequenza di monomeri da concatenare è dettata dalle «istruzioni» fornite dal **DNA**.

La struttura delle proteine ha diversi livelli

Esistono molte migliaia di proteine diverse anche in uno stesso organismo, le quali si differenziano tra loro proprio per la sequenza di amminoacidi, che può essere estremamente variabile.

Un polipeptide non è ancora una proteina completa. Le catene, derivate dall'unione degli amminoacidi in una *struttura primaria* (cioè la semplice sequenza dei monomeri), si ripiegano su se stesse in modo tridimensionale mediante legami fra i vari monomeri, assumendo conformazioni complesse e varie, chiamate struttura *secondaria*, *terziaria* e *quaternaria* (**figura ▪ 2.22**).

La **struttura primaria** è la sequenza di amminoacidi nella catena, ossia l'ordine con il quale si susseguono le diverse unità. La macromolecola proteica, a differenza dei polisaccaridi, è un *polimero non periodico*, cioè composto da una serie di amminoacidi che hanno un ordine diverso e unico.

Una volta formata, la catena di amminoacidi, data la presenza di gruppi polari, è in grado di stabilire legami a idrogeno. Ciò permette alla molecola di assestarsi in

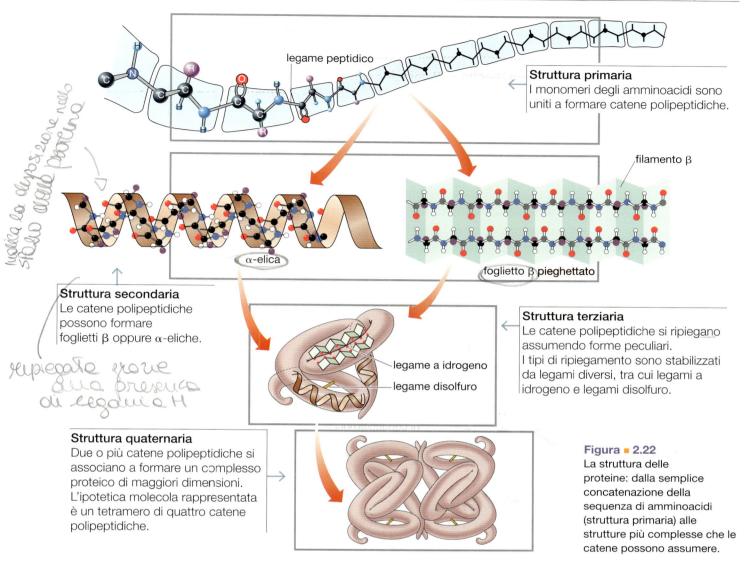

Struttura primaria
I monomeri degli amminoacidi sono uniti a formare catene polipeptidiche.

legame peptidico

filamento β

α-elica

foglietto β pieghettato

Struttura secondaria
Le catene polipeptidiche possono formare foglietti β oppure α-eliche.

indica la disposizione nello spazio degli atomi della proteina

ripiegate grazie alla presenza di legami H

Struttura terziaria
Le catene polipeptidiche si ripiegano assumendo forme peculiari.
I tipi di ripiegamento sono stabilizzati da legami diversi, tra cui legami a idrogeno e legami disolfuro.

legame a idrogeno
legame disolfuro

Struttura quaternaria
Due o più catene polipeptidiche si associano a formare un complesso proteico di maggiori dimensioni. L'ipotetica molecola rappresentata è un tetramero di quattro catene polipeptidiche.

Figura ■ 2.22
La struttura delle proteine: dalla semplice concatenazione della sequenza di amminoacidi (struttura primaria) alle strutture più complesse che le catene possono assumere.

due strutture alternative, che costituiscono la **struttura secondaria** della proteina:
- **α-elica**, nella quale la catena è avvolta su se stessa grazie a legami a idrogeno;
- **filamenti β** nei quali un tratto della catena è disteso in una disposizione a zig zag. Spesso più filamenti sono affiancati e uniti da legami a idrogeno come in figura ■ 2.22. Tale struttura è detta a **β piani** o **foglietti β**.

A loro volta le catene di amminoacidi si possono ripiegare anche mediante l'instaurarsi di legami fra le catene laterali: forze di van der Waals, legami a idrogeno o anche legami covalenti fra atomi di zolfo, detti *ponti disolfuro*, (—S—S—).

La proteina prende così la sua forma caratteristica, che rappresenta la **struttura terziaria**. Esistono **proteine globulari** con la forma tondeggiante e **proteine fibrose**, con struttura allungata e filamentosa. Nelle proteine globulari, all'esterno si trovano gli amminoacidi che formano legami con altre molecole, all'interno vi possono essere dei siti di riconoscimento specifici per particolari molecole o ioni. Molti enzimi sono proteine globulari, mentre tra le proteine filamentose è incluso il collagene.

La catena polipeptidica così formata e ripiegata può affiancarsi a un'altra catena e unirsi a essa con legami non covalenti, dando origine alla **struttura quaternaria**. Non tutte le proteine raggiungono questo livello, perché molte si fermano alla struttura terziaria. Un esempio di proteina quaternaria è l'emoglobina, formata da quattro subunità, ovvero quattro proteine in struttura terziaria.

Video Che cosa sono le proteine?

5. Gli acidi nucleici

formata dalla ripetizione di monomeri (handwritten)

> Gli **acidi nucleici** sono polimeri non periodici deputati alla conservazione e trasmissione dell'informazione genetica. I monomeri sono chiamati **nucleotidi**.

non periodici perché i nucleotidi si mettono in maniera casuale (handwritten)

Queste biomolecole comprendono il *DNA*, che contiene l'informazione genetica per dirigere i processi vitali e che viene trasmesso da una generazione all'altra, e l'*RNA*, che può essere considerato la molecola che si occupa della «traduzione» in proteine delle istruzioni racchiuse nel DNA in base alle necessità di ogni cellula.

Ogni organismo vivente è capace di «autocostruirsi» a partire da sostanze che assume dall'esterno, di mantenere la propria identità ben distinta dall'ambiente circostante e di riprodursi. Tutto ciò è reso possibile grazie al complesso sistema di incessanti processi chimici ed energetici che   ppresenta il *metabolismo*. Le proteine svolgono un ruolo fondamentale nel metabolismo, poiché comprendono gli enzimi, che determinano il corretto decorso di ogni reazione chimica in tutti i sistemi biologici. Le proteine, a loro volta, sono costruite in base alle istruzioni fornite dal DNA.

IL DNA o acido desossiribonucleico

Il **DNA** o **acido desossiribonucleico** è la macromolecola di dimensioni maggiori in ogni organismo vivente, è presente in tutte le cellule e, negli eucarioti, è racchiuso nel nucleo. I suoi compiti fondamentali sono essenzialmente due:

1a come costruire le proteine (handwritten)

- *presiede alla sintesi delle proteine* determinando il metabolismo della cellula e dell'intero organismo;
- *duplica se stesso* costruendo copie della propria molecola che possono essere *trasmesse* dai genitori ai figli. In altre parole, il DNA è la molecola nella quale è contenuta l'**eredità biologica**, cioè il nostro corredo genetico.

> Il DNA è un polimero costituito da nucleotidi che, a loro volta, sono composti da tre elementi:
> - uno zucchero centrale a cinque atomi di carbonio, il **desossiribosio**;
> - una **base azotata**;
> - un **gruppo fosfato**.

La struttura di un singolo nucleotide è rappresentata nella **figura** ■ **2.23**, che deve essere osservata attentamente prima di procedere.

Figura ■ **2.23**
La struttura di un singolo nucleotide, monomero degli acidi nucleici.

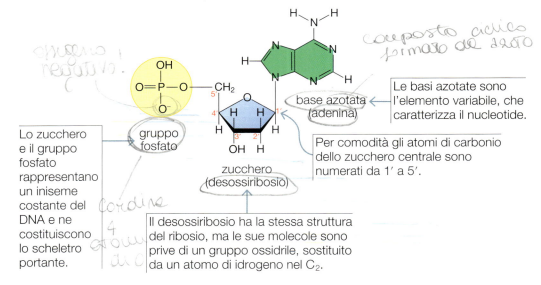

ossigeno negativo! (handwritten)

composto ciclico formato da azoto (handwritten)

Le basi azotate sono l'elemento variabile, che caratterizza il nucleotide.

base azotata (adenina)

Per comodità gli atomi di carbonio dello zucchero centrale sono numerati da 1' a 5'.

gruppo fosfato

Lo zucchero e il gruppo fosfato rappresentano un inisieme costante del DNA e ne costituiscono lo scheletro portante.

contiene 4 gruppi OH (handwritten)

zucchero (desossiribosio)

Il desossiribosio ha la stessa struttura del ribosio, ma le sue molecole sono prive di un gruppo ossidrile, sostituito da un atomo di idrogeno nel C_2.

Le *basi azotate* presenti nei nucleotidi che formano il DNA sono di quattro tipi (figura ∎ 2.24):

- **adenina (A)**
- **timina (T)**
- **guanina (G)**
- **citosina (C)**

(annotazioni manoscritte: A–T C–G] → accoppiamento complementare; PURINE = anello doppio; pirimidine = anello semplice)

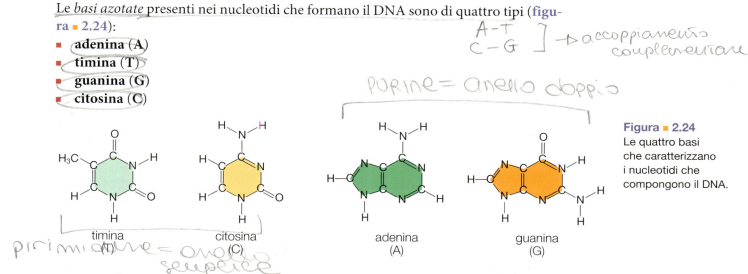

Figura ∎ 2.24
Le quattro basi che caratterizzano i nucleotidi che compongono il DNA.

timina (T) citosina (C) adenina (A) guanina (G)

Per comodità si usano generalmente le sigle A, T, G, C per indicare nel complesso i nucleotidi corrispondenti alle varie basi azotate. Un nucleotide può unirsi a un altro nucleotide mediante una reazione di condensazione, che coinvolge il gruppo fosfato unito al carbonio in posizione 5′ e l'ossidrile in posizione 3′ di un secondo nucleotide (figura ∎ 2.25A). Si forma così un *dinucleotide*, tenuto insieme da un **legame fosfodiesterico**, in quanto la molecola prodotta è un estere derivante dall'acido fosforico (H_3PO_4). Se la reazione procede, si produce una macromolecola lunghissima nella quale i nucleotidi si susseguono con un preciso ordine, per esempio C-T-G-C-T-A-T-C-G ecc. (figura ∎ 2.25B).

Figura ∎ 2.25
A. La reazione di formazione di un dinucleotide.
B. Una breve catena di nucleotidi.

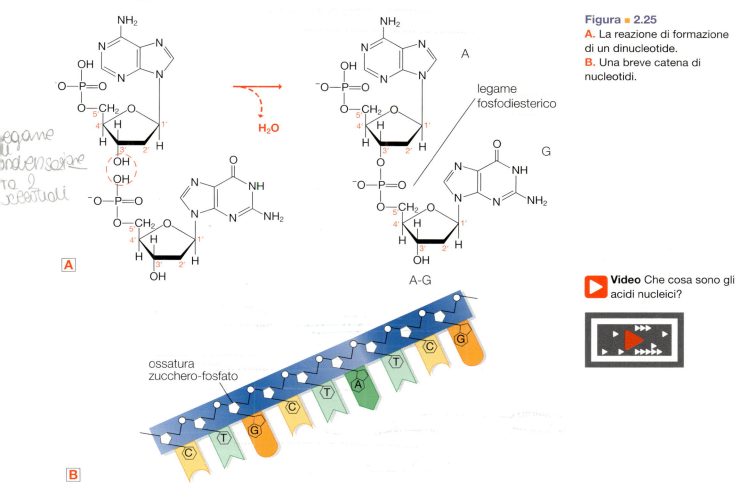

Video Che cosa sono gli acidi nucleici?

Nel DNA la lunga catena così ottenuta è collegata a un'altra catena di nucleotidi mediante legami a idrogeno che si instaurano tra le basi azotate, seguendo una regola chiamata **appaiamento complementare delle basi**:

- l'adenina di una catena è sempre legata alla timina della seconda catena (**A–T** e **T–A**) attraverso 2 legami a idrogeno;
- la citosina di una catena è sempre legata alla guanina della seconda catena (**C–G** e **G–C**) attraverso 3 legami a idrogeno.

In questo modo si forma una struttura simile a una scala a pioli nella quale ogni filamento verticale (montante della scala) è una catena di nucleotidi, mentre gli scalini sono le basi azotate appaiate tra loro per mezzo di *legami a idrogeno*. Infine, questo lunghissimo nastro è avvolto a elica su se stesso. Per questa ragione la struttura del DNA è descritta dall'espressione **doppia elica** (**figura** ■ **2.26**).

Figura ■ **2.26**
La doppia elica del DNA vista come un «modello a nastro» (**A**) e ponendo in evidenza la struttura chimica (**B**). In entrambe le rappresentazioni, sono messi in risalto i legami a idrogeno tra le basi azotate, che sono unite in accordo con la regola dell'appaiamento complementare (A-T e T-A; C-G e G-C).

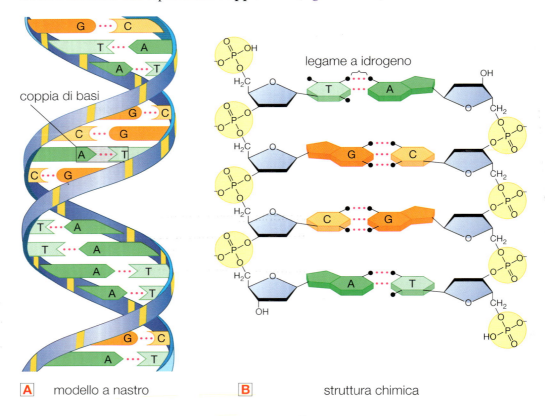

A modello a nastro   **B** struttura chimica

L'RNA o acido ribonucleico

L'**RNA** o **acido ribonucleico** è un polimero di nucleotidi molto somigliante al DNA, ma con alcune importanti differenze (**figura** ■ **2.27**):

- è costituito da un *singolo filamento* (anziché due appaiati);
- lo zucchero di ogni nucleotide è il **ribosio** (che ha un atomo di ossigeno in più del desossiribosio);
- la base azotata timina (T) è sostituita dalla base **uracile** (**U**);
- le sue molecole presentano una lunghezza minore di quelle del DNA.

Esistono vari tipi di RNA, ciascuno con specifiche funzioni: RNA messaggero (**mRNA**), RNA di trasporto (**tRNA**), vari tipi di RNA ribosomiale (**rRNA**) di cui sono composti i ribosomi (gli organuli sui quali avviene la sintesi delle proteine), micro RNA (**miRNA**) coinvolto nella regolazione della espressione genica e anche RNA codificante che conserva l'informazione ereditaria in certi virus (*virus a RNA*).

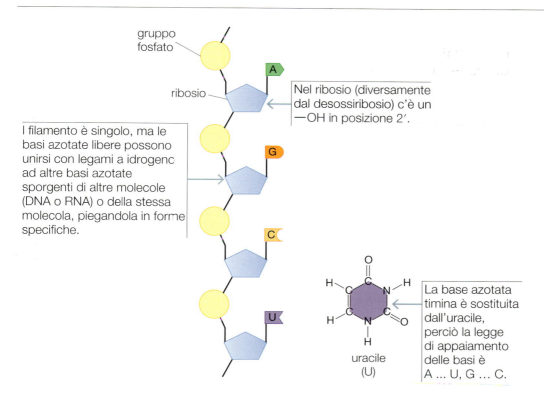

Figura ■ 2.27
Nell'RNA la base azotata
uracile (U) sostituisce la timina
(T); inoltre, il filamento è unico
anziché doppio come nel
DNA.

gruppo
fosfato

ribosio

Nel ribosio (diversamente
dal desossiribosio) c'è un
—OH in posizione 2'.

I filamento è singolo, ma le
basi azotate libere possono
unirsi con legami a idrogeno
ad altre basi azotate
sporgenti di altre molecole
(DNA o RNA) o della stessa
molecola, piegandola in forme
specifiche.

uracile
(U)

La base azotata
timina è sostituita
dall'uracile,
perciò la legge
di appaiamento
delle basi è
A ... U, G ... C.

L'ATP o adenosintrifosfato

Molti processi biochimici avvengono solo se ricevono energia dall'ambiente esterno, richiedono quindi l'intervento di speciali molecole capaci di «incamerare» questa energia e reagire a propria volta rilasciandola in base alle necessità dell'organismo. Le molecole di **ATP**, **adenosintrifosfato**, presenti in tutte le cellule, svolgono questo importante compito di «moneta energetica» a pronto uso. La loro struttura è quella di un nucleotide con la base azotata *adenina* e *tre gruppi fosfato* (**figura ■ 2.28**).

Figura ■ 2.28
Struttura molecolare
dell'adenosintrifosfato, o ATP,
formato dalla base azotata
adenina, dallo zucchero
ribosio e da un gruppo di tre
fosfati: sono proprio i legami
tra fosfati a immagazzinare
l'energia conservata nell'ATP.

Quando è necessario per la cellula, l'ATP rilascia energia trasformandosi in **adenosindifosfato** (**ADP**), mediante la scissione di un gruppo fosfato, con la seguente reazione di idrolisi:

$$ATP + H_2O \longrightarrow ADP + P_i + energia$$

Il simbolo P_i rappresenta un gruppo fosfato (inorganico) libero. La quantità di energia rilasciata in questo processo è di circa -30 kJ/mol ($-7,3$ kcal/mol). La molecola di ATP si riforma quindi con una reazione inversa e alla indispensabile disponibilità di energia:

$$ADP + P_i + energia \longrightarrow ATP + H_2O$$

Sempre per idrolisi, l'ATP può trasformarsi in **adenosinmonofosfato** (**AMP**), mediante la scissione di due gruppi fosfato.

L'AMP esiste anche in una forma particolare, chiamata **AMP ciclico**, nella quale il gruppo fosfato è legato oltre che al carbonio 5′ anche al 3′ della stessa molecola. L'AMP ciclico è coinvolto nella ricezione del segnale indotto da certi ormoni sulle cellule bersaglio.

NAD^+, FAD, $NADP^+$: coenzimi ossidoriduttivi

Nel metabolismo, un gran numero di reazioni consistono in processi ossidoriduttivi, nei quali le molecole acquistano o cedono elettroni. Si tratta di reazioni in cui il meccanismo di azione degli enzimi, che partecipano come catalizzatori, richiedono l'intervento di specifiche molecole, capaci rapidamente di catturare o cedere elettroni, con le quali gli enzimi agiscono congiuntamente. Tali molecole sono rappresentate dai **coenzimi ossidoriduttivi**, che hanno una struttura derivante dai nucleotidi e dai **cofattori**, ossia ioni metallici: Mn^{2+}, Ca^{2+}, Mg^{2+}, Fe^{2+}, Zn^{2+}, Cu^{2+}. I coenzimi nella loro forma *ossidata* (ossia dopo che hanno ceduto elettroni) sono:

- NAD^+ (*nicotinammide adenin dinucleotide*)
- FAD (*flavina-adenin dinucleotide*)
- $NADP^+$ (*nicotinammide adenin dinucleotide fosfato*).

🇬🇧 **Coenzymes**
(Coenzimi)
Molecules that assist many enzymes during the catalysis of their reactions.

la scienza nella storia · Rosalind Franklin e la doppia elica del DNA

Il 10 dicembre del 1962 Francis Harry Compton Crick, James Dewey Watson e Maurice Hugh Frank Wilkins hanno ritirato il premio Nobel per la Medicina «per le loro scoperte riguardo la struttura molecolare degli acidi nucleici e i loro significati per il trasferimento di informazione nel materiale vivente»: avevano scoperto la **struttura del DNA** e il suo **meccanismo di replicazione**. Alla lista mancava un nome: Rosalind Franklin. Le sue fotografie ai raggi X del DNA sono state descritte come «le più belle fotografie ai raggi X di qualsiasi sostanza che siano mai state fatte» e hanno fornito la prova chiave per il modello della doppia elica di Watson e Crick. Rosalind Franklin non è tra i premiati di Stoccolma del 1962 anche perché alcuni suoi colleghi non hanno né saputo, né voluto difendere il suo lavoro.

Chi era Rosalind Franklin?
Rosalind Franklin nasce in Inghilterra il 25 luglio del 1920. Fin da ragazzina vuole "fare scienza", come scrive lei stessa, e la famiglia la iscrive al Newnham College di Cambridge, una delle poche scuole femminili dell'epoca che consentissero in seguito di accedere all'università, dove studia chimica.

Durante la Seconda Guerra mondiale Rosalind presta servizio alla British Coal Utilisation Research Association, dove studia la microstruttura di diversi tipi di carbone e il modo in cui questa determina proprietà come la permeabilità ai gas e ai liquidi a diverse temperature. Questa esperienza è alla base dei suoi studi di dottorato che ottiene nel 1945 all'università di Cambridge. Due anni più tardi si sposta a Parigi, dove l'ambiente è più aperto nei confronti delle donne professioniste e, oltre a guadagnare fiducia in sé, si trova per la prima volta in contatto con le tecniche di cristallografia a raggi X: le vuole applicare allo studio del carbone.

Perché si è messa a studiare la struttura del DNA?
Nel 1951, Rosalind Franklin è già un'affermata ricercatrice a livello internazionale, specialista dello studio del carbone ma anche di cristallografia. Un bagaglio culturale che le apre le porte del King's College di Londra, dove il direttore John T. Randall vuole metterla al servizio di uno dei settori più effervescenti di quel periodo: lo studio della struttura del DNA.
Nel 1943, grazie agli esperimenti del gruppo di Oswald Avery, si sapeva che il *principio trasformante*, ovvero quella «cosa» che permette il passaggio dell'informazione genetica da un cellula a un'altra, era il DNA. Ma nessuno aveva idea di che struttura avesse. Comprenderne la struttura molecolare significava anche capire il segreto che permetteva il trasporto dell'informazione (quello che oggi chiamiamo *replicazione*).

Che cosa ha scoperto?
Mentre Rosalind Franklin mette a punto la strumentazione e la tecnica per riuscire a ottenere immagini sempre più nitide del DNA, a Cambridge Francis Crick e James Watson cominciano a elaborare ipotesi sulla struttura del DNA in base ai dati a disposizione a quei tempi, ma bisognava riuscire a *immaginare* quale potesse essere la soluzione.
Tra la fine del 1951 e l'inizio del 1952, Rosalind Franklin ottiene una serie di foto straordinariamente nitide del DNA, tra cui la famosa **Photograph 51**, ottenuta con un'esposizione lunghissima (circa 100 ore) di una singola fibra di DNA posta a una distanza di 15 millimetri dalla fonte di raggi X in una piccola camera a umidità controllata (Figura A). Quelle che vediamo sulla lastra fotografica sono macchie scure

La struttura del NAD^+ è costituita da due unità derivanti da nucleotidi (*di*nucleotide) in cui una base azotata è l'**adenina** e l'altra è la **nicotinammide**.

La molecola di NAD^+ interviene nei processi di ossidazione che si svolgono per sottrazione di idrogeno da altre molecole, ossia le reazioni di deidrogenazione, in cui il NAD^+ si riduce. La semireazione di riduzione è la seguente:

$$NAD^+ + 2e^- + 2H^+ + \text{energia} \longrightarrow NADH + H^+$$

Analogamente per la molecola di FAD la semireazione di riduzione può essere schematizzata nel seguente modo:

$$FAD + 2e^- + 2H^+ + \text{energia} \longrightarrow FADH_2$$

Infine, per la molecola di $NADP^+$ la semireazione di riduzione è la seguente:

$$NADP^+ + 2e^- + 2H^+ + \text{energia} \longrightarrow NADPH + H^+$$

Mentre il NAD^+ viene utilizzato principalmente nelle reazioni di ossidazione del metabolismo, il NADPH partecipa alle reazioni di sintesi delle molecole e il FAD interviene nella degradazione degli acidi grassi. Inoltre, i coenzimi ridotti NADH e $FADH_2$ convogliano l'energia liberata nelle varie reazioni nel principale processo di produzione dell'ATP.

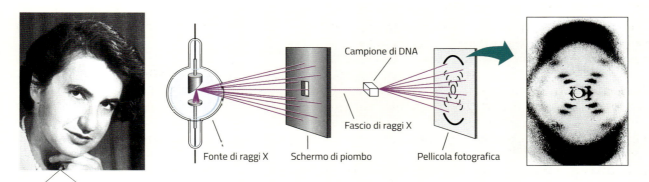

Figura ■ A
La fotografia ottenuta con la diffrazione a raggi X permette di individuare dieci «macchioline» scure per ogni braccio della croce al centro dell'immagine. Il fatto che le macchie siano di intensità variabile, ma in uno schema simmetrico, permette di capire che questa fotografia può essere generata solamente da una struttura a doppia elica.

determinate dalla massa degli atomi che compongono la molecola di DNA: la foto 51 mostra una caratteristica distribuzione spaziale che è compatibile solamente con una **struttura a doppia elica**.

Rosalind Franklin è convinta che questa sia la struttura del DNA: tutto torna con quello che sa della sua composizione chimica, ma ritiene che sia necessario raccogliere più dati per poter trarre delle conclusioni definitive.

Che cosa è successo nel 1953?

Nel 1953 *Nature* pubblica una serie di articoli scientifici sulla struttura del DNA. Il più famoso è quello firmato da Watson e Crick che hanno avuto a disposizione la prova definitiva della loro intuizione grazie all'aiuto di Maurice Wilkins, che lavorava nella stanza accanto alla Franklin al King's College, in una sorta di caso di «spionaggio industriale».

Rosalind Franklin muore nel 1958, a soli 37 anni, per un tumore all'ovaio, dovuto probabilmente all'eccessiva esposizione ai raggi X, perciò non sarebbe potuta essere premiata con il Nobel.

Ma avrebbe meritato di esserci? Sì, perché i suoi dati hanno confermato il modello del duo di Cambridge, che senza prova sperimentale non sarebbe stato sufficiente come dimostrazione della struttura del DNA.

A posteriori, nessuno dei protagonisti della vicenda ha mai dato il giusto credito al lavoro di Rosalind, anzi Watson ha più volte usato frasi sessiste rivolte alla memoria della Franklin.

A rimettere nella giusta prospettiva la storia è stata la giornalista americana Brenda Maddox che nel 2002 ha pubblicato la più accurata biografia di Rosalind Franklin, l'autrice di una delle foto più importanti della storia della scienza.

▶ **Lavorare con le mappe**

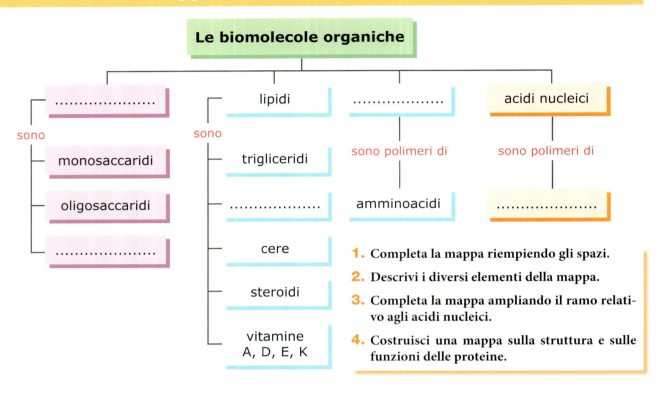

Le biomolecole organiche

....
sono
— monosaccaridi
— oligosaccaridi
— ....

lipidi
sono
— trigliceridi
— ....
— cere
— steroidi
— vitamine A, D, E, K

....
sono polimeri di
amminoacidi

acidi nucleici
sono polimeri di
....

1. Completa la mappa riempiendo gli spazi.
2. Descrivi i diversi elementi della mappa.
3. Completa la mappa ampliando il ramo relativo agli acidi nucleici.
4. Costruisci una mappa sulla struttura e sulle funzioni delle proteine.

▶ **Conoscenze e abilità**

I carboidrati e i lipidi

Indica la risposta corretta

1. Il 96% della materia biologica è composta da quattro varietà di atomi. Quali sono?

A carbonio, idrogeno, ossigeno, fosforo
B carbonio, idrogeno, ossigeno, azoto
C carbonio, ossigeno, fosforo, azoto
D carbonio, idrogeno, ossigeno, calcio

2. Quale, fra le seguenti, è una funzione biologica dell'acqua?

A mantiene costante entro certi limiti la temperatura
B dà energia alle cellule
C accelera le reazioni biologiche
D costituisce la cosiddetta «eredità biologica»

3. Che cosa si intende per metabolismo?

A l'insieme dei processi biologici nei quali avviene lo scambio di energia con l'ambiente
B l'insieme dei processi biologici nei quali avviene lo scambio di materia con l'ambiente

C la sintesi di tutte le molecole biologiche
D l'insieme di tutte le reazioni chimiche biologiche

4. Perché le reazioni di idrolisi si chiamano così?

A perché sono scissioni nelle quali viene prodotta acqua
B perché sono condensazioni nelle quali viene impiegata acqua
C perché sono scissioni nelle quali viene impiegata acqua
D perché sono condensazioni nelle quali viene prodotta acqua

5. Quale, fra le seguenti funzioni biologiche, non è propria dei carboidrati?

A energetica
B strutturale
C di riserva
D enzimatica

6. 🇬🇧 **Which of the following monosaccharides does not have formula $C_6H_{12}O_6$?**

- A fructose
- B galactose
- C ribose
- D glucose

7. 🇬🇧 **What is sucrose?**

- A a monosaccharide
- B a disaccharide consisting of glucose + glucose
- C a disaccharide consisting of glucose + fructose
- D a polysaccharide

8. In che cosa differiscono amidi e cellulosa?

- A nelle unità di cui sono costituiti
- B nei monomeri
- C nel modo con cui sono legate le unità
- D gli amidi sono oligosaccaridi, la cellulosa è un polisaccaride

9. Che cosa ci impedisce di digerire la cellulosa?

- A non possediamo gli opportuni enzimi digestivi
- B le molecole di cellulosa sono troppo grandi per essere digerite
- C la cellulosa non è presente nei nostri alimenti
- D in realtà la digeriamo, anche se con difficoltà

10. Quali organismi riescono a sintetizzare il glucosio a partire da molecole inorganiche?

- A le piante con la fotosintesi
- B gli animali con la digestione
- C gli organismi aerobi con la respirazione cellulare
- D gli organismi anaerobi

11. I trigliceridi, chimicamente sono

- A acidi grassi
- B esteri del glicerolo con tre acidi grassi
- C esteri ottenuti da tre molecole di glicerolo con un acido grasso
- D eteri ottenuti dal glicerolo con un acido grasso

12. I grassi saturi sono prevalentemente

- A liquidi e di origine vegetale
- B solidi e di origine animale
- C solidi e di origine vegetale
- D solidi e liquidi sintetici

13. Nei fosfolipidi, che cosa si intende per «testa» idrofila?

- A il gruppo fosfato
- B una catena idrocarburica
- C il glicerolo
- D l'intera molecola

14. 🇬🇧 **Which cellular components are primarily composed of phospholipids?**

- A enzymes
- B chromosomes
- C cytoskeleton
- D membranes

Completa la frase

15. I monosaccaridi con .... o .... atomi di carbonio sono soggetti a una reazione interna con la quale la molecola si chiude su se stessa formando un .... La reazione è una .... nucleofila del gruppo .... nella posizione .... della catena sul gruppo .... Il carbonio che si trova nella posizione .... è uno stereocentro, perciò la chiusura dell'anello può generare due enantiomeri chiamati ....

16. Gli amidi hanno la funzione di riserva .... delle piante che li conservano principalmente nelle .... e nei .... Sono costituiti da due ....: l'amilosio e l'amilopectina. Il primo possiede molecole nelle quali le unità di .... sono unite in modo lineare, mentre nella seconda le unità formano catene ...., pertanto la forma della molecola è più .... Nel corso della digestione avviene l'............................ di questi polisaccaridi che liberano dapprima ...., poi .... e infine ....

17. I fosfolipidi sono i .... più abbondanti in natura. Sono strutturati in modo simile ai .... con un gruppo .... al posto di un .... Questo gruppo ha la caratteristica di essere .... poiché possiede una carica .... con la quale può stabilire un'interazione ione-dipolo con l'............................ . In ogni molecola di fosfolipide pertanto, c'è una parte idrofila, (il ...., detto «testa») e due catene .... («code»).

Vero o falso?

18. La reazione di chiusura dell'anello in un monosaccaride comporta l'eliminazione di una molecola d'acqua. V F

19. La reazione di condensazione di due monosaccaridi comporta l'eliminazione di una molecola d'acqua. **V F**

20. Il saccarosio, per idrolisi, libera due molecole di glucosio. **V F**

21. Il maltosio per idrolisi, libera una molecola di glucosio e una di fruttosio. **V F**

22. 🇬🇧 Glycogen is a highly branched molecule. **V F**

23. 🇬🇧 The hydrolysis of cellulose yields maltose. **V F**

24. Il valore energetico dei glucidi è mediamente di 4 kcal/g pari a 16,7 kJ/g. **V F**

25. Per idrolisi completa di un trigliceride si forma glicerolo. **V F**

26. 🇬🇧 Oleic acid is a saturated fatty acid. **V F**

27. I trigliceridi di origine vegetale sono sempre liquidi. **V F**

28. Per idrogenazione di un acido grasso insaturo si può ottenere un acido grasso saturo. **V F**

29. Le vitamine A, D, E e K sono di natura lipidica. **V F**

Applica

30. Completa la tabella assegnando a ciascuna varietà di ioni la rispettiva funzione biologica.

Ioni	Funzione biologica
ioni sodio (Na^+) e potassio (K^+)	
ioni calcio (Ca^{2+})	
ioni ferro Fe^{2+}, Fe^{3+}	
ioni idrogenofosfato (HPO_4^{2-})	
ioni idrogenocarbonato (HCO_3^-)	

31. Scrivi la reazione di idrolisi del maltosio. Scrivi la formula grezza del glucosio e completa la formula di struttura in figura.

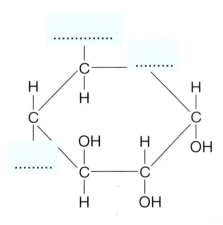

32. 🇬🇧 Fill in the blanks in the structural formula of sucrose.

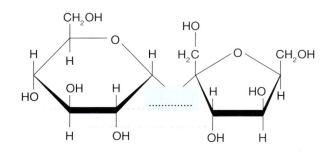

33. Che cosa si intende per reazione di condensazione e di idrolisi? Fai un esempio.

34. 🇬🇧 Fill in the blanks in following condensation reaction.

$$R—OH + HO—R' \longrightarrow$$
$$\underline{\hspace{4cm}} + \underline{\hspace{4cm}}$$

35. Completa la tabella inserendo negli spazi le funzioni biologiche dei rispettivi carboidrati.

Carboidrati	Funzione biologica
glucosio	
amidi	
cellulosa	
glicogeno	
chitina	

36. Completa la tabella inserendo negli spazi le funzioni biologiche dei rispettivi lipidi.

Lipidi	Funzione biologica
trigliceridi	
fosfogliceridi	
cere	
steroidi	

Le proteine e gli acidi nucleici

Indica la risposta corretta

37. Quali monomeri compongono le macromolecole proteiche?

- A nucleotidi
- B amminoacidi
- C acidi grassi e glicerolo
- D glucosio

38. Che cos'è un peptide?

- A una proteina
- B una catena di amminoacidi
- C un amminoacido
- D un enzima

39. Quale elemento differenzia gli amminoacidi tra loro?

- A la catena laterale —R
- B il gruppo amminico
- C il gruppo carbossilico
- D non si differenziano, sono tutti uguali

40. Quale funzione hanno gli enzimi?

- A forniscono energia al metabolismo
- B accelerano le reazioni chimiche che avvengono nei sistemi biologici
- C trasportano le molecole nell'organismo
- D permettono il transito delle molecole attraverso le membrane cellulari

41. Quale delle seguenti affermazioni riguardanti le proteine è corretta?

- A tutti gli enzimi sono proteine
- B tutte le proteine sono enzimi
- C alcuni enzimi non sono proteine
- D nessun enzima è una vera proteina

42. 🏴 The monomers forming a DNA polymeric strand are

- A nucleotides
- B amino acids
- C fatty acids and glycerol
- D glucose molecules

43. In quale modo il DNA presiede al metabolismo di tutte le cellule?

- A duplicandosi
- B fornendo le istruzioni per la sintesi delle proteine, che sono le molecole da cui dipende l'intero metabolismo
- C accelerando la sintesi delle proteine, che sono le molecole da cui dipende l'intero metabolismo
- D accelerando la sintesi di tutte le molecole biologiche

44. Quale delle seguenti azioni si riferisce al DNA di una cellula viva e sana?

- A il DNA si scinde
- B il DNA subisce idrolisi
- C il DNA si duplica
- D il DNA esce dal nucleo

45. 🏴 In a single DNA strand, nucleotides are linked to each other by

- A covalent bonds
- B hydrogen bonds
- C ionic bonds
- D weak intermolecular forces

46. Quali legami uniscono le basi azotate appartenenti ai due filamenti complementari nel DNA?

- A legami covalenti
- B legami a idrogeno
- C legami ionici
- D forze intermolecolari deboli

47. In che cosa si differenzia un segmento di DNA da un altro?

- A nella sequenza delle catene laterali
- B nella sequenza delle basi azotate
- C nelle varietà di basi azotate
- D nelle varietà di gruppi fosfato

48. Quale sequenza di basi azotate si trova nel segmento di DNA complementare alla sequenza CGATAATTCC?

- A CCTTAATAGC
- B CGATAATTCC
- C GCTATTAAGG
- D GGAATTATCG

49. Quale, fra le seguenti caratteristiche, non differenzia il DNA dall'RNA?

- A l'RNA è una molecola a singolo filamento
- B l'RNA è una molecola più piccola
- C l'RNA possiede la base azotata uracile invece della timina
- D nell'RNA i nucleotidi sono uniti da ponti di fosfato

50. Quale funzione ha la molecola di ATP?

- A accelera le reazioni chimiche
- B consente l'azione degli enzimi
- C fornisce energia nelle reazioni metaboliche
- D costituisce la struttura delle cellule

Completa la frase

51. Le proteine sono polimeri non .... costituiti da catene di .... ripiegate e avvolte su se stesse in modo tridimensionale. La struttura primaria corrisponde alla .... degli amminoacidi, la struttura .... esprime il modo in cui la catena è avvolta su se stessa o, al contrario, distesa. La struttura .... descrive il modo in cui la catena polipeptidica è ripiegata grazie alle catene .... degli amminoacidi. La struttura quaternaria consiste nell'abbinamento di più .... fra loro.

52. La forma caratteristica della proteina dipende dalla struttura .... ossia dal modo in cui la catena è .... Esistono proteine .... con la catena addensata in una forma .... proteine .... con struttura .... e filamentosa. Nelle prime, all'esterno si trovano gli amminoacidi, che formano .... con altre molecole, all'interno vi possono essere dei siti di .... specifici per particolari .... o ....

53. L'ATP rilascia energia trasformandosi in .... (ADP) mediante la scissione di un gruppo ...., con il seguente processo:
$ATP + H_2O \rightarrow ADP + P_i + $.....................
La quantità di energia rilasciata nel processo è di .... kcal/mol.

Vero o falso?

54. Gli enzimi sono molecole proteiche che trasportano e veicolano determinate molecole all'interno della cellula.　　　　　V F

55. La contrazione muscolare è determinata dalla presenza nel muscolo delle proteine actina e miosina.　　　　　V F

56. Le proteine hanno una struttura complessa e attività chimica assai specifica.　　　　　V F

57. Tutti gli amminoacidi sono chirali.　　　V F

58. Le proteine sono polimeri periodici.　　V F

59. La struttura secondaria di una proteina consiste nell'appaiamento di catene polipeptidiche diverse.　　　　　V F

60. Only few cell types contain ATP molecules.　　　　　V F

61. ATP molecules gain energy by breaking down into ADP + P_i.　　　　　V F

62. La forma ossidata dei coenzimi ossidoriduttivi è NADH + H⁺, FADH₂ e NADPH + H⁺.　　　V F

Applica

63. Scrivi la formula di un generico amminoacido.

64. Completa la tabella indicando le funzioni che conosci delle proteine.

	Funzione biologica
Proteine	

65. Completa la tabella indicando le funzioni del DNA.

	Funzione biologica
DNA	

66. Descrivi la struttura del DNA.

67. Che cosa enuncia la legge di appaiamento delle basi?

68. Elenca le principali differenze fra DNA e RNA.

69. Describe the biological function of ATP.

Il laboratorio delle competenze

70. CONNECT
Fill in the blanks in the following structure.

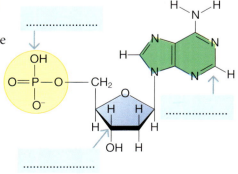

71. OSSERVA Esamina le etichette nutrizionali di alcuni alimenti che hai in casa.
a. Qual è il contenuto in carboidrati?
b. Quale valore energetico hanno tali alimenti? Sapresti spiegarne la ragione?

72. OSSERVA Cerca in casa le tabelle nutrizionali riportate sulle confezioni di alcuni alimenti: biscotti, latte, succhi di frutta ecc.
▸ Quale contenuto proteico ha ciascun alimento?

73. SPIEGA E IPOTIZZA Esamina la tabella in figura e rispondi alle seguenti domande.

a. Quali organi dell'animale sono utilizzati per la produzione della carne, negli esempi riportati?

b. Da che cosa deriva, a tuo avviso la quantità di grassi presente nella carne?

c. Perché le proteine sono così abbondanti e perché, invece, i carboidrati sono assenti?

d. Quale tipo di carne ha il maggior valore nutritivo fra quelli elencati?

Alimento	Carboidrati (g)	Proteine (g)	Grassi (g)	Calorie (kcal)
Bistecca di sottofiletto	0	17,98	20,08	258
Bistecca fiorentina	0	18,9	16,81	232
Braciola di manzo	0	20,71	12,51	198
Carne in scatola	0	20,52	17,57	246
Carne macinata (10% di grasso)	0	20	10	176
Carne macinata (20% di grasso)	0	17,17	20	254
Carne macinata (25% di grasso)	0	15,76	25	293
Carne macinata (30% di grasso)	0	14,35	30	332
Carne per brasato	0	16,98	21,31	265
Carne per hamburger	0	18,59	15	215

U.S: Department of Agriculture, USDA National Nutrient Database of Standard Reference, Release 24, 2011

74. COLLEGA Completa la seguente formula di un fosfolipide.

Disegna la parte mancante

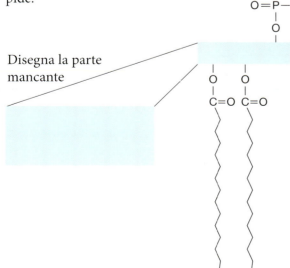

75. COLLEGA La seguente immagine rappresenta, in schema, la struttura di un doppio strato fosfolipidico, che costituisce le membrane cellulari.
Riempi gli spazi indicando gli elementi evidenziati.

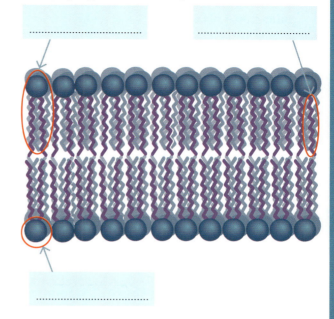

....

....

76. FIND THE ERROR Which of the following images does not illustrate a protein? Why?

a.

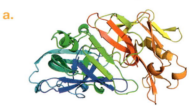

b.

c.

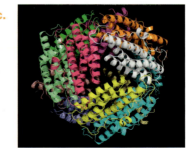

d.

▶ Contenuti e conoscenze di base

Tempo: 30 minuti
… / 60 punti

Indica la risposta corretta (2 punti a risposta)

1. Nella seguente molecola quali atomi si trovano sullo stesso piano?

- A 1, 2, 3, 4
- B 1, 2, 3, 4, 5
- C 1, 2, 3, 4, 5, 6
- D tutti

2. Quale caratteristica <u>non</u> deve avere un atomo di carbonio per presentare isomeria ottica?

- A geometria tetraedrica
- B essere legato a 4 atomi o gruppi atomici diversi
- C ibridazione sp^3
- D almeno un legame π

3. Per ossidazione di un'aldeide si ottiene

- A un alcol
- C un alchene
- B un chetone
- D un acido carbossilico

4. Qual è la differenza tra sussiste fra amidi e cellulosa?

- A Le unità di cui sono costituiti sono diverse.
- B I monomeri sono diversi.
- C I legami che uniscono le unità ripetenti sono diversi.
- D Gli amidi sono oligosaccaridi la cellulosa è un polisaccaride.

5. Come sono disposti i fosfolipidi nelle membrane cellulari?

- A Le teste idrofile sono rivolte verso l'esterno della cellula, le code idrofobe verso l'interno.
- B Le teste idrofile sono rivolte verso l'interno della cellula, le code idrofobe verso l' esterno.
- C Le code idrofobe sono rivolte verso l'esterno e verso l'interno della cellula, le teste idrofile uniscono i due strati della membrana.
- D Le teste idrofile sono rivolte verso l'esterno e verso l'interno della cellula, le code idrofobe uniscono i due strati della membrana.

6. Quali fra queste caratteristiche <u>non</u> differenzia il DNA dall'RNA?

- A L'RNA è una molecola a singolo filamento.
- B L'RNA è una molecola più piccola.
- C L'RNA possiede la base azotata uracile invece di timina.
- D Nell'RNA i nucleotidi sono uniti da ponti di fosfato.

Rispondi in breve (4 punti a risposta)

7. Quali sono le proprietà comuni a tutti gli idrocarburi?

8. Quali tipi di isomeria possono presentarsi nelle molecole di un generico idrocarburo saturo?

9. Descrivi in breve la reazione di combustione in difetto di ossigeno di un idrocarburo.

10. Scrivi le formule del glucosio a catena aperta e a catena chiusa.

11. Che cosa si intende per reazione di condensazione e di idrolisi? Fai un esempio.

12. Che cosa differenzia gli amidi dalla cellulosa?

13. Quali monosaccaridi si ottengono dall'idrolisi completa dell'amido e della cellulosa?

14. Quali monosaccaridi si ottengono dall'idrolisi completa del saccarosio?

15. Scrivi la formula di un generico amminoacido.

16. Che cosa si intende per struttura primaria di una proteina?

17. Descrivi in breve la funzione biologica del DNA.

18. Come mai la struttura del DNA è descritta con l'espressione «doppia elica»?

▶ Elaborazione e riflessione

Tempo: 30 minuti
… / 40 punti

Rispondi ai quesiti (8 punti a risposta)

19. Descrivi l'isomeria ottica e fai un esempio riguardante le biomolecole che hai studiato.

20. Nelle molecole organiche che hai studiato quali sono i gruppi atomici idrofili e quali quelli idrofobi?

21. Confronta la reazione di addizione al gruppo carbonile delle aldeidi e dei chetoni con la reazione di chiusura dell'anello di un monosaccaride.

▶Quali particolarità deve avere il monosaccaride affinché la reazione avvenga?

22. Spiega perché i mammiferi non riescono a digerire la cellulosa.

▶Quale differenza strutturale presenta rispetto agli amidi che invece sono una risorsa fondamentale nell'alimentazione umana?

23. Secondo te la farina è un combustibile? Perché?

Il metabolismo cellulare

1. Energia per le reazioni metaboliche

La **complessità** è una caratteristica comune a ogni organismo vivente, dall'ameba unicellulare *(figura ■ 3.1)* alla balenottera azzurra: milioni di sostanze diverse interagiscono e si modificano di continuo all'interno di ciascuna cellula. Che cosa accadrebbe se per qualche ragione tali sostanze non potessero più interagire? Un organismo potrebbe ancora vivere senza queste trasformazioni? La risposta è negativa.

L'ambiente esterno e anche quello interno provocherebbero cambiamenti irreversibili nelle sue molecole e nella sua organizzazione: in pochi istanti le molecole organiche potrebbero ossidarsi, il citoplasma disidratarsi, le macromolecole scindersi e gli organuli perdere le proprie funzioni; in breve, quella forma di vita morirebbe.

Essere vivo, dunque, non significa soltanto possedere una certa struttura e organizzazione interna, ma anche trasformarsi e, insieme, trasformare l'ambiente esterno in base alle proprie necessità. Quando i biochimici si riferiscono a queste attività incessanti usano un solo termine: *metabolismo*.

 **Metabolism**
(Metabolismo)
The chemical reactions occurring within the cells of living organisms. These reactions are responsible of converting molecules into other molecules and allow the transfer of energy.

Figura ■ 3.1
Le amebe sono eucarioti unicellulari che vivono nelle acque dolci marine. Nonostante le loro microscopiche dimensioni (da qualche decina di μm a pochi mm), sono tra gli organismi viventi con il genoma più grande: la *Amoeba dubia* ha un genoma pari a circa 670 miliardi di paia di basi (quello umano è di circa 3 miliardi).

> ► Il **metabolismo** (dal greco *metabolè*, «trasformazione») è l'insieme dei processi chimici che avvengono in un organismo vivente.

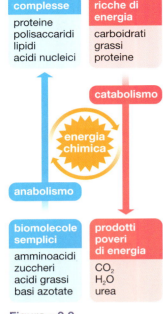

biomolecole complesse

proteine
polisaccaridi
lipidi
acidi nucleici

biomolecole ricche di energia

carboidrati
grassi
proteine

catabolismo

energia chimica

anabolismo

biomolecole semplici

amminoacidi
zuccheri
acidi grassi
basi azotate

prodotti poveri di energia

CO_2
H_2O
urea

Figura ■ 3.2
La relazione tra anabolismo e catabolismo, che si scambiano energia e sostanze in modo continuo.

Anabolismo e catabolismo

In ogni cellula di un organismo avvengono ogni secondo milioni di reazioni metaboliche. Per semplificarne lo studio, tali reazioni sono distinte in *anabolismo e catabolismo* (**figura ■ 3.2**).

▶ L'**anabolismo** (dal greco *anabolé*, «sollevamento») consiste nei processi di *sintesi* delle biomolecole, cioè l'insieme delle reazioni che a partire da molecole semplici formano molecole più complesse.

Le reazioni anaboliche generano *ordine molecolare e sono* **endoergoniche**, cioè richiedono energia per avvenire. Sono responsabili della produzione delle riserve energetiche e della «costruzione» dell'organismo, ossia della formazione delle strutture che compongono le cellule e i tessuti: sono, per esempio, anaboliche le reazioni di fotosintesi, sintesi di amido, glicogeno e trigliceridi.

▶ Il **catabolismo** (da greco *katabállein*, «demolire») comprende l'insieme di reazioni che determinano la degradazione di molecole complesse, con liberazione di molecole più semplici.

Le reazioni cataboliche creano *disordine molecolare e sono* **esoergoniche**, cioè liberano energia. Esempi di questo tipo di reazioni sono la respirazione cellulare e la glicolisi.

Anabolismo e catabolismo agiscono in modo coordinato e armonico, con un incessante flusso di energia e sostanze dall'uno all'altro. Alle necessità energetiche dei processi anabolici provvedono, infatti, le reazioni del catabolismo che, a loro volta, degradano le macromolecole prodotte attraverso le reazioni anaboliche.

L'entropia nei processi metabolici

Dall'esperienza quotidiana è noto che, per costruire o far funzionare uno strumento, è necessario fornire dell'energia. Applicare questo concetto termodinamico ai processi metabolici è una chiave per comprenderli.

Il secondo principio della termodinamica afferma che una qualsiasi trasformazione che si compia in un *sistema isolato*, avviene con *aumento di disordine*. La grandezza **entropia**, in fisica può essere considerata come una misura del disordine del sistema, perciò è possibile asserire che, in un sistema isolato, ogni trasformazione comporta un aumento di entropia:

$$\Delta S = S_{finale} - S_{iniziale} > 0$$

Nelle cellule, però, si trovano sia piccole molecole sparse, che hanno grande entropia, sia macromolecole formate dagli stessi atomi, che hanno minore entropia (**figura ■ 3.3A**). Ne consegue che:

- le reazioni di *condensazione* delle piccole molecole comportano un aumento di ordine e quindi una diminuzione di entropia ($\Delta S < 0$);
- le reazioni di *idrolisi* o di scissione delle macromolecole inducono un aumento di disordine e di conseguenza un aumento di entropia ($\Delta S > 0$).

Se le cellule e organismi fossero *sistemi isolati* (ossia incapaci di scambiare materia ed energia con l'ambiente esterno) non potrebbero sopravvivere neanche per un istante: essi, al contrario, sono *sistemi aperti* che mantengono un flusso costante di materia ed energia con l'ambiente circostante. È proprio grazie a questo flusso che si gene-

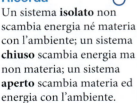

Ricorda

Un sistema **isolato** non scambia energia né materia con l'ambiente; un sistema **chiuso** scambia energia ma non materia; un sistema **aperto** scambia materia ed energia con l'ambiente.

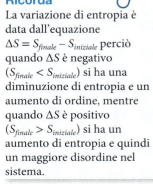

Ricorda

La variazione di entropia è data dall'equazione $\Delta S = S_{finale} - S_{iniziale}$ perciò quando ΔS è negativo ($S_{finale} < S_{iniziale}$) si ha una diminuzione di entropia e un aumento di ordine, mentre quando ΔS è positivo ($S_{finale} > S_{iniziale}$) si ha un aumento di entropia e quindi un maggiore disordine nel sistema.

ra l'architettura della complessità che lo caratterizza. L'interazione con l'ambiente esterno è continua e molto stretta: se, all'interno di un organismo, si crea ordine, lo stesso processo produce disordine al suo esterno, in misura maggiore, attraverso la liberazione di calore, acqua, diossido di carbonio ecc (**figura ■ 3.3B**).

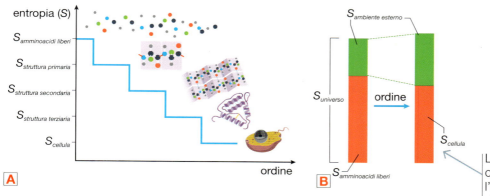

Figura ■ 3.3
A. All'interno della cellula l'entropia diminuisce ogni volta che aumenta l'ordine delle sue strutture; **B.** in accordo con il secondo principio della termodinamica, però, l'entropia dell'Universo aumenta sempre.

L'entropia dell'Universo tende a crescere, per cui quando aumenta l'ordine all'interno della cellula, S diminuisce all'interno (in rosso), ma cresce all'esterno (in verde).

L'energia libera di reazione

Tutte le reazioni chimiche, comprese quelle che avvengono nelle cellule, possono verificarsi in modo *spontaneo* o meno. Per capire questo aspetto, occorre ricordare che un processo è spontaneo se avviene con diminuzione di energia libera $(\Delta G < 0)$.

▶ L'**energia libera** è la quantità di energia riutilizzabile che viene scambiata in un processo.

La sua variazione fra lo stato finale e quello iniziale $(\Delta G = G_{finale} - G_{iniziale})$ è definita infatti con la seguente espressione:

Energia che può essere convertita in altre forme. → $\Delta G = \Delta H - T\Delta S$ ← Energia che viene dissipata per mantenere il disordine del sistema.

Calore di reazione.

Per essere spontaneo un processo deve rilasciare energia libera, pertanto il valore di ΔG deve essere negativo. La spontaneità di una reazione, dunque, è favorita nei processi esoergonici (con $\Delta H < 0$) e in quelli che avvengono con aumento di disordine (con $\Delta S > 0$) (**figura ■ 3.4**).

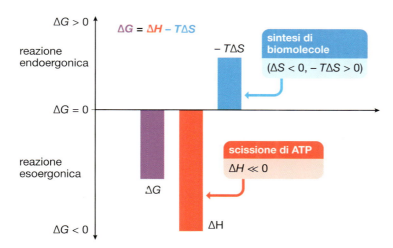

Figura ■ 3.4
Per poter avvenire in modo spontaneo, una reazione endoergonica ha bisogno di una reazione esoergonica che liberi una quantità di energia sufficiente a compensare la richiesta energetica.

Come possono verificarsi spontaneamente le reazioni metaboliche di condensazione che, al contrario, portano alla sintesi di molecole tanto complesse e ordinate? Esse possono avvenire solo se abbinate a processi che controbilanciano tale svantaggio. Se una reazione avviene con aumento di ordine ($\Delta S < 0$), può essere spontanea se è accompagnata dalla liberazione di energia ($\Delta H < 0$); tale contributo compensa lo svantaggio entropico. Si illustra tutto ciò con un esempio numerico (senza unità di misura per semplificarne la lettura):

$$\Delta H = -4, \ T\Delta S = -2$$
$$\Delta G = \Delta H - T\Delta S = -4 - (-2) = -2$$

Ricorda
Un processo è endoergonico se $\Delta H > 0$, mentre è esoergonico se $\Delta H < 0$.

Per rendere spontanee le reazioni biologiche è dunque necessaria una **continua spesa energetica** in grado di compensare lo svantaggio entropico. A garantire questa energia alla quasi totalità dei processi biologici è una molecola formata da un nucleotide e tre gruppi fosfato: l'**adenosintrifosfato** o **ATP** (figura ■ 3.5), che interviene attraverso la reazione esoergonica:

$$ATP + H_2O \longrightarrow ADP + P_i + energia$$

che presenta $\Delta G = -7,3$ kcal/mol $= -30,5$ kJ/mol.

Figura ■ 3.5
La struttura della molecola di ATP, formata da una molecola di ribosio, la base azotata adenina e tre gruppi fosfato.

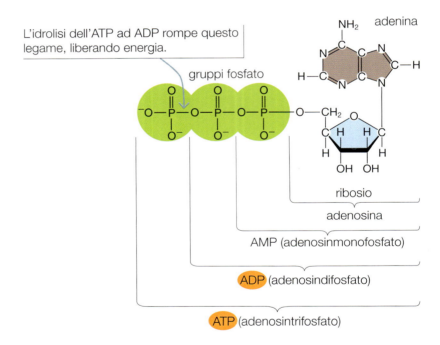

L'idrolisi dell'ATP ad ADP rompe questo legame, liberando energia.

2. La velocità nei processi biologici: gli enzimi

Le reazioni metaboliche avvengono grazie alla presenza di opportuni catalizzatori: gli **enzimi**. Queste molecole sono *proteine globulari*, ma esistono anche catalizzatori biologici costituiti da RNA, che sono chiamati **ribozimi**.

I catalizzatori, e quindi gli enzimi, non variano in totale l'energia richiesta o liberata nei processi chimici perciò non modificano la spontaneità delle reazioni. In altre parole, non rendono esoergonica una reazione endoergonica o viceversa. Essi abbassano l'energia di attivazione ossia, l'energia iniziale che deve sempre essere fornita ai sistemi chimici per innescare la reazione (figura ■ 3.6). Dato il coinvolgimento di biomolecole complesse molte reazioni cellulari, in assenza di catalizzatori, sarebbero

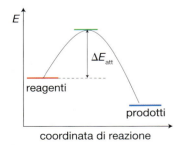

Figura ■ 3.6
Per innescare una reazione è necessaria un'energia che superi quella di attivazione.

talmente lente da non avvenire affatto. Soltanto l'azione degli enzimi garantisce che le tappe del metabolismo si susseguano in tempi compatibili con la vita. I processi enzimatici hanno velocità formidabili e possono raggiungere anche un miliardo di reazioni al secondo.

Lo studio degli enzimi consente di capire i diversi passaggi delle reazioni che avvengono nella cellula, ma allo stesso tempo è utile per la diagnostica medica: la presenza o l'assenza di determinati enzimi, infatti, può indicare il verificarsi di una patologia.

Come funzionano gli enzimi

Gli enzimi differiscono sia per la struttura sia per i meccanismi con cui operano; è tuttavia possibile illustrare uno schema di azione che ne riassuma il comportamento.

Le molecole che devono reagire, dette **substrati**, entrano in contatto in una zona dell'enzima chiamata **sito attivo**. Fondamentale è la *forma geometrica* del sito attivo: come una chiave con la serratura corrispondente, così un substrato deve essere complementare alla conformazione del sito attivo affinché l'enzima entri in azione; si tratta del **modello chiave-serratura**.

Altrettanto importanti sono le *interazioni* che il substrato può stabilire con il sito attivo, in quanto solo le molecole capaci di formare opportuni legami con l'enzima possono avvalersi del meccanismo di catalisi. Si crea così un *complesso enzima-substrato* nel quale i reagenti si trovano in posizione opportuna per interagire. Dopo che la reazione è avvenuta, il prodotto si allontana dal sito attivo, lasciando l'enzima libero di catalizzare nuovi processi (**figura ■ 3.7**).

La molecola enzimatica, pertanto, è come il macchinario di una fabbrica che costruisce moltissimi prodotti senza alterarsi per diverso tempo: l'enzima *non si modifica* alla fine della reazione e può essere riutilizzato per catalizzare la stessa reazione su altri substrati. Data l'elevatissima *specificità* di ogni enzima, si può asserire per approssimazione che ne esista uno per ogni reazione metabolica. Ciascuno di essi è caratterizzato da un nome, che indica il substrato su cui agisce, seguito dalla desinenza *-asi*: per esempio, la *lipasi* agisce sui lipidi, la *lattasi* sul lattosio ecc.

Gli enzimi agiscono solo in condizioni fisiologiche di temperatura, pressione e pH. Un'alterazione anche lieve di questi valori può modificare sensibilmente il loro funzionamento. Molti di questi catalizzatori, però, funzionano grazie alla presenza di *coenzimi* e di *cofattori*.

$NAD^+/NADH$, $FAD/FADH_2$, $NADP^+/NADPH$ sono coenzimi che intervengono nei processi ossidoriduttivi; anche la molecola di **ATP** è considerata un coenzima perché agisce associata agli enzimi.

Ricorda
I catalizzatori sono sostanze che aumentano la velocità delle reazioni senza subire modificazioni; un catalizzatore non induce una reazione che non può avvenire, ma fa in modo che avvenga più velocemente.

Active site
(Sito attivo)
The portion within an enzyme that binds a specific substrate and converts it into the correspondent product.

Ricorda
I **cofattori** sono piccole molecole non proteiche oppure ioni metallici che si associano all'enzima e ne garantiscono l'attività catalitica.

Figura ■ 3.7
L'enzima interagisce con un substrato e lo scinde in due prodotti.

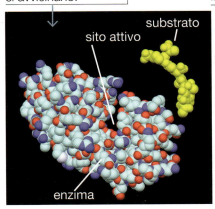
Il substrato e l'enzima si avvicinano.
sito attivo
substrato
enzima

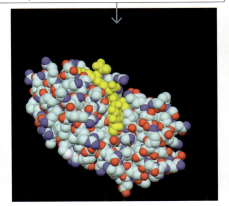
Il substrato si lega al sito attivo, formando il complesso enzima-substrato.

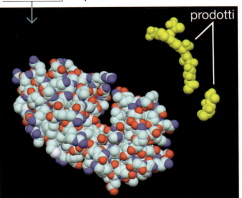
Si liberano i prodotti.
prodotti

Il controllo dell'attività enzimatica

Il controllo delle reazioni metaboliche è un aspetto fondamentale nei meccanismi vitali: ogni singola azione, infatti, deve avvenire soltanto quando è davvero necessaria, non prima e non dopo. Per evitare lo spreco di energia e risorse occorre, pertanto, che un interruttore cellulare attivi o disattivi certe reazioni.

Per bloccare o accelerare una reazione è sufficiente agire sull'enzima che la catalizza, meccanismo che può avvenire in due modi:

- **Inibizione e induzione**. Alcune molecole chiamate *induttori* agiscono sull'enzima promuovendone l'azione, mentre altre, dette *inibitori*, la bloccano.
- **Controllo sul DNA**. Come per tutte le proteine, anche la sintesi degli enzimi avviene quando sul DNA si avvia il processo di *trascrizione*. I meccanismi che inducono o reprimono la trascrizione controllano pertanto gli enzimi che saranno poi sintetizzati. Ne consegue che, se la sintesi dell'mRNA è bloccata, la produzione dell'enzima non avviene e di conseguenza sono bloccate tutte le reazioni che catalizza. Al contrario, se è favorita la trascrizione dell'mRNA, saranno prodotte molte copie dell'enzima e si effettuerà la reazione catalizzata.

Ricorda
La trascrizione è il processo attraverso il quale la cellula produce una molecola di RNA messaggero (mRNA) a partire dal proprio DNA, che agisce da stampo; l'mRNA esce poi dal nucleo dove viene letto e tradotto in proteine.

🇬🇧 **Metabolic pathway**
(Via metabolica)
Any series of connected biochemical reactions occurring within a living cell.

Le vie metaboliche

Molti enzimi agiscono l'uno dopo l'altro in una successione chiamata **via metabolica** (o *pathway metabolico*). In ciascuna via il prodotto della reazione catalizzata da un enzima è il substrato della successiva.

Nella cellula esistono vie metaboliche che sono apparentemente una l'inversa dell'altra, come la respirazione cellulare e la fotosintesi, che conducono rispettivamente all'ossidazione della molecola di glucosio (respirazione cellulare) e alla sua sintesi a partire da CO_2 (fotosintesi), ma il set di enzimi che catalizza una via *non* corrisponde a quello dell'altra, in modo da mantenere ben distinte le varie reazioni.

Le vie metaboliche possono essere *lineari* o *cicliche* e in genere sono *compartimentate* in vari organuli. Si vedrà ora che cosa significano questi termini.

▶ I CONCETTI PER IMMAGINI
Via metabolica lineare

Una **via metabolica lineare** comprende una serie di reazioni in sequenza in cui si parte da un precursore e si ottiene un prodotto finale. Nel metabolismo del glucosio sono vie lineari la glicolisi e la fermentazione, mentre in quello dei lipidi è lineare la β-ossidazione, ossia la degradazione degli acidi grassi.

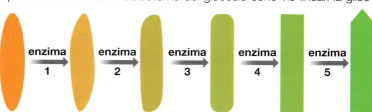

Via metabolica ciclica

In una **via metabolica ciclica**, una delle molecole che inizialmente reagiscono, dopo una serie di reazioni, viene rigenerata per poter dare avvio a un nuovo ciclo. Sono cicliche vie come il ciclo di Krebs, in cui l'ossalacetato è la molecola che viene rigenerata dopo otto reazioni, e il ciclo di Calvin-Benson, in cui viene rigenerata la molecola di partenza, il ribulosio 1,5-bisfosfato.

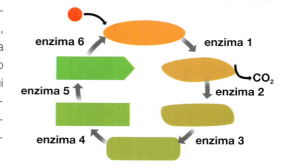

Vie metaboliche compartimentate

Negli eucarioti, le vie metaboliche sono **compartimentate**, cioè separate in organuli diversi per evitare che «entrino in conflitto». Per esempio, la β-ossidazione avviene nei mitocondri, mentre la sintesi degli acidi grassi è localizzata nel citosol.

Sede	Vie metaboliche
Citosol	Glicolisi, fermentazione, sintesi di acidi grassi e colesterolo, gluconeogenesi, transaminazione degli amminoacidi, via dei pentoso fosfati
Mitocondrio	Ciclo di Krebs, β-ossidazione, deaminazione degli amminoacidi
Cloroplasto	Fase luminosa della fotosintesi (sulle membrane tilacoidali dei cloroplasti), ciclo di Calvin-Benson (nello stroma dei cloroplasti)

3. Il metabolismo del glucosio

Il glucosio è la principale fonte di energia per tutti gli organismi, per cui lo studio delle vie metaboliche che lo riguardano fornisce molti indizi sull'evoluzione degli esseri viventi.

La reazione di ossidazione completa del glucosio è la seguente:

$$C_6H_{12}O_6 + 6O_2 \longrightarrow 6CO_2 + 6H_2O + \text{energia}$$

Questa equazione è la stessa della reazione di *combustione* del glucosio, nella quale l'energia viene liberata tutta insieme, sotto forma di calore e luce. Nei viventi essa avviene per tappe, rigorosamente catalizzate da enzimi, e l'energia prodotta è immagazzinata nelle molecole di ATP.

> Il **metabolismo del glucosio** è l'insieme di tutti i processi mediante i quali il glucosio si scinde e si ossida, producendo molecole come *diossido di carbonio* (in presenza di ossigeno) o *acido lattico* ed *etanolo* (in assenza di ossigeno).

La scissione del glucosio è un processo *esoergonico* ed è sfruttato da quasi tutti gli organismi (eucarioti e procarioti) per produrre molecole di ATP (**figura ■ 3.8**). Questo processo rappresenta una **prova** dell'origine di tutti gli esseri viventi da un solo antenato comune.

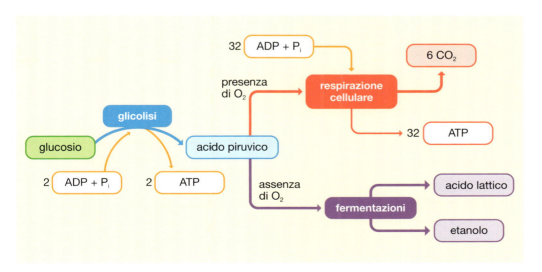

Figura ■ 3.8
Il metabolismo del glucosio comprende una fase comune, la glicolisi, e due fasi alternative che possono avvenire in presenza o in assenza di ossigeno.

Una visione d'insieme

Il primo passaggio del metabolismo del glucosio avviene nel citosol, dove il glucosio va incontro a 10 reazioni che, nell'insieme, costituiscono la **glicolìsi**. Al termine di questa via metabolica:

- una molecola di glucosio viene suddivisa e parzialmente ossidata in 2 molecole di **acido piruvico** (o ione piruvato);
- per bilanciare l'ossidazione del glucosio, 2 molecole di NAD^+ sono ridotte a **NADH**;
- l'energia rilasciata dal processo è incorporata in 2 molecole di **ATP**.

Successivamente il piruvato può seguire vie metaboliche diverse a seconda delle condizioni ambientali. In presenza di ossigeno (processo *aerobico*) il piruvato penetra nei mitocondri, nei quali avviene un ulteriore processo chiamato **respirazione cellulare**; in cui la produzione finale di ATP è notevole:

- il piruvato viene completamente ossidato a CO_2 in due fasi dette **fase preparatoria** e **ciclo di Krebs**;
- durante queste due fasi intervengono i coenzimi NAD^+ e FAD che sono ridotti a NADH e $FADH_2$;
- nella successiva fase di **fosforilazione ossidativa**, l'energia incorporata nei coenzimi NADH e $FADH_2$ viene sfruttata per produrre nuove molecole di ATP; è in questa fase che l'*ossigeno* è impiegato come accettore degli elettroni trasportati dai coenzimi ed è ridotto ad H_2O.

Il bilancio energetico totale (glicolisi + respirazione cellulare) è di **32 molecole** di ATP sintetizzate per ogni molecola di glucosio completamente trasformata in CO_2.

Se l'ossigeno è assente (processo *anaerobico*), invece, il piruvato rimane nel citosol, dove viene modificato, ma senza che siano prodotte altre molecole di ATP. Si definisce tale processo **fermentazione**:

- il piruvato viene trasformato in molecole come acido lattico o etanolo mediante reazioni di riduzione;
- il coenzima NADH prodotto durante la glicolisi viene riossidato a NAD^+.

Il bilancio energetico totale (glicolisi + fermentazione) è perciò uguale a quello della sola glicolisi: **2 molecole** di ATP per ogni molecola di glucosio.

La glicolisi

Si è visto che la **glicolisi** è una via metabolica formata da 10 reazioni, ciascuna catalizzata da uno specifico enzima, e avviene nel citosol di ogni cellula. Nel corso della glicolisi, una molecola di glucosio viene ossidata e scissa con la formazione di **2 molecole di acido piruvico** e un guadagno netto di energia di **2 molecole di ATP** per ogni molecola di glucosio. L'ossidazione del glucosio è resa possibile dalla riduzione di 2 molecole del coenzima NAD^+ che si trasformano in NADH.

Complessivamente la reazione può essere scritta nei seguenti termini:

$$C_6H_{12}O_6 + 2ADP + 2P_i + 2NAD^+ \longrightarrow 2C_3H_4O_3 + 2ATP + 2NADH + 2H^+ + 2H_2O$$

A loro volta le 10 reazioni possono essere suddivise in due grandi tappe: *fase di preparazione* e *fase di recupero energetico* (**figura** ■ **3.9**).

La **fase di preparazione** è endoergonica ed è costituita dalle prime cinque reazioni. In questa fase il glucosio viene «attivato», cioè legato a 2 gruppi fosfato ricavati dal consumo di altrettante molecole di ATP, e viene scisso in due zuccheri a tre atomi di carbonio (triosi).

Ricorda

Gli acidi carbossilici in soluzione acquosa sono parzialmente ionizzati, cioè formano gli ioni corrispondenti. Per esempio, l'acido piruvico è in equilibrio con lo ione piruvato, l'acido citrico con lo ione citrato, l'acido lattico con lo ione lattato, in base alla reazione generica

$$AH \rightleftharpoons H^+ + A^-$$

È perciò indifferente nominare l'una o l'altra specie chimica, cioè l'acido non ionizzato o lo ione corrispondente.

Ricorda

L'acido piruvico è una molecola formata da tre atomi di carbonio: il primo è impegnato in un gruppo carbossilico, il secondo in un gruppo carbonilico e il terzo in un gruppo metilico.

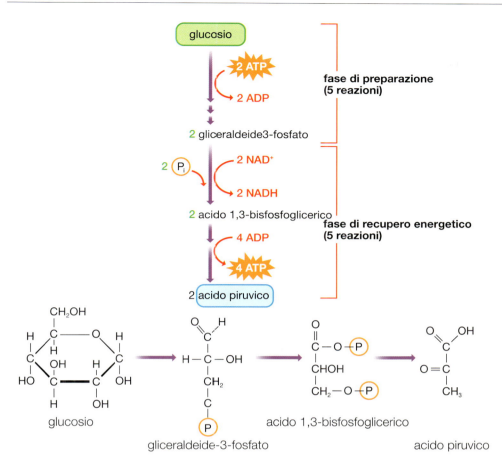

Figura ■ 3.9
Le due fasi della glicolisi:
sono evidenziate le reazioni
e i composti chiave della via
metabolica.

Video Come avviene la glicolisi?

Scarica **GUARDA**!
e inquadrami
per guardare i video

Le cinque reazioni successive rappresentano la **fase di recupero energetico**: gli zuccheri triosi sono liberati dai gruppi fosfato e poi ossidati a piruvato. Queste tappe sono esoergoniche e permettono non soltanto di recuperare le 2 molecole di ATP consumate in precedenza, ma anche di produrne 2 ulteriori; in tutto, quindi, si producono 4 molecole di ATP.

L'impiego del coenzima NAD$^+$ avviene nella sesta reazione della glicolisi: la *gliceraldeide 3-fosfato* (lo zucchero trioso che si forma dalla scissione del glucosio) viene ossidata a 1,3-bisfosfoglicerato e nello stesso istante una molecola di NAD$^+$ viene ridotta a NADH. Si tratta di un'ossidoriduzione che si verifica due volte per ciascuna molecola di glucosio.

Ricorda
La reazione di ossidazione delle aldeidi porta alla formazione di acidi carbossilici:

$$RCHO \longrightarrow RCOOH$$

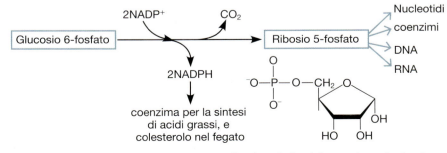

per saperne di più

Costruire nucleotidi a partire dal glucosio

La **via dei pentoso fosfati** è una via metabolica alternativa alla glicolisi ed è fondamentale per quei batteri che non possiedono l'enzima che catalizza la quarta reazione della glicolisi. Si trova, però, anche nelle cellule che svolgono la glicolisi, dove permette la sintesi di molte biomolecole.

Mediante una serie di reazioni, la cellula produce uno zucchero con 5 atomi di carbonio (*pentoso*) unito a un gruppo fosfato: il ribosio 5-fosfato, la struttura portante dei nucleotidi:

Grazie a questa serie di reazioni le cellule si riforniscono di **nucleotidi** per la

sintesi di DNA, RNA, e coenzimi tra cui il **NADPH**, che viene impiegato nel fegato nella sintesi di acidi grassi e colesterolo.

4. Fermentazioni

Nelle cellule anaerobie, o in certe cellule aerobie nelle quali però l'apporto di ossigeno non è adeguato alla richiesta energetica (**figura ■ 3.10**), la via metabolica intrapresa dall'acido piruvico dopo la glicolisi è la **fermentazione**, che avviene nel citosol delle cellule.

Esistono numerosi tipi di fermentazione, ma verranno prese in esame solo quella alcolica e la lattica.

Figura ■ 3.10
Le cellule umane sono aerobie, ma quelle dei muscoli possono anche agire in assenza di ossigeno, in caso di sforzi intensi ma brevi, come una gara di nuoto di 100 m.

▶ **Video** Come avviene la fermentazione?

Fermentazione alcolica

La **fermentazione alcolica** è una via metabolica in cui l'acido piruvico viene decarbossilato, con eliminazione di una molecola di CO_2 e formazione di una molecola di acetaldeide (CH_3CHO). In seguito, questa molecola viene ridotta a **etanolo** (CH_3CH_2OH). La riduzione avviene grazie all'ossidazione del coenzima NADH, che si era formato nel corso della glicolisi.
La reazione complessiva di questa via metabolica è:

piruvato → (CO₂, piruvato decarbossilasi) → acetaldeide → (NADH + H⁺ → NAD⁺, alcol deidrogenasi) → etanolo

A svolgere la fermentazione alcolica sono molti batteri e funghi unicellulari detti **lieviti che sono usati nei processi di produzione di bevande alcoliche e di panificazione** (**figura ■ 3.11A**). La lievitazione della pasta del pane, così come la formazione di bolle nel vino che fermenta, sono dovute alla liberazione di CO_2.

Figura ■ 3.11
A. La farina, mescolata con acqua e lievito, forma un impasto morbido e colloso che, dopo alcune ore, lievita grazie alla fermentazione alcolica.
B. Lo yogurt e altri prodotti caseari sono il risultato dell'acidificazione del latte, dovuta alla fermentazione lattica prodotta dai batteri.

Fermentazione lattica

La **fermentazione lattica** consiste nella riduzione dell'acido piruvico ad acido lattico grazie all'azione di un enzima. In questa via metabolica non si ha la produzione di CO_2, ma si osserva comunque l'ossidazione di una molecola di NADH a NAD^+.
La reazione che ne risulta è:

piruvato → (NADH + H⁺ → NAD⁺, lattato deidrogenasi) → lattato

Questo processo viene impiegato da batteri del genere *Lactobacillus ed è alla base della produzione di yogurt e formaggi* (**figura ■ 3.11B**). La fermentazione lattica avviene anche nelle cellule muscolari umane e il lattato prodotto defluisce nel sangue e viene degradato dal fegato. Durante uno sforzo intenso, l'elevata quantità di acido lattico nel sangue può provocare l'acidificazione dei tessuti e il conseguente indolenzimento.

Vino fermo o bollicine?

La produzione del vino si basa sulla capacità di batteri e lieviti di svolgere la fermentazione alcolica. Una volta raccolta, l'uva è sistemata nei tini dove entra in contatto con *Saccharomyces cerevisiae* (o lievito di birra) e altri microrganismi presenti nell'aria e sulla buccia degli acini. Gli enzimi del lievito trasformano il glucosio dell'uva in etanolo, con eliminazione di CO_2. L'etanolo è liquido e resta disciolto nel succo (principalmente acqua), mentre il diossido di carbonio gassoso si allontana facendo ribollire la massa liquida.

A questo punto il produttore sceglie se procedere alla produzione di vino frizzante o fermo. Il *vino frizzante* (**figura** ■ **A**) si ottiene interrompendo la fermentazione del mosto quando solo una parte dello zucchero è già stata trasformata in alcol, per poi lasciare che il processo fermentativo continui nella

Figura ■ **A**
Per produrre un vino frizzante bisogna far continuare la fermentazione in bottiglia.

bottiglia. A seconda delle caratteristiche, poi, verrà classificato come spumante, frizzante, prosecco ecc.
Per produrre un *vino fermo*, invece, l'intero processo di fermentazione deve essere concluso nel tino, in modo che si liberi tutto il diossido di carbonio e non compaia in bottiglia.

5. La respirazione cellulare

Gli organismi in grado di sfruttare l'ossigeno atmosferico riescono a ossidare completamente la molecola di glucosio a diossido di carbonio. Questi organismi sono gli eucarioti (che possiedono mitocondri) oppure certi procarioti dotati di sistemi di membrane ricche di enzimi.

Il processo che porta all'ossidazione del glucosio avviene grazie alla riduzione di un gran numero di molecole di coenzimi, che forniscono alla cellula l'energia per sintetizzare una grande quantità di ATP, quando sono riossidate. Come in tutte le redox, però, l'ossidazione di un coenzima implica la riduzione di un'altra molecola, di ciò è responsabile l'ossigeno molecolare (O_2), che si riduce formando molecole d'acqua (H_2O). Tale processo è dunque aerobico e viene chiamato **respirazione cellulare**.

> **Cellular respiration**
> (Respirazione cellulare)
> A series of chemical reactions that, in the presence of oxygen, allows the complete oxidation of glucose into carbon dioxide.

> ▶ La respirazione cellulare comprende tre grandi vie metaboliche: la *fase preparatoria*, il *ciclo di Krebs* e la *fosforilazione ossidativa*.

Negli eucarioti la sede della respirazione cellulare è il **mitocondrio** (**figura** ■ **3.12**).

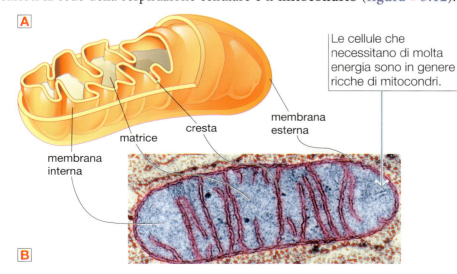

A

Le cellule che necessitano di molta energia sono in genere ricche di mitocondri.

membrana esterna
cresta
matrice
membrana interna

B

Figura ■ **3.12**
I mitocondri **A.** presentano due sistemi di membrane separate da uno spazio intermembrana; lo spazio più interno è la matrice.
B. Fotografia al microscopio elettronico di un mitocondrio.

Video Come avviene la respirazione cellulare?

Questo organulo è grande circa un micrometro (1 µm = 10^{-6}m = un millesimo di millimetro) e, in genere, in una cellula ve ne sono 1000-2000 sparsi nel citosol. Al suo interno si trovano molti enzimi, DNA e ribosomi, perciò è in grado di duplicarsi autonomamente.

La struttura di un mitocondrio presenta una **doppia membrana**: la membrana *esterna* è liscia e porosa, perché è disseminata di proteine canale (*porine)* che permettono il passaggio di piccole molecole e ioni. La membrana *interna*, invece, è fortemente ripiegata. I vari comparti del mitocondrio costituiscono l'ambiente di reazione dei processi che verranno esaminati:

- lo spazio interno della membrana interna è detto **matrice**;
- le due membrane, interna ed esterna, non aderiscono l'una all'altra ma fra di esse vi è lo **spazio intermembrana**;
- la membrana interna, fortemente ripiegata, presenta incurvature dette **creste mitocondriali**, che sono costellate di enzimi che hanno un ruolo fondamentale nell'intero processo.

La fase preparatoria

Il piruvato, legato a una specifica proteina di trasporto, penetra nella matrice del mitocondrio dove avviene la reazione di **decarbossilazione ossidativa**, con la quale viene eliminata una molecola di CO_2 e il piruvato viene ossidato per formare un gruppo *acetile a due atomi di carbonio* (CH_3CO—). La reazione è catalizzata da un opportuno sistema di enzimi e coenzimi, il complesso della **piruvato deidrogenasi**, fra cui vi è il **coenzima A (CoA)**.

Alla fine del processo si forma una molecola di **acetil-CoA** per ogni molecola di piruvato e una molecola di NAD^+ si riduce a NADH. La reazione complessiva è:

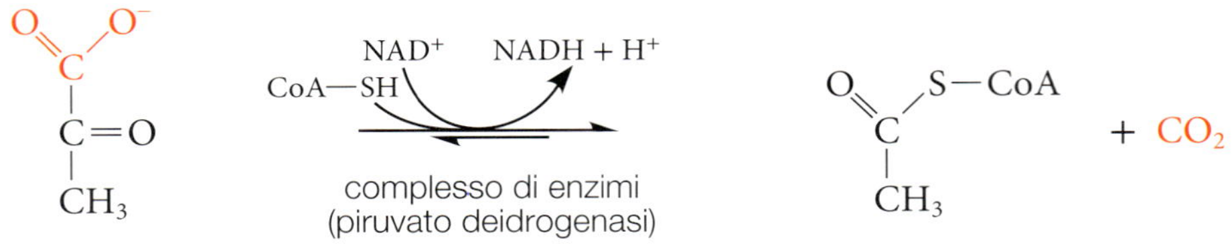

Il ciclo di Krebs

A questo punto avviene una serie di reazioni tramite le quali i due atomi di carbonio del gruppo acetile dell'acetil-CoA vengono ossidati completamente, con liberazione di altrettante molecole di CO_2. Questo *pathway* è quindi anche chiamato **metabolismo terminale**.

Nella prima reazione, il gruppo acetile dell'acetil-CoA reagisce con una molecola di *ossalacetato*, costituita da 4 atomi di carbonio, formando una molecola di *citrato*, composto da 6 atomi di carbonio. L'intera via metabolica comprende 8 reazioni, al termine delle quali l'ossalacetato viene rigenerato e può iniziare una nuova serie di reazioni. Per tale ragione questa via metabolica è un «ciclo» ed è chiamata **ciclo di Krebs**, (dal nome del suo scopritore) oppure **ciclo dell'acido citrico** (dal nome del primo prodotto di reazione) o anche **ciclo degli acidi tricarbossilici** (perché i primi intermedi hanno tre gruppi carbossile —COOH).

L'intero ciclo di reazioni è illustrato nella **figura** ■ **3.13** alla pagina seguente. Si sottolineano tre aspetti di questa complessa serie di reazioni:

- nelle tappe **3** e **4** sono eliminate 2 molecole di CO_2 che corrispondono agli atomi di carbonio del gruppo acetile;

⚑ Pyruvate dehydrogenase (Piruvato deidrogenasi) The enzymatic complex that converts pyruvate into acetyl-CoA. The reaction catalysed by pyruvate dehydrogenase is called pyruvate decarboxylation.

⚑ Krebs cycle (Ciclo di Krebs) The set of biochemical reactions that break down acetyl-CoA and release two molecules of carbon dioxide. Krebs cycle is also called «citric acid cycle» or «tricarboxylic acid cycle».

6 – 7 – 8. La catena carboniosa è ossidata in successione fino a rigenerare ossalacetato; le ossidazioni producono un'altra molecola di NADH e una di $FADH_2$.

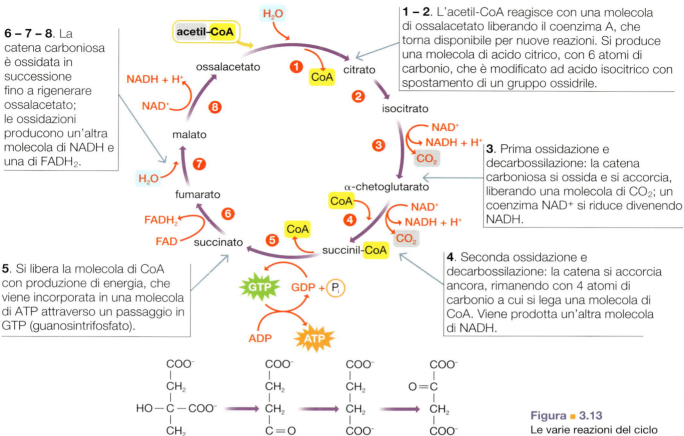

1 – 2. L'acetil-CoA reagisce con una molecola di ossalacetato liberando il coenzima A, che torna disponibile per nuove reazioni. Si produce una molecola di acido citrico, con 6 atomi di carbonio, che è modificato ad acido isocitrico con spostamento di un gruppo ossidrile.

3. Prima ossidazione e decarbossilazione: la catena carboniosa si ossida e si accorcia, liberando una molecola di CO_2; un coenzima NAD^+ si riduce divenendo NADH.

4. Seconda ossidazione e decarbossilazione: la catena si accorcia ancora, rimanendo con 4 atomi di carbonio a cui si lega una molecola di CoA. Viene prodotta un'altra molecola di NADH.

5. Si libera la molecola di CoA con produzione di energia, che viene incorporata in una molecola di ATP attraverso un passaggio in GTP (guanosintrifosfato).

Figura ■ 3.13
Le varie reazioni del ciclo di Krebs. Sono indicate le molecole che intervengono in ciascun passaggio.

---

per saperne di più

Tante molecole, un solo metabolismo

L'alimentazione degli organismi eterotrofi non si basa soltanto sul glucosio, ma prevede altri carboidrati, lipidi e proteine. Tutte queste biomolecole possono essere catabolizzate in vario modo e fornire precursori che permetteranno di sintetizzare fosfolipidi per le membrane, amminoacidi per la sintesi proteica, amido o glicogeno come riserva energetica oppure altre molecole utili all'organismo.

Tutte le biomolecole, però, possono essere sfruttate per produrre energia. Mediante vie metaboliche diverse, la cellula ricava acetil-CoA sia dai carboidrati sia dai lipidi sia dalle proteine (**figura ■ A**). In particolare:

- i **carboidrati** forniscono il glucosio, il fruttosio e il galattosio che si immettono nella glicolisi;
- I **trigliceridi** forniscono glicerolo e acidi grassi che, dopo altri processi, partecipano alla respirazione cellulare;
- le **proteine**, scisse in amminoacidi dalla digestione, sono la materia prima per la sintesi proteica di ogni cellula. Nell'essere umano gli amminoacidi in eccesso sono elaborati dal fegato, che elimina l'azoto e fornisce altri intermedi per la respirazione cellulare.

Qualunque sia la sua origine, l'acetil-CoA penetra nella matrice mitocondriale e va incontro al ciclo di Krebs.

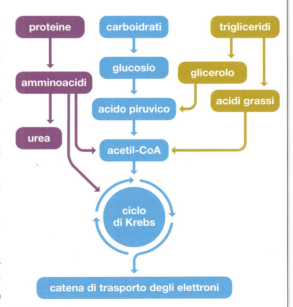

Figura ■ A
Le vie cataboliche di tutte le biomolecole convergono sull'acetil-CoA, che viene ossidato a CO_2 e permette la sintesi di ATP.

- grazie alle tappe **3, 4, 6, 8** sono prodotte in tutto 3 molecole di NADH e una di FADH$_2$;
- nella reazione **5** si produce una molecola di ATP.

Il bilancio complessivo in termini di energia e di massa del metabolismo del glucosio fino a questo punto è dunque di 6 CO$_2$, 4 ATP, 10 NADH e 2 FADH$_2$ per ogni molecola di glucosio che entra nella glicolisi.

Fosforilazione ossidativa e produzione di ATP

Le reazioni mediante le quali la cellula utilizza l'energia incorporata nei processi esaminati in precedenza, producendo molecole di ATP, avvengono nella membrana interna del mitocondrio dove sono inseriti numerosi **complessi enzimatici**, che provvedono alla riossidazione dei coenzimi NADH e FADH$_2$:

- **Complesso I**, che provvede all'ossidazione del coenzima NADH;
- **Complesso II**, che catalizza l'ossidazione del coenzima FADH$_2$;
- **Complesso III**, che media il trasferimento di elettroni dall'ubichinone al citocromo *c*;
- **Complesso IV**, che trasferisce gli elettroni all'ossigeno, riducendolo ad acqua.

A questi complessi si aggiungono due molecole che non sono stanziali, ma possono muoversi lungo la membrana:

- **ubichinone** (coenzima Q), che trasporta gli elettroni dai complessi I e II al complesso III;
- **citocromo *c*** (una piccola proteina), che trasporta gli elettroni dal complesso III al IV.

> Nel suo insieme questo vasto sistema di enzimi viene anche chiamato **catena di trasporto degli elettroni** o **catena respiratoria**.

Il funzionamento della catena di trasporto degli elettroni (**figura ∎ 3.14**) consiste in una serie di passaggi.

1. Il complesso I ossida la molecola del coenzima NADH; la semireazione di ossidazione è:

$$NADH \longrightarrow NAD^+ + 2e^- + H^+ + energia$$

Gli elettroni (e$^-$) sono catturati dal complesso I e trasferiti all'ubichinone, mentre l'energia liberata dalla reazione viene impiegata per far migrare ioni H$^+$ (protoni) *contro gradiente* attraverso la membrana, cioè per trasferirli dalla matrice mitocondriale allo spazio intermembrana.

Electron transport chain
(Catena di trasporto degli elettroni)
The system that transfers electrons along a series of proteins located within the inner mitochondrial membrane. The electron transfer is coupled with the transfer of protons across the membrane: this gradient represents the driving force for the synthesis of ATP.

Ricorda
Si definisce gradiente di concentrazione la differenza di concentrazione di una specie chimica ai due lati di una membrana che separa due soluzioni. Il flusso di sostanze attraverso la membrana delle cellule avviene senza l'impiego di energia quando i soluti fluiscono dalla zona dove sono più concentrati a quella dove sono più diluiti. Affinché i soluti diffondano verso la zona dove sono più concentrati (contro gradiente) occorre fornire energia.

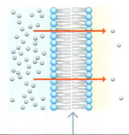

Diffusione semplice **secondo gradiente**: dalla zona di maggior concentrazione verso la zona di minor concentrazione.

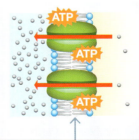

Flusso **contro gradiente**: dalla zona con concentrazione **minore** verso la zona con concentrazione **maggiore**: richiede proteine canale ed **energia**.

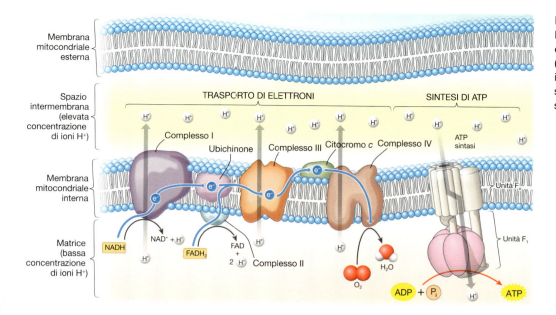

Figura ■ 3.14
La catena di trasporto degli elettroni pompa protoni (ioni H$^+$) nello spazio intermembrana e l'ATP sintasi sfrutta questa energia per sintetizzare ATP.

2. Nel complesso II viene ossidato il coenzma FADH$_2$, secondo la semireazione:

$$FADH_2 \longrightarrow FAD + 2e^- + 2H^+ + energia$$

Gli elettroni (e$^-$) sono trasferiti all'ubichinone, mentre invece l'energia liberata non è sufficiente per trasferire ioni H$^+$.

3. L'ubichinone ridotto (ossia carico di elettroni) migra verso il complesso III dove cede energia, che viene impiegata per trasferire altri ioni H$^+$ nello spazio intermembrana; contemporaneamente gli elettroni sono trasferiti al citocromo c.

4. Il citocromo c si sposta verso il complesso IV, dove gli elettroni sono impiegati per ridurre l'ossigeno con la semireazione:

$$O_2 + 4e^- + 4H^+ \longrightarrow 2H_2O$$

Anche questa reazione è esoergonica e l'energia che libera viene impiegata per promuovere il flusso di protoni contro gradiente, aumentando ancora la loro concentrazione nello spazio intermembrana.

Gli ioni H$^+$ accumulati fra le membrane premono per fluire nella matrice secondo il gradiente di concentrazione e per la differenza di potenziale elettrico ai due lati della membrana, ma non possono tornare liberamente nella matrice perché la membrana interna è impermeabile agli ioni H$^+$.

È in questa fase che entra in scena un altro enzima: l'**ATP sintasi** (figura ■ 3.15).

 **ATP synthase** (ATP sintasi)
The enzyme that couples the movement of protons with the synthesis of ATP.

Figura ■ 3.15
La struttura dell'ATP sintasi, il complesso enzimatico che combina il passaggio di protoni verso la matrice con la sintesi di ATP.

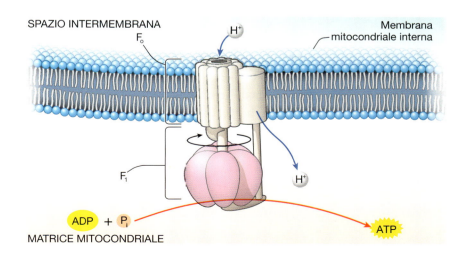

Questo complesso enzimatico costituisce un canale per i protoni che lo attraversano e sfrutta l'energia potenziale prodotta dalla differenza di potenziale elettrico unita alla differenza di concentrazione degli ioni H^+ per la sintesi di molecole di ATP:

$$ADP + P_i + energia \rightleftharpoons ATP$$

L'ATP sintasi è collocata nelle creste mitocondriali con una porzione rivolta verso lo spazio intermembrana (unità F_o) che costituisce un canale per i protoni e un'altra unità (F_1) immersa nella matrice con i siti attivi per la sintesi dell'ATP. L'unità F_1 è costituita da sei subunità a forma di «spicchi», come quelli dell'arancia, e ruota intorno a un perno fisso che è parte dell'unità F_o. Ogni protone, attraversando l'enzima, trasferisce energia all'unità F_1, che risponde ruotando su se stessa e l'energia della rotazione viene impiegata dai siti attivi nella sintesi dell'ATP.

Per quanto riguarda il bilancio energetico, si consideri l'energia libera sviluppata da un'ipotetica reazione tra il coenzima NADH e l'accettore finale degli e^- della catena respiratoria, ossia l'ossigeno:

$$2NADH + O_2 + 2H^+ \longrightarrow 2NAD^+ + 2H_2O$$

in cui il NADH si ossida, cedendo elettroni all'ossigeno, che si riduce.

La variazione di energia libera di questo ipotetico processo è $\Delta G = -220,6$ kJ/mol; si tratterebbe, dunque, di un processo spontaneo e fortemente esoergonico. Se avvenisse tale reazione, l'energia prodotta si disperderebbe sotto forma di calore. Nei mitocondri, invece, grazie al sistema di enzimi e al trasporto degli e^-, il 40% di questa energia (e di quella prodotta dalla riduzione del $FADH_2$) è recuperata e impiegata per produrre ATP.

La cellula ricava in media 2,5 molecole di ATP per ogni coenzima NADH ossidato e 1,5 molecole di ATP per ogni $FADH_2$ ossidato, perciò, il rendimento energetico complessivo ricavato dall'ossidazione completa di ogni molecola di glucosio in termini di ATP è il seguente:

Via metabolica	ATP
Glicolisi	2
Ciclo di Krebs	2
Fosforilazione ossidativa	25 (dal NADH)
	3 (dal $FADH_2$)
Totale	32

Ricorda

Il calcolo del numero di molecole di ATP prodotte dalla cellula non è standard perché è frutto di un'approssimazione. In genere si considerano 32 ATP per molecola di glucosio, ma alcuni testi riportano 36 ATP perché approssimano per eccesso il numero di ATP ricavati da una molecola di NADH (non 2,5 ma 3). A questi due valori se ne aggiunge un terzo: 30 ATP per molecola di glucosio, poiché si considera la spesa energetica (di 2 ATP) che alcune cellule sostengono per trasferire il NADH attraverso la membrana mitocondriale interna.

Oltre l'ossigeno

Il mondo dei batteri offre ampie eccezioni al processo appena descritto. Ne rappresentano un esempio i microrganismi che non impiegano l'ossigeno come accettore finale degli elettroni ricavati dall'ossidazione del glucosio.

Per esempio, i **batteri denitrificanti** (figura ■ 3.16), che utilizzano i nitrati (NO_3^-) come accettori di elettroni, producono azoto molecolare (N_2). Questi organismi svolgono un'importante funzione depurativa nelle acque cariche di rifiuti biologici e partecipano all'equilibrio del ciclo biogeochimico dell'azoto.

Nei **batteri metanogeni**, invece, è la stessa CO_2 prodotta a catturare elettroni (invece dell'ossigeno) trasformandosi in metano (CH_4).

Figura ■ 3.16
Batteri *Pseudomonas* fotografati al microscopio elettronico a trasmissione.

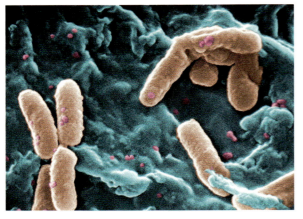

6. La fotosintesi

Gli organismi **autotrofi** (da *autòs*, stesso, e *trofè*, nutrimento), a differenza degli animali e degli altri organismi eterotrofi, sintetizzano molecole organiche a partire da diossido di carbonio e acqua. Il processo complessivamente è endoergonico e richiede lo sfruttamento di una fonte esterna di energia.

Alcuni batteri impiegano vie metaboliche, dette **chemiosintetiche**, che sfruttano l'energia liberata dall'ossidazione di composti dell'azoto e dello zolfo per produrre zuccheri. Le piante, le alghe e un'ampia varietà di microrganismi (**figura ■ 3.17A**), invece, usano la luce come fonte di energia per produrre zuccheri attraverso una via metabolica chiamata **fotosintesi** (dal greco *photòs*, luce e *synthesis*, sintesi).

La reazione complessiva della fotosintesi è la seguente:

$$6CO_2 + 12H_2O \xrightarrow{h\nu} C_6H_{12}O_6 + 6O_2 + 6H_2O$$

Si tratta di un processo ossidoriduttivo nel quale il carbonio del CO_2 si riduce e l'ossigeno dell'acqua si ossida. Le semireazioni, pertanto, sono:

riduzione $6CO_2 + 24e^- + 24H^+ \longrightarrow C_6H_{12}O_6 + 6H_2O$
ossidazione $12H_2O \longrightarrow 24H^+ + 6O_2 + 24e^-$

L'ossigeno dell'acqua non è l'unico donatore di elettroni nei processi di fotosintesi esistenti in natura. Esistono batteri (**figura ■ 3.17B**) che sfruttano la capacità riducente di ioni ferrosi (Fe^{2+}/Fe^{3+}) o di ioni solfuro (S^{2-}/S^0) e anche dell'idrogeno ($H_2/2H^+$). Tutti questi processi sono detti di *fotosintesi anossigenica*.

Per esempio, nei *solfobatteri purpurei* la reazione è:

$$6CO_2 + 12H_2S \longrightarrow C_6H_{12}O_6 + 12S + 6H_2O$$

Tuttavia, la *fotosintesi ossigenica* è la via metabolica più diffusa e da essa dipende la presenza di ossigeno nella nostra atmosfera; nelle piante avviene nelle parti verdi (principalmente le foglie) all'interno dei **cloroplasti** (dal greco *clòros*, verde, e *plastòs*, forma). Questi organuli hanno dimensioni comprese tra 2 e 10 μm e sono rivestiti da una doppia membrana; all'interno racchiudono numerosi sistemi di vescicole appiattite dette **tilacoidi**, che sono immerse in una matrice liquida chiamata stroma (**figura ■ 3.18**).

Figura ■ 3.17
A. I cianobatteri del genere *Anabaena* compiono la fotosintesi ossigenica, mentre **B.** i batteri *Thiobacillus ferrooxidans* sono in grado di ossidare lo zolfo e il ferro e sfruttano la fotosintesi anossigenica.

Figura ■ 3.18
Così come i mitocondri, anche i cloroplasti presentano due sistemi di membrane separate da uno spazio intermembrana; all'interno sono presenti i tilacoidi immersi nello stroma.

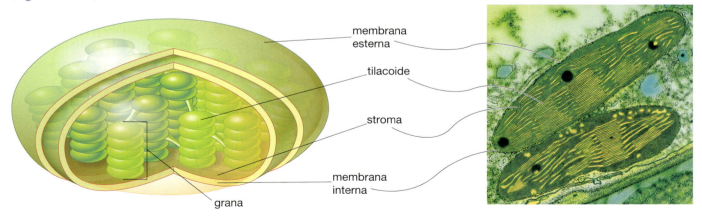

membrana esterna
tilacoide
stroma
membrana interna
grana

La fase luminosa della fotosintesi

La fotosintesi è formata da due serie di reazioni che operano in sequenza. Le reazioni della **fase luminosa** avvengono sui tilacoidi e dipendono direttamente dalla presenza della luce solare per poter avvenire; le reazioni della **fase oscura**, invece, avvengono nello stroma e non coinvolgono direttamente la luce.

> Le reazioni della fase luminosa producono ATP e coenzimi ridotti NADPH, mentre le reazioni della fase oscura usano queste molecole per produrre zuccheri a partire da CO_2.

Nonostante il nome, le reazioni della fase oscura non avvengono al buio; esse inoltre non possono essere innescate se sono bloccate le reazioni della fase luminosa, perché dipendono dall'ATP e dai coenzimi ridotti che sono stati prodotti sui tilacoidi.

Sulla membrana dei tilacoidi sono ancorati vari sistemi di enzimi, in una successione che ricorda la catena di trasporto degli elettroni presente nei mitocondri (figura ■ 3.19):

- **fotosistema I**, o PSI;
- **trasportatori mobili di elettroni**;
- **fotosistema II**, o PSII;
- **ATP sintasi**.

Figura ■ 3.19
Gli enzimi presenti sulla membrana tilacoidale catalizzano le reazioni della fase luminosa.

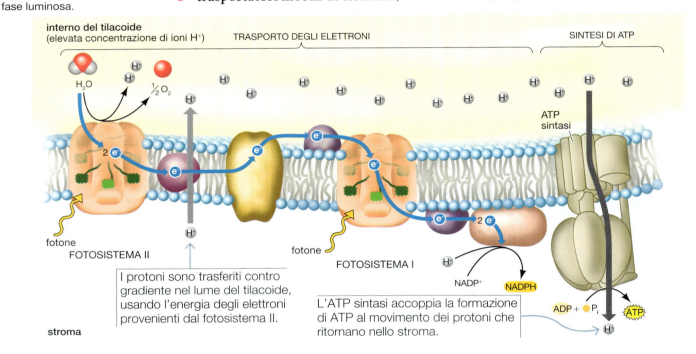

I fotosistemi I e II (chiamati così in base all'ordine con cui sono stati scoperti) contengono molti *pigmenti fotosensibili*, in grado cioè di reagire all'arrivo di una radiazione luminosa. I più abbondanti sono le **clorofille**, ma sono presenti anche pigmenti accessori come i **carotenoidi**. L'insieme dei pigmenti permette alla pianta di assorbire gran parte delle lunghezze d'onda dello spettro della luce visibile (figura ■ 3.20).

Figura ■ 3.20
Lo spettro della luce comprende molte lunghezze d'onda; grazie a diversi pigmenti le piante possono assorbire gran parte di quelle presenti tra 400 e 700 nm.

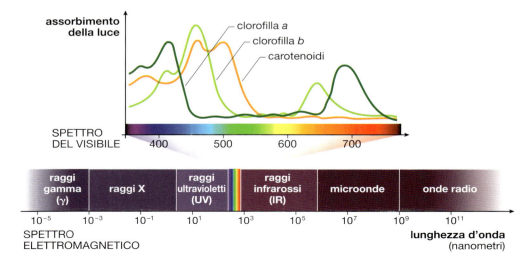

Una volta catturata l'energia elettromagnetica presente nella luce, gli elettroni presenti nei pigmenti passano a uno *stato eccitato*, a maggiore energia, e sono catturati dai trasportatori presenti sui tilacoidi; in questo modo si avvia la reazione che consente la sintesi di ATP.

Si esaminano ora le reazioni della fase luminosa:

1. Il fotosistema II capta la radiazione luminosa, che eccita gli elettroni delle clorofille che li cedono alla catena di trasporto degli elettroni recuperandoli con l'ossidazione di una molecola d'acqua; si forma così l'ossigeno molecolare O_2. La semireazione di ossidazione dell'acqua, che produce una molecola di ossigeno, viene definita **fotolisi dell'acqua**:

$$2H_2O \longrightarrow 4H^+ + O_2 + 4e^-$$

2. Vari trasportatori trasferiscono gli elettroni al fotosistema I. Parte dell'energia del processo viene sfruttata per riversare, contro gradiente, ioni H^+ dallo stroma all'interno del tilacoide, analogamente a quanto accade nella catena di trasporto degli elettroni nei mitocondri.

3. Gli elettroni compensano la carica elettrica che si crea nel fotosistema I quando la luce raggiunge gli elettroni della clorofilla, che passano allo stato eccitato e sono catturati dal trasportatore mobile *ferredossina*.

4. La ferredossina trasferisce gli elettroni a un enzima, associato al fotosistema I, che riduce il $NADP^+$, mediante la seguente reazione:

$$NADP^+ + 2e^- + 2H^+ \longrightarrow NADPH + H^+$$

Pertanto, la reazione complessiva della fase luminosa è:

$$2H_2O + 2NADP^+ \longrightarrow 2NADPH + O_2 + 2H^+$$

Il gradiente protonico così generato ai due lati della membrana del tilacoide promuove l'azione dell'enzima **ATP sintasi** che catalizza la sintesi di molecole di ATP e il meccanismo d'azione dell'enzima è analogo a quello esaminato nella respirazione cellulare:

$$ADP + P_i + energia \rightleftharpoons ATP$$

Le fase oscura della fotosintesi

Le reazioni della fase oscura consistono nel **ciclo di Calvin-Benson**, dai nomi degli scopritori. Nello stroma, il CO_2 prelevato dall'ambiente viene ridotto trasformandosi in glucosio e altri zuccheri con l'impiego delle molecole di ATP e NADPH prodotti nella fase luminosa. La via metabolica è ciclica perché inizia con una molecola di **ribulosio 1,5-bisfosfato** che si rigenera alla fine del processo (**figura ■ 3.21**, a pagina successiva).

> Le reazioni del ciclo di Calvin-Benson sono suddivise in tre fasi: fissazione, riduzione e rigenerazione.

Nella **fase di fissazione,** una molecola di CO_2 (1 atomo di carbonio) reagisce con lo zucchero ribulosio 1,5-bisfosfato (a 5 atomi di carbonio), rilasciando 2 molecole di 3-fosfoglicerato (3 atomi di carbonio ciascuna). Il CO_2 viene pertanto *fissato* perché entra a far parte di una molecola organica.

L'enzima che catalizza questa reazione è la **RuBisCO** o *ribulosio bisfosfato carbossilasi/ossigenasi*. La RuBisCO è la proteina più abbondante sulla Terra perché fornisce molecole di carbonio organico per tutti gli esseri viventi.

Photosynthetic pigments
(Pigmenti fotosintetici)
Chemical compounds that absorb certain wavelengths of visible light. However, their colour depends on the wavelengths they reflect: chlorophylls are green, whereas carotenoids are usually orange, red or yellow.

Video Come avviene la fase luminosa della fotosintesi?

Video How does the light phase of photosynthesis work?

Calvin-Benson cycle
(Ciclo di Calvin-Benson)
The metabolic pathway in which carbon dioxide is reduced in order to synthesize carbohydrates. Calvin-Benson cycle is often simply referred to as «Calvin cycle».

Figura ■ 3.21
Il ciclo di Calvin-Benson: sono indicati le varie fasi e i composti principali. Sono necessari 6 cicli di reazioni per ottenere 2 molecole di gliceraldeide 3-fosfato (3 atomi di carbonio) che si combinano per dare 1 molecola di glucosio (6 atomi di carbonio).

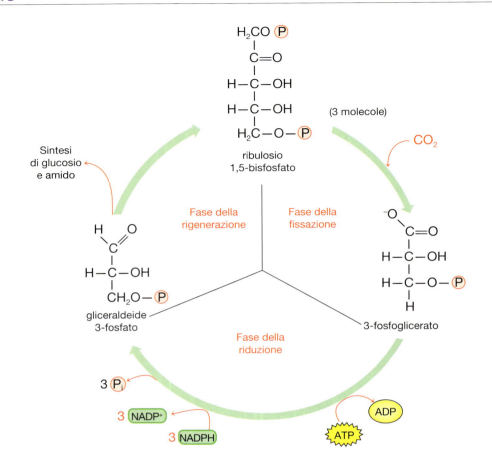

Video Come avviene la fotosintesi?

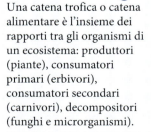

Nella fase di **riduzione**, il 3-fosfoglicerato viene ulteriormente fosforilato, con l'intervento di una molecola di ATP e poi ridotto a gliceraldeide 3-fosfato. In questo passaggio interviene anche il coenzima NADPH prodotto nella fase luminosa, che si ossida cedendo gli elettroni necessari per la riduzione.

A questo punto la gliceraldeide 3-fosfato può seguire due vie metaboliche distinte:
- la maggior parte delle molecole entra nella **fase di rigenerazione** in cui viene prodotto ribulosio 1,5-bisfosfato, in modo tale da chiudere il ciclo;
- una quota minore viene utilizzata in altre reazioni per la produzione di molecole che hanno funzioni strutturali e di riserva (glucosio e fruttosio) ed energetiche (glucosio e piruvato per la respirazione cellulare), tutti composti che saranno sfruttati dalla pianta per crescere.

Il rapporto tra fotosintesi e respirazione cellulare

Ricorda
Una catena trofica o catena alimentare è l'insieme dei rapporti tra gli organismi di un ecosistema: produttori (piante), consumatori primari (erbivori), consumatori secondari (carnivori), decompositori (funghi e microrganismi).

L'immensa varietà e ricchezza di forme di vita che compongono la biosfera è sostenuta dalle vie metaboliche esaminate in questo capitolo: fotosintesi e respirazione cellulare. La fotosintesi produce tutta la biomassa e gran parte dell'ossigeno, alimentando così la catena trofica e il mantenimento della composizione dell'atmosfera. Mediante il processo di respirazione cellulare, invece, gli organismi aerobi consumano la biomassa e l'ossigeno per produrre le molecole di ATP necessarie per la propria esistenza.

I due processi, tuttavia, non sono l'uno l'opposto dell'altro, come potrebbe sembrare guardando soltanto i reagenti e i prodotti delle rispettive reazioni complessive:

$$6CO_2 + 6H_2O \xrightarrow{h\nu} C_6H_{12}O_6 + 6O_2$$

$$C_6H_{12}O_6 + 6O_2 \longrightarrow 6CO_2 + 6H_2O + energia$$

Il bilancio energetico complessivo, infatti, non è mai in pari: l'energia luminosa che alimenta la fotosintesi, incorporata dapprima nelle biomolecole e infine nell'ATP, viene usata, consumata e dissipata per sostenere l'esistenza di ogni organismo. Si stima che ogni anno sulla Terra la fotosintesi produca 100 miliardi di kilogrammi di sostanze organiche, mentre, approssimativamente, una pari quantità viene decomposta con la respirazione a diossido di carbonio e acqua.

La valutazione di queste vie metaboliche non può prescindere da alcune considerazioni di carattere ambientale. Le foreste e il fitoplancton (alghe e microalghe), presente negli oceani, sono responsabili in misura uguale dell'attività fotosintetica globale (figura ■ 3.22).

La deforestazione e l'inquinamento fanno diminuire l'assimilazione di CO_2 da parte degli organismi fotosintetici, mentre gli incendi e la combustione di petrolio e carbone fanno aumentare la sua concentrazione nell'atmosfera. In questo senso la salvaguardia degli ecosistemi è anche un mantenimento della fotosintesi, che sottrae diossido di carbonio dall'atmosfera per incorporarlo nei sistemi viventi.

Figura ■ 3.22
Immagine tratta dai dati forniti da un satellite del programma *Mission to Planet Earth* dell'agenzia spaziale americana (NASA), che mostra la quantità di vita vegetale sulla Terra: sulle terre emerse le aree con maggiore produttività fotosintetica sono colorate in verde, nei mari e negli oceani in blu.

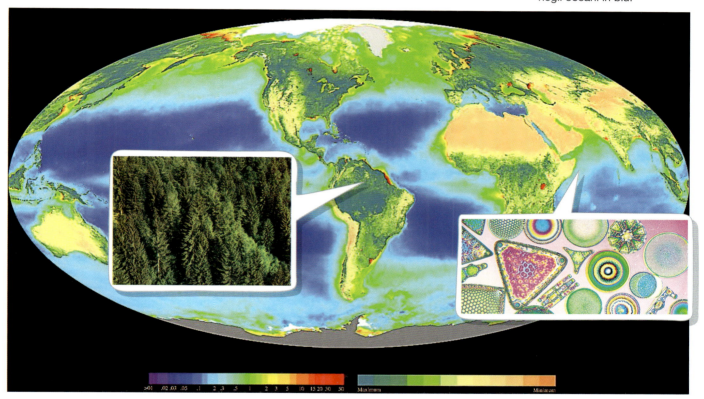

per *saperne di più*

La fotosintesi per la produzione di idrogeno

La fotosintesi di alcune varietà di microalghe può essere impiegata nei **bioreattori** (**figura ■ A**) per la produzione di **idrogeno elementare** (*bioidrogeno*) da sfruttare come fonte energetica.

Il metodo, tuttora in fase sperimentale, prevede l'uso di batteri fotosintetici o alghe, accoppiati con altri batteri provvisti dell'enzima *idrogenasi*. Tale enzima rende possibile la produzione di idrogeno gassoso (H_2) sfruttando gli ioni idrogeno H^+ prodotti dalla fotosintesi (nella fase luminosa) e gli elettroni catturati all'ossigeno dell'acqua.

Figura ■ A
Un bioreattore ad alghe.

▶ Lavorare con le mappe

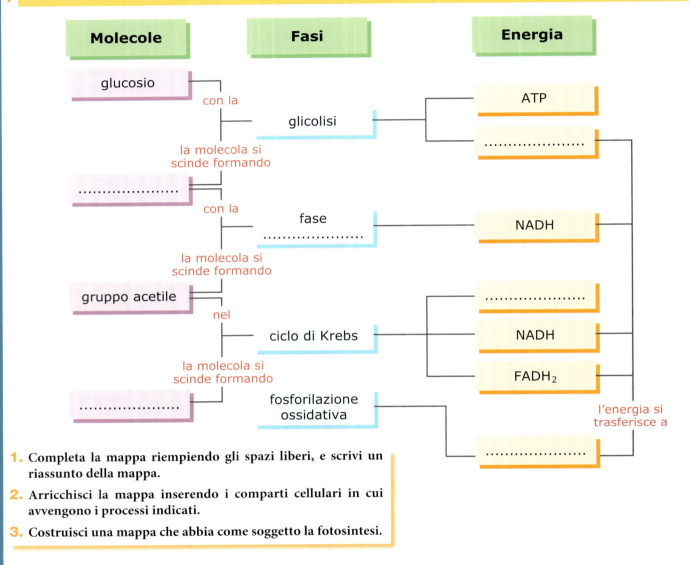

1. Completa la mappa riempiendo gli spazi liberi, e scrivi un riassunto della mappa.

2. Arricchisci la mappa inserendo i comparti cellulari in cui avvengono i processi indicati.

3. Costruisci una mappa che abbia come soggetto la fotosintesi.

▶ Conoscenze e abilità

I processi biologici e gli enzimi

Indica la risposta corretta

1. Una reazione di polimerizzazione avviene

- A con aumento di ordine perciò $\Delta S < 0$
- B con aumento di disordine perciò $\Delta S < 0$
- C con aumento di ordine perciò $\Delta S > 0$
- D con aumento di disordine perciò $\Delta S > 0$

2. La reazione di idrolisi di un polisaccaride avviene

- A con aumento di ordine perciò $\Delta S < 0$
- B con aumento di disordine perciò $\Delta S < 0$
- C con aumento di ordine perciò $\Delta S > 0$
- D con aumento di disordine perciò $\Delta S > 0$

3. Un processo è spontaneo se

- A è esotermico, ossia se libera calore
- B è endotermico, ossia se assorbe calore
- C avviene con aumento di disordine
- D libera energia convertibile in altre forme

4. Che cosa sono gli enzimi?

- A molecole che forniscono l'energia necessaria ai processi metabolici endotermici
- B catalizzatori che accelerano i processi metabolici
- C molecole che reagiscono nei processi metabolici
- D molecole che favoriscono le reazioni di ossidoriduzione metaboliche

5. A che classi di molecole appartengono gli enzimi?

A proteine o RNA

B proteine o polisaccaridi

C proteine o lipidi

D esclusivamente proteine

6. Un enzima che agisce in collaborazione con i coenzimi NAD$^+$/NADH

A promuove reazioni di idrolisi

B promuove la scissione di legami C—C

C trasferisce gruppi fosfato

D promuove reazioni di ossidoriduzione

7. 🏴 Which of the following mechanisms does not allow enzyme regulation?

A induction

B inhibition

C synthesis of ATP

D control on DNA transcription

Completa la frase

8. Un processo è spontaneo se avviene con diminuzione di energia .... Essa corrisponde alla frazione di energia .... che viene scambiata nel processo.

9. Le macromolecole biologiche sono sistemi con elevato ordine pertanto la loro sintesi comporta .... di entropia. Affinché il processo avvenga deve essere quindi accompagnato da .... di calore di reazione, ossia ΔH deve essere .... In altre parole, il calore di reazione deve compensare lo svantaggio dovuto all'aumento di ....

10. Le reazioni metaboliche avvengono grazie alla presenza di enzimi che sono opportuni .... In loro assenza sarebbero così .... che in pratica non avverrebbero. Gli enzimi sono quasi sempre proteine .... con l'eccezione dei .... costituiti da .... Il nome di un enzima ha il caratteristico suffisso in ....

11. L'azione di un enzima può essere controllata da altre molecole che agiscono come .... oppure come .... Nel primo caso la molecola segnale promuove l'azione dell'enzima, nel secondo caso la .... In altri casi il controllo dell'attività enzimatica dipende da fattori che inducono o reprimono la sintesi .... Agiscono pertanto all'interno del nucleo sul .... o sull'........................... .

Vero o falso?

12. Le reazioni sono spontanee se il ΔG è negativo. **V F**

13. Le reazioni possono essere spontanee anche se sfavorite da un punto di vista dell'entropia (ossia generano ordine) purché avvengano con ΔH negativo, ovvero purché siano sufficientemente esotermiche. **V F**

14. I processi di sintesi di macromolecole avvengono con aumento di ordine ($\Delta S > 0$). **V F**

15. Gli enzimi forniscono l'energia necessaria ai processi endotermici. **V F**

16. 🏴 Enzymes provide the energy required for endothermic reactions. **V F**

17. In prima approssimazione si può dire che esista un enzima per ognuna delle reazioni chimiche che avvengono in un organismo. **V F**

Rispondi

18. Spiega, in termini termodinamici, perché le sintesi di macromolecole come proteine, DNA, RNA, polisaccaridi, sono processi endoergonici.

19. Spiega, in termini termodinamici, perché un organismo vivente per sopravvivere richiede continuamente un apporto esterno di energia.

20. 🏴 What is an enzyme? What is it meant by «active site»? How can enzymes be so highly specific in terms of the substrate they bind?

Il metabolismo del glucosio

Indica la risposta corretta

21. La glicolisi avviene

A sulla membrana del mitocondrio

B nella matrice mitocondriale

C sulle creste mitocondriali

D nel citosol

22. Che cosa **non** accade nella glicolisi?

A Una molecola di glucosio si scinde formando due molecole di acido piruvico.

B Intervengono molecole di coenzimi.

C L'energia netta rilasciata dal processo è impiegata per la sintesi di 2 molecole di ATP.

D L'energia accumulata nel coenzima NADH viene rilasciata per la formazione di molecole di ATP.

3 Esercizi

23. Con la fermentazione lattica

- [A] l'acido piruvico viene ossidato
- [B] l'acido piruvico viene decarbossilato
- [C] non si produce CO_2
- [D] si producono molecole di NADH

24. La fase preparatoria e il ciclo di Krebs avvengono

- [A] nel citosol
- [B] nella membrana interna del mitocondrio
- [C] nella matrice mitocondriale
- [D] nelle creste mitocondriali

25. Quale delle seguenti reazioni avviene nella fase preparatoria?

- [A] decarbossilazione dell'acido piruvico
- [B] formazione del coenzima A
- [C] fosforilazione dell'acido piruvico
- [D] riduzione dell'acido piruvico

26. Quante molecole di CO_2 si formano per ogni molecola di acetilcoenzima A, nel ciclo di Krebs?

- [A] 1   [B] 2   [C] 3   [D] nessuna

27. Quante molecole di NADH, $FADH_2$ e ATP si formano grazie all'energia prodotta dalla scissione di una molecola di glucosio, dopo la glicolisi + fase preparatoria + ciclo di Krebs?

- [A] 2 ATP + 5 NADH + 1 $FADH_2$
- [B] 4 ATP + 10 NADH + 2 $FADH_2$
- [C] 2 ATP + 10 NADH + 2 $FADH_2$
- [D] 4 ATP + 5 NADH + 1 $FADH_2$

28. Quante molecole di CO_2 si formano dalla scissione di una molecola di glucosio, dopo la glicolisi + fase preparatoria + ciclo di Krebs?

- [A] 2   [B] 4   [C] 6   [D] nessuna

29. 🇬🇧 Which behaviour is shared by mitochondrial complex I, III, and IV?

- [A] They all accept electrons from NADH.
- [B] They all accept electrons from $FADH_2$.
- [C] They all transfer electrons to O_2.
- [D] They all use the energy released by redox reactions in order to transport H^+ ions against their concentration gradient.

30. 🇬🇧 Which of the following molecules is the final acceptor for the electrons transferred by NADH and $FADH_2$?

- [A] H_2O
- [B] O_2
- [C] ATP
- [D] H^+

Completa la frase

31. Al termine della glicolisi, se il meccanismo metabolico è .... l'acido .... entra nel .... dove tutti gli atomi di carbonio sono ossidati fino alla formazione di .... in due tappe, dette fase preparatoria e .... di Krebs. Poiché entrambe queste serie di reazioni sono processi ossidativi, intervengono i coenzimi .... e .... che si .... formando .... e .... Nella fase successiva, detta .... l'energia incorporata nei coenzimi viene trasferita a un gran numero di molecole di .... In questa fase, interviene l' .... come accettore degli elettroni trasportati dai coenzimi.

32. Il bilancio energetico totale della glicolisi unita alla respirazione cellulare è di .... molecole di ATP sintetizzate per ogni molecola di .... che inizia il processo.

33. Nel corso della fermentazione alcolica, l'acido .... viene dapprima decarbossilato con l'eliminazione di una molecola di .... e la formazione di una molecola di .... (CH_3—CHO), quest'ultima viene poi .... con la formazione di .... La riduzione avviene grazie all' .... del coenzima ...., che si era formato nel corso della glicolisi. Nella fermentazione lattica avviene la .... dell'acido piruvico ma non la produzione di ....

34. Nel metabolismo aerobico del glucosio l'ossigeno molecolare è l' .... finale degli elettroni catturati ai coenzimi. L'energia viene impiegata per promuovere il flusso di .... contro gradiente, aumentandone la concentrazione nello spazio .... del mitocondrio. In altre parole, l'energia dell'intero processo viene impiegata per aumentare il .... di concentrazione degli ioni .... fra lo spazio .... e la matrice ....

Vero o falso?

35. Con la glicolisi non avvengono fenomeni ossidoriduttivi. **V F**

36. 🇬🇧 At the end of glycolysis, either lactate or ethanol is produced. **V F**

37. Le prime tappe della glicolisi sono impiegate per la sintesi dei nucleotidi. **V F**

38. Nel metabolismo aerobico il glucosio libera gli stessi prodotti che si formano nella reazione di combustione completa. **V F**

39. Nel ciclo di Krebs, l'acido citrico si rigenera alla fine del processo. **V F**

40. Nella catena di trasporto degli elettroni, i complessi enzimatici transmembrana sfruttano l'energia rilasciata dai coenzimi per generare un gradiente di ioni H^+. **V F**

41. 🇬🇧 ATP synthase is a membrane transport protein that moves H^+ ions against their concentration gradient. **V F**

Applica

42. **Completa le seguenti equazioni di sintesi e di scissione di NADH inserendo l'energia (E) e gli elettroni (e^-) nella parte corretta:**

$$NAD^+ + H^+ \longrightarrow NADH$$
$$NADH \longrightarrow NAD^+ + H^+$$

La fotosintesi

Indica la risposta corretta

43. **Quale funzione ha l'ossigeno dell'acqua nella fotosintesi?**

A Agisce come riducente.
B Agisce come ossidante.
C Sottrae elettroni alla clorofilla.
D Sottrae elettroni al coenzima NADPH.

44. **In quale modo viene fornita l'energia all'ATP sintasi per la sintesi di ATP?**

A sotto forma di elettroni carichi di energia
B energia luminosa catturata dalla clorofilla
C energia trasportata dal coenzima NADPH
D come gradiente di ioni H^+

45. 🇬🇧 **During the light-independent phase of photosynthesis, which of the following molecules can undergo two separate metabolic pathways?**

A glyceraldehyde 3-phosphate
B 3-phosphoglyceric acid
C ribulose-1,5-bisphosphate
D pyruvate

46. **Quale molecola, nel ciclo di Calvin-Benson, si rigenera alla fine del processo?**

A gliceraldeide 3-fosfato   C ribulosio 1,5-bisfosfato
B 3-fosfoglicerato   D piruvato

Completa la frase

47. Gli organismi autotrofi sintetizzano molecole .... facendo reagire .... e acqua in un processo che complessivamente è ...., in quanto richiede lo sfruttamento di una fonte esterna di .... Le piante, le alghe e molti unicellulari procarioti ed eucarioti utilizzano la .... come fonte di energia, perciò nel complesso il processo metabolico viene detto .... I microrganismi che invece sfruttano l'energia liberata da reazioni chimiche sono detti ....

48. Sulle membrane dei .... sono inseriti vasti sistemi di .... associati a molecole .... ossia clorofilla e .... accessori.

49. La fotosintesi prende avvio sul fotosistema II (PSII) che capta la .... che eccita gli elettroni della .... Gli elettroni sono catturati dalla .... di trasporto degli elettroni e recuperati da elettroni provenienti dall'........................... di molecole d'........................... . Si forma così l'........................... molecolare ....

50. Nell'ultima tappa del ciclo di Calvin-Benson si rigenera il .... 1,5-bisfosfato. Per produrre 1 molecola di glucosio partendo da CO_2 e RuBP (5C) occorrono .... cicli di reazioni.

Vero o falso?

51. La clorofilla e i pigmenti accessori sono molecole fotosensibili. **V F**

52. La fotolisi dell'acqua è responsabile del flusso di elettroni nella catena di trasporto. **V F**

53. Nel corso delle reazioni della fase luminosa viene catturata una molecola di CO_2. **V F**

54. Le molecole di $NADP^+$ si rigenerano nel corso delle reazioni di fotosintesi. **V F**

55. 🇬🇧 Carbon fixation occurs on thylakoid membranes. **V F**

56. 🇬🇧 *Rubisco* is the most abundant enzyme in the biosphere. **V F**

▶ Il laboratorio delle competenze

57. **SPIEGA** La seguente equazione rappresenta nell'insieme il processo di fotosintesi:

$$6CO_{2(g)} + 6H_2O_{(l)} \longrightarrow C_6H_{12}O_{6(s)} + 6O_{2(g)}$$

a. Quali sono le semireazioni che la compongono? Con quali modalità avvengono nei cloroplasti?

b. Quale di esse corrisponde alla fotolisi dell'acqua?

c. 🇬🇧 Describe the Calvin-Benson cycle.

d. Quale enzima è il più abbondante dell'intera biosfera? Come si spiega tanta abbondanza?

e. In che cosa si differenzia la fotosintesi dalla chemiosintesi?

f. Che cosa significa fotosintesi anossigenica? Quali microrganismi la svolgono?

58. **COLLEGA** Completa lo schema riempiendo gli spazi.

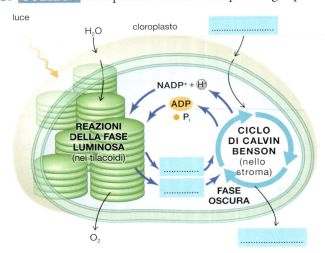

59. **RICERCA** Cerca, nelle pagine relative al metabolismo del glucosio e agli altri processi metabolici, i nomi di alcuni enzimi.

▶ Sapresti dire a quale classe appartengono e quale tipo di reazione metabolica catalizzano?

60. **DEDUCI** La seguente equazione esprime la combustione completa e ideale del glucosio in eccesso di ossigeno:

$$C_6H_{12}O_{6(s)} + 6O_{2(g)} \longrightarrow 6CO_{2(g)} + 6H_2O_{(l)}$$
$$\Delta H = -673 \text{ kcal mol}^{-1}$$

Confronta i reagenti e i prodotti di questa reazione con i reagenti e i prodotti finali del metabolismo aerobico del glucosio e rispondi alle seguenti domande.

a. Quale parte della reazione si conclude con il ciclo di Krebs?

b. Quale, invece, si completa con l'intervento della catena respiratoria?

c. In quale modo viene impiegata l'energia dell'intero processo?

d. Quanta energia (espressa in kcal) si può ricavare da una mole di glucosio grazie alla sola glicolisi? Considerando il valore del calore di reazione di combustione del glucosio, quale percentuale di tale energia è stato ricavata con la glicolisi?

e. Quanta energia, stimata nello stesso modo, si ricava invece dall'intero processo aerobico (glicolisi + respirazione cellulare)?

f. 🇬🇧 In biological processes, the optimal energetic efficiency is about 40% of the energy initially available. Compare this information with the result of the previous exercise.

61. **COLLEGA** La fotosintesi è una tappa fondamentale del ciclo del carbonio.

▶ Descrivi schematicamente altre reazioni che ne fanno parte, tenendo conto dei processi che hai studiato in questo capitolo e anche di quelli che hai già studiato negli anni scorsi e che ricordi (per esempio la precipitazione e la dissoluzione del calcare).

62. 🇬🇧 **RESEARCH** Research online for the effects of global climate change on plant photosynthesis.

a. How is plant growth affected by climate change?

b. Are there any differences between species?

c. What scenarios can be envisioned for the future?

63. **COLLEGA** Riempi gli spazi nel diagramma che indica le vie cataboliche di tutte le biomolecole.

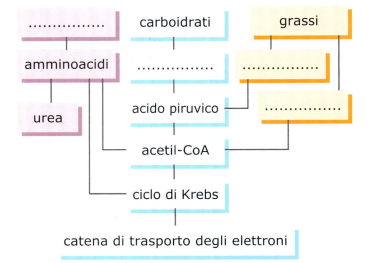

La biologia molecolare e le biotecnologie

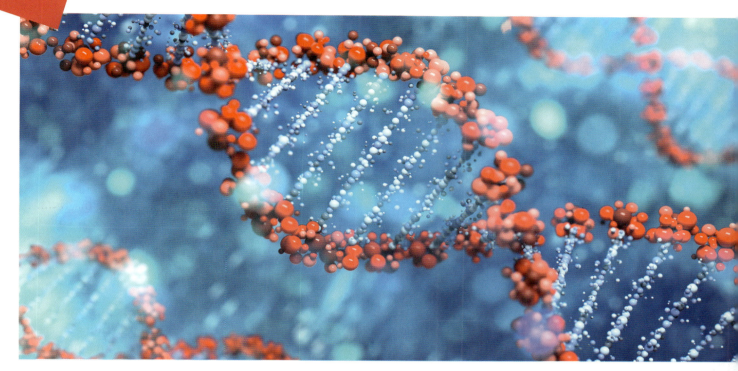

1. Lo studio delle molecole dell'ereditarietà

In queste pagine si esamineranno le relazioni che esistono fra le grandi biomolecole (DNA e RNA) e il metabolismo e di come queste relazioni siano alla base dell'eredità biologica. Tutto ciò è l'oggetto di studio del ramo della biologia chiamato **biologia molecolare.**

Il ruolo del DNA

[annotazione manoscritta: nucleo delle cellule eucarioti nel citoplasma dei procarioti]

Ogni organismo vivente è in grado di autocostruirsi, di mantenere la propria identità ben distinta dall'ambiente circostante e di riprodursi. Tutto ciò è reso possibile grazie al complesso sistema di incessanti processi chimici definito *metabolismo*. Le proteine svolgono un ruolo centrale nel metabolismo poiché costituiscono, fra l'altro, gli enzimi, che determinano il corretto decorso di ogni reazione chimica in tutti i sistemi biologici. Le proteine, a loro volta, sono costruite in base alle istruzioni fornite dalla molecola che verrà analizzata in questo paragrafo: il DNA.

Il **DNA**, *acido desossiribonucleico*, è la macromolecola di maggiori dimensioni in ogni organismo vivente ed è presente in tutte le cellule; negli eucarioti è incluso nel nucleo e, in quantità minore, anche nei mitocondri e nei cloroplasti *[annotazione manoscritta: producono la clorofilla che assorbe le radiazioni solari]*

[annotazione manoscritta: centrali energetiche della cellula]

> Le funzioni svolte dal DNA sono molte, ma possono essere sintetizzate in due attività principali: presiede alla **sintesi delle proteine** e **duplica se stesso**, producendo una seconda copia della propria molecola.

In altri termini, è possibile schematizzare le funzioni del DNA come segue (**figura ■ 4.1**):

- **Il DNA presiede al metabolismo di ogni cellula** perché determina, tramite l'RNA, la sintesi delle proteine. Questo concetto è così importante che lo stesso Francis Crick, uno degli scopritori della struttura della molecola, propose il *dogma centrale della biologia molecolare*, in base al quale l'informazione genetica fluisce dal DNA all'RNA e alle proteine, ma non può procedere in direzione inversa.
- **Il DNA è la molecola dell'eredità**, in quanto può duplicarsi per essere trasmesso a tutti i discendenti di generazione in generazione.

Figura ■ 4.1
Schema che riassume le funzioni essenziali del DNA.

```
                    DNA
        ┌────────────┴────────────┐
   replicazione              sintesi proteica
        │                          │
viene trasmesso          determina il metabolismo
 alla progenie
```

Struttura e funzioni del DNA

Dal punto di vista chimico, il DNA e l'RNA sono **acidi nucleici**, polimeri formati da unità di base chiamate nucleotidi. I nucleotidi sono molecole composte da uno zucchero a cinque atomi di carbonio, una base azotata e un numero di gruppi fosfato variabile da uno a tre. I nucleotidi sono uniti da legami fosfodiesterici, con un solo gruppo fosfato che fa da ponte tra il carbonio 5′ di un nucleotide e il carbonio 3′ del successivo.

Un filamento di DNA mostra una specifica polarità, poiché si distinguono l'estremità 3′, che presenta un —OH libero in 3′, e l'estremità 5′, che presenta un gruppo fosfato libero in 5′. Due filamenti di DNA si dispongono con orientamento antiparallelo (5′ ⟶ 3′ l'uno e 3′ ⟶ 5′ l'altro) e sono uniti dai legami a idrogeno che si formano tra le basi azotate. I due filamenti si avvolgono intorno a un asse comune formando una *doppia elica* (**figura ■ 4.2**).

Una delle caratteristiche fondamentali del DNA è l'**appaiamento** tra le basi azotate, ciò consente la regolarità del diametro dell'elica.

In particolare, sono complementari adenina e timina, guanina e citosina. Per esempio, il filamento:

$$5′ — ...G—C—T—T—A—A—C—G—C... — 3′$$

si può appaiare a un solo filamento complementare, che avrà sequenza:

$$3′ — ...C—G—A—A—T—T—G—C—G... — 5′$$

L'unione dei due, quindi, forma il doppio filamento:

$$5′ — ...G—C—T—T—A—A—C—G—C... — 3′$$
$$3′ — ...C—G—A—A—T—T—G—C—G... — 5′$$

Il legame tra adenina e timina è stabilizzato da **due** legami a idrogeno, mentre il legame tra guanina e citosina prevede **tre** legami a idrogeno.

La doppia elica è ripiegata su se stessa più volte ed è agganciata a proteine chiamate **istoni**. In questo modo il DNA si può compattare al punto che riesce a entrare in uno spazio un milione di volte più piccolo della sua dimensione con la molecola distesa. L'unione del DNA e degli istoni a cui è associato forma la **cromatina**. Prima della mitosi, cioè la divisione del nucleo, i filamenti di cromatina si spiralizzano ulteriormente e formano dei corpuscoli compatti dalla forma a X, visibili al microscopio ottico: i **cromosomi** (**figura ■ 4.3**).

Ricorda
La direzione di lettura dei filamenti per codificare è sempre 5′ → 3′, anche quando si fa riferimento a filamenti complementari allo stampo.

Histones
(Istoni)
Proteins found in eukaryotic cell nuclei. Histones contribute to package DNA molecules and organize them in structural units called nucleosomes.

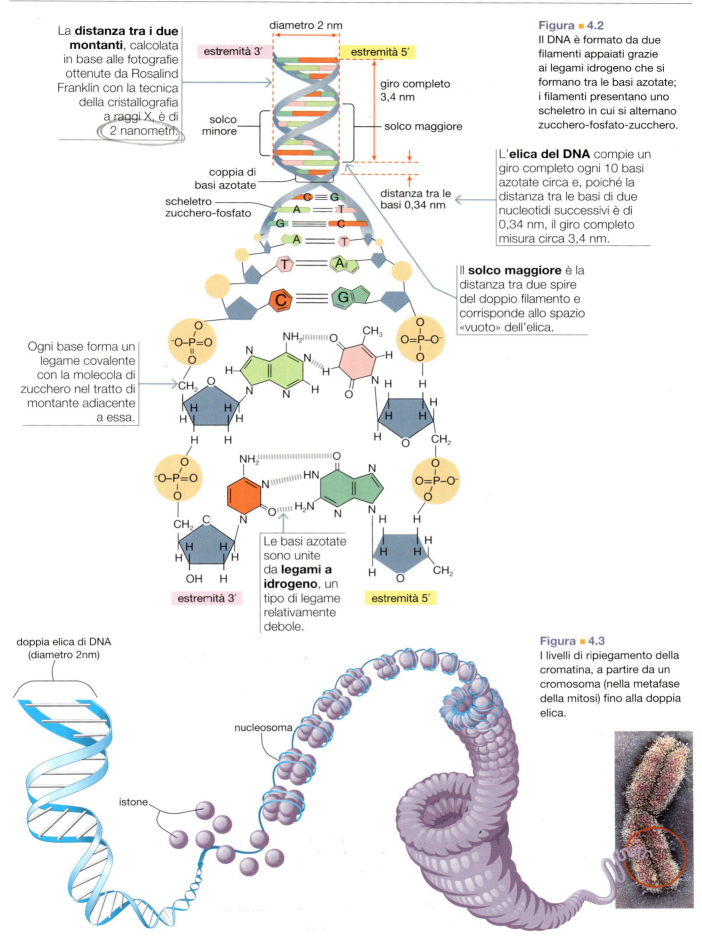

La **distanza tra i due montanti**, calcolata in base alle fotografie ottenute da Rosalind Franklin con la tecnica della cristallografia a raggi X, è di 2 nanometri.

diametro 2 nm

estremità 3′   estremità 5′

giro completo 3,4 nm

solco minore   solco maggiore

coppia di basi azotate

distanza tra le basi 0,34 nm

scheletro zucchero-fosfato

Ogni base forma un legame covalente con la molecola di zucchero nel tratto di montante adiacente a essa.

Figura 4.2
Il DNA è formato da due filamenti appaiati grazie ai legami idrogeno che si formano tra le basi azotate; i filamenti presentano uno scheletro in cui si alternano zucchero-fosfato-zucchero.

L'**elica del DNA** compie un giro completo ogni 10 basi azotate circa e, poiché la distanza tra le basi di due nucleotidi successivi è di 0,34 nm, il giro completo misura circa 3,4 nm.

Il **solco maggiore** è la distanza tra due spire del doppio filamento e corrisponde allo spazio «vuoto» dell'elica.

Le basi azotate sono unite da **legami a idrogeno**, un tipo di legame relativamente debole.

estremità 3′   estremità 5′

doppia elica di DNA (diametro 2nm)

nucleosoma

istone

Figura 4.3
I livelli di ripiegamento della cromatina, a partire da un cromosoma (nella metafase della mitosi) fino alla doppia elica.

Nelle cellule procariotiche questa enorme quantità di DNA si trova in una zona del citoplasma chiamata *nucleoide* (**figura** ■ **4.4A**). Nelle cellule eucariotiche, invece, il DNA è localizzato nel *nucleo*, nei *mitocondri* e nei *cloroplasti* (**figura** ■ **4.4B-C**); solo durante la divisione cellulare il nucleo si disgrega e il DNA si condensa nei cromosomi nel citoplasma.

▶ La funzione del DNA è quella di conservare le informazioni genetiche ereditarie in forma codificata.

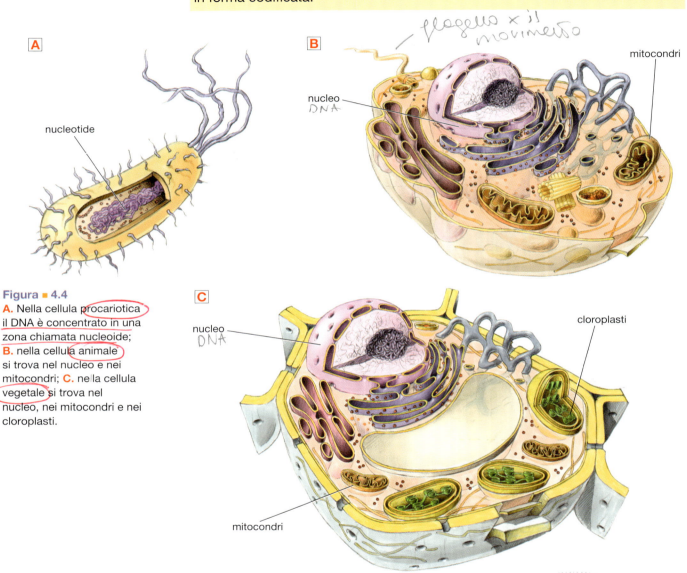

A

nucleotide

B

flagello × il movimento

nucleo
DNA

mitocondri

C

nucleo
DNA

cloroplasti

mitocondri

Figura ■ **4.4**
A. Nella cellula procariotica il DNA è concentrato in una zona chiamata nucleoide; **B.** nella cellula animale si trova nel nucleo e nei mitocondri; **C.** nella cellula vegetale si trova nel nucleo, nei mitocondri e nei cloroplasti.

Secondo il dogma centrale della biologia, l'informazione genetica parte dal DNA, passa per l'RNA ed è convertita in polipeptidi (**figura** ■ **4.5**). L'**espressione genica**

Figura ■ **4.5**
Il flusso dell'informazione genetica passa dal DNA ai polipeptidi.

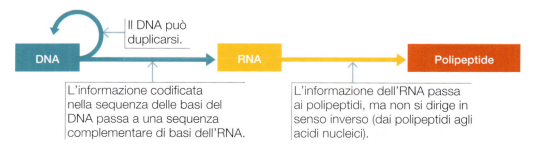

Il DNA può duplicarsi.

DNA → RNA → Polipeptide

L'informazione codificata nella sequenza delle basi del DNA passa a una sequenza complementare di basi dell'RNA.

L'informazione dell'RNA passa ai polipeptidi, ma non si dirige in senso inverso (dai polipeptidi agli acidi nucleici).

è quindi costituita da due processi: **trascrizione** (sintesi di RNA da uno stampo di DNA) e **traduzione** (sintesi di un polipeptide da un RNA codificante).

Il ruolo dell'RNA

L'**RNA** o **acido ribonucleico** è un polimero lineare di ribonucleotidi e ha una struttura a singolo filamento. La struttura è simile a quella del DNA, per cui se due regioni vicine della molecola sono complementari, la catena nucleotidica dell'RNA si ripiega in una doppia elica intramolecolare. La struttura che si forma è detta *stem-loop* o **ansa-stelo**.

L'RNA si può ripiegare ancora, formando una struttura terziaria, correlata alla funzione da svolgere. Esistono, quindi, vari tipi di RNA; la prima distinzione è tra *RNA codificante* e *RNA non codificante*: il primo contiene le informazioni per sintetizzare la sequenza amminoacidica di una proteina, mentre il secondo svolge altre funzioni.

Tra gli **RNA codificanti** rientrano:

- l'**RNA messaggero** o **mRNA**, che fornisce ai ribosomi le informazioni per la sintesi delle proteine;
- il **genoma dei virus a RNA**, che codifica le proteine e contemporaneamente conserva e trasmette le informazioni genetiche al posto del DNA.

Gli **RNA non codificanti**, invece, possono avere ruoli biologici diversi:

- **RNA di trasporto**, o *tRNA*, che lega gli amminoacidi nel citosol e li trasporta al ribosoma per la sintesi proteica (**figura** ■ **4.6**);

sito di legame dell'amminoacido (CCA)

L'**anticodone** (tripletta di neuclotidi che riconosce la tripletta complementare all'amminoacido) è distante dal sito di legame dell'amminoacido.

- **RNA ribosomiale**, o *rRNA*, che è associato alle proteine per formare i ribosomi;
- **microRNA**, o *miRNA*, un gruppo di RNA coinvolti nella regolazione dell'espressione genica;
- **ribozimi**, piccoli RNA con funzione di catalizzatori.

2. La replicazione del DNA

Ogni volta che una cellula si divide, il genoma della cellula madre viene trasmesso alla progenie, cosicché le cellule figlie ricevano una copia ciascuna del DNA parentale. Affinché ciò accada, il DNA deve essere presente in doppia copia, ciascuna delle quali sarà trasmessa a una delle cellule figlie.

Ricorda
Un gene è una sequenza di DNA che può essere trascritta; non tutti i geni sono attivi per tutta la vita della cellula e quindi l'espressione dei geni, cioè la possibilità che siano trascritti è regolata attentamente dalla cellula.

Figura ■ **4.6**
Rappresentazione di un tRNA, che presenta un singolo filamento che si ripiega per formare una struttura che sembra a doppio filamento.

Ricorda
La divisione cellulare nei batteri avviene per scissione binaria, mentre negli eucarioti avviene per mitosi o meiosi.

Nel corso del ciclo vitale di una cellula (**figura ■ 4.7**), la mitosi è pertanto preceduta dalla **fase S** (*sintesi*), nella quale la cellula raddoppia il proprio contenuto di DNA.

Figura ■ 4.7
Nel ciclo cellulare, la fase M è la fase di divisione cellulare ed è preceduta dalla fase S, in cui viene creata una doppia copia del DNA.

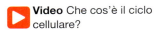
Video Che cos'è il ciclo cellulare?

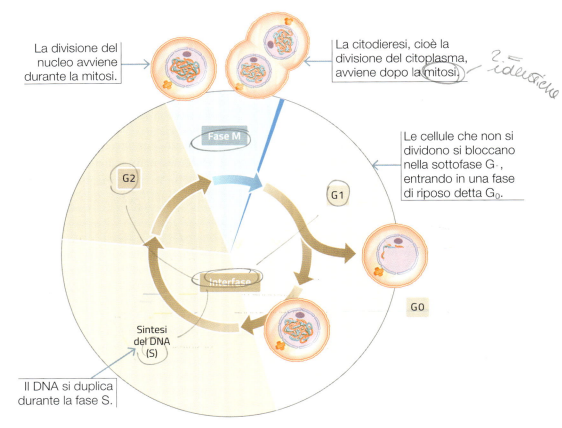

La divisione del nucleo avviene durante la mitosi.

La citodieresi, cioè la divisione del citoplasma, avviene dopo la mitosi.

Fase M

G2

G1

Le cellule che non si dividono si bloccano nella sottofase G-, entrando in una fase di riposo detta G₀.

Interfase

G0

Sintesi del DNA (S)

Il DNA si duplica durante la fase S.

Il processo di replicazione del DNA è legato alla struttura a doppia elica e alla legge di appaiamento delle basi per due ragioni (**figura ■ 4.8**):

- le due catene appaiate si staccano l'una dall'altra con la rottura dei legami a idrogeno fra le basi azotate (senza che i legami fosfodiesterici si scindano);
- ciascuna catena fa *da stampo*, per cui gli enzimi possono unire i nucleotidi liberi che si trovano nel citosol e formare un nuova catena complementare.

> Al termine della replicazione le due copie del DNA sono formate da una catena parentale (che ha avuto il ruolo di stampo) e da una di nuova sintesi; per questo motivo il processo è detto **semiconservativo** e tutela il contenuto dell'informazione originaria.

Le molecole coinvolte nella replicazione sono: il DNA stampo, i *primer* (cioè brevi sequenze di nucleotidi di RNA), oltre 20 enzimi che catalizzano varie fasi del processo e i desossiribonucleotidi trifosfato liberi (dNTP). Questi ultimi forniscono l'energia necessaria al processo con la liberazione di due gruppi fosfato per ogni dNTP. Per esempio il nucleotide guanosina trifosfato (dGTP) fornisce il nucleotide guanosina (dGMP) per la catena ed energia per catalizzare la formazione del legame:

$$\text{dGTP} \longrightarrow \text{dGMP} + \text{Pi} + \text{Pi} + \text{energia}$$

L'inizio della replicazione avviene in specifiche sequenze del DNA dette **origine della replicazione**. Nel DNA umano ve ne sono oltre 10 000 e per ogni cromosoma se ne attivano 30-80 per volta. In questo modo il processo può avvenire contemporaneamente in più punti e quindi è molto veloce.

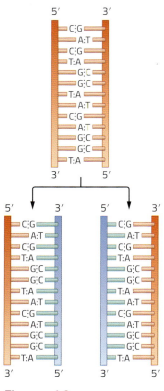

Figura ■ 4.8
La replicazione avviene a partire da un doppio filamento, che si separa e fa da stampo per la sintesi di due nuove molecole di DNA.

Le fasi della replicazione

La replicazione inizia quando le due catene si separano: si genera così una *bolla di replicazione* (**figura ■ 4.9**) ai cui estremi vi sono due *forcelle di replicazione*, nelle quali sono aggiunti i nucleotidi liberi. Su ogni forcella si posiziona un sistema di vari enzimi chiamato **complesso di replicazione**, che comprende: elicasi, primasi, DNA polimerasi e ligasi.

DNA stampo

bolla di replicazione

DNA neosintetizzato

FORCELLA DI REPLICAZIONE

direzione di sintesi

3′
5′

primer di RNA

frammento di Okazaki

direzione di movimento della forcella di replicazione

direzione di sintesi

Figura ■ 4.9
La replicazione inizia in punti chiamati origine di replicazione e si espande creando delle bolle di replicazione che poi si uniscono per formare il filamento completo.

▶ I CONCETTI PER IMMAGINI
Apertura della bolla di replicazione e sintesi dei primer

La **DNA elicasi** catalizza la separazione delle catene. Questo enzima sfrutta l'energia di una molecola di ATP per scindere i legami a idrogeno fra le basi azotate della doppia elica. Mano a mano che l'elicasi avanza, la forcella si apre, mettendo a nudo i due filamenti singoli. Su ciascun filamento agisce l'enzima **primasi**, che sintetizza un *primer* a RNA sul quale si lega l'enzima DNA polimerasi.

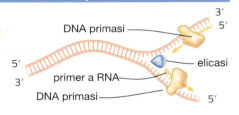

DNA primasi
elicasi
primer a RNA
DNA primasi

Sintesi del DNA

L'enzima **DNA polimerasi** catalizza l'appaiamento di ciascun nucleotide al proprio complementare nella catena stampo e forma il legame fosfodiesterico che unisce tra loro i nucleotidi. Sul *filamento veloce* l'allungamento avviene con continuità perché la DNA polimerasi procede lungo la catena seguendo senza interruzione l'avanzata dell'enzima elicasi; sul *filamento lento* l'allungamento avviene in modo discontinuo perché mentre l'elicasi avanza, la DNA polimerasi procede in senso opposto e sintetizza piccoli tratti chiamati *frammenti di Okazaki*.

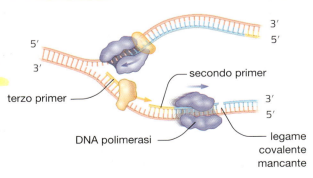

secondo primer
terzo primer
DNA polimerasi
legame covalente mancante

La fine della replicazione

Al termine della replicazione la doppia elica dev'essere completa, non frammentata, pertanto, i primer sono rimossi e sostituiti con un tratto di DNA. Infine interviene l'enzima **DNA ligasi** che lega i frammenti, catalizzando la sintesi del legame fosfodiesterico. Per fornire energia al processo, viene idrolizzata una molecola di ATP per ogni legame formato tra i nucleotidi.

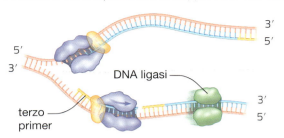

terzo primer

DNA ligasi

3′
5′

3′
5′

Correzione degli errori

La DNA polimerasi sintetizza il nuovo filamento in direzione 5′ ⟶ 3′ (il nucleotide all'estremità 5′ è il primo a essere inserito e quello all'estremità 3′ è l'ultimo). Inoltre, possiede anche attività *esonucleasica* in direzione 3′ ⟶ 5′: ciò significa che in caso di inserimento del nucleotide sbagliato, può rimuoverlo e sostituirlo: questo processo è noto come *proofreading* che, in inglese, significa correzione di bozza.

filamento stampo

errore di appaiamento delle basi   sostituzione della base sbagliata   completamento della replicazione

3. La sintesi delle proteine

Video Come avviene la trascrizione?

La trascrizione

Nel nucleo cellulare agisce l'enzima **RNA polimerasi**, che trascrive una sequenza di DNA stampo e sintetizza un RNA complementare. Le sequenze trascritte contengono i geni che codificano tutti i tipi di RNA (mRNA, tRNA, rRNA ecc.).

Il processo di sintesi proteica inizia con la **trascrizione**, che agisce grazie a un meccanismo molto simile alla replicazione, anche se coinvolge enzimi diversi. Le molecole coinvolte sono: DNA stampo, ribonucleotidi trifosfato liberi (NTP), l'enzima RNA polimerasi e proteine chiamate *fattori di trascrizione*.

▶ I CONCETTI PER IMMAGINI
Fase di inizio

L'**RNA polimerasi** lega una specifica sequenza di DNA chiamata *promotore*. L'attacco della RNA polimerasi è preceduto dall'intervento dei **fattori di trascrizione**, proteine che si associano al promotore, favorendone il legame alla polimerasi. Si forma, così, il *complesso di trascrizione*, che scorre sul DNA e separa i due filamenti, rompendo i legami a idrogeno tra le basi.

🇬🇧 **Transcription factors**
(Fattori di trascrizione)
Proteins that control the rate of gene expression. They exert their regulatory function by binding to specific DNA-regulatory sequences.

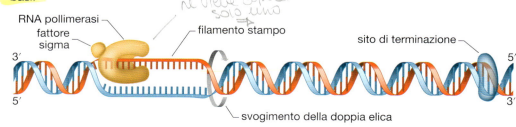

RNA pollimerasi

fattore sigma

filamento stampo

sito di terminazione

3′
5′

5′
3′

svolgimento della doppia elica

Fase di allungamento

L'RNA polimerasi, dopo aver selezionato il corretto NTP complementare del DNA stampo, catalizza la formazione del legame fosfodiesterico fra due ribonucleotidi adiacenti. L'enzima avanza su un singolo filamento di DNA nella direzione 3' ⟶ 5' e produce una molecola di RNA di verso opposto.

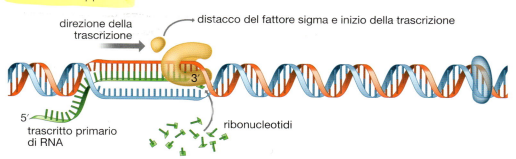

direzione della trascrizione

distacco del fattore sigma e inizio della trascrizione

3'

trascritto primario di RNA

5'

ribonucleotidi

Fase di terminazione

Il **sito di terminazione** è una sequenza di DNA stampo in corrispondenza della quale l'allungamento si arresta, la polimerasi si stacca e la molecola di RNA prodotta viene liberata. Dopo il passaggio della RNA polimerasi, si riformano i legami a idrogeno tra le basi e i due filamenti di DNA tornano appaiati.

5'

3'

distacco del trascritto primario di RNA

La traduzione

Tutte le proteine di cui la cellula dispone (enzimi, canali molecolari, molecole di trasporto, recettori molecolari ecc) sono sintetizzate nei **ribosomi** grazie alle istruzioni presenti nel DNA e veicolate dall'mRNA. I ribosomi sono complessi enzimatici formati da rRNA e proteine. Nei procarioti, i ribosomi sono dispersi nel citosol, mentre negli eucarioti possono essere liberi nel citosol o associati al reticolo endoplasmatico ruvido (RER). La struttura del ribosoma comprende due subunità, di cui una più grande (**subunità maggiore**) e una più piccola (**subunità minore**). La subunità maggiore presenta tre cavità simili a tasche, chiamate sito A, sito P e sito E, che avranno un ruolo cruciale nella sintesi proteica (**figura ■ 4.10**).

Translation (Traduzione)

In molecular biology, the process by which ribosomes convert the information contained in mRNA molecules into the specific amino acid sequence of a protein.

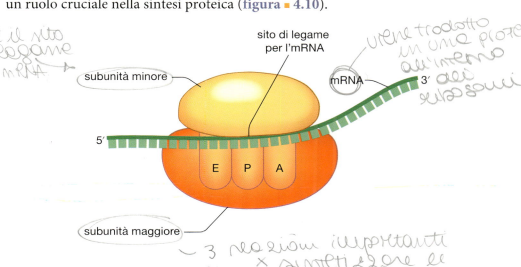

sito di legame per l'mRNA

subunità minore

mRNA

3'

5'

E   P   A

subunità maggiore

Figura ■ 4.10

L'unità maggiore e l'unità minore che costituiscono i ribosomi sono separate quando non è in corso la sintesi proteica.

Video Come avviene la traduzione?

La seconda fase della sintesi proteica viene definita **traduzione** perché la sequenza nucleotidica dell'mRNA viene convertita nella sequenza amminoacidica del polipeptide corrispondente. La regola di conversione fra basi azotate e amminoacidi è la seguente:

▶ ogni gruppo di tre basi azotate nell'mRNA (*tripletta*) corrisponde a un solo amminoacido nella proteina; ciascuna tripletta è chiamata **codone**.

Per esempio, se l'mRNA presenta la sequenza

$$5'—GAAUCCCGA—3'$$

i codoni presenti sono

$$5'—GAA-UCC-CGA—3'$$

che corrispondono a una sola catena di amminoacidi:

$$Glu—Ser—Arg$$

Il complesso di regole di corrispondenza fra codoni e rispettivi amminoacidi è chiamato **codice genetico** (figura ■ 4.11). Il codice genetico ha due caratteristiche fondamentali:

■ è **degenerato**, cioè più codoni codificano lo stesso amminoacido, ma non avviene il contrario: uno stesso codone non può codificare più amminoacidi;
■ è **universale**, ossia è identico in tutti gli organismi viventi.

Il **tRNA** ha un ruolo preciso nella decodifica dell'informazione genetica: trasporta un determinato amminoacido e possiede una corrispondente tripletta di nucleotidi, detta **anticodone**. Il complesso tRNA-amminoacido lega l'mRNA nei punti in cui l'anticodone trova un codone complementare e il ribosoma (figura ■ 4.12) catalizza la formazione del legame peptidico tra due amminoacidi adiacenti.

Ricorda

L'estremità 5' dell'mRNA corrisponde all'estremità N-terminale della catena polipeptidica (e quindi il primo amminoacido della catena), mentre l'estremità 3' dell'mRNA è l'estremità C-terminale (l'ultimo amminoacido).

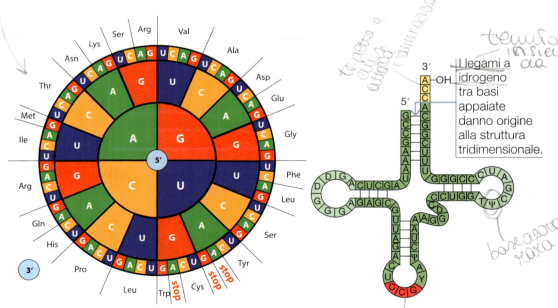

I legami a idrogeno tra basi appaiate danno origine alla struttura tridimensionale.

Figura ■ 4.11
Il codice genetico può essere «decodificato» grazie a uno schema che va letto dal cerchio più interno (estremità 5') al cerchio più esterno (estremità 3'): l'insieme di tre lettere corrisponde all'amminoacido riportato all'esterno del cerchio.

Figura ■ 4.12
Il tRNA, grazie alla sua struttura, è in grado di legarsi con l'amminoacido, associarsi con l'mRNA e interagire con il ribosoma.

▶ I CONCETTI PER IMMAGINI
Fase di inizio

La molecola di mRNA si associa alla subunità minore del ribosoma; l'unione avviene in corrispondenza della **sequenza di inizio**, che corrisponde al codone AUG.
In quel punto si appaia un tRNA, con anticodone complementare, che porta l'amminoacido **metionina**. Successivamente, si aggancia al complesso la subunità maggiore del ribosoma.
Il tRNA che trasporta metionina si posiziona nella tasca centrale del ribosoma, detta **sito P**.

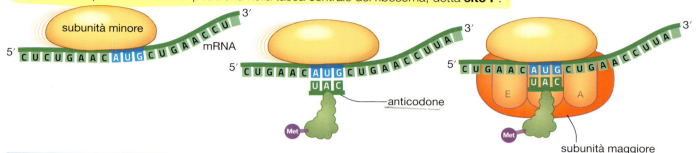

Fase di allungamento

Nel **sito A** si sistema un nuovo tRNA + amminoacido e grazie all'azione del ribosoma si forma un legame peptidico tra i due amminoacidi. A questo punto, il ribosoma scorre e i tRNA si spostano: quello che era nel **sito P** entra nel **sito E** e viene liberato, mentre quello che era nel sito A passa nel sito P e lascia il posto per l'ingresso di un nuovo tRNA. Mano a mano che arrivano nuovi tRNA, il polipeptide si allunga e il meccanismo si ripete tante volte quanti sono i codoni nell'mRNA.

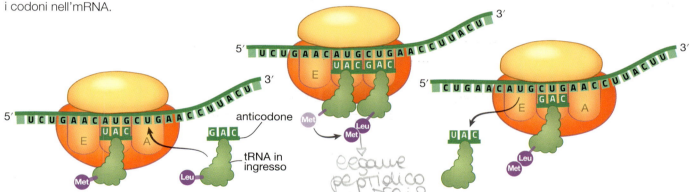

Fase di terminazione

Alcune triplette (UAG, UAA e UGA) sono dette **codoni di stop** perché non esiste alcun tRNA con amminoacido corrispondente a questi codoni. Quando il ribosoma raggiunge un codone di stop, nel sito A si colloca un *fattore di rilascio* che provoca il distacco dell'mRNA dal ribosoma. Nelle cellule eucariotiche, se il ribosoma è associato al RER (reticolo endoplasmatico rugoso), dopo la sintesi la proteina passa attraverso il RER e l'apparato di Golgi per essere ripiegata e trasportata al compartimento in cui svolgerà la sua funzione.

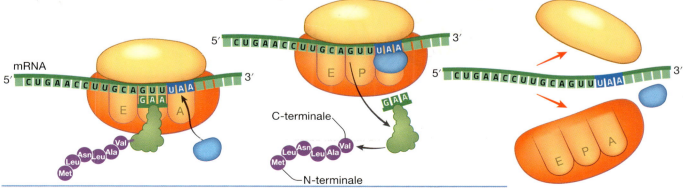

4. La regolazione dell'espressione genica

In una cellula, la sintesi proteica inizia solo quando una proteina è necessaria all'organismo e viene interrotta quando la proteina è in eccesso o inutile. L'insieme dei meccanismi che rendono possibile questo controllo è chiamato **regolazione dell'espressione genica**.

L'espressione genetica nei procarioti

Nei procarioti, il DNA non è legato agli istoni e si trova insieme all'mRNA e ai ribosomi nel citoplasma: trascrizione e traduzione *sono contemporanee* e i ribosomi scorrono sull'mRNA mentre il messaggero viene sintetizzato. Per questo la regolazione dell'espressione genica nei batteri avviene a livello della trascrizione ed è di tipo *on/off*: o parte la trascrizione (e automaticamente avviene la sintesi proteica) oppure la trascrizione si blocca e così pure i processi a valle.

L'espressione genica negli eucarioti

Negli eucarioti, la regolazione dell'espressione genica può verificarsi a più livelli rispetto ai procarioti (**figura** ■ **4.13**). In primo luogo il DNA è confinato nel nucleo ed è protetto dalla *membrana nucleare* che separa nello spazio e nel tempo trascrizione e traduzione. La trascrizione avviene nel nucleo, mentre la traduzione avviene nel citoplasma; ciò significa che il trascritto primario sintetizzato dalla RNA polimerasi non entra subito in contatto con i ribosomi, ma può essere modificato chimicamente prima del trasporto attraverso i pori nucleari.

Il DNA, inoltre, è legato agli istoni, per cui può essere più o meno accessibile per gli enzimi che devono trascriverlo. Se la cromatina è molto compatta, viene definita

Figura ■ **4.13**
Negli eucarioti l'espressione genica può essere regolata a più livelli.

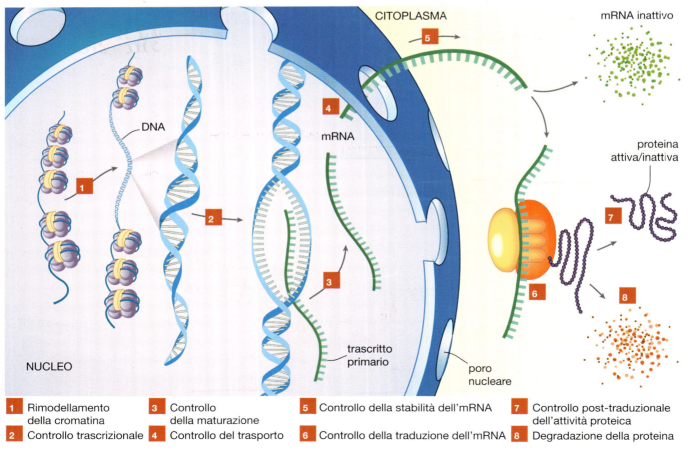

1 Rimodellamento della cromatina	**3** Controllo della maturazione	**5** Controllo della stabilità dell'mRNA	**7** Controllo post-traduzionale dell'attività proteica
2 Controllo trascrizionale	**4** Controllo del trasporto	**6** Controllo della traduzione dell'mRNA	**8** Degradazione della proteina

eterocromatina e non consente ai fattori di trascrizione e l'RNA polimerasi di legar-si; se la cromatina è poco compatta, invece, viene definita **eucromatina** e può essere trascritta con maggiore facilità dagli enzimi.

La cellula può agire quindi a vari livelli della sintesi proteica per evitare lo spre-co di energia e risorse: prima e durante la trascrizione, a livello post-trascrizionale e post-traduzionale.

5. La variabilità genetica nei procarioti e negli eucarioti

La variabilità genetica nei batteri

I procarioti si riproducono per **scissione binaria** (figura ■ 4.14A), che consiste nella replicazione del DNA, nell'allungamento della membrana cellulare e infine nella for-mazione di una strozzatura che divide la cellula madre in due cellule figlie. Questo tipo di divisione cellulare sfrutta un meccanismo che comprende le seguenti fasi:

- il DNA batterico contenuto nel **cromosoma circolare** si replica;
- si replicano anche i **plasmidi**, piccoli filamenti di DNA che contengono pochi geni;
- le molecole di DNA originate sono legate in punti diversi della membrana cellu-lare;
- la cellula raddoppia le proprie dimensioni e la crescita allontana le molecole iden-tiche di DNA, che finiscono ai poli opposti;
- si forma un setto che divide la cellula madre in due cellule figlie.

Le cellule figlie sono geneticamente identiche e si definiscono **cloni**. I batteri possono essere coltivati in laboratorio: si può farli crescere su supporti di vetro o plastica, le *piastre Petri*. In coltura, i cloni derivanti da una certa cellula si accumulano in am-massi circolari visibili a occhio nudo chiamati **colonie batteriche** (figura ■ 4.14B).

Plasmid
(Plasmide)

A circular, double-stranded DNA molecule that naturally occurs in bacteria and yeasts. Plasmids are capable of independent replication. Usually, they provide genetic advantages to their carriers, such as antibiotic resistance.

Video Come si coltivano i batteri in laboratorio?

Figura ■ 4.14
A. Una volta completata la replicazione del cromosoma e dei plasmidi, avviene la divisione dei citoplasmi.
B. Una serie di piastre Petri in cui sono cresciute colonie batteriche diverse.

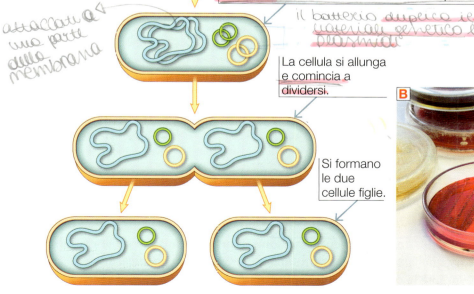

A
cellula batterica
cromosoma (DNA)
plasmidi (DNA)

_a **replicazione** porta alla formazione di due copie dentiche del cromosoma batterico e del plasmide.

La cellula si allunga e comincia a dividersi.

Si formano le due cellule figlie.

B

▶ **Video** Ce cos'è la coniugazione batterica?

▶ **Video** Che cos'è la trasformazione batterica?

▶ **Video** Che cos'è la trasduzione batterica?

▶ La scissione binaria è una modalità di riproduzione è **asessuata**, per cui è veloce e richiede poca energia, ma produce organismi geneticamente uguali, che non hanno acquisito nuove caratteristiche.

In quale modo, dunque, i batteri ottengono la resistenza a un antibiotico o la capacità di produrre nuove sostanze? Questa dote deriva da tre meccanismi specifici dei procarioti: *trasformazione*, *trasduzione* e *coniugazione*.

▶ I CONCETTI PER IMMAGINI

Trasformazione batterica

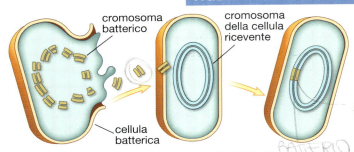

cromosoma batterico

cromosoma della cellula ricevente

cellula batterica

Quando un batterio muore, il suo citoplasma e tutto ciò che contiene si riversano nell'ambiente esterno. I frammenti di DNA procariotico presenti nell'ambiente esterno possono essere captati dai batteri vivi circostanti: questa acquisizione di DNA è denominata **trasformazione**.

Trasduzione batterica

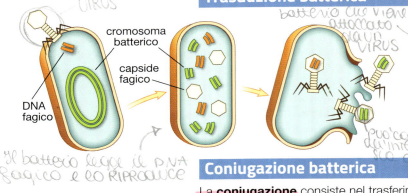

cromosoma batterico

capside fagico

DNA fagico

I batteri possono essere infettati da virus, detti **batteriofagi** (o fagi), composti da un rivestimento proteico (*capside*) e DNA che viene trascritto, tradotto e replicato dagli enzimi cellulari. Si verifica la **trasduzione** quando il DNA batterico è veicolato in modo accidentale dal virus che passa da una cellula infettata all'altra.

Coniugazione batterica

La **coniugazione** consiste nel trasferimento di DNA grazie a una struttura chiamata *pilo sessuale*. Una frazione dei geni plasmidici determina un'estroflessione (il pilo), attraverso la quale passa un filamento di DNA del plasmide, che in questo modo arricchisce la nuova cellula di tutti i geni di cui è composta.

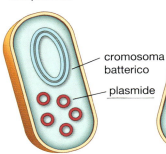
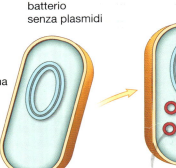
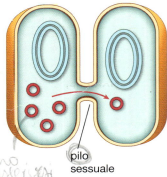

batterio con plasmidi

batterio senza plasmidi

cromosoma batterico

plasmide

pilo sessuale

La riproduzione sessuata negli eucarioti

A differenza dei batteri, molti eucarioti sono in grado di attuare sia la riproduzione asessuata sia quella sessuata. La riproduzione asessuata negli eucarioti si basa sulla mitosi e consente la colonizzazione rapida di un ambiente.

> La **riproduzione sessuata**, invece, aumenta la variabilità all'interno della specie incrementando le probabilità che almeno parte della popolazione sopravviva a eventuali condizioni avverse.

Questo tipo di riproduzione si basa su cellule aploidi, i *gameti*, che derivano da cellule progenitrici diploidi, grazie al processo di meiosi. Il meccanismo su cui si basa garantisce un aumento della variabilità genetica di un organismo perché comprende due eventi che rimescolano l'assetto del DNA:

- il **crossing-over**, che è uno scambio di materiale genetico tra due cromosomi omologhi (**figura ■ 4.15A**). La prima fase consiste nella formazione di un incrocio, il *chiasma*, che tiene insieme i cromosomi omologhi l'uno di fronte all'altro all'equatore della cellula durante la metafase I. Le fasi successive sono costituite dallo scorrimento, il taglio e la formazione di legami fosfodiesterici, catalizzati da specifici enzimi. Si formano, quindi, dei cromosomi con nuove combinazioni di alleli, diverse da quelle dei genitori;

- l'**assortimento indipendente** comprende la separazione casuale dei cromosomi omologhi durante l'anafase I. I gameti di un individuo, quindi, possono ricevere parte dei cromosomi trasmessi dal padre e parte dei cromosomi trasmessi dalla madre, ottenendo combinazioni alleliche diverse da quelle dei genitori (**figura ■ 4.15B**).

Ricorda
La mitosi comporta solo una divisione del nucleo e produce due cellule diploidi, mentre la meiosi comprende due divisioni del nucleo e produce quattro cellule aploidi.

Curiosità
Se si considera solo l'assortimento indipendente e non il crossing-over, ogni essere umano è in grado di produrre 8 milioni di combinazioni alleliche diverse nei propri gameti.

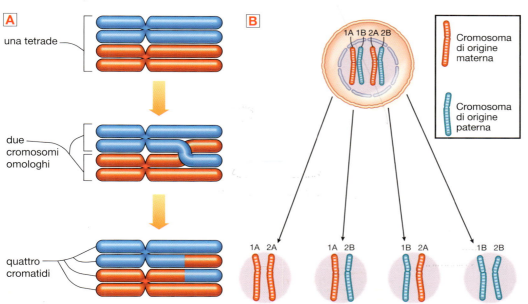

Figura ■ 4.15
A. Il crossing-over è un evento che si verifica nella metafase della meiosi I; **B.** Ciascun gamete riceve soltanto uno dei cromosomi omologhi di ciascuna coppia assortiti in modo casuale.

Video Come avviene l'assortimento indipendente?

Una volta prodotti, i gameti di organismi diversi si devono unire per formare un nuovo organismo diploide. Il processo di fusione dei nuclei è detto **fecondazione** e garantisce un ulteriore livello di variabilità genetica tra gli eucarioti perché in questa fase viene selezionato un solo spermatozoo e una sola cellula uovo tra tutti i gameti prodotti dal maschio e dalla femmina.

Modalità di variabilità genetica comuni a tutti gli organismi

Esistono due modalità di variabilità genetica comuni a procarioti ed eucarioti: la trasposizione e le mutazioni.

I **trasposoni** (**figura ■ 4.16**, a pagina seguente) sono sequenze di DNA capaci di spostarsi nel genoma attuando una ricombinazione genetica mediante un meccani-

Ricorda
È da sottolineare che il DNA mitocondriale si trasmette interamente dalla cellula uovo allo zigote perciò viene ereditato interamente dalla madre.

smo di «taglia e incolla» simile a quello del crossing-over meiotico. Questi tratti di DNA si inseriscono in punti casuali del genoma, per cui possono alterare la sequenza oppure l'espressione di un gene. In alcuni casi il movimento del trasposone può inattivare la funzione di un gene, oppure può modificarla o cambiarla del tutto.

Figura ■ 4.16
La trasposizione di un trasposone può avvenire grazie al taglio in un sito del genoma (in grigio) e all'inserzione in un sito diverso (in rosso).

possono
- non consentire la decodificazione del messaggio
- sbagliarsi
↳ ciò genera variabilità genetica

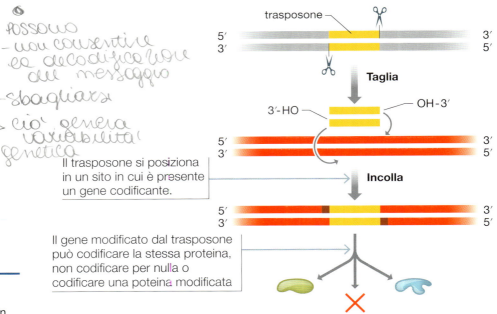

Il trasposone si posiziona in un sito in cui è presente un gene codificante.

Il gene modificato dal trasposone può codificare la stessa proteina, non codificare per nulla o codificare una poteina modificata

Ricorda
Il cariotipo di un individuo è l'insieme delle caratteristiche dei cromosomi di una cellula perché mostra il numero, la forma e le dimensioni di ciascuno di essi.

Le **mutazioni** sono variazioni stabili ed ereditabili della struttura del materiale generito (DNA e RNA). Esistono vari criteri di classificazione delle mutazioni. In base alle cause, per esempio, si distinguono:

■ mutazioni **spontanee**, dovute a errori casuali nei processi fisiologici, come la mancata disgiunzione dei cromosomi omologhi durante la meiosi o errori non corretti nel processo di replicazione del DNA;

■ mutazioni **indotte** da agenti mutageni fisici (come le radiazioni) o chimici (come gli inquinanti ambientali). *es. amianto*

Nell'essere umano la maggioranza delle mutazioni cromosomiche umane non sono vitali, ma provocano la morte precoce dell'embrione durante lo sviluppo. Una mutazione, inoltre, può interessare un singolo gene, *mutazioni genetiche*, oppure il cariotipo dell'organismo, *mutazioni cromosomiche* o *genomiche*.

per *saperne di più*

Perché una cellula invecchia?

Negli eucarioti il meccanismo della replicazione presenta una particolarità: a ogni replicazione le estremità dei cromosomi non possono essere duplicate completamente, per cui il cromosoma si accorcia ogni volta di un breve tratto. Se questo tratto contenesse sequenze di vitale importanza, la duplicazione sarebbe fatale per la cellula, ma ciò non accade perché sono presenti sequenze altamente conservative chiamate **telomeri**. Negli animali vertebrati, i telomeri sono ripetizioni della sequenza TTAGGG che, nell'uomo, è ripetuta anche 2500 volte. Speciali proteine si legano a queste ripetizioni per proteggere la loro integrità, un po' come fanno le estremità plastificate dei lacci da scarpe.
I telomeri possono essere ricostruiti grazie all'azione dell'enzima *telomerasi* che, però, non è presente in tutte le cellule. Le cellule che non rigenerano i propri telomeri possono vivere per un tempo limitato, per cui vanno incontro a **senescenza**, cioè **invecchiamento cellulare**. Quando si accorciano troppo, la replicazione non avviene più e la cellula deve essere sostituita.

Un esempio di mutazione genomica vitale nell'essere umano è la **sindrome di Down**, che provoca ritardo mentale e alterazioni morfologiche e funzionali di vari organi; la malattia è anche detta **trisomia 21** perché le cellule dell'individuo contengono tre copie del cromosoma 21 (**figura** ■ 4.17).

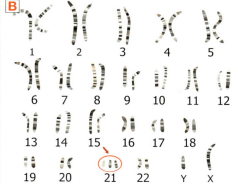

Figura ■ **4.17**
A. Due ragazzi con sindrome di Down; **B.** il cariotipo che mostra la trisomia del cromosoma 21 di un maschio.

Video Come si diagnostica una malattia genetica?

per *saperne di più*

Le mutazioni geniche

Una mutazione è *puntiforme* se si limita a uno o pochi nucleotidi che fanno variare la sequenza di un gene. Queste mutazioni sono dunque geniche (e non cromosomiche) e sono determinate da un piccolo numero di nucleotidi che possono essere inseriti (**inserzione**), eliminati (**delezione**) o scambiati (**sostituzione**) all'interno della sequenza nucleotidica del DNA e dell'RNA trascritto dal gene.

Le mutazioni geniche sono anche classificabili in base al tipo di variazione provocata nella sequenza amminoacidica del polipeptide codificato.

1. **Frameshift**. Per inserzione o delezione di un numero di nucleotidi diverso da 3 o dai suoi multipli, la cornice di lettura dei codoni slitta (*frameshift*), da quel punto in poi cambia la sequenza degli amminoacidi e la proteina prodotta non è più funzionale.
   Per esempio, l'mRNA
   AUG-UUA-CCA-UAG
   è tradotto in Metionina-Leucina-Prolina-codone di stop.
   Per delezione dell'adenina evidenziata, si ottiene la sequenza nucleotidica AUG-UUC-CAU-AG e la corrispondente sequenza amminoacidica Metionina-Fenilalanina-Istidina.

2. **Silente**. La sostituzione di un nucleotide può non avere conseguenze sulla sequenza amminoacidica, quindi la mutazione si dice *silente*. Una mutazione può essere silente in due casi: se capita in un segmento di DNA non codificante oppure se il codone mutato e quello originale codificano lo stesso amminoacido.
   Se la sequenza nucleotidica
   AUG-UUA-CCA-UAG muta in AUG-UUG-CCA-UAG,
   la sequenza amminoacidica resta invariata perché i codoni UUA e UUG codificano lo stesso amminoacido (Leucina).

3. **Non senso**. Una sostituzione è detta *non senso* quando causa la terminazione precoce del polipeptide, perché un codone codificante un amminoacido diventa un codone di stop. Se la sequenza nucleotidica
   AUG-UUA-CCA-UAG muta in AUG-UGA-CCA-UAG,
   il codone codificante leucina (UUA) diventa un codone di stop (UGA) e la sequenza amminoacidica originaria (Metionina-Leucina-Prolina) si accorcia (solo Metionina). La mutazione non senso provoca la perdita di funzione della proteina.

4. **Missenso**. Una sostituzione è detta *missenso* quando determina la sostituzione di un nucleotide con un altro e un codone codificante un amminoacido diventa un codone codificante un altro amminoacido. La mutazione della sequenza nucleotidica
   AUG-UUA-CCA-UAG muta in AUG-UCA-CCA-UAG,
   cambia la sequenza amminoacidica Metionina-Leucina-Prolina in Metionina-Serina-Prolina.
   Maggiori sono le differenze nelle proprietà chimiche dei due amminoacidi, più grave è la mutazione.

lievito
organismo
vivente

6. Le biotecnologie

batterie x fare la
fermentazion
alcolica

Una cena a base di pizza, birra e yogurt non sarebbe possibile senza le biotecnologie.

> Le **biotecnologie** sono tutte le tecniche che usano organismi viventi o loro parti per la produzione di beni (alimenti, farmaci ecc.) e servizi (diagnostica, medicina forense ecc.).

Queste tecniche sono state usate dall'essere umano fin dall'antichità, per cui vengono divise in due gruppi:

cose scritte da
sempre

- le biotecnologie **tradizionali**, che risalgono al Neolitico e consistono nell'utilizzo di esseri viventi selezionati in base al fenotipo. Agricoltura e allevamento si basano sull'isolamento e sull'incrocio di individui con caratteristiche desiderate: maggiore produzione di semi o di latte, miglior sapore, resistenza alle condizioni ambientali ecc. Sono biotecnologie tradizionali anche i processi di *fermentazione*, basati sull'uso di microrganismi prelevati dall'ambiente: la produzione di yogurt (fermentazione lattica da parte dei batteri); la panificazione, la birrificazione (**figura ■ 4.18**) e la vinificazione (fermentazione alcolica da parte di lieviti);

- le biotecnologie **moderne**, che invece sono state sviluppate nel Novecento e consistono nell'uso di organismi viventi, come colture cellulari, o nell'utilizzo di proteine; in tal caso la scelta degli esseri viventi non è sulla base del fenotipo ma del loro genotipo. Il campo di azione sugli esseri viventi si è allargato notevolmente: è ora possibile analizzare il DNA per identificare caratteristiche desiderate o dannose o introdurre geni provenienti da altre specie e farli esprimere (**figura ■ 4.19**).

Ricorda

Il **genotipo** di un individuo è il suo corredo genetico, che è l'insieme delle informazioni contenute nel DNA; il **fenotipo**, invece, è l'insieme dei caratteri che l'individuo manifesta. Due individui possono avere fenotipi uguali ma genotipi molto diversi.

ciò che appare, in base
a quello che vediamo

Figura ■ 4.18
I ritrovamenti nelle tombe egizie hanno portato alla luce molte scene di vita quotidiana, come la produzione di pane.

Figura ■ 4.19
La GFP è una proteina bioluminescente tipica di alcune meduse che può essere inserita in altre specie per individuare la presenza di certe molecole; in questo caso è stata usata su un ratto per verificare la presenza delle le proteine dei muscoli.

fatto
dopo!

L'elettroforesi su gel

Per quale motivo le biotecnologie molecolari sono state sviluppate solo a partire dagli anni Settanta del secolo scorso? Perché le principali scoperte di biologia molecolare sono state compiute nei due decenni precedenti: negli anni Cinquanta gli scienziati hanno scoperto struttura e funzioni del DNA, mentre negli anni Sessanta sono stati individuati il meccanismo della replicazione del DNA, il codice genetico e il ruolo dell'RNA nella sintesi proteica.

È stato, inoltre, fondamentale lo sviluppo di tecniche per isolare le biomolecole.

> Una di queste tecniche è l'**elettroforesi su gel**, che permette di separare frammenti di DNA o proteine in base alle loro dimensioni.

sono PB (paia di basi)
↳ nucleotidi

Inizialmente, si fa solidificare il gel, includendovi un pettine quando è ancora liquido, per formare dei pozzetti in cui caricare i campioni (**figura ■ 4.20A**). Il gel viene inserito in una cella elettroforetica, coperto con una soluzione elettrolitica e viene applicato un campo elettrico: il DNA possiede gruppi fosfato carichi negativamente, per cui migra verso il polo positivo.

Il gel trattiene più a lungo i frammenti più grandi e lascia passare più in fretta quelli più piccoli: si formano quindi delle bande (contenenti frammenti di DNA di grandezza simile) più o meno distanti dai pozzetti in base alla lunghezza delle sequenze nucleotidiche (**figura ■ 4.20B**).

può essere riutilizzato

Il gel elettroforetico può essere a base di **agarosio** o di **poliacrilammide**: l'agarosio è un polisaccaride naturale, sciolto in acqua ad alta temperatura e raffreddato per farlo gelificare; la poliacrilammide è un polimero sintetico. Il gel di agarosio ha porosità dipendente della concentrazione dell'agarosio in acqua; la poliacrilammide, invece, ha un potere risolutivo maggiore e consente di distinguere sequenze che differiscono per un solo nucleotide.

= prodotto in laboratorio, non può essere riutilizzato

Gel electrophoresis
(Elettroforesi su gel)
In molecular biology, a technique that allows to separate molecules based on both their charge and size. Agarose gel electrophoresis is widely used to separate and analyse DNA fragments.

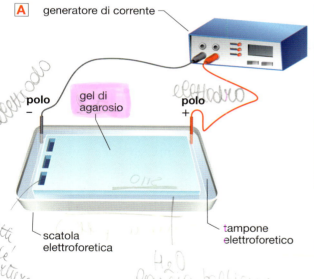

A generatore di corrente

polo – gel di agarosio polo +

elettrodo *elettrodo*

pozzetti piccole aperture

scatola elettroforetica

tampone elettroforetico

H₂O lascia bolliciue di H₂O

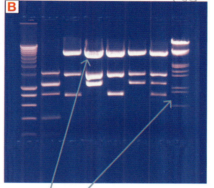

Per visualizzare le bande si usa una sostanza fluorescente intercalante, che è planare e idrofobica e quindi si inserisce tra una coppia di basi azotate e la successiva del DNA.

Figura ■ 4.20
A. L'apparecchiatura che permette l'elettroforesi su gel, una tecnica che sfrutta un campo elettrico per separare le molecole in base alle dimensioni. **B.** Il risultato di una corsa elettroforetica, che mostra delle bande più spesse in alto perché più ricche di sequenze di DNA e più sottili dove le sequenze si diradano.

+ foglio

Gli enzimi di restrizione

Gli **enzimi di restrizione** o **endonucleasi di restrizione** sono enzimi che scindono il DNA in corrispondenza di specifiche sequenze rompendo il legame fosfodiesterico. Sono prodotti naturalmente dai batteri per difendersi dalle infezioni virali. La sequenza nucleotidica (da quattro a poche decine di basi) che viene riconosciuta e tagliata dall'enzima è detta **sito di restrizione**. Oggi se ne conoscono più di 3000 che si differenziano per la sequenza che riconoscono e che scindono (*sequenza bersaglio*).

L'enzima scinde il legame fosfodiestero dei due filamenti complementari, quasi sempre in punti sfalsati di pochi nucleotidi, disaccoppiando alcune basi, perciò le estremità tagliate risultano sporgenti.

Di particolare interesse sono i siti di restrizione che si trovano in corrispondenza di **sequenze palindrome** (vedi **figura ■ 4.21** a pagina seguente). Tali sequenze hanno

1) ESTRAZIONE x prelevare il DNA dobbiamo rompere la membrana nucleare e farlo uscire dalla cellula
2) PURIFICAZIONE → togliere tutto ciò che non è DNA x ottenere 1 molecola di DNA purificato

poi è pronto x essere studiato

Figura ■ 4.21
Gli enzimi di restrizione possono tagliare il DNA proveniente da due fonti diverse (arancione e blu). I tagli lasciano estremità coesive che possono ibridarsi con frammenti complementari e unirsi, tramite la DNA ligasi, per dare DNA ricombinante.

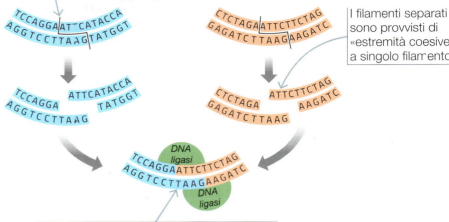

L'enzima taglia i due filamenti di DNA in corrispondenza di due diversi punti di una sequenza di riconoscimento palindroma.

I filamenti separati sono provvisti di «estremità coesive» a singolo filamento.

Le estremità coesive possono unirsi mediante legami a idrogeno alle estremità adesive di altri frammenti di DNA; le risultanti molecole di **DNA ricombinante** possono essere unite per mezzo della DNA ligasi.

la caratteristica di presentare la medesima successione di basi nell'estremità 5′-3′ e in quella 3′-5′ che si sono formate con il taglio.

La sequenza palindroma tagliata dall'enzima ha una particolarità importantissima per la bioingegneria: le due estremità liberate possono unirsi ad altro acido nucleico trattato con lo stesso enzima. Per tale ragione le estremità così ottenute sono dette *adesive* o *sticky*. Se pertanto due diversi acidi nucleici sono scissi mediante uno stesso enzima possono ricombinarsi facilmente.

L'unione fra due estremità tagliate può avvenire con l'impiego dell'enzima **ligasi**.

Sottoponendo un acido nucleico all'azione di uno o più enzimi di restrizione (detta **digestione**) si ottengono vari polinucleotidi chiamati ~~frammenti di restrizione~~. Per separarli e isolare il frammento d'interesse si ricorre all'elettroforesi su gel.

(torna a p.116)

La tecnologia del DNA ricombinante

> La **tecnologia del DNA ricombinante** consiste nel tagliare sequenze di DNA di origine diversa in siti specifici per poi legarle insieme a formare una nuova molecola di DNA che verrà trasferita nel genoma di altre cellule.

Per ottenere questo risultato sono necessari quattro componenti:

- una serie di **enzimi di restrizione**, che tagliano una specifica sequenza di DNA (detta *sito di taglio*), idrolizzando il legame tra i nucleotidi;
- un **gene esogeno**, cioè un gene estratto da un organismo diverso da quello da modificare;
- l'enzima **DNA ligasi**, che catalizza la formazione del legame tra due nucleotidi.
- un **vettore**, cioè un plasmide o un virus modificato che possono incorporare il gene esogeno; in genere contiene un'*origine di replicazione*, cioè un sito sul quale si lega la DNA polimerasi, vari *siti di restrizione*, compatibili con i siti di taglio degli enzimi di restrizione, e uno o più *geni marcatori* che permettono di verificare se il gene esogeno è stato incorporato (**figura ■ 4.22**).

Ricorda
Un **plasmide** è un piccolo DNA circolare tipico dei batteri, che si aggiunge al cromosoma principale e si duplica in maniera indipendente; contiene al massimo poche dozzine di geni.

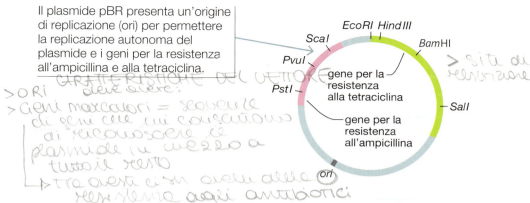

Il plasmide pBR presenta un'origine di replicazione (ori) per permettere la replicazione autonoma del plasmide e i geni per la resistenza all'ampicillina e alla tetraciclina.

*Sca*I
*Pvu*I
*Pst*I
*Eco*RI *Hind*III
*Bam*HI
*Sal*I
gene per la resistenza alla tetraciclina
gene per la resistenza all'ampicillina
ori

Figura ■ 4.22
Il plasmide pBR322 è stato uno dei primi plasmidi usati come vettori nelle tecnologie del DNA ricombinante; la mappa indica la posizione dei siti di taglio dei principali enzimi di restrizione.

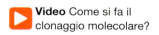

Video Come si fa il clonaggio molecolare?

La tecnica prevede varie fasi, come mostrato dalla **figura ■ 4.23**. Questa tecnica è anche chiamata **clonaggio genico** quando si integra un gene in un sistema batterico per ottenere molte copie. Il termine clonaggio, però, non è sinonimo di *clonazione*, termine usato per la la produzione di piante e animali geneticamente identici (cloni).

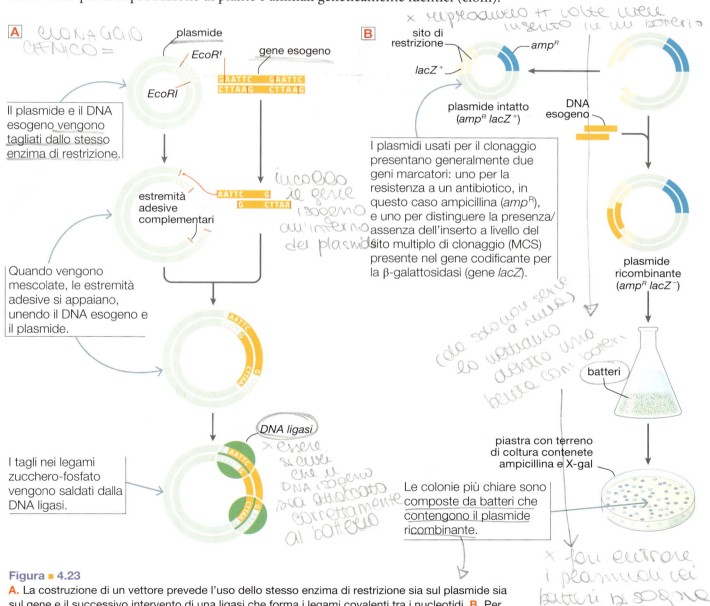

A
plasmide
*Eco*RI
*Eco*RI
gene esogeno
GAATTC GAATTC
CTTAAG CTTAAG

Il plasmide e il DNA esogeno vengono tagliati dallo stesso enzima di restrizione.

estremità adesive complementari
AATTC G
G CTTAA

Quando vengono mescolate, le estremità adesive si appaiano, unendo il DNA esogeno e il plasmide.

I tagli nei legami zucchero-fosfato vengono saldati dalla DNA ligasi.

DNA ligasi

B
sito di restrizione
lacZ⁺
*amp*ᴿ

plasmide intatto (*amp*ᴿ *lacZ*⁺)
DNA esogeno

I plasmidi usati per il clonaggio presentano generalmente due geni marcatori: uno per la resistenza a un antibiotico, in questo caso ampicillina (*amp*ᴿ), e uno per distinguere la presenza/assenza dell'inserto a livello del sito multiplo di clonaggio (MCS) presente nel gene codificante per la β-galattosidasi (gene *lacZ*).

plasmide ricombinante (*amp*ᴿ *lacZ*⁻)

batteri

piastra con terreno di coltura contenete ampicillina e X-gal

Le colonie più chiare sono composte da batteri che contengono il plasmide ricombinante.

Figura ■ 4.23
A. La costruzione di un vettore prevede l'uso dello stesso enzima di restrizione sia sul plasmide sia sul gene e il successivo intervento di una ligasi che forma i legami covalenti tra i nucleotidi. **B.** Per capire quali colonie hanno incorporato il gene contenuto nel vettore occorre fornire alla coltura un antibiotico: il gene marcatore offre resistenza per l'antibiotico, per cui solo le cellule trasformate cresceranno anche in presenza dell'antibiotico.

La PCR o reazione a catena della polimerasi

[annotazione manoscritta: reazione a catena della polimerasi]

> La **PCR** (*Polimerase Chain Reaction*) è una tecnica semplice e versatile che ha lo scopo di amplificare il DNA, cioè produrre molte copie a doppio filamento di una specifica sequenza.

È una tecnica che sfrutta il processo di replicazione del DNA: vengono utilizzati il DNA stampo, ossia il DNA prelevato dal campione biologico che contiene il segmento da amplificare, la *DNA polimerasi* e i desossiribonucleotidi trifosfato. Vengono usati due primer, che si dovranno posizionare alle due estremità del segmento da amplificare rispettivamente nei due filamenti complementari.

La reazione avviene in tre fasi: **denaturazione**, **rinaturazione** e **allungamento** (**figura** ▪ **4.24**). L'uso di un DNA stampo a doppio filamento rende necessaria la denaturazione a 90 °C per separare i filamenti. Per evitare che anche la stessa DNA polimerasi si denaturi ad alta temperatura se ne usa una varietà estratta da un batterio termofilo (polimerasi *Taq*).

La fase successiva è la *rinaturazione*, ottenuta abbassando la temperatura a 70 °C circa: ogni filamento del DNA stampo si lega al primer complementare. Infine avviene l'*allungamento*, a opera della DNA polimerasi che lega ai primer i nucleotidi complementari allo stampo. La reazione è definita «a catena» perché può essere ripetuta in cicli per produrre un numero di copie molto elevato.

Figura ▪ **4.24**
Le tre fasi della PCR: denaturazione, rinaturazione, allungamento.

[etichette figura: nucleotide; DNA originale da replicare; primer; ❶ denaturazione; ❷ rinaturazione; ❸ allungamento]

[annotazioni manoscritte: 30 al max.; > nucleotidi; > primer; > DNA polimerasi; > DNA ligasi; rottura dei legami a H e apertura dei filamenti; 90°; 70°; devono essere lunghi 15-20 nucleotidi e attaccarsi in maniera corretta; primer]

Il sequenziamento del DNA

[annotazione manoscritta evidenziata: conoscere la sequenza dei nucleotidi all'interno del genoma]

> Il **sequenziamento del DNA** è una tecnica che consente di determinare la sequenza nucleotidica di un tratto o di un intero genoma.

[annotazione manoscritta: e premi nobel ; tecnica del sequenziamento ; insulina]

Descriviamo qui il metodo ideato da Frederick Sanger, che è insieme semplice e potente. Dall'inizio degli anni 2000 sono state messe a punto diverse altre tecniche, più rapide e accurate, ma troppo complesse per la nostra trattazione.

Il metodo di Sanger si basa sulla replicazione su un segmento di DNA a singolo filamento (*stampo*). Il DNA viene ripartito in quattro provette insieme ai primer (*vedi* il sottoparagrafo precedente sulla PCR). In questo caso è necessario solo un primer, e non due come nella PCR, perché il DNA è a filamento singolo.

In ciascuna provetta si aggiunge l'enzima DNA polimerasi e nucleotidi trifosfato liberi. Questi ultimi sono di due tipi:

- i desossinucleotidi trifosfato (dNTP);

■ i didesossinucleotidi trifosfato (ddNTP), che sono nucleotidi del DNA privi di un gruppo —OH sul carbonio 3'. I ddNTP agiscono come *terminatori di catena* perché lo zucchero pentoso non può formare il legame fosfodiesterico con il nucleotide successivo (**figura** ■ 4.25).

In ognuna delle quattro provette (**figura** ■ 4.26) sono presenti tutti i dNTP e un solo tipo di ddNTP, così si sintetizzano tutti i possibili frammenti che terminano con la stessa base azotata, quella del didesossinucleotide aggiunto.

Successivamente si effettua un'elettroforesi su un gel di poliacrilammide con quattro pozzetti separati per ognuno dei quattro campioni. I primer sono marcati, cioè contengono una sostanza radioattiva o fluorescente che ne permette l'individuazione. Si può leggere l'ordine con cui i nucleotidi sono stati incorporati procedendo dal basso del gel verso i pozzetti: il frammento più breve corrisponde al primo nucleotide inserito dopo il primer e il frammento più lungo all'ultimo. La sequenza che ne deriva è complementare a quella del filamento sequenziato.

Figura ■ 4.25
Un didesossinucleotide trifosfato (ddNTP)

TERMINATORE DI CATENA: Colorato in fluorescenza.

citosina

Manca l'OH sul carbonio 3', per cui il ddNTP non può legarsi a un altro nucleotide.

per cui la catena si ferma.

Figura ■ 4.26
Grazie al metodo Sanger è possibile ottenere tanti frammenti di DNA che differiscono per una sola base e possono essere separati e poi riordinati per ricavare la sequenza completa del DNA di partenza.

△ posso conoscere averle basi pk le ho tagliate io e so che taglio fa questa forbice

▷ in base all' accoppiamento complementare delle basi azotate riesco a leggere tutto il filamento

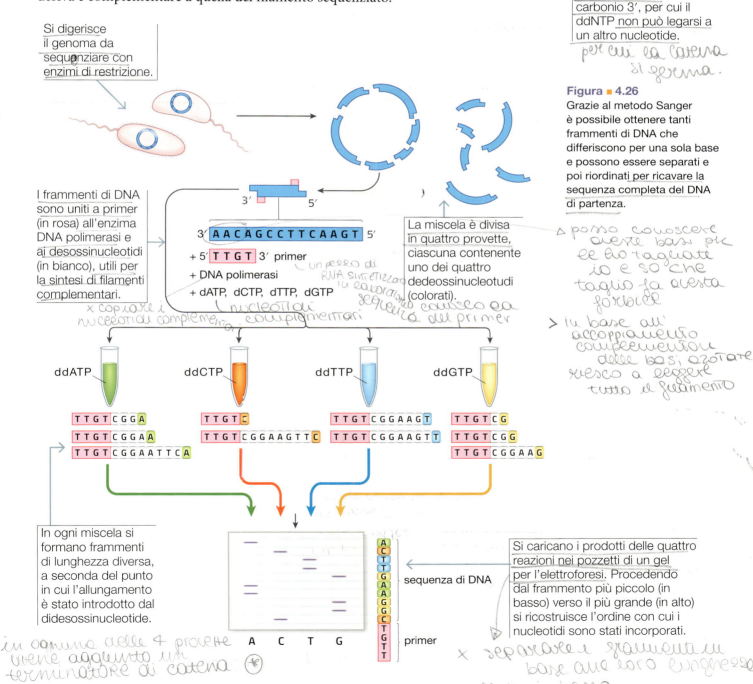

Si digerisce il genoma da sequenziare con enzimi di restrizione.

I frammenti di DNA sono uniti a primer (in rosa) all'enzima DNA polimerasi e ai desossinucleotidi (in bianco), utili per la sintesi di filamenti complementari.

3' AACAGCCTTCAAGT 5'
+ 5' TTGT 3' primer
+ DNA polimerasi
+ dATP, dCTP, dTTP, dGTP

un pezzo di RNA sintetizzato in laboratorio, sequenza del primer

x copiare i nucleotidi complementari

nucleotidi complementari

La miscela è divisa in quattro provette, ciascuna contenente uno dei quattro dedeossinucleotidi (colorati).

ddATP ddCTP ddTTP ddGTP

TTGTCGGA TTGTC TTGTCGGAAGT TTGTCG
TTGTCGGAA TTGTCGGAAGTTC TTGTCGGAAGTT TTGTCGG
TTGTCGGAATTCA TTGTCGGAAG

In ogni miscela si formano frammenti di lunghezza diversa, a seconda del punto in cui l'allungamento è stato introdotto dal didesossinucleotide.

A C T G

sequenza di DNA

primer

ACTTGAAGGCTGTT

Si caricano i prodotti delle quattro reazioni nei pozzetti di un gel per l'elettroforesi. Procedendo dal frammento più piccolo (in basso) verso il più grande (in alto) si ricostruisce l'ordine con cui i nucleotidi sono stati incorporati.

in ognuna delle 4 provette viene aggiunto un terminatore di catena ✳

x separare i frammenti in base alle loro lunghezze. i corti + in basso. i lunghi + in alto.

CATGAAGCATAAAGTGTACAT

Figura ■ 4.27
Un esempio di elettroferogrammi.

Video Come si fa il DNA *fingerprinting*?

Oggi i procedimenti sono automatici e i risultati sono espressi mediante diagrammi, chiamati **elettroferogrammi**, come quello in **figura ■** 4.27, dove la sequenza dei picchi colorati corrisponde alla sequenza complementare a quella del campione esaminato.

Il sequenziamento del DNA può essere sfruttato per individuare l'impronta genetica, una sorta di «impronta digitale» (*DNA fingerprint*), caratteristica di ogni singolo individuo. Certi tratti di DNA infatti presentano molte mutazioni che si sono conservate di generazione in generazione. La sequenza di nucleotidi in queste regioni varia perciò da individuo a individuo. Il loro sequenziamento è impiegato in medicina forense per le assegnazioni di paternità o per l'esame della scena del crimine.

Le sonde di DNA e il *Southern blotting*

Per identificare la sequenza di basi di un frammento di restrizione all'interno di un campione complesso si può appaiarlo a un filamento complementare, chiamato *sonda*.

> Una **sonda** è un filamento polinucleotidico preparato appositamente di cui si conosce pertanto la sequenza.

La sonda viene messa in contatto con un campione che comprende diversi frammenti di DNA a singolo filamento. Se fra i vari frammenti ve ne è uno esattamente complementare alla sequenza nucleotidica della sonda, avviene l'ibridazione: la sonda si lega al proprio complementare consentendone l'identificazione.

Per riconoscerla al momento dell'utilizzo, la sonda deve essere marcata, cioè deve avere precedentemente incorporato sostanze radioattive oppure molecole che emettono radiazioni in fluorescenza, visibili alla luce ultravioletta. In entrambi i casi speciali rilevatori evidenziano la presenza della sonda.

Le sonde a DNA sono usate in molte tecniche come il **Southern blotting** (dal nome del suo ideatore Edwin M. Southern).

Con questa tecnica, mediante elettroforesi su gel, si separano prima i frammenti denaturati, ossia portati a singolo filamento. In seguito si pone sopra al gel un foglio di nitrocellulosa che assorbe per capillarità (*blotting*) tutti i frammenti, mantenendoli al loro posto.

Successivamente si mette in contatto il foglio con una soluzione contenente la sonda, ossia il segmento complementare al frammento cercato, marcato con un colorante in fluorescenza o con altri metodi. Se fra i frammenti separati vi è il complementare alla sonda, essa vi si appaia e può essere rilevata grazie alla fluorescenza (**figura ■** 4.28).

L'uso di sonde è impiegato in ambito diagnostico per individuare geni mutati e non funzionali.

Figura ■ 4.28
Nella tecnica del *Southern blotting* si usando sonde per individuare geni mutati e non funzionali.

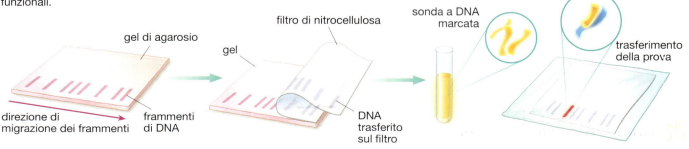

gel di agarosio

filtro di nitrocellulosa

sonda a DNA marcata

trasferimento della prova

gel

direzione di migrazione dei frammenti

frammenti di DNA

DNA trasferito sul filtro

la scienza nella storia — Kary Mullis e l'invenzione della PCR

È il 1983 ed è notte quando Kary Mullis sta viaggiando sulla Highway 128 della California per raggiungere l'Anderson Valley, qualche ora di macchina a nord di San Francisco, dove si vuole concedere un weekend di riposo assieme alla sua fidanzata. Mullis sta pensando a come risolvere il problema su cui sta lavorando con i colleghi della *Cetus*, una delle prime aziende biotech. Alla *Cetus* stanno cercando modi innovativi e rapidi per analizzare le mutazioni del DNA. Ma in realtà, ciò che gli fa dire «Eureka!» è un'idea su come amplificare una qualsiasi regione del DNA per poterla poi analizzare con calma in innumerevoli copie. Accosta l'auto a bordo strada, fa qualche rapido calcolo e capisce che l'intuizione è corretta: la PCR è nata e Mullis è già sicuro che quanto ha scoperto sarà la motivazione del proprio premio Nobel.

Lo scrittore e il fornaio

Kary Mullis nasce nel 1944 a Lenoir, in North Carolina, e cresce nella Carolina del Sud (Figura ■ A). Fin da bambino è sempre stato interessato a «pasticciare» con il Piccolo Chimico, al punto che la madre, che si occupa di proprietà immobiliari, è preoccupata che possa farsi del male. Arrivato senza grossi incidenti all'età dell'università, può davvero intraprendere la carriera del chimico, grazie agli studi al Georgia Institute of Technology e, poi, all'Università della California a Berkley, lo stesso campus dove nel 1971 nasce la *Cetus* per cui lavorerà più tardi. Ma prima di diventare uno scienziato, prova a farsi strada – senza successo – come scrittore e per due anni lavora come gestore di un forno. Due piccole parentesi che lasciano capire come fin da giovane Kary Mullis non corrispondesse all'immagine standard dello scienziato votato solo alla ricerca.

La laurea in chimica torna utile nel 1979 quando approda alla *Cetus* con un impiego, almeno inizialmente, di routine. Il suo compito è sintetizzare oligonucleotidi, brevi sequenze di nucleotidi, secondo le esigenze dei diversi laboratori dell'azienda. Solo in un secondo momento viene coinvolto nell'ideazione di un sistema innovativo per l'analisi delle mutazioni che causano l'anemia falciforme.

Nelle aspirazioni dell'azienda, qualsiasi sia il metodo scovato, deve essere rapido, per accelerare i tempi per le cure. Ma ciò si scontra con il fatto che normalmente si lavora con poco DNA prelevato dai pazienti stessi e questo è un vero e proprio collo di bottiglia. A Mullis e ai suoi colleghi servirebbe una tecnologia che permetta di ottenere un numero infinito di copie di una determinata sequenza di DNA su cui poi poter fare diverse analisi in parallelo. Un sistema di questo tipo permetterebbe di abbattere di molto i tempi necessari per effettuare le analisi.

La soluzione arriva quella notte del 1983 lungo l'Highway 128. Con la PCR è possibile replicare milioni di volte, in una semplice provetta, un singolo frammento di DNA. Tutta la procedura, che Mullis sostiene di aver avuto già in testa fin dall'inizio, è relativamente semplice e tutto quello che serve, teoricamente, è una provetta (con nucleotidi e un enzima) e una fonte regolabile di calore. Oggi questo procedimento è automatizzato grazie a macchinari per la PCR (*termociclatori*) che gestiscono il ripetersi dei cicli della PCR in poche ore.

Ballando nudi nel campo della mente

Dopo il premio Nobel, Kary Mullis non ha più lavorato in laboratorio e ha preferito costruirsi una carriera alternativa, in tutti i sensi. La sua grande passione è diventata il surf, sport che è il suo passatempo preferito quando non è impegnato come conferenziere. Ha provato a ritornare alla scrittura, anche se non nel campo della narrativa, ma come saggista.

La sua raccolta di pensieri intitolata *Ballando nudi nel campo della mente* è diventato un bestseller mondiale, anche per alcune idee controverse che contiene, dall'ipotesi che la vita sulla Terra sia di origine aliena (panspermia) al fatto che l'HIV non sarebbe la vera causa dell'AIDS e che le sostanze psichedeliche servirebbero ad aprire porte percettive altrimenti chiuse.

All'interno della comunità scientifica il suo premio Nobel ha suscitato una grande discussione: era giusto che lo vincesse solo lui, senza che fossero premiati anche i colleghi della *Cetus* che hanno lavorato agli esperimenti sulla PCR? Alcuni commentatori hanno anche sottolineato che l'idea di Mullis, a dispetto del racconto epico che lui stesso ne fa, è arrivata dopo che altri scienziati hanno proposto soluzioni simili.

Ma probabilmente, prima di prendere la prossima onda con la tavola, Mullis risponderebbe che è però stato lui l'unico a metterla in pratica fino in fondo realizzando una tecnica che può essere usata praticamente in ogni laboratorio biochimico del mondo.

Figura ■ A
Lo scienziato statunitense Kary Mullis.

I microarray di DNA

Per poter studiare al meglio i processi fisiologici delle cellule e per capire in che modo insorgano le malattie, i ricercatori hanno bisogno di analizzare l'RNA e le proteine prodotti in un certo momento e in un preciso tessuto. Per farlo usano il **microarray di DNA** (**figura** ■ **4.29**).

> Questa tecnica sfrutta dei *chip a DNA,* cioè superfici solide (plastica, vetro o chip siliconici) a cui sono fissate specifiche sequenze di DNA in determinati punti.

Ricorda

Particolari virus detti retro-virus possiedono un genoma a RNA, ma quando infettano la cellula eucariotica operano una specie di trascrizione «al contrario»: non da DNA a RNA, ma da RNA a DNA.

Figura ■ **4.29**
Il microarray è un chip sul quale si trovano tanti pozzetti nei quali sono presenti uno o più geni espressi da un tipo cellulare in un particolare momento.

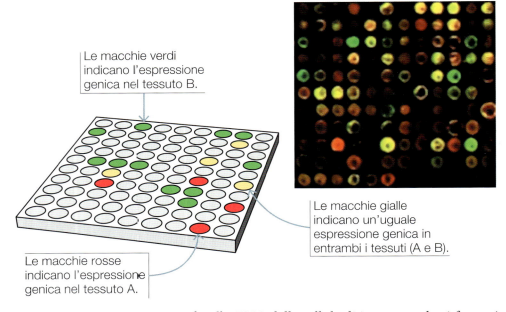

Le macchie verdi indicano l'espressione genica nel tessuto B.

Le macchie gialle indicano un'uguale espressione genica in entrambi i tessuti (A e B).

Le macchie rosse indicano l'espressione genica nel tessuto A.

Innanzitutto, si estrae e si purifica l'mRNA delle cellule di interesse e lo si fa reagire, in presenza di desossiribonucleotidi e primer, con la *trascrittasi inversa.* Questo enzima che, coadiuvato da altri enzimi, produce una copia di DNA a doppia elica a partire da uno stampo di RNA. Il DNA prodotto dalla trascrittasi inversa è detto **cDNA** (*complementary DNA*), perché uno dei suoi filamenti è complementare all'mRNA ed è marcato con un marcatore fluorescente (fluorocromo). A differenza del DNA, il cDNA non contiene introni, ma solo sequenze codificanti perché deriva dall'mRNA maturo.

Il cDNA è poi denaturato ad alta temperatura per separare i due filamenti e posto a contatto con il chip; a questo punto avviene l'**ibridazione, cioè il cDNA** si lega alle sequenze di DNA complementari presenti sul chip. Infine si effettuano i lavaggi per rimuovere il cDNA che non si è legato e si analizza la **fluorescenza**: le sequenze di DNA espresse nelle cellule di interesse sono quelle che sul chip corrispondono ai punti fluorescenti, dove è avvenuta l'ibridazione.

Ricorda

Il **fluorocromo** è una molecola che emette radiazioni fluorescenti quando è esposta a particolari lunghezze d'onda della luce.

Le cellule staminali pluripotenti indotte

> Le **cellule staminali** sono cellule indifferenziate, che non hanno, cioè, le caratteristiche specifiche di alcun tessuto, ma possono dividersi indefinitamente per mitosi.

Nel corpo umano esistono due tipi essenziali di staminali: le staminali *embrionali* e le staminali *adulte.* Nella prima fase dello sviluppo, lo zigote è formato da staminali to-

tipotenti, cioè in grado di dare origine a un intero organismo. Dopo pochi giorni, le cellule embrionali diventano **pluripotenti**, cioè sono in grado di dare origine a tutti i tessuti, ma non a un intero individuo.

Mano a mano che l'embrione cresce, alcune cellule rimangono pluripotenti, mentre altre diventano **multipotenti**, cioè in grado di dare origine solo a pochi tipi cellulari: ne sono esempio le cellule del midollo osseo, che possono differenziarsi nei vari tipi cellulari del sangue. Infine si formano le cellule **unipotenti**, che possono dare origine a un solo tipo cellulare: per esempio le cellule del derma, che costituiscono le cellule della pelle.

La pluripotenza è una proprietà allettante per la medicina rigenerativa perché permette di sostituire o rigenerare organi e tessuti danneggiati; l'impiego delle staminali embrionali, però, comporta problemi etici perché prevede la distruzione degli embrioni. La multipotenza è invece una caratteristica delle staminali adulte, che hanno applicazioni terapeutiche più limitate perché sono specifiche per un solo tipo di tessuto, ma non comportano problemi etici.

A partire dal 2006, tuttavia, esiste una tecnica per trasformare le cellule somatiche adulte (quindi cellule differenziate e non staminali) in **staminali pluripotenti indotte**. Inserendo un DNA ricombinante contenente alcuni geni in una cellula già differenziata è possibile farla «regredire» a livello di staminale (**figura ■ 4.30**). L'impiego di cellule staminali pluripotenti indotte, quindi, ha permesso di conciliare le necessità pratiche con i dilemmi etici legati agli embrioni; negli ultimi anni sono quindi iniziate diverse sperimentazioni, ma la cura delle varie malattie deve ancora essere messa a punto.

Stem cells
(Cellule staminali)
Undifferentiated cells that hold the potential to give rise to several types of specialized cells. Hematopoietic stem cells (HSCs) are adult stem cells capable of generating fully differentiated blood cells.

Figura ■ 4.30
La produzione di staminali pluripotenti indotte a partire dai fibroblasti, cellule del tessuto connettivo.

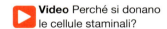
Video Perché si donano le cellule staminali?

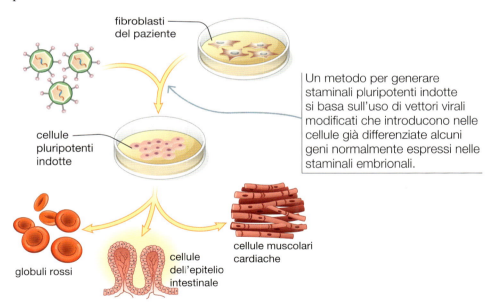

fibroblasti del paziente

Un metodo per generare staminali pluripotenti indotte si basa sull'uso di vettori virali modificati che introducono nelle cellule già differenziate alcuni geni normalmente espressi nelle staminali embrionali.

cellule pluripotenti indotte

globuli rossi

cellule dell'epitelio intestinale

cellule muscolari cardiache

La produzione di OGM

> La sigla OGM indica gli **organismi geneticamente modificati**, ovvero tutti gli organismi con assetto genetico modificato mediante tecniche di ingegneria genetica.

Esistono due tipi di OGM:
- gli organismi **knock-out**, nei quali un gene è stato *silenziato*, cioè reso incapace di esprimersi; questi organismi sono prodotti ai soli fini di ricerca, per comprendere le funzioni di un gene;

- gli organismi **transgenici**, che esprimono uno o più geni esogeni, aggiunti artificialmente al patrimonio genetico originario; possono essere generati anche per produrre beni o servizi.

A livello molecolare, la produzione di OGM si basa sulla tecnologia del DNA ricombinante per inserire il gene di interesse, che può essere un gene esogeno (per produrre organismi transgenici) oppure una variante inattiva del gene da silenziare (per produrre organismi knock-out).

Il primo OGM fu prodotto negli anni Settanta modificando geneticamente il batterio *Escherichia coli*. I batteri sono stati trasformati con il DNA ricombinante in modo che potessero essere resistenti a più di un antibiotico (**figura** ■ **4.31**).

Figura ■ **4.31**
I plasmidi di *E. coli*, che portano un diverso gene per la resistenza a uno dei due antibiotici kanamicina (*kan*^R) o tetraciclina (*tet*^R), sono tagliati con enzimi di restrizione.

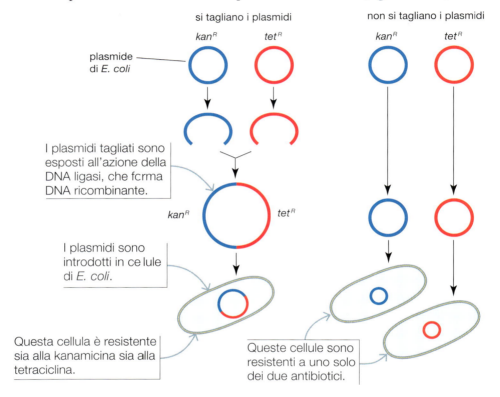

La produzione di OGM pluricellulari è più complessa. In relazione alle **piante**, si modifica geneticamente un batterio, chiamato *Agrobacterium tumefaciens*, capace di infettare le cellule vegetali. Una volta modificato, si mette il batterio a contatto con le cellule di una pianta, quindi si estraggono le cellule infettate, che contengono il DNA ricombinante precedentemente inserito nel batterio; si fanno crescere in coltura e così si ottengono molti cloni che presentano al proprio interno il DNA ricombinante e quindi esprimono i geni che sono stati inseriti al loro interno (**figura** ■ **4.32**).

Figura ■ **4.32**
La tecnica per produrre una pianta geneticamente modificata sfrutta la capacità del batterio *Agrobacterium tumefaciens* di infettare le cellule vegetali. Il batterio è in grado di trasmettere un segmento di DNA, T-DNA, che penetra nelle cellule vegetali integrandosi nel loro genoma. Il plasmide Ti del batterio codifica il T-DNA e i geni necessari a trasferirlo nelle cellule.

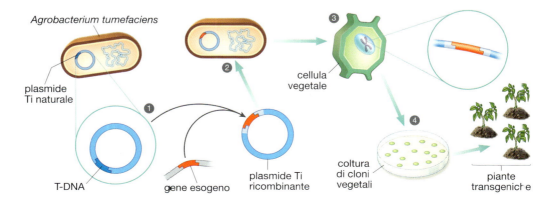

I relazione agli **animali** si agisce sulle cellule staminali embrionali. Le cellule sono isolate, modificate e inserite in un embrione allo stadio precoce di blastocisti. Si sviluppano, così, delle chimere: animali che hanno alcune cellule geneticamente modificate e altre che non lo sono. Infine si incrociano tra loro le chimere per generare OGM completi (**figura ■ 4.33**).

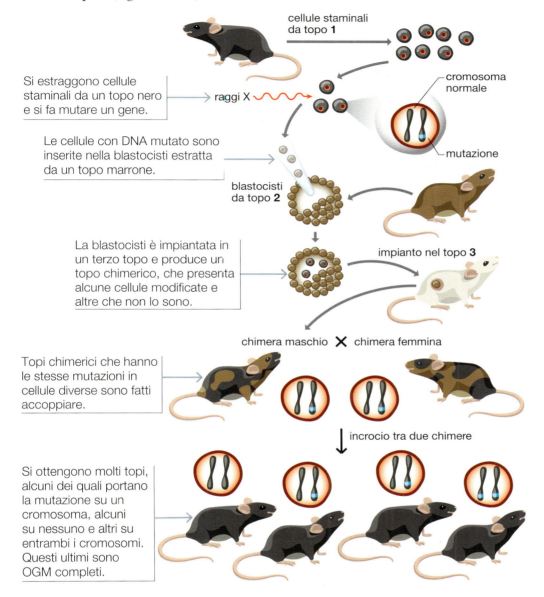

Si estraggono cellule staminali da un topo nero e si fa mutare un gene.

cellule staminali da topo **1**

raggi X

cromosoma normale

mutazione

Le cellule con DNA mutato sono inserite nella blastocisti estratta da un topo marrone.

blastocisti da topo **2**

La blastocisti è impiantata in un terzo topo e produce un topo chimerico, che presenta alcune cellule modificate e altre che non lo sono.

impianto nel topo **3**

chimera maschio ✕ chimera femmina

Topi chimerici che hanno le stesse mutazioni in cellule diverse sono fatti accoppiare.

incrocio tra due chimere

Si ottengono molti topi, alcuni dei quali portano la mutazione su un cromosoma, alcuni su nessuno e altri su entrambi i cromosomi. Questi ultimi sono OGM completi.

Figura ■ 4.33
La tecnica per produrre animali geneticamente modificati.

Il sistema CRISPR/Cas9

Un altro metodo per produrre OGM è l'*editing genetico*, cioè la correzione puntuale di sequenze specifiche del genoma. Per ottenere questo obiettivo si usa il sistema **CRISPR/Cas9**, una tecnica, basata su una serie di enzimi tipici dei batteri, che è stata messa a punto nel 2012.

La sigla CRISPR è l'acronimo inglese di *Clustered Regularly Interspaced Short Palindromic Repeats*, ovvero «brevi ripetizioni palindrome raggruppate e separate a intervalli regolari». Si tratta di un sistema di difesa sfruttato dai procarioti contro i fagi: nel DNA procariotico sono inserite sequenze di DNA fagico, residue da precedenti infezioni, separate a intervalli regolari da brevi sequenze ripetute. Quando un virus infetta il batterio, i geni CRISPR vengono trascritti e l'RNA prodotto si associa all'enzima Cas9 (*CRISPR associated protein*), capace di idrolizzare il legame fosfodiesterico presente nel DNA. Il complesso **Cas/RNA-guida** raggiunge il DNA virale alla ricerca di un tratto complementare a quello dell'RNA; se lo trova, l'enzima Cas9 taglia il DNA virale e lo rende inattivo.

Questo sistema è usato dai biotecnologi per tagliare il DNA di un organismo in un punto specifico e inserire un gene oppure rimuovere un tratto che risulta danneggiato o inattivo (**figura ▪ 4.34**).

Figura ▪ 4.34
Il sistema CRISPR/Cas9 permette di agire su una mutazione genica in modo molto più preciso rispetto ad altre tecniche di ingegneria genetica.

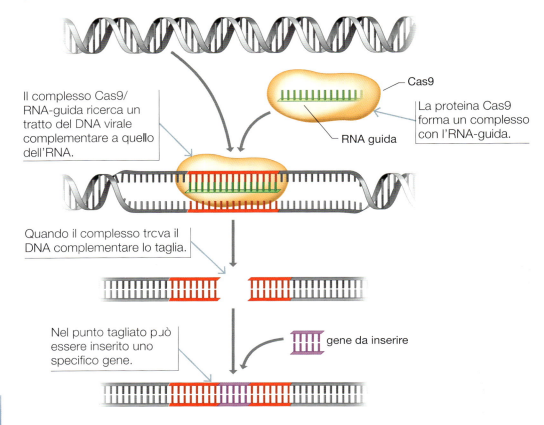

Il complesso Cas9/RNA-guida ricerca un tratto del DNA virale complementare a quello dell'RNA.

Cas9

La proteina Cas9 forma un complesso con l'RNA-guida.

RNA guida

Quando il complesso trova il DNA complementare lo taglia.

Nel punto tagliato può essere inserito uno specifico gene.

gene da inserire

7. Alcune applicazioni delle biotecnologie

Le biotecnologie sono tecniche di laboratorio e in quanto tali possono trovare applicazioni molto diverse a seconda del settore produttivo nel quale sono impiegate. Gli ambiti principali sono quelli ambientale, agroalimentare e biomedico.

Le biotecnologie e l'ambiente

Le biotecnologie hanno un ruolo chiave nel cosiddetto **biorisanamento**, cioè la bonifica di un ambiente inquinato da parte di microrganismi specifici.

Le principali tecniche di biorisanamento sono:
- la *biostimolazione*, che consiste nell'aggiungere nutrienti per stimolare la crescita di microbi già presenti;
- la *bioaugmentation*, che consiste nell'aggiungere dall'esterno batteri solitamente non presenti nell'ambiente da bonificare, ma capaci di risanarlo (**figura ▪ 4.35**); in alcuni casi si tratta di microrganismi geneticamente modificati.

È possibile applicare le tecniche di biorisanamento anche al trattamento delle acque reflue degli impianti industriali o delle acque di scarico delle abitazioni.

Figura ▪ 4.35
La bioaugmentation è usata in occasione di sversamenti di petrolio in mare, come è accaduto nel 2010 alla piattaforma Deepwater Horizon.

> Tra le applicazioni delle biotecnologie in campo ambientale viene impiegato anche il **compostaggio**, cioè la trasformazione dei rifiuti umidi organici in compost, un fertilizzante naturale.

Le diverse fasi di questo processo richiedono l'utilizzo di vari tipi di microrganismi (batteri e funghi) in grado di metabolizzare composti diversi in condizioni specifiche, come la presenza e l'assenza di ossigeno.

Le biotecnologie nel settore agroalimentare

La principale applicazione delle biotecnologie in campo agroalimentare è legata alla produzione di piante e animali con peculiarità nutritive o di resistenza a determinate condizioni ambientali. Un esempio di pianta transgenica coltivata per scopi alimentari è il **mais Bt** (figura ■ 4.36), molto diffuso negli Stati Uniti.

La sigla *Bt* sta per *Bacillus thuringiensis*, il batterio dal quale è stato isolato il gene *cry* per la resistenza ai parassiti, introdotto nel mais come transgene. Il gene *cry* codifica una proteina tossica per le larve degli insetti che si cibano della pianta, ma non per gli altri animali né per gli insetti adulti. Il mais Bt permette di ridurre la quantità di pesticidi, usati per uccidere i parassiti delle piante, ma che risultano essere tossici per gli insetti impollinatori, per il bestiame e per l'uomo. Tuttavia, la coltivazione di piante Bt in alcuni casi ha selezionato insetti resistenti alla proteina codificata dal gene *cry*, rendendo meno efficace l'uso di questo tipo di OGM.

Figura ■ 4.36

Il mais transgenico contiene il gene batterico per la proteina Bt, che protegge la pianta dai parassiti.

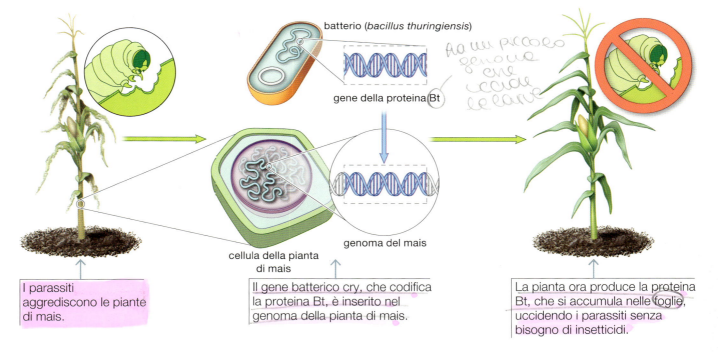

batterio (*bacillus thuringiensis*)

gene della proteina Bt

genoma del mais

cellula della pianta di mais

I parassiti aggrediscono le piante di mais.

Il gene batterico cry, che codifica la proteina Bt, è inserito nel genoma della pianta di mais.

La pianta ora produce la proteina Bt, che si accumula nelle foglie, uccidendo i parassiti senza bisogno di insetticidi.

Le biotecnologie e la medicina

Nel settore biomedico le biotecnologie contribuisco allo sviluppo di sistemi diagnostici e di terapie specifiche. Una delle prime applicazioni a scopo terapeutico è stata la produzione di **farmaci proteici** da microrganismi geneticamente modificati. Una delle applicazioni più rilevanti delle tecniche del DNA ricombinante è la produzione di proteine su larga scala utilizzabili in ambito terapeutico e preventivo.

Dopo aver isolato il frammento di DNA che codifica la proteina desiderata, lo si inserisce in un plasmide batterico. Il plasmide funziona da vettore, è cioè capace di trasmettere il gene isolato in un microrganismo. Anche certi virus come i batteriofagi possono essere impiegati come vettori sfruttando il meccanismo della trasduzione.

Dopo opportuni accertamenti, il plasmide è inserito in un microrganismo facilmente coltivabile (in generale un batterio). L'ospite batterico acquista così la capacità di esprimere la proteina desiderata. Con vettori specifici possono essere utilizzati anche ospiti eucariotici come lieviti o cellule vegetali.

Grazie a questa tecnica è stato possibile abbattere il costo di produzione dei farmaci. Il primo farmaco ottenuto su scala industriale con la tecnica del DNA ricombinante è stato l'ormone insulina, un farmaco salva vita per i pazienti affetti da diabete.

Dagli anni Ottanta del secolo scorso, sono stati sempre più numerosi i farmaci sintetizzati con queste tecniche: ormoni, vaccini, fattori di crescita, interferoni, anticorpi monoclonali sono solo alcuni esempi.

> Un'altra possibile applicazione delle biotecnologie alla medicina è la **terapia genica**, che ha lo scopo di sostituire un gene difettoso di un individuo malato con una copia integra, inserita nelle cellule attraverso un vettore.

I vettori più usati sono virus privati dei geni necessari a provocare la malattia infettiva. La terapia genica consiste nel prelevare le cellule del paziente, trattarle col vettore ricombinante, selezionare quelle geneticamente modificate e reinserirle nel corpo del paziente (figura ■ 4.37).

Gene therapy
(Terapia genica)
An experimental technique that aims at preventing or treating a genetic disease by introducing into the cells the wild type copy of a gene, thereby restoring its normal function.

Figura ■ 4.37
Lo schema riassume il processo di terapia genica per una immunodeficienza come l'ADA-SCID, deficit dell'enzima adenosina deaminasi (ADA).

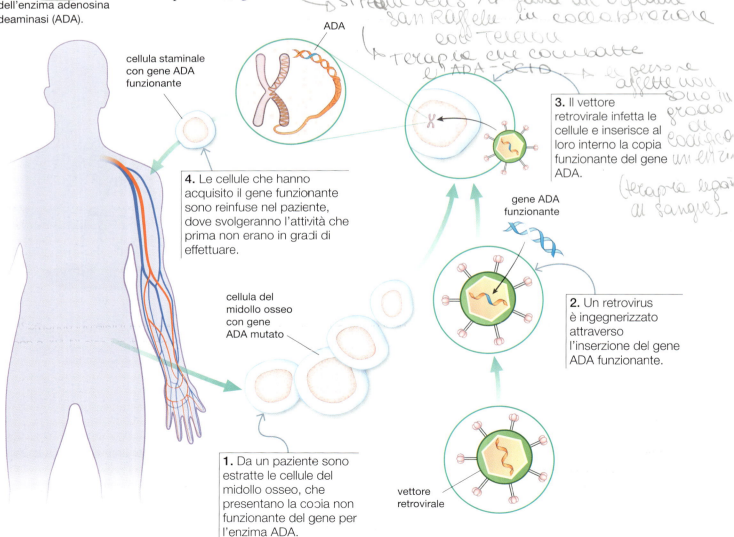

cellula staminale con gene ADA funzionante

ADA

3. Il vettore retrovirale infetta le cellule e inserisce al loro interno la copia funzionante del gene ADA.

4. Le cellule che hanno acquisito il gene funzionante sono reinfuse nel paziente, dove svolgeranno l'attività che prima non erano in grado di effettuare.

gene ADA funzionante

cellula del midollo osseo con gene ADA mutato

2. Un retrovirus è ingegnerizzato attraverso l'inserzione del gene ADA funzionante.

1. Da un paziente sono estratte le cellule del midollo osseo, che presentano la copia non funzionante del gene per l'enzima ADA.

vettore retrovirale

Le biotecnologie e gli alberi filogenetici

La costruzione di diagrammi filogenetici è un'altra delle applicazioni delle biotecnologie: le informazioni derivanti da sequenziamento del DNA combinate con quelle ottenute a partire dall'esame dei caratteri condivisi forniscono relazioni filogenetiche molto accurate e dettagliate.

Il punto di partenza è il sequenziamento di un tratto di DNA di numerosi campioni appartenenti ai soggetti di cui si desidera conoscere la relazione filetica. Il frammento da sequenziare deve essere scelto fra quelli che presentano il maggior numero di mutazioni possibili, nel caso delle popolazioni umane il DNA mitocondriale è particolarmente adatto a questo scopo e fornisce le relazioni genetiche della linea materna. Dopo aver ricavato la sequenza di ogni campione, la si sottopone a specifici software che individuano e quantificano le somiglianze e differenze fra essi. Partendo dal presupposto che le mutazioni casuali si susseguano con regolarità nel tempo, si può risalire all'epoca in cui è vissuto l'antenato comune a due individui o a due popolazioni.

In base al numero di variazioni riscontrate nelle sequenze di basi, si costruisce un diagramma filogenetico come quello in figura ■ 4.38 nel quale i rami rappresentano i diversi individui o popolazioni.

L'estremità dei rami rappresenta le popolazioni attuali, l'asse principale di ogni ramo indica il tempo e l'intersezione dei rami individua l'antenato comune a due popolazioni.

Figura ■ 4.38
Un diagramma filogenetico dei vini.

La bioinformatica: una scienza del futuro

La mappatura dell'intero genoma umano, ossia l'identificazione dell'intera sequenza di paia di basi che costituiscono il DNA umano, è stata realizzata nell'anno 2003 come coronamento di un progetto di ricerca scientifica (*HGP*, acronimo di **Human Genome Project**) che aveva coinvolto gruppi di ricerca pubblici e privati di molti Paesi del mondo.

Gli studi sul genoma umano hanno rivelato che I geni umani sono circa **25 000**, mentre la lunghezza totale del genoma è di circa **3200 Mb** (*megabasi* = milioni di paia di basi) ossia 3,2 GB (*gigabasi* = miliardi di paia di basi) di cui *solo l'1,5% è codificante* (48 Mb) cioè partecipa alla sintesi delle proteine o dei vari tipi di RNA.

Per portare a termine l'impresa si sono aperti nuovi campi di ricerca scientifica come la **genomica** che studia le sequenze di basi nel DNA e la **bioinformatica**, che applica la matematica e la statistica alla biologia molecolare che sta assumendo un ruolo sempre di maggior rilievo.

Infatti, grazie alla robotizzazione, all'informatica e al progresso tecnologico, oggi giornalmente si ottengono più dati di quanti se ne possano analizzare. L'unica possibile soluzione per maneggiarli è metterli in banche dati per una successiva analisi. Esistono pertanto numerose banche dati di composti chimici, di proteine, genomi, geni e molto altro ancora.

Gli esperti in bioinformatica si occupano di estrarre da questa vastissima quantità di dati le informazioni che produrranno nuova conoscenza.

La bionformatica ripercorre quindi le tre tappe fondamentali dello sviluppo del sapere: dati, informazione, conoscenza.

▶ Lavorare con le mappe

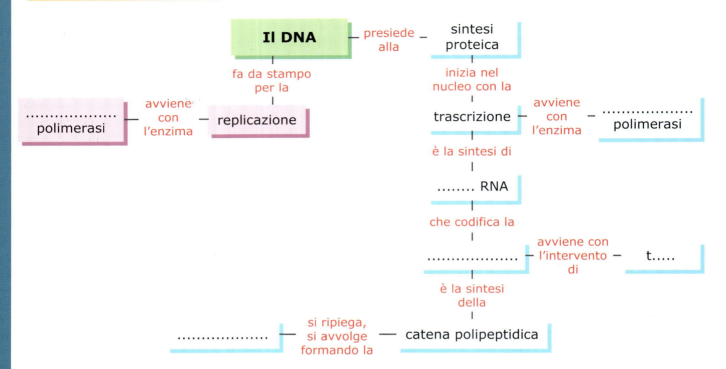

1. Completa la mappa riempiendo gli spazi liberi.

2. Spiega gli elementi della mappa.

3. Arricchisci la mappa completando il ramo relativo alla replicazione del DNA.

4. Arricchisci la mappa aggiungendo elementi alla trascrizione e alla traduzione.

5. Costruisci una mappa sull'argomento «biotecnologie».

▶ Conoscenze e abilità

DNA, replicazione e sintesi proteica

Indica la risposta corretta

1. **Perché la replicazione avviene in modo diverso nel filamento lento e in quello veloce?**

A Perché la DNA polimerasi legge il filamento stampo soltanto nella direzione 5′ → 3′.

B Perché la DNA polimerasi legge il filamento stampo soltanto nella direzione 3′ → 5′.

C Perché i primers si collocano diversamente nei due filamenti.

D Perché la molecola di DNA polimerasi agisce prima su un filamento e poi sull'altro.

2. 🇬🇧 **Why is DNA replication called «semi-conservative»?**

A Because newly replicated DNA molecules remain linked at the centromere.

B Because newly replicated DNA molecules maintain the information of the original template.

C Because newly replicated DNA molecules consist of a parental DNA strand and a new DNA strand.

D Because two DNA polymerases are involved in the process.

3. 🇬🇧 **Which of the following events does <u>not</u> take place in the ribosome?**

A The codon is annealed to the correspondent anticodon.

B The formation of a glycosidic bond.

C Two amino acids are linked together.

D A phosphodiester bond is formed.

4. Nel corso di una delle seguenti attività di una cellula i nucleotidi GAT vengono appaiati ai nucleotidi CUA. Quando può verificarsi un simile appaiamento?

A Quando un codone dell'mRNA si appaia all'anticodone del tRNA.

B Quando si forma il complesso d'inizio nella traduzione.

C Durante il processo di trascrizione.

D Nella replicazione di un filamento del DNA.

5. Una sequenza di DNA contiene il codone GTA. Se questa sequenza viene trascritta in mRNA e se l'mRNA viene poi tradotto nei ribosomi, quale sarà l'anticodone del tRNA che si appaierà al codone trascritto?

A CAT

B CUT

C GUA

D CAU

6. «Il flusso dell'informazione genetica parte dagli acidi nucleici per arrivare alle proteine». In queste parole è contenuto (molto sinteticamente)

A il dogma centrale della biologia molecolare

B la regola dell'appaiamento delle basi

C il codice genetico

D il meccanismo della trascrizione

Completa la frase

7. La sequenza di basi della molecola di ...., prodotta con la trascrizione, è complementare alla catena di DNA .... e .... (con l'eccezione dell'......................... al posto della ....) alla catena a essa appaiata, detta filamento ....

8. Con la seconda fase della sintesi proteica, chiamata ...., nel ribosoma, si forma una catena .... nella quale la sequenza degli .... è dettata dalla sequenza delle .... di basi azotate nell'......................... .... con la seguente regola: a ogni gruppo di .... basi azotate nell'mRNA corrisponde .... e un solo .... nella proteina. Le regole di appaiamento tra codoni e amminoacidi costituiscono il ....

9. La traduzione ha inizio quando la molecola di mRNA prodotta dalla ...., nel citosol, si unisce alla subunità .... di un .... L'unione avviene in corrispondenza della sequenza di basi .... La subunità maggiore si richiude poi in-

torno all'mRNA, mentre nel suo sito centrale trova alloggio una molecola di ....
Si tratta della molecola che possiede l'anticodone .... complementare al codone di inizio.
Codone e anticodone si legano secondo la legge di .... delle .... Segue la fase di allungamento: nel sito A del .... si sistema un altro .... che, ugualmente, si unisce all'mRNA seguendo la regola di .... delle ....
Grazie all'azione .... del ribosoma gli .... trasportati dalle due molecole di .... reagiscono fra loro formando un legame .... Il ribosoma poi scorre lasciando libero il sito A e portando il primo .... nel sito E dove si stacca dal .... e dall'........................., mentre una terza molecola di .... si colloca nel sito A.

Vero o falso?

10. La DNA polimerasi legge il DNA stampo nella direzione $3' \longrightarrow 5'$. V F

11. L'RNA polimerasi appartiene al complesso di trascrizione. V F

12. L'enzima elicasi scinde legami fosfodiesterici. V F

13. La sequenza di nucleotidi dell'mRNA è la stessa della catena stampo e complementare a quella della catena codificante. V F

14. 🇬🇧 Thanks to alternative splicing, a single DNA fragment can code for multiple proteins. V F

15. 🇬🇧 Phosphodiester-bond formation occurs in the ribosome. V F

16. Le molecole di tRNA svolgono la funzione di «traduzione» vera e propria. V F

17. La sintesi proteica spesso si completa nel reticolo endoplasmatico liscio. V F

Applica

18. Abbina ogni termine con la corretta definizione.

1. legge di appaiamento delle basi
2. codice genetico
3. genoma
4. unità di codice

a. appaiamento delle basi azotate in base alla regola A-T(U), G-C
b. la totalità del DNA di una cellula
c. tripletta di basi azotate
d. legge di abbinamento codone-amminoacido

19. Abbina i seguenti enzimi alle rispettive funzioni nel corso della replicazione del DNA.

1. DNA elicasi
2. primasi
3. DNA polimerasi (vari tipi)
4. DNA ligasi

a. abbina nucleotidi liberi al filamento stampo
b. inserisce una sequenza di ribonucleotidi sullo stampo
c. apre la forcella di replicazione
d. congiunge i frammenti di Okazaki

20. Quale sequenza di amminoacidi si ottiene dalla traduzione del seguente tratto di RNA?

CACAGGUCACGU

.... - .... - .... - ....

21. Scegli un nome di persona, che non abbia le lettere B, C, J, K, N, O, R, T, U, Z. Abbina a ogni lettera la sigla del rispettivo amminoacido. Quale sequenza di nucleotidi nell'mRNA codifica il suo nome?

22. 🇬🇧 How is DNA replicated? How are parental and new strands arranged after one replication cycle? And after two replication cycles? Draw a scheme to illustrate your answers.

Le biotecnologie

Indica la risposta corretta

23. Quale fra i seguenti, **non** è un elemento per la PCR?

- [A] 4 primers
- [B] DNA stampo
- [C] enzima DNA polimerasi
- [D] dNTP

24. In quale dei seguenti processi biotecnologici possono essere impiegati batteri?

- [A] sequenziamento del DNA
- [B] produzione di proteine
- [C] amplificazione di un tratto di DNA compreso fra due primers
- [D] separazione di frammenti di DNA

25. 🇬🇧 What is a DNA probe?

- [A] a polynucleotide whose sequence is precisely known
- [B] a labelled nitrogenous base
- [C] a dideoxynucleotide
- [D] the template DNA

Completa la frase

26. I siti di restrizione sono sequenze di alcune .... che l'enzima riconosce e taglia. In alcuni casi il taglio produce due estremità piatte, in altri casi queste ultime sono sporgenti in quanto l'enzima disappaia alcune .... I siti di restrizione che avvengono in sequenze .... presentano la stessa successione di basi nelle due .... che si sono formate con il taglio, ma lette in modo inverso.

27. Per separare i frammenti di restrizione si usa l'elettroforesi su .... Il DNA (grazie alla carica .... del gruppo ....) è attratto dall'elettrodo .... del dispositivo e fluisce nel .... I frammenti, tuttavia, non hanno uguale velocità, in quanto i più .... sono più .... Dopo un certo tempo essi saranno disposti a distanze .... dal punto iniziale e pertanto risultano ....

28. Nel corso della PCR, a .... °C il DNA si denatura, cioè si .... Le due catene, poi, raffreddano a circa .... °C e i due .... si legano alle due estremità del frammento da duplicare. Successivamente, a .... °C avviene .... grazie alla *Taq* .... che si unisce ai .... e catalizza l'..................... delle catene complementari al DNA stampo.

Vero o falso?

29. Le tecniche del DNA ricombinante sono i primi esempi di biotecnologia dell'umanità. **V F**

30. Gli enzimi di restrizione sono prodotti naturalmente dai batteri. **V F**

31. Una sequenza è detta adesiva se non genera estremità piatte ma se deriva dalla scissione di alcuni legami fra basi azotate. **V F**

32. Con l'elettroforesi su gel si riconoscono le sequenze nucleotidiche dei siti di restrizione. **V F**

33. 🇬🇧 The PCR is a technique that allows to amplify an organism's whole genome. **V F**

34. La PCR impiega come unico dispositivo sperimentale un termostato provvisto di timer. **V F**

35. La ricombinazione del DNA di certi batteri è alla base della produzione di molti farmaci e vaccini. **V F**

36. 🇬🇧 PCR stands for *Polynucleotide Chain Reaction*. **V F**

37. 🇬🇧 In DNA denaturation, the two strands of a single DNA molecule separate from each other. **V F**

Rispondi

38. Descrivi sinteticamente la tecnica della PCR.

39. Perché, a tuo avviso, con il metodo di Sanger per il sequenziamento del DNA si usa solamente un unico primer?

40. Perché con il metodo di Sanger si usano ribonucleotidi privi di ambedue i gruppi ossidrili legati all'anello di ribosio?

41. I termini «clonaggio» e «clonazione» sono usati con significati diversi. Sapresti spiegarli?

Il laboratorio delle competenze

42. SPIEGA Perché si può dire che il DNA è la molecola dell'eredità biologica?

43. SPIEGA Quale relazione esiste fra il DNA e le caratteristiche fisiche di un organismo?

44. SPIEGA Che cosa si intende per «codice genetico»?
▶ Rispondi evidenziando anche il meccanismo molecolare.

45. 🇬🇧 DESCRIBE Describe how DNA molecules are sequenced.

46. RICERCA Cerca in rete informazioni sui telomeri e rispondi alle seguenti domande.
▶ Che cosa sono i telomeri? Come si comportano nel corso della replicazione del DNA?

47. COLLEGA Scrivi sullo spazio quale sequenza di RNA si può ottenere dalla trascrizione del seguente tratto di DNA:

G C C A G G G C T

48. RICERCA In quale modo possono essere impiegati i batteri per la produzione di farmaci a base di proteine?

49. SPIEGA Che cosa sono i frammenti di restrizione e come possono essere separati?

50. RICERCA E SPIEGA Cerca in Rete informazioni relative all'impiego degli enzimi di restrizione, quindi rispondi alla seguente domanda.
▶ Quali dei seguenti «tagli» operati da un enzima di restrizione è su una sequenza *sticky*?
a. 1,4   c. 3,4
b. 1,2,3,4   d. 3,4,5

CGTTAAGTC   CGTTAAG⁻C   GCTTAAGTC
GCAATTCAG   GCAATTCAG   CGAATTCAG
1   **2**   **3**

CGTTAAGTC   CGTTAAGTC
GCAATTCAG   GCAATTCAG
4   **5**

51. DEDUCI Il plasmide rappresentato in figura con una circonferenza è stato digerito da due enzimi di restrizione A e B, liberando i frammenti di restrizione indicati con 1, 2 e 3.
▶ Quali risultati si avrebbero dalla «corsa» su gel?

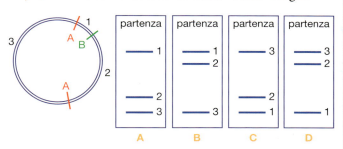

52. OSSERVA E SPIEGA I DNA mitocondriali di due persone (Andrea e Barbara) sono stati trattati con gli enzimi di restrizione X e Y.
L'enzima X agisce sul DNA di entrambi ma Andrea, a differenza di Barbara, ha una mutazione che impedisce all'enzima Y di eseguire il taglio. In figura è rappresentato un DNA mitocondriale (una circonferenza) con i siti di restrizione di entrambi gli enzimi.

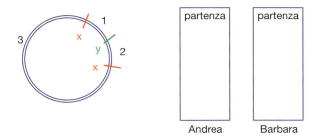

▶ Quale sarà, a tuo parere, il risultato della corsa su gel dei frammenti di Andrea e di Barbara?
▶ Rispondi completando il disegno in modo approssimato evidenziando la lunghezza dei tratti percorsi nella corsa.

53. RICERCA Cerca informazioni sulla tecnica PCR.
▶ Per quali scopi viene impiegata?

54. RICERCA Cerca informazioni sulle sonde a DNA.
▶ Per quali scopi vengono utilizzate?

Contenuti e conoscenze di base
Tempo: 30 minuti
… / 60 punti

Indica la risposta corretta (2 punti a risposta)

1. **1. Quale dei seguenti processi non avviene nel corso della fermentazione alcolica?**
- [A] L'acido piruvico viene decarbossilato.
- [B] Si produce CO_2.
- [C] Si riducono molecole di NAD^+.
- [D] L'intermedio (acetaldeide) viene ridotto.

2. **Quanti atomi di carbonio appartenenti all'acetil-coenzima A derivano dall'acido piruvico e quindi dal glucosio?**
- [A] 1   [B] 2   [C] 3   [D] 4

3. **Nelle reazioni della fase luminosa quale funzione ha il complesso enzimatico chiamato fotosistema II?**
- [A] Cattura la radiazione luminosa promuovendo la fotolisi dell'acqua.
- [B] Capta gli elettroni provenienti dal PS-I.
- [C] Cede elettroni a $NADP^+$.
- [D] Cattura gli elettroni provenienti da NADPH.

4. **Quale funzione hanno i primer nella replicazione del DNA?**
- [A] Sono il sito di legame per l'elicasi.
- [B] Sono il sito di legame per la DNA polimerasi.
- [C] Permettono al complesso di replicazione di aggregarsi.
- [D] Permettono al complesso di collocarsi nella giusta posizione.

5. **Una molecola di mRNA, tradotta da un ribosoma, origina una proteina contenente 120 amminoacidi. Qual è il numero minimo di codoni che l'mRNA deve contenere?**
- [A] 40, perché ogni amminoacido corrisponde a tre codoni.
- [B] 120, perché ogni amminoacido corrisponde a un codone.
- [C] 240, perché le proteine sono a singola elica, mentre gli acidi nucleici sono a doppia elica.
- [D] 360, perché un codone corrisponde a tre amminoacidi.

6. **Quale delle seguenti operazioni è svolta mediante elettroforesi?**
- [A] identificazione
- [B] scissione del DNA mediante enzimi di restrizione
- [C] separazione di frammenti di DNA di varia lunghezza
- [D] separazione di frammenti di DNA di uguale lunghezza

Rispondi in breve (4 punti a risposta)

7. Definisci un enzima.

8. Quale funzione hanno i coenzimi NAD^+ e FAD nei processi metabolici del glucosio?

9. In quale tappa del metabolismo del glucosio interviene l'ossigeno?

10. In che modo intervengono gli ioni H^+ nella fosforilazione ossidativa?

11. Quale enzima è il più abbondante nella biosfera? Quale reazione catalizza?

12. Come mai la fase oscura della fotosintesi è chiamata «ciclo»?

13. Nella fase luminosa quale funzione ha il foto sistema II?

14. Quale sequenza sull'mRNA deriva dalla trascrizione della sequenza GCAATA?

15. In quale fase del ciclo cellulare avviene la replicazione del DNA?

16. Perché la replicazione nei due filamenti del DNA avviene in modo diverso?

17. Con quale scopo viene impiegata la tecnica PCR?

18. Che cosa sono i frammenti di restrizione e come possono essere separati?

Elaborazione e riflessione
Tempo: 30 minuti
… / 40 punti

Rispondi ai quesiti (8 punti a risposta)

19. Che cosa sono le fermentazioni?

20. Quale funzione ha la molecola di ATP? Come si forma?

21. Descrivi in breve i meccanismi di variabilità genetica comuni a tutti gli organismi.

22. Descrivi la fase luminosa della fotosintesi evidenziando le tappe che la fanno assomigliare ad altrettante tappe del metabolismo del glucosio.

23. Descrivi in breve la tecnica della PCR. Perché è stata determinata per l'avanzamento delle biotecnologie?

L'energia della Terra

1. Il pianeta Terra

In questo capitolo ingrandiremo il nostro campo visivo fino a comprendere l'intero pianeta Terra. Pur rimanendo sempre sulla sua superficie, affronteremo l'esame delle parti più nascoste del nostro pianeta per arrivare a definirne la composizione, la struttura e la dinamica interna.

La Terra è un pianeta roccioso in quanto la massima parte dei suoi componenti è allo stato solido. Per affrontare questo studio ci si avvale del contributo di discipline diverse:

- la **geologia** si occupa della struttura del Pianeta, delle sue trasformazioni e dei meccanismi che le regolano;
- la **paleontologia** studia i fossili, ossia i resti o le tracce degli organismi vissuti nel passato;
- la **geofisica** e la **geochimica** applicano i contenuti delle scienze fisiche e chimiche ai comportamenti del Pianeta per comprenderne la dinamica e la composizione, la **fisica nucleare** è impiegata per conoscere i tempi di formazione delle rocce e interpretare cronologicamente certi fenomeni geologici;
- la **geodesia** studia la misura della superficie terrestre per offrire un quadro coerente e unitario alla **cartografia** che si occupa di rappresentarla;
- la **biogeografia** ha come soggetto di studio le distribuzioni dei viventi sulla superficie terrestre.

Iniziamo la nostra esplorazione dalla superficie, esaminando brevemente la composizione delle **aree continentali** e dei **fondali oceanici**.

Figura ■ 5.1
Sulla superficie della Terra si alternano aree continentali e fondali oceanici.

Le terre emerse

La superficie solida del pianeta Terra è ricoperta per il 71% dalle acque marine. Le terre emerse sono ripartite nelle vaste aree continentali alle quali si aggiungono isole di varia estensione.

I continenti presentano regioni con caratteristiche morfologiche, strutturali e dinamiche distinte. Schematicamente si distinguono:

- **cratoni**, che comprendono **scudi continentali** e **tavolati** (**figura** ▪ **5.2**);
- **bacini**;
- **orogeni**.

> ▶ I **cratoni** (dal greco *kràtos*, forza) sono le vaste regioni centrali di ogni continente.

Geologicamente sono le *più antiche della Terra,* in quanto risalgono ai primi milioni di anni di vita del Pianeta, oltre 4 miliardi di anni fa.

La lunghissima e continua erosione alla quale sono stati sottoposti, ha livellato i rilievi e lisciato le asperità consegnandoceli con superfici orizzontali o leggermente digradanti, mai interrotte da rilievi significativi. Sono strutture rigide e geologicamente stabili vale a dire che non ospitano vulcani e non vi si originano terremoti di tipo tettonico. Essi comprendono *scudi continentali* e *tavolati*.

> ▶ Gli **scudi continentali** sono vaste zone antichissime dalle superfici leggermente inclinate e convesse come un immenso scudo appoggiato al suolo.

Gli scudi continentali sono costituiti prevalentemente da rocce metamorfiche e magmatiche ricoperte da sedimenti. Nel continente eurasiatico si situano lo **scudo baltico**, in corrispondenza del mare omonimo e dei Paesi che vi si affacciano e lo **scudo siberiano**, nel cuore della Siberia. Osserva in figura anche lo scudo **canadese**, **brasiliano**, **africano**, **australiano** e **indiano**.

Al fianco di ogni scudo continentale si estendono I **tavolati**, vastissime pianure leggermente digradanti nelle quali prevalgono le rocce sedimentarie.

> ▶ I **bacini** sono zone continentali pianeggianti con una leggera concavità rivolta verso l'alto costituiti da roccia sedimentaria.

Il *bacino di Parigi*, il *bacino di Londra* e il *bacino pannonico* in Ungheria ne sono esempi europei.

> ▶ Gli **orogeni** sono le catene montuose attualmente presenti sul Pianeta.

Esse si sviluppano in grandi complessi che attraversano ogni continente lungo particolari fasce e si sono generati per effetto di spinte laterali potentissime che hanno portato gli strati di roccia a collidere, sovrapporsi e innalzarsi (la formazione delle montagne, chiamata *orogenesi*, sarà trattata più avanti). Vi si trovano tutti i tipi di roccia: sedimentarie, magmatiche e metamorfiche, stratificate, inclinate, sovrapposte, piegate, fagliate, livellate e sovrapposte nuovamente, segno di un tormentato passato geologico.

Si distinguono **orogeni antichi** e **orogeni recenti**. I primi risalgono a 400-200 milioni di anni fa ossia all'era Paleozoica. Livellati dall'erosione, hanno rilievi non molto alti e cime arrotondate. Sono situati in aree geologicamente stabili e tranquille. Gli orogeni recenti invece si sono innalzati a partire da circa 70 milioni di anni fa (era Cenozoica), hanno le cime più alte del Pianeta e formano regioni attive e instabili.

cratoni
■ scudi
■ tavolati

orogeni
■ alpino-himalayano
■ mesozoico
■ ercinico
■ caledonico

I fondali oceanici

Il confine fra le terre emerse e le acque marine è segnato dalla **linea di costa**. Gli oceanografi e i geologi marini, sfruttando tecniche sviluppatesi a partire dalla Seconda guerra mondiale, hanno tracciato una mappa dettagliata dei fondali. Il risultato di queste ricerche ha portato a individuare le seguenti strutture (**figura ▪ 5.3**):

- **piattaforma continentale**, adiacente alla linea di costa, con fondali poco profondi (in media 200 m);
- **scarpata continentale**, un pendio che collega piattaforma alla piana abissale; è percorsa da correnti cariche di detriti, dette **correnti di torbida**, sostenute dall'apporto detritico dei fiumi. Questi ultimi che proseguono in pratica la loro azione erosiva nel fondale marino, formando i *canyon* che solcano la scarpata;
- **piana abissale**, con profondità media di circa 4000 m è un'immensa pianura sottomarina punteggiata da rilievi isolati detti *seamount e guyot*. Dalla piana abissale emergono talvolta isole vulcaniche singole o arcipelaghi di isole, atolli;

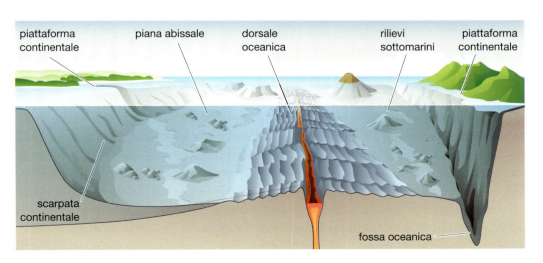

Figura ▪ 5.3
Le strutture dei fondali oceanici.

piattaforma continentale — piana abissale — dorsale oceanica — rilievi sottomarini — piattaforma continentale

scarpata continentale

fossa oceanica

- **fossa oceanica**, è una depressione del fondale lunga e profondissima (la fossa delle isole Marianne è 11 000 m); ha andamento parallelo alla costa o a sistemi di isole;
- **dorsale oceanica**, è un immensa catena di rilievi vulcanici che si snoda lungo tutti gli oceani abbracciando l'intero pianeta per una lunghezza complessiva di 60 000 km. La lava è emessa da una frattura mediana detta *rift valley* che ha un andamento rettilineo disarticolato da faglie trasversali.

Le isole

Mari e oceani sono punteggiati da isole con estensioni, strutture e origini molto diversificate. Alcune di esse si sono formate insieme a un continente da cui si sono distaccate, come nel caso del Madagascar o della Sicilia. L'Islanda invece è un segmento della dorsale oceanica (dorsale medio atlantica) che emerge in superficie.

Altre isole hanno origine vulcanica in quanto si sono formate dal consolidamento di materiale eruttivo e tuttora sono caratterizzate da intensa attività vulcanica. In molti casi esse costituiscono arcipelaghi, spesso con una distribuzione arcuata delle isole detti perciò **archi insulari**, quasi sempre affiancati da fosse abissali profondissime. Tali strutture prendono il nome di **sistemi arco-fossa** (figura ■ 5.4). Esempi di arcipelaghi vulcanici sono le isole Curili, le isole Andamane, le Filippine, lo stesso Giappone. Anche le Hawaii, al centro dell'Oceano Pacifico, formano un arcipelago vulcanico, ma non sono accompagnate da una fossa.

Figura ■ 5.4
I sistemi arco-fossa sono fosse abissali moto profonde che spesso si trovano in corrispondenza di archi insulari e ne seguono la forma.

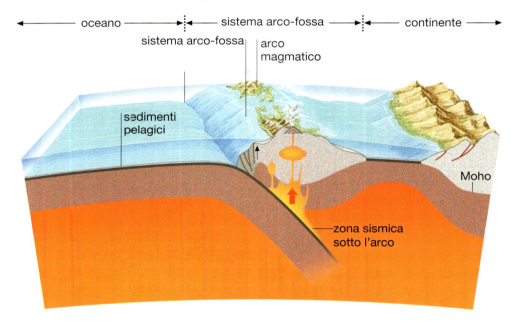

2. Esplorare l'interno della Terra

Per conoscere la composizione e la struttura interna della Terra non è possibile ricorrere a dati diretti come il prelievo di campioni e la relativa analisi. Gli scavi dei pozzi minerari più profondi (3-4 km) e le trivellazioni (con un record di 13,5 km) hanno raggiunto infatti profondità minime, se rapportate all'intero raggio terrestre che, ricordiamo, è di circa $6,37 \cdot 10^3$ km, cioè ben oltre seimila kilometri. Neanche lo studio di rocce portate in superficie dai processi geologici esaurisce il problema, in quanto lo strato più profondo da cui provengono non supera poche centinaia di kilometri.

Per trarre informazioni dall'interno del nostro pianeta occorre sfruttare diversi metodi **indiretti** i cui risultati, integrati in modo logico, hanno permesso di «radiografare» la Terra fornendo un quadro razionale anche se non definitivo.

Il modello più dettagliato e completo delle profondità terrestri deriva dalla **sismologia**. Le **onde sismiche** infatti percorrono l'interno del Pianeta con direzioni e velocità variabili in funzione delle caratteristiche meccaniche del mezzo attraversato; sfruttando la conoscenza di questo comportamento, l'analisi sistematica dei dati sismografici ha fornito un modello dell'interno del Pianeta nel quale sono evidenziati i materiali che la compongono (**modello composizionale**) che si sovrappone a un modello che descrive le proprietà meccaniche come densità e elasticità (**modello reologico**).

Le onde sismiche rivelano l'interno terrestre

I risultati dell'analisi sistematica e integrata dei sismogrammi relativi a un certo evento sismico, registrati dalle stazioni distribuite sull'intera superficie terrestre, mostrano alcuni aspetti illuminanti:

- le traiettorie delle onde sismiche (P e S) sono incurvate, indice di un progressivo aumento della rigidità e della densità dei materiali attraversati;
- a certe profondità si riscontrano brusche variazioni di velocità, segno che le onde sismiche attraversano **superfici di discontinuità** che separano materiali con proprietà meccaniche notevolmente diverse; le principali prendono i nomi degli scienziati che le hanno individuate:
  - **Mohorovičić**, (o **Moho**) che separa la **crosta**, che la sovrasta, e il **mantello**, al di sotto;
  - **Gutenberg** a 2900 km, fra il mantello e il **nucleo esterno**;
  - **Lehmann**, a 5100 km, che separa il nucleo esterno dal **nucleo interno**.

Le onde sismiche che si propagano nell'interno della Terra a partire da un dato ipocentro, non emergono in ogni punto della superficie terrestre: vi sono delle ampie zone alle quali esse non arrivano, dette **zone d'ombra**, come se in profondità vi fosse uno «schermo» che le assorbe o le devia, ossia uno strato di un materiale capace di rifrangerle notevolmente o rifletterle o assorbirle del tutto. Ciò evidenzia la presenza di *uno strato interno liquido* che non si lascia attraversare dalle onde trasversali come le S. Le onde P invece percorrono il liquido, ma subiscono una brusca deviazione, a causa della rifrazione, che genera la zona d'ombra (**figura ▪ 5.5A**). Studi sulle velocità delle onde sismiche consentono anche altre importanti inferenze di tipo chimico e fisico (**figura ▪ 5.5B**).

Grazie a simulazioni eseguite in laboratorio che riproducono le diverse condizioni di pressione e di temperatura, sono stati individuati i materiali che si trovano alle varie profondità definendo il modello composizionale dell'interno della Terra.

Video Che cosa sono i terremoti?

Video Come funziona il sismografo?

Scarica **GUARDA**!
e inquadrami
per guardare i video

Figura ▪ 5.5
A. La propagazione delle onde sismiche all'interno della Terra. Le onde S non raggiungono distanze superiori a circa 11 000 km dall'ipocentro, mentre per le onde P la zona d'ombra è compresa fra 11 000 km e 16 000 km.
B. La tomografia sismica fornisce immagini come quelle in figura. La tecnica integra dati sismici di numerosi sorgenti e ricevitori, e ricostruisce le profondità terrestri a partire dalle variazioni di velocità delle onde sismiche.

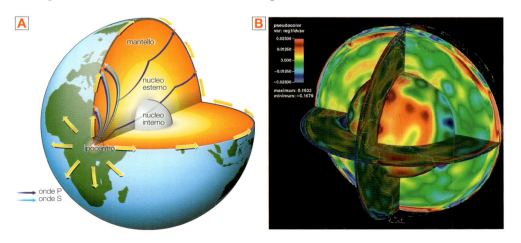

Si dice che gli scienziati più geniali abbiano fatto le loro scoperte più importanti in giovane età. Albert Einstein, per esempio, ha 26 anni quando nel 1905, il suo *annus mirabilis*, pubblica quattro articoli scientifici destinati a cambiare la storia della fisica. Generalmente si tratta di un'esagerazione, basti ricordare che lo stesso Einstein ha continuato a realizzare importanti studi sulla relatività anche in età più avanzata. Di sicuro è un mito che si infrange di fronte alla storia di Inge Lehmann (figura ▪ A), la sismologa danese che doveva fare la matematica: si è laureata a 32 anni e ha pubblicato il suo articolo scientifico più importante quasi a cinquant'anni.

Strada in salita per una donna

Inge Lehmann nasce il 13 maggio del 1888 a Østerbro, nei pressi di Copenhagen. La sua è una famiglia che appartiene alla classe dirigente del Paese: suo nonno paterno ha lavorato al primo collegamento telegrafico danese del 1854 e il bisnonno è stato governatore della Banca Nazionale. Da parte materna sono diverse le donne della famiglia che hanno fatto parte del movimento per i diritti delle donne e una sua prozia è stata brevemente anche Ministro del Commercio danese. Per i genitori di Inge è quindi naturale iscriverla in una scuola privata dove non si fanno distinzioni tra maschi e femmine. Come scriverà più tardi la Lehmann stessa nelle sue

note personali, la scuola «non riconosceva alcuna distinzione tra l'intelletto di un bambino e quello di una bambina, un fatto che più avanti nella vita mi ha dato qualche delusione perché mi sono resa conto che questa non è l'attitudine più diffusa».

Questa disparità di trattamento si fa più evidente quando, nel 1910, comincia un periodo di studio all'Università di Cambridge, in Inghilterra. Qui esisteva una netta separazione, per cui le ragazze potevano assistere alle lezioni ma non fare uso della biblioteca e dei laboratori. E quando Inge vuole fare visita all'amico Niels Bohr, il famoso fisico che diverrà il padre della meccanica quantistica, le regole di Cambridge la obbligano a essere scortata da un accompagnatore, una situazione «completamente aliena per

Figura ▪ A
Ritratto di Inge Lehmann, la sismologa danese che scoprì la discontinuità all'interno del nucleo terrestre.

una ragazza che si è sempre potuta muovere liberamente tra i ragazzi e gli uomini di casa». L'esperienza inglese non finisce bene, ma non solamente per la segregazione a cui è sottoposta in quanto donna. Nel tentativo di preparare gli esami di matematica, recuperando sul programma dell'università, si sottopone a ritmi di studio che la esauriscono. Abbandonato il Regno Unito, Inge Lehmann riesce a riprendere gli studi solamente verso i trent'anni, laureandosi nel 1920 all'Università di Copenhagen.

Lo sviluppo della sismologia e la discontinuità di Lehmann

Nel 1923 Inge Lehmann diventa assistente all'Università, ma capisce presto che la carriera accademica pura è un percorso più difficile per una donna. Accetta così di lavorare per un nuovo istituto governativo che si sta sviluppando sotto la direzione di Niels Erik Nørlund: l'Istituto Geodetico Nazionale. Così, nel 1928, a quarant'anni, comincia la sua carriera di sismologa. I suoi compiti principali sono la raccolta dei dati provenienti dalle stazioni sismologiche costruite in Danimarca, e in particolare quelle provenienti dalla Groenlandia. Oltre a controllare l'affidabilità di queste

La crosta della Terra

▶ Il primo strato roccioso, al di sopra della discontinuità Moho, è la **crosta**.

Le masse rocciose separate dalla Moho (crosta al di sopra e mantello al di sotto) hanno diversa composizione e struttura. Globalmente la crosta ha minore densità del mantello sottostante e composizione più acida (ossia più ricca di silice).

Lo spessore della crosta non è uniforme, in quanto la profondità della Moho varia da 4-10 km sotto la crosta oceanica a 20-70 km sotto la crosta continentale, con un massimo di 90 km. Le maggiori profondità si riscontrano al di sotto delle catene montuose (figura ▪ 5.6).

informazioni, la Lehmann raccoglie i dati in bollettini annuali che vengono distribuiti alla comunità scientifica internazionale e costituiscono il pane quotidiano per i sismologi che stanno cercando di comprendere come sia fatto l'interno della Terra.

Nel 1906 il geologo irlandese Richard Dixon Oldham aveva capito che la Terra doveva possedere un nucleo interno, perché le registrazioni sismografiche in suo possesso mostravano come alcune onde si spingessero fino a una certa profondità all'interno del pianeta per poi venire riflesse come se avessero urtato contro una specie di barriera. Qualche anno più tardi, una deviazione simile viene individuata dal croato **Andrija Mohorovičić** a una profondità minore: aveva individuato il limite tra la crosta terrestre e il mantello. La Terra risulta quindi costituita da tre sfere concentriche: la crosta solida, il mantello fluido (alla base della tettonica delle placche) e un nucleo liquido.

Il 17 giugno del 1929 un forte terremoto (7,3 della scala Richter) colpisce la Nuova Zelanda e viene registrato dai sismografi di tutto il mondo. Inge Lehmann studia i tracciati di questo sisma e si accorge che alcune onde P, che avrebbero dovuto essere deflesse dal nucleo, sono invece state rilevate dai sismografi. La Lehmann ipotizza che abbiano viaggiato almeno un po' dentro al nucleo prima di essere deviate. L'unica spiegazione, che costituisce il centro del suo

articolo del 1936, è che il nucleo sia in realtà composto da due parti: una esterna liquida e una interna solida. L'esistenza della **discontinuità**, che è stata chiamata «di Lehmann» in onore della sua scopritrice, è stata confermata negli anni Settanta, quando sismografi estremamente più sensibili di quelli che lei aveva a disposizione hanno di nuovo registrato la deflessione delle onde P quando incontrano il nucleo solido a circa 5150 kilometri di profondità.

Oltre il nucleo interno

L'arrivo della Seconda guerra mondiale interrompe bruscamente le attività di ricerca di tutta la comunità scientifica danese. Ma l'interpretazione del comportamento delle onde sismiche, fornita da Inge Lehmann nel 1936, è già dalla fine degli anni Trenta condivisa dai maggiori sismologi dell'epoca, da Beno Gutenberg a Charles Richter. Ripresa la vita dopo l'interruzione bellica, la sismologa danese decide però di ritirarsi dal suo incarico all'Istituto Geodetico, senza che però questo significhi l'interruzione della sua attività scientifica. Fin dai primi anni della Guerra Fredda si scopre che le esplosioni di ordigni nucleari erano individuabili dai sismografi, come se si trattasse di semplici terremoti. Gli studi della sismologia diventano così un perno importantissimo della **ricerca militare** e un fattore determinante della sicurezza nazionale, soprattutto negli Stati Uniti, dove l'e-

sercito è il maggiore finanziatore della ricerca sismologica.

Per vent'anni, a partire dal 1953, Inge Lehmann passa lunghi periodi di studio dall'altra parte dell'Atlantico, dove con i colleghi americani studia il comportamento delle onde sismiche nel mantello superiore. Nel 1964, all'età di 76 anni, presenta uno studio in cui dimostra una discontinuità della velocità delle onde P e delle onde S a una profondità compresa tra i 190 e 250 kilometri, discontinuità che viene anch'essa intitolata alla sua scopritrice. Questo fenomeno è generalmente riscontrato al di sotto dei continenti ma non sotto agli oceani, questione che la vede ancora al centro di indagini e discussioni all'interno della comunità scientifica internazionale che sta cercando di darne una spiegazione. Inge Lehmann muore nel febbraio del 1993, ma il suo ultimo articolo scientifico è stato pubblicato da pochi anni. Intitolato *Seismology in the Days of Old* («La sismologia dei vecchi tempi») appare nel 1987 sul giornale scientifico dell'Unione Geofisica Americana ed è una spiegazione della sua scoperta del 1936. Per tutta la vita – senza proclami altisonanti, ma con i fatti – Inge Lehmann ha mostrato a tutta la comunità scientifica di che cosa è capace una mente che avrebbe dovuto essere «inferiore» in quanto donna.

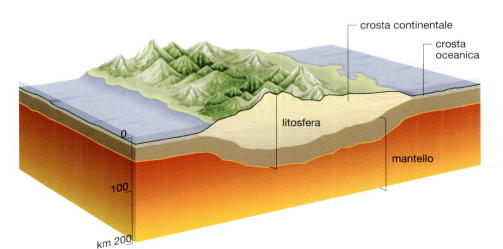

Figura ■ 5.6

La profondità della Moho, che separa la crosta dal mantello, varia da 6-7 km (sotto la crosta oceanica) a 90 km (sotto la crosta continentale e in particolare sotto i rilievi).

Le differenze fra crosta oceanica e continentale non si limitano alla profondità della Moho. Esse presentano un dualismo notevole, che qui schematizziamo.

I CONCETTI PER IMMAGINI

Crosta oceanica

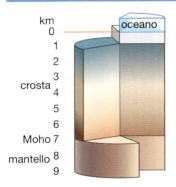

- Ha **spessore minore**, in media, della crosta continentale.
- In superficie è sovrastata da sottili strati di materiale sedimentario quasi sempre frammentato e incoerente.
- Sotto lo strato sedimentario la roccia prevalente è il **basalto**: una roccia **effusiva basica**, ricca di *ferro* e *magnesio*, con elevata densità. Ancora più in profondità prevale il **gabbro**, una roccia intrusiva con la stessa composizione chimica del basalto.
- Ha mediamente **densità maggiore** della crosta continentale per la presenza di elementi «pesanti» come il ferro.
- È mediamente **molto più giovane** delle rocce continentali in quanto non supera i **200 milioni di anni** di età.

Crosta continentale

- Ha **spessore maggiore** in media, della crosta oceanica.
- In superficie è rivestita da numerosi e **spessi strati di rocce sedimentarie** che si elevano fino alle massime altitudini delle più imponenti catene montuose.
- Le rocce magmatiche sono in grande prevalenza **graniti** ossia rocce **intrusive acide** (o *sialiche*, ricche cioè di atomi di silicio e alluminio).
- In profondità giacciono le rocce metamorfiche, rese tali dalle enormi pressioni e dalle alte temperature che vi si trovano. A ogni livello di profondità non mancano tuttavia tutte le altre tipologie di rocce, associate fra loro in modo vario, complesso e eterogeneo, molto diverso da luogo a luogo.
- Ha mediamente **densità minore** della crosta oceanica.
- È mediamente **più antica**; certe regioni risalgono alle prime fasi del consolidamento della crosta ossia quasi **4 miliardi** di anni fa.

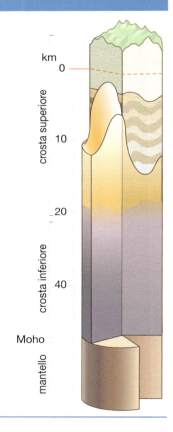

Il mantello

Al di sotto della Moho inizia il **mantello**, uno strato nel quale le rocce prevalenti sono *ultrabasiche* con una struttura cristallina più compatta dello strato sovrastante (**figura** ■ 5.7). Il mantello è diviso convenzionalmente in tre strati: il **mantello superiore** fino alla profondità di circa 400 km, una **zona di transizione** fino a 680 km, e **mantello inferiore** lo strato più interno. La densità aumenta gradualmente dall'uno all'altro senza incontrare superfici di discontinuità.

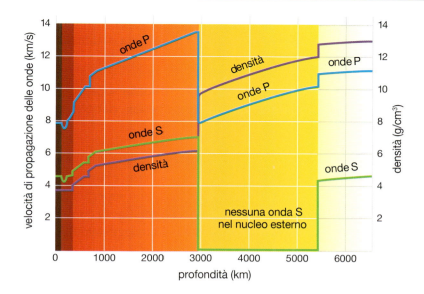

Figura ■ 5.7
Attraversando la Moho, le onde sismiche acquistano velocità perché il mantello litosferico è più denso, rigido ed elastico della crosta; entrando nell'astenosfera le onde sismiche divengono più lente perché, nonostante l'aumento di densità, incontrano un mezzo meno rigido, meno elastico e più plastico.

Litosfera, astenosfera e mesosfera

La suddivisione fra crosta e mantello che abbiamo descritto fin qui si basa sul cosiddetto **modello composizionale** della Terra, che poggia essenzialmente sui materiali di cui è costituito ogni strato.

Volendo evidenziare le proprietà meccaniche dei gusci interni del Pianeta, ossia la rigidità, l'elasticità, la plasticità la deformabilità, è preferibile il cosiddetto **modello reologico**, nel quale si prendono in esame essenzialmente le velocità delle onde sismiche. In esso si distinguono: **litosfera**, **astenosfera**, **mesosfera**, **nucleo** (figura ■ 5.8).

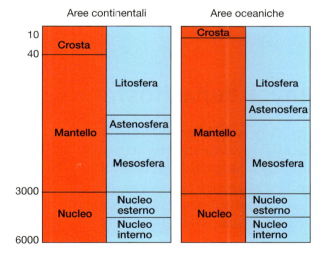

Figura ■ 5.8
Confronto tra il modello composizionale (in rosso) e il modello reologico (in blu).

Esaminando i tracciati sismici, si rileva la presenza di uno strato nel quale la velocità delle onde sismiche diminuisce gradualmente per poi tornare ad aumentare; ciò significa che esiste uno strato con minore rigidità e maggiore plasticità dello strato che lo sovrasta e anche di quello sottostante. È da notare che queste variazioni di comportamento meccanico (elasticità, plasticità) non sono improvvise come nel passaggio da crosta a mantello, ma graduali e progressive.

> Chiamiamo **litosfera** lo strato esterno rigido ed elastico nel quale la velocità delle onde sismiche aumenta con la profondità, pur con notevoli variazioni. Essa è costituita dalla **crosta** e dallo **strato più esterno del mantello (mantello litosferico)**.

 **Lithosphere**
(Litosfera)
The rocky, outer layer of Earth. It consists of the crust and the solid outermost shell of the upper mantle.

Lo spessore della litosfera in corrispondenza delle aree continentali (e in particolare delle catene montuose) è maggiore di quello della litosfera oceanica, che è più sottile e uniforme.

> ▶ Alle profondità comprese fra circa 250 e 300 km dalla superficie giace lo strato sottostante, detto **astenosfera** (dal greco *asthenès*, debole e *sphaira*, sfera: strato debole).

Qui la roccia solida è frammentata e parzialmente fusa, perciò risulta meno rigida e più deformabile degli strati sovrastanti, anche se più densa e compatta. La transizione fra litosfera e astenosfera è graduale e non si individuano superfici di discontinuità.

L'esistenza dell'astenosfera, già ipotizzata in precedenza, fu confermata dall'analisi dei sismogrammi del **grande terremoto cileno** (22 maggio 1960), il sisma più forte mai registrato.

> ▶ Al di sotto' dell'astenosfera, oltre i 400 km di profondità, il mantello torna gradatamente a essere rigido e indeformabile. Questo strato, nel modello reologico, è chiamato **mesosfera**.

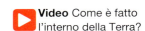
Video Come è fatto l'interno della Terra?

Il nucleo della Terra

Alla distanza dalla superficie di circa 2900 km inizia uno strato capace di bloccare le onde S e di deviare le onde P, generando le rispettive zone d'ombra alla distanza di 11 000 km dall'epicentro di ogni sisma. È la superficie di Gutenberg, con la quale inizia il **nucleo esterno**, costituito in massima percentuale da *ferro e nichel* fusi. La massa liquida è densissima e caldissima.

La discontinuità di Lehmann, infine, alla profondità di circa 5100 km separa il nucleo esterno fluido dal **nucleo interno** solido, nel quale la densità e la temperatura raggiungono i massimi valori.

3. La dinamica della litosfera

La litosfera non è statica né immobile ma mostra di essere in lentissima e continua evoluzione. I fenomeni che evidenziano questo comportamento sono numerosi: alcuni, come il vulcanismo e la sismicità, sono evidenti e talvolta sconvolgenti, mentre altri sono impercettibili e sfuggono a una osservazione superficiale come, per esempio, i lenti movimenti verticali della litosfera e il fenomeno dell'*isostasia*, le anomalie del *flusso di calore* e il *magnetismo terrestre*.

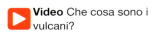
Video Che cosa sono i vulcani?

Ricorda
I vulcani sono strutture geologiche attraverso le quali il magma, formatosi all'interno della Terra, risale tramite un'eruzione fino a riversarsi in superficie sotto forma di lava e gas.

La distribuzione dei vulcani e degli ipocentri dei terremoti

I vulcani non sono distribuiti uniformemente nella crosta terrestre, ma si concentrano in alcune zone ben definite. Tranne poche eccezioni, essi sono allineati in fasce ristrette, concentrati lungo i margini di alcuni continenti, negli archi insulari e lungo le dorsali oceaniche, che sono a tutti gli effetti dei vulcani attivi (**figura** ■ 5.9).

Un impressionante numero di vulcani, circa il 70% dell'intero pianeta, si colloca intorno all'Oceano Pacifico, in una fascia chiamata *cintura di fuoco circumpacifica*. Fanno eccezione pochi vulcani isolati che si trovano al centro degli oceani e lontano da ogni dorsale, come le isole Hawaii, o al centro dei continenti. Tali punti della crosta sono detti *hot spots* (letteralmente «punti caldi»).

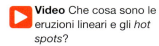
Video Che cosa sono le eruzioni lineari e gli *hot spots*?

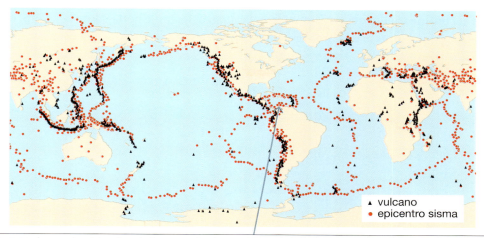

Figura ■ 5.9
La figura mostra la distribuzione dei principali vulcani e gli epicentri dei sismi di maggiore magnitudo. Nelle dorsali oceaniche le eruzioni sono sommerse e possono essere osservate con strumenti capaci di scandagliare i fondali profondi, ma in alcuni punti particolari (come in Islanda) la dorsale emerge in superficie.

La maggior parte dei vulcani si concentra lungo i margini di alcuni continenti, come la costa occidentale del continente americano, lungo il margine meridionale del continente eurasiatico, nell'Africa centro-orientale nella zona dei laghi (Kilimangiaro, Kenya e Ruwenzori) e negli archi insulari (Giappone, isole Aleutine, Indonesia).

Analoga distribuzione hanno gli epicentri dei terremoti, come si rileva dalla stessa immagine (**figura ■ 5.9**).

Nel 1949 il sismologo statunitense **Hugo Benioff** e il meteorologo giapponese **Kiyoo Wadati**, indipendentemente l'uno dall'altro, scoprirono che gli ipocentri dei sismi verificatisi in una fascia costiera presentavano una *profondità sempre maggiore man mano che aumentava la distanza dalla costa verso l'interno*. In altre parole, scoprirono che gli ipocentri dei sismi che si scatenano al confine fra la crosta oceanica e la crosta continentale sono situati lungo un piano inclinato oggi chiamato **piano di Wadati-Benioff** (**figura ■ 5.10**). Le massime profondità (circa 700 km) si registrano nei punti più distanti da tale confine e lo stesso accade nei sismi che si verificano nei sistemi arco-fossa.

Figura ■ 5.10
Il piano di Wadati-Benioff è un piano inclinato, definito dall'allineamento degli epicentri dei sismi, che si trova in zone di confine tra la litosfera oceanica e la litosfera continentale. Il piano si immerge, con angoli variabili da zona a zona, sotto i continenti o sotto gli archi magmatici.

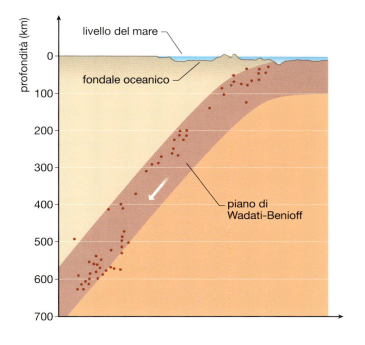

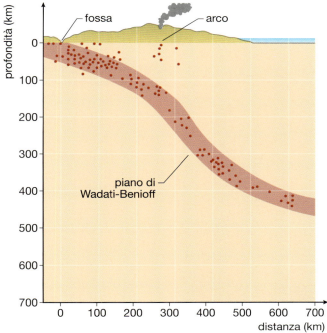

L'isostasia

Abbiamo visto che la superficie di discontinuità che separa crosta e mantello litosferico (la *Moho*) non ha un andamento costante: essa sprofonda al di sotto dei grandi rilievi continentali e si innalza al di sotto degli oceani. Tale andamento si verifica anche al confine fra litosfera e astenosfera: la superficie non è netta come la Moho, ma il confine è più sfumato e la litosfera continentale affonda nell'astenosfera molto di più della litosfera oceanica (**figura ▪ 5.11**).

Figura ▪ 5.11
La Moho non si trova a una profondità costante, come mostrato dall'immagine del pianeta visto in sezione longitudinale.

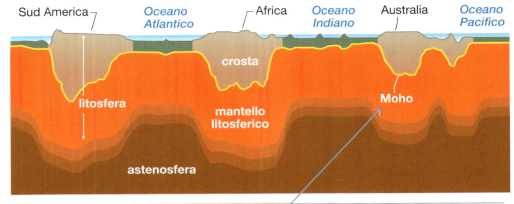

La profondità della Moho è maggiore al di sotto dei continenti, soprattutto sotto le radici delle grandi catene montuose, rispetto al fondo degli oceani; lo stesso accade alla zona di confine che separa la litosfera dall'astenosfera.

Questo comportamento è spiegato con il principio dell'*isostasia*.

> Con il termine **isostasia** si intende lo stato di equilibrio che è raggiunto da un corpo solido che sovrasta un materiale con maggiore densità (e quindi capace di sostenerlo), ma con un comportamento plastico, ossia deformabile, simile a un fluido.

Ricorda
In base al principio di Archimede, un corpo immerso in un liquido subisce una forza diretta verso l'alto di intensità uguale al peso del liquido spostato. La formula che riassume questa legge fisica è:

$$F_A = g \cdot d \cdot V$$

dove F_A rappresenta la spinta di Archimede, g l'accelerazione di gravità, d è la densità del liquido e V è il volume del liquido spostato.

L'astenosfera ha maggiore densità della litosfera, perciò è capace di sostenerla; tuttavia ha un comportamento *plastico* (cioè è deformabile sotto l'azione di una forza), perché comprende anche roccia fusa, anche se in bassa percentuale. L'astenosfera, quindi, si comporta come un fluido che fornisce la spinta di galleggiamento a corpi con densità minore.

È il principio di Archimede, che in genere si studia in relazione agli iceberg: questi blocchi di ghiaccio galleggiano sul mare perché l'acqua liquida ha densità maggiore del ghiaccio; l'iceberg emerge al di sopra della superficie solo in parte, mentre la base si trova in profondità ed è immersa tanto più a fondo quanto maggiore è il peso complessivo del ghiaccio (**figura ▪ 5.12**).

I blocchi litosferici, quindi, ricevono dall'astenosfera (più densa) una spinta che li sostiene, ma affondano in essa in proporzione al loro peso. La litosfera continentale, in corrispondenza delle catene montuose, ha uno spessore e un peso maggiori della litosfera oceanica (più sottile e uniforme), perciò si immerge più in profondità nell'astenosfera.

Questo principio è evidenziato dai fenomeni di sollevamento e abbassamento della litosfera che si registrano in varie parti del globo. Si è rilevato, per esempio, che la

Figura ▪ 5.12
Un iceberg galleggia nell'acqua di mare emergendo per una parte che è tanto più elevata quanto più profonda è la base della sua parte sommersa.

regione scandinava si sta sollevando con una media di circa 2 cm all'anno. Nel corso dell'ultima glaciazione, la Scandinavia era ricoperta da una coltre glaciale spessa fino a 2-3 km; quando la temperatura tornò ad aumentare, lo spessore del ghiaccio diminuì progressivamente e così il carico esercitato dalla litosfera sull'astenosfera sottostante; quindi la litosfera iniziò a sollevarsi come accade ancora oggi.

L'effetto contrario si verifica dove si accumulano sedimenti che incrementano il carico sugli strati più profondi: la litosfera sprofonda leggermente in base a un fenomeno definito **subsidenza** (**figura ▪ 5.13**).

Subsidence
(Subsidenza)
In geology, the gradual motion of sinking of the lithosphere.

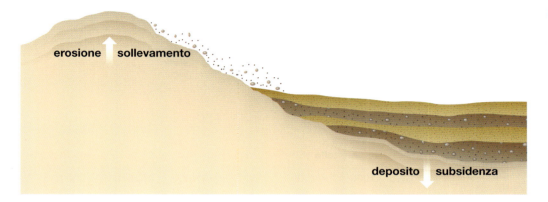

erosione   sollevamento

deposito   subsidenza

Figura ▪ 5.13
Lo smantellamento di una catena montuosa e l'asportazione di materiali per erosione provoca la diminuzione dello spessore e del peso della litosfera che, di conseguenza, subisce un innalzamento isostatico. Nei luoghi dove i materiali erosi si depositano, si verifica, invece, un incremento dello spessore e del peso della litosfera che, in tal caso, subisce subsidenza.

Il gradiente geotermico

L'interno della Terra fornisce informazioni alla superficie anche tramite il calore che in ogni istante si propaga verso l'esterno.

Sulla superficie terrestre la temperatura è assai variabile perché è influenzata in massima parte dall'irraggiamento solare e dalla circolazione dell'aria; scendendo in profondità l'isolamento termico offerto dalle rocce della crosta fa cessare tale variabilità tanto che, a circa 30 m, la temperatura diventa costante e pari al valore medio annuo della temperatura superficiale. Ancora più in profondità la temperatura aumenta progressivamente con un andamento abbastanza regolare che, da quel punto in poi, non dipende più dai fenomeni atmosferici, ma solo dagli aspetti geologici che caratterizzano le rocce.

> È definito **gradiente geotermico** l'aumento di temperatura, espresso in gradi centigradi, che si ha ogni 100 metri di profondità.

In media, nella crosta, il gradiente termico ha un valore di 2-3 °C ogni 100 metri di profondità, con ampie variazioni dovute alle caratteristiche geologiche locali (**figura ▪ 5.14** a pagina seguente). Il reciproco del gradiente geotermico è il **grado geotermico**, che esprime quanto si deve scendere in profondità affinché la temperatura aumenti di 1 °C: il suo valore medio, nella crosta, è di circa 33 m.

Per conoscere le temperature degli strati più interni della Terra, non basta estrapolare i valori dal gradiente geotermico stimato nella crosta: se esso fosse costante fino alle massime profondità, nel nucleo terrestre si raggiungerebbero i 160 000 °C, temperatura alla quale l'intero pianeta fonderebbe. Per stimare le temperature interne terrestri occorre un attento lavoro sperimentale nel quale si confrontano le velocità delle onde sismiche reali con quelle simulate in laboratorio su vari materiali fino a che non si individuano le caratteristiche chimiche e fisiche dello strato esaminato. Uno dei risultati più significativi di questo tipo di ricerche è la curva detta *geoterma*, che riporta l'andamento delle temperature in funzione delle profondità (**figura ▪ 5.15** a pagina seguente).

? DOMANDA AL VOLO
Con un gradiente geotermico di 3 °C/100 m, quale temperatura devono sopportare i minatori che scendono alla profondità di 1500 m?

? DOMANDA AL VOLO
Se i valori minimi di gradiente geotermico sono di 0,6 °C/100 m, mentre i massimi sono di 14 °C/100 m, quali profondità può raggiungere un minatore nei due casi, senza che la temperatura superi i 40 °C?

Geothermal gradient
(Gradiente geotermico)
The rate by which Earth's temperature increases with depth beneath the surface.

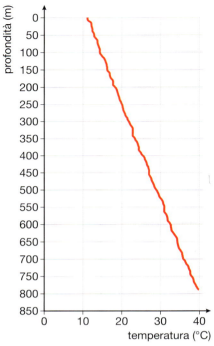

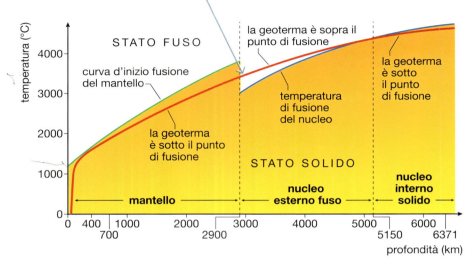

La temperatura è di 3700 °C al confine nucleo-mantello e di circa 5000 °C al centro della Terra. Nei tratti in cui la geoterma si trova sotto la curva di fusione, come nella crosta, nel mantello e nel nucleo interno, le rocce sono allo stato solido, mentre nei tratti in cui la geoterma si trova sopra la curva di fusione, come nel nucleo esterno, le rocce sono allo stato fuso. In corrispondenza dell'astenosfera, invece, le due curve si toccano, segno che vi sono materiali in parte solidi e in parte fusi.

Figura ■ 5.14
Il gradiente geotermico corrisponde all'aumento di temperatura che si registra mano a mano che si scende nelle profondità della Terra.

Figura ■ 5.15
La curva in rosso è la geoterma, una curva che descrive il modo in cui la temperatura dell'interno della Terra cresce con la profondità; la curva verde indica l'andamento del punto di fusione delle rocce nel mantello, mentre la curva blu indica l'andamento del punto di fusione nelle rocce nel nucleo.

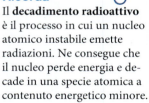

Ricorda
Il **decadimento radioattivo** è il processo in cui un nucleo atomico instabile emette radiazioni. Ne consegue che il nucleo perde energia e decade in una specie atomica a contenuto energetico minore.

L'energia termica e il calore della Terra

L'**energia termica**, che mantiene così elevate le temperature dell'interno della Terra, ha molteplici origini. In grande misura deriva dal **decadimento radioattivo** degli isotopi instabili ancora esistenti, come uranio, torio e potassio. Questi isotopi erano presenti nella nebulosa che originò il Sistema solare, ma ancora non si sono esauriti poiché hanno un tempo di dimezzamento lunghissimo, superiore al miliardo di anni.

Al calore del decadimento radioattivo si deve aggiungere quello derivato dall'**energia gravitazionale** liberata dallo spostamento verso l'interno dei metalli fusi (soprattutto il ferro) e il **calore residuo** sviluppatosi dalla aggregazione che determinò la crescita e il consolidamento del pianeta.

Dal suo interno la Terra irradia calore diffondendolo oltre la sua superficie.

▶ Si definisce **flusso termico** o **flusso di calore** la quantità di energia liberata dalla superficie terrestre per unità di area nell'unità di tempo.

L'unità di misura del flusso termico è l'HFU (*Heat Flow Unit*) pari a 1 μcal/(cm² · s), cioè una microcaloria per ogni centimetro quadrato di superficie al secondo. Il valore del flusso termico non è uniforme, ma presenta significative differenze tra le aree continentali e quelle oceaniche (**figura ■ 5.16**).

Nei continenti, in cui si trovano rocce magmatiche ricche di isotopi instabili, il flusso di calore ha un valore medio di circa 1,5 HFU, minore nelle aree geologicamente più stabili, ossia negli scudi continentali e nei tavolati, maggiore nelle regioni attive e instabili.

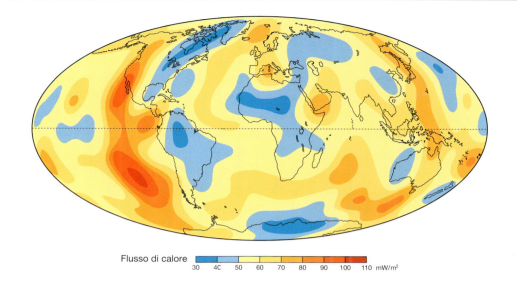

Figura ▪ 5.16
Carta del flusso di calore della Terra. I valori più elevati, in rosso, si registrano in corrispondenza delle dorsali oceaniche, i valori minori, in blu, si riscontrano nelle zone interne dei continenti.

Flusso di calore
30 40 50 60 70 80 90 100 110 mW/m²

Nella crosta oceanica il flusso di calore ha valori massimi (2 HFU) in corrispondenza delle dorsali oceaniche, mentre nei bacini oceanici la media è di 1,3 HFU. I valori minimi si hanno nelle fosse oceaniche dove non supera 1 HFU.

4. Il magnetismo terrestre

La Terra possiede un proprio campo magnetico e si comporta come se al suo interno si trovasse una barra magnetica dotata di due poli, il cui asse è inclinato di 11° rispetto all'asse di rotazione terrestre (**figura ▪ 5.17**). Per questo motivo i poli magnetici non coincidono con i poli geografici.

Le *linee di forza* del campo magnetico terrestre, o **campo geomagnetico**, sono linee ideali in ogni punto delle quali la direzione del campo è tangente e rispetto alle quali un ago magnetizzato, lasciato libero di ruotare su se stesso, si dispone parallelamente. Esse non coincidono esattamente con i meridiani terrestri, ma formano con essi un angolo detto *declinazione magnetica*. Se l'ago è libero di ruotare anche dall'alto al basso forma con il piano orizzontale un angolo detto *inclinazione magnetica* che ha valori massimi in corrispondenza dei poli magnetici ove convergono le linee di forza del campo geomagnetico (**figura ▪ 5.18**).

Figura ▪ 5.17
Il campo magnetico terrestre è simile al campo che verrebbe prodotto da una barra magnetica posizionata all'interno della Terra, inclinata di 11° rispetto all'asse di rotazione.

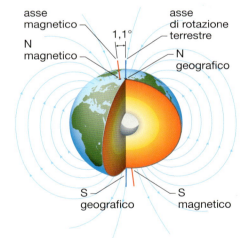

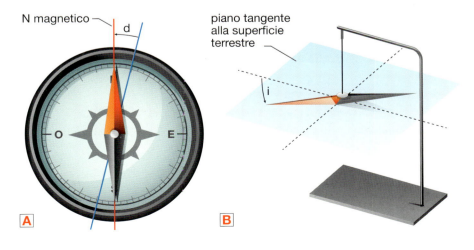

Figura ▪ 5.18
A. La declinazione magnetica è l'angolo, misurato sul piano orizzontale, che la direzione dei poli geografici forma con la direzione dei poli magnetici.
B. L'inclinazione magnetica è l'angolo tra la tangente alle linee di forza e la superficie terrestre.

Per spiegare l'origine del campo magnetico terrestre sono state formulate varie ipotesi, tra cui la **teoria della geodinamo**, in base alla quale il nucleo si comporterebbe come una *dinamo autoalimentata* (figura ■ 5.19). Una dinamo è una macchina che trasforma energia meccanica in energia elettrica. Si ottiene immergendo in un campo magnetico un disco ruotante di materiale conduttore. Se il conduttore ha la forma di una bobina, nella dinamo si genera un secondo campo magnetico parallelo all'asse di rotazione del disco. Il nucleo esterno di ferro fluido, messo in rotazione dall'effetto di Coriolis, potrebbe comportarsi come una dinamo. Il campo magnetico iniziale che ha messo in funzione la dinamo potrebbe essere stato originato da fenomeni riguardanti le deboli correnti indotte da piccole variazioni di temperatura nel contatto fra mantello e nucleo oppure potrebbe essere dipeso dal Sole.

Il Sole ha di certo un effetto sulla forma del campo magnetico: il vento solare deforma le linee di forza dalla parte rivolta verso il Sole, che appaiono quindi più schiacciate, mentre il campo magnetico agisce come scudo di protezione dalle tempeste elettromagnetiche scatenate dal vento solare stesso (figura ■ 5.20).

Figura ■ 5.19
Il sistema di funzionamento di una dinamo, che genera corrente grazie alla rotazione, come avviene nelle biciclette.

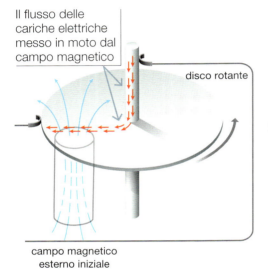

Il flusso delle cariche elettriche messo in moto dal campo magnetico

disco rotante

campo magnetico esterno iniziale

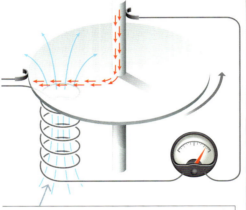

Bobina di materiale conduttore nella quale si genera un campo magnetico parallelo a quello iniziale: così si formerebbe il campo magnetico terrestre

Figura ■ 5.20
Il campo magnetico terrestre protegge il nostro pianeta dalle particelle cariche provenienti dal Sole; la forza del vento solare è tale da far sì che lo scudo magnetico sia più schiacciato dal lato del dì e più allungato dal lato della notte.

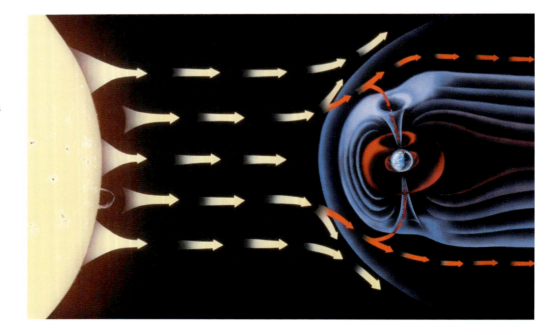

Il magnetismo delle rocce

Se sono sottoposte a un campo magnetico, le sostanze possono rispondere in modo diverso:

- possono essere debolmente respinte (*diamagnetismo*);
- possono essere attratte (*paramagnetismo*);
- possono essere fortemente attratte e poi mantenere la magnetizzazione anche dopo che è cessata l'azione del campo magnetico esterno (*ferromagnetismo*).

L'interazione di una sostanza con un campo magnetico dipende dagli effetti dei moti orbitali e di spin di tutti gli elettroni degli atomi che la compongono (**figura** ▪ 5.21). Nelle sostanze diamagnetiche tali effetti si annullano vicendevolmente. Le sostanze paramagnetiche e ferromagnetiche invece hanno uno o più elettroni che occupano singolarmente un orbitale con spin paralleli. In questi casi ogni atomo (o meglio ogni elettrone spaiato) genera un proprio campo magnetico capace di interagire con un campo esterno. Quando tali sostanze vi sono immerse, i vettori campo magnetico generati da ciascun atomo si allineano e diventano paralleli al campo esterno verso il quale la sostanza viene così attratta.

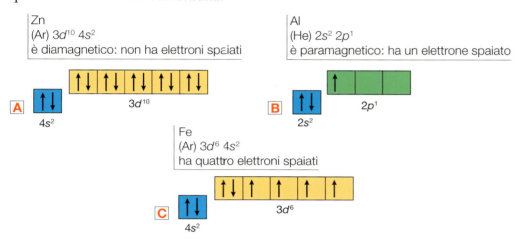

Figura ▪ 5.21
La configurazione elettronica **A.** dello zinco (un elemento diamagnetico), **B.** dell'alluminio (un elemento paramagnetico), e **C.** del ferro (un elemento ferromagnetico).

Il ferromagnetismo si differenzia dal paramagnetismo in quanto nei materiali paramagnetici ogni atomo si comporta in modo indipendente da tutti gli altri; per questo motivo, quando cessa l'azione del campo esterno sulle sostanze paramagnetiche, le forze magnetiche generate da ciascun elettrone tornano rapidamente a essere orientate in modo casuale (**figura** ▪ 5.22A). Nei materiali ferromagnetici invece, ogni elettrone non si comporta in modo isolato, ma è capace di influenzare gli atomi vicini entro un certo spazio chiamato **dominio magnetico**. All'interno di ciascun dominio le forze magnetiche dovute agli elettroni spaiati si sommano fra loro.

Rock magnetism
(Magnetismo delle rocce)
The magnetization that Earth's magnetic field induces in specific rocks. The magnetism «locked» in rocks is one of the most useful parameters to study Earth's geological evolution.

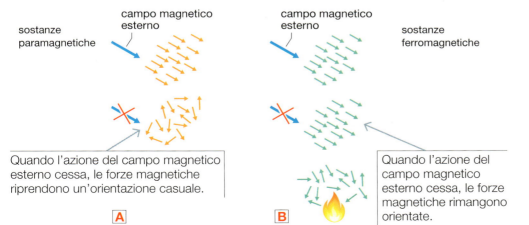

Figura ▪ 5.22
A. Il comportamento delle sostanze paramagnetiche e **B.** ferromagnetiche in relazione a un campo magnetico.

> Quando una sostanza **ferromagnetica** è immersa in un campo magnetico esterno, i domini si allineano tutti con il campo perciò la sostanza ne è fortemente attratta. Quando cessa l'azione esterna, i domini magnetici mantengono l'allineamento, generando a loro volta un campo magnetico.

Il fenomeno cessa quando il materiale viene riscaldato al di sopra di una temperatura caratteristica di ogni sostanza, chiamata **temperatura di Curie**. Se ciò accade, i domini magnetici tornano a orientarsi in modo casuale (**figura ▪ 5.22B**).

Le rocce che contengono minerali ferromagnetici, come la magnetite (Fe_3O_4, **figura ▪ 5.23**) e presentano un'impronta del campo geomagnetico presente al momento della loro formazione, chiamata **magnetizzazione residua**. Ciò accade sia per le rocce magmatiche sia per quelle sedimentarie, siano esse clastiche (formate da frammenti, *clasti*, di altre rocce) o di origine chimica.

I meccanismi mediante i quali le rocce formano un'impronta del campo geomagnetico possono essere vari.

Nei magmi fusi, i domini magnetici dei minerali ferromagnetici sono liberi di orientarsi seguendo le linee di forza del campo magnetico terrestre. Nel corso del raffreddamento, i minerali cristallizzano a poco a poco, mantenendo l'orientazione dei propri domini parallela a quella del campo terrestre. Se la temperatura scende al di sotto del punto di Curie, l'orientazione non cambia, poiché i cristalli non possono più ruotare su se stessi né traslare: il magnetismo della roccia rimane parallelo a quello terrestre presente al momento in cui i minerali si sono cristallizzati. Il processo viene definito **magnetizzazione termoresidua o termica rimanente (TRM)** (**figura ▪ 5.24A**). Se anche avvenisse qualche cambiamento esterno come lo spostamento della roccia o la variazione del campo geomagnetico, la magnetizzazione termoresidua fornirebbe sempre una traccia del geomagnetismo esistente al momento della litogenesi.

Anche le rocce sedimentarie hanno un comportamento simile. Le rocce clastiche, ossia derivanti dalla cementazione di sedimenti, possiedono una **magnetizzazione residua detritica o detritica rimanente (DRM)** se includono minerali ferromagnetici (**figura ▪ 5.24B**). Nel corso della deposizione, i frammenti che costituiscono un sedimento (clasti) sono liberi di ruotare su se stessi e, se sono abbastanza fini da includere un singolo dominio magnetico, nel corso della deposizione si orientano parallelamente al campo magnetico terrestre. Una volta avvenuta la cementazione, tali

Figura ▪ 5.24
A. Il magnetismo termoresiduo di un frammento di roccia magmatica e **B.** la magnetizzazione detritica rimanente di un sedimento.

A Il magnetismo termoresiduo (TRM)

Un frammento di roccia viene scaldato a 700 °C in assenza di campo esterno. I domini magnetici sono orientati casualmente. Se invece la roccia è sottoposta a un campo esterno **F**, l'orientazione dei domini magnetici genera un campo magnetico **M** parallelo a **F**.

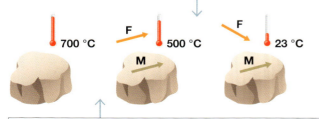

Se la roccia viene fatta raffreddare sotto il punto di Curie, tale magnetizzazione permane nel tempo anche se il campo esterno cambia orientazione.

B Magnetizzazione residua detritica o detritica rimanente (DRM) da parte di un sedimento

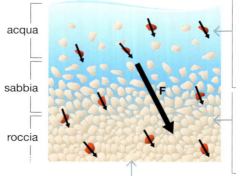

Nel corso della deposizione i singoli domini si orientano parallelamente al campo magnetico terrestre, ma sono ancora liberi di ruotare su se stessi.

Dopo che i granuli si sono saldati fra loro il campo magnetico della roccia resta parallelo a quello terrestre, presente nel corso della litogenesi.

Dalla decantazione dei granuli alla compattazione del sedimento l'orientazione dei clasti magnetlci (↘) è guidata dal campo magnetico terrestre (F).

frammenti non potranno più ruotare o spostarsi, perciò la roccia sedimentaria conserverà nel tempo la propria magnetizzazione fossile.

Riguardo le rocce sedimentarie di origine chimica, i minerali ferromagnetici si orientano parallelamente al campo geomagnetico nel corso delle reazioni chimiche che avvengono nella loro litogenesi. Il processo viene definito **magnetizzazione residua chimica (CRM)**.

Le variazioni del magnetismo terrestre

Il **magnetismo fossile** (o **paleomagnetismo**) permette di ricavare informazioni sulle condizioni magnetiche della Terra al momento della litogenesi e quindi fornisce indizi preziosi per tracciare la storia geologica del nostro pianeta. Due aspetti sono particolarmente significativi: la migrazione apparente dei poli magnetici e le inversioni di polarità del campo geomagnetico.

- **Migrazione apparente dei poli magnetici.** Per ogni campione di roccia è possibile determinare la sua posizione rispetto ai poli magnetici all'atto della sua formazione. Per diversi campioni di uno stesso continente si è notato che nel tempo il polo non è rimasto sempre nella stessa posizione ma ha subito una migrazione apparente. Tuttavia le curve di migrazione dei poli sono diverse da continente a continente. Questa circostanza ha fatto sorgere un interrogativo: sono stati davvero i poli magnetici a migrare o sono stati i continenti a spostarsi regolarmente in un campo magnetico costante? Questo argomento verrà affrontato nel prossimo capitolo.

- **Inversioni di polarità.** Il campo magnetico terrestre non è sempre stato costante, ma ha subito variazioni di intensità e numerose inversioni di polarità, come documentato dal magnetismo delle rocce. Questo comportamento può essere in gran parte spiegato con la teoria delle due geodinamo abbinate, per la quale sulla Terra non ci sarebbe una sola dinamo, ma due poste in modo inverso. Lo studio della successione delle polarità magnetiche (*magnetostratigrafia*) ha portato a identificare le inversioni verificatesi nel corso degli ultimi 80 milioni di anni e si estende anche oltre.

> **Fossil magnetism**
> (Magnetismo fossile)
> The record of the direction and the strength of Earth's magnetic field throughout the geological evolution of the planet. It is also referred to as *paleomagnetism*.

per *saperne di più*

Utilità del paleomagnetismo

In pratica il confronto fra la giacitura dei magneti naturali e il campo magnetico attuale permette di stabilire:

- la posizione delle rocce rispetto ai poli magnetici nel momento della loro formazione;
- se è cambiato il campo magnetico;
- se il territorio nel quale le rocce sono incluse si è spostato dal momento della loro formazione.

5. Le prove del movimento dei continenti

L'ipotesi di Wegener

Esistono molti dati che suggeriscono un'origine comune dei continenti, oggi separati da immense distese di acque oceaniche. Si illustrano le principali prove a sostegno della teoria.

Secondo alcune testimonianze dell'epoca non avrebbe detto molto. Anzi, avrebbe solamente ascoltato. Solo tra i denti, magari mordendo il cannello della pipa per la rabbia, avrebbe parafrasato Galileo Galileo dicendo: «eppur si muovono». Siamo negli Stati Uniti, a New York, nel 1926 alla conferenza internazionale in cui i geologi più eminenti fanno letteralmente a pezzi la teoria dello scienziato silenzioso: Alfred Wegener (figura ■ A). L'idea che la maggioranza assoluta dei presenti rifiuta con forza è la teoria della **deriva dei continenti**, secondo la quale anticamente sulla Terra esisteva un solo continente, Pangea, che si sarebbe lentamente spezzettato in tante tessere quanti sono i continenti oggi. Questi enormi «iceberg di granito», come li chiamava Hans Cloos, uno degli oppositori più morbidi, sarebbero andati alla deriva su di un mare di magma fino a raggiungere le posizioni attuali. «Se dobbiamo credere a questa ipotesi», sosteneva un altro anonimo avversario, «dobbiamo dimenticare tutto quello che abbiamo imparato negli ultimi 70 anni e ricominciare da capo». Una situazione inaccettabile. Eppure Wegener era convinto che la sua teoria fosse corretta, sebbene non riuscisse a trovare la causa di quegli spostamenti. «L'Isaac Newton della deriva dei continenti», scriverà lui stesso nel 1929, in una lucida presa di coscienza, «non è ancora apparso».

Meteorologo per passione dell'aria aperta

Alfred Wegener nasce a Berlino, la capitale dello stato prussiano, il primo novembre del 1880. Alfred e i suoi fratelli crescono in una casa in cui la famiglia Wegener ospita un numero variabile di orfani, condividendo con tutti questi la sola camerata e gli stessi doveri della vita in comune. Il padre Richard è un sostenitore dell'importanza di vivere all'aria aperta per crescere sani e forti. Così Wegener, oltre a praticare la scherma, sarà sempre un appassionato pattinatore sul ghiaccio e un amante della vita all'aria aperta, elemento che sarà decisivo nella sua vita adulta di esploratore.

Dal 1902 comincia a lavorare all'osservatorio astronomico di Berlino e nel 1905 ottiene il dottorato in astronomia. Ma non vuole passare la vita a guardare le stelle, perché si sente più attratto dall'avventura. La prima è in coppia con il fratello maggiore Kurt, che lavora come meteorologo in una piccola città tedesca, Beeskow. Alfred diventa suo assistente e assieme si dedicano a una delle tendenze scientifiche dell'epoca, lo studio dell'alta atmosfera con l'uso delle mongolfiere. I due fratelli stabiliscono nell'aprile del 1906 il record di volo continuativo: 52 ore e mezzo.

Ma la prima grande avventura è la spedizione *Danmark*, voluta dalle autorità danesi per studiare la Groenlandia e la sua inesplorata costa nord-orientale. Wegener è il meteorologo della missione e stabilisce un primato: costruisce la prima stazione meteorologica groenlandese. Aspetto più importante, però, è la grande quantità di dati che riesce a raccogliere sull'atmosfera a quelle latitudini, utilizzando per la prima volta aquiloni e palloni aerostatici.

L'incarico universitario e la prima idea della deriva

Ritornato in Germania, Wegener non ottiene una cattedra, ma viene accettato come professore associato di meteorologia all'Università di Marburgo: non ha uno stipendio, ma sono gli stessi studenti che si iscrivono al suo corso a pagarlo. Nel 1910 pubblica il suo primo libro, *La termodinamica dell'atmosfera*, che diventa presto un punto di riferimento in Europa. Nello stesso periodo, osservando un atlante geografico, una lampadina gli si accende improvvisamente in testa: «la costa orientale dell'America del Sud non combacia forse perfettamente con la costa occidentale africana, come se fossero state unite?» (da una lettera alla moglie Else del 1910). È un'idea accarezzata, tra gli altri, anche dal geologo americano Frank Taylor, che ne scrive negli stessi anni. Ma Wegener non si limita a paragonare i continenti come tessere di un puzzle geologico: «La prima idea della deriva dei continenti mi è venuta in mente nel 1910, osservando il planisfero [...]. All'inizio non le ho dato più di tanta attenzione, perché la reputavo un'idea improbabile. Nell'autunno del 1911, tuttavia, mi sono imbattuto casualmente in un report sinottico nel quale per la prima volta ho letto di prove paleontologiche di un antico ponte di terre emerse che avrebbe congiunto il Brasile e l'Africa» (*L'origine dei continenti e degli oceani*, 4a ed., 1929).

Fossili e montagne

All'inizio del Novecento erano noti una serie di fossili che mostravano come le stesse specie che avevano anticamente popolato un continente abitavano anche sulle terre emerse dall'altra parte di un oceano. Come

Figura ■ A
Ritratto di Alfred Wegener, il padre della teoria della deriva dei continenti.

avevano fatto ad arrivarvi? La risposta più accettata era che, come scrive Wegener, esistessero dei ponti ora crollati. La causa? Il generale raffreddamento e la conseguente contrazione della Terra che, incidentalmente, sarebbero anche la spiegazione per i terremoti e la genesi delle catene montuose, interpretate come rughe della superficie terrestre. Ma Wegener non è convinto e nella sua opera magna, *L'origine dei continenti e degli oceani*, pubblicato per la prima volta nel 1915, demolisce questa idea. I continenti, sostiene, sono composti di rocce meno dense rispetto a quelle basaltiche dei fondali oceanici. Africa e America del Sud possono benissimo essere stati uniti nel passato e poi aver viaggiato come **zattere su di un mare di magma**.

Come scrive Hans Cloos, oppositore sì, ma ammirato: «[Wegener] ha liberato i continenti trasformandoli in iceberg di gneiss su di un mare di basalto. Li ha lasciati galleggiare e andare alla deriva, rompersi e unire. Dove si rompono rimangono crepe, rift, trincee; dove si scontrano, appaiono le montagne». La proposta di Wegener, infatti, non solo spiega i ritrovamenti fossili senza bisogno di fare ricorso ai ponti, ma fornisce una spiegazione anche per la formazione delle catene montuose che, se dovute al raffreddamento della Terra, do-

vrebbero essere distribuite in maniera uniforme sulla superficie del pianeta.

Una fortuna tarda

Oltre a suscitare le accese reazioni della comunità dei geologi, culminate nella conferenza del 1926, le idee di Wegener non hanno molta circolazione. Nel tempo, anche il suocero, il climatologo Wladimir Köppen, inizialmente ostile alle idee del genere, lo aiuta a trovare ulteriori prove a sostegno della deriva dei continenti. In particolare, lavorando sulla **distribuzione dei fossili** nei cinque continenti, elaborano una mappa del mondo in cui si mostra che regioni oggi molto distanti avevano nel passato lo stesso clima perché erano contigue. Ma nonostante la quarta edizione del suo libro sia zeppa di prove, anche molto dettagliate, manca una spiegazione per la causa del movimento dei continenti. Lui stesso propone due ipotesi, le forze centrifughe dovute alla rotazione della Terra e ondate simili a maree provocate dall'attrazione gravitazionale di Luna e Sole, ma è cosciente che non siano del tutto convincenti.

È negli anni Cinquanta del Novecento che una teoria simile, la tettonica delle placche, comincerà a circolare tra i geologi. Nonostante anche questa teoria sia – inizialmente – priva di una spiegazione per il movimento

delle placche, guadagnerà immediatamente il consenso generale. Viene ripescato il suo libro e si comincia a pensare che deriva dei continenti e tettonica delle placche siano la spiegazione corretta. Manca ancora la prova definitiva, che arriverà negli anni Settanta con la scoperta della dorsale oceanica atlantica: sono i moti del mantello a determinare il movimento dei continenti. Tuttavia, Wegener tutto questo non lo saprà mai. Durante la terza spedizione in Groenlandia, la più audace, muore congelato nella propria tenda nel novembre del 1930. Il suo corpo viene trovato solamente la primavera successiva.

Per approfondire

Oltre a essere il suocero di Wegener, **Wladimir Peter Köppen** (1846-1940), di origine russa, è stato un eminente climatologo. Una delle sue proposte scientifiche più importanti è la prima classificazione dei climi. La Terra viene suddivisa in fasce climatiche in base a temperature e precipitazioni medie, identificando grandi regioni del pianeta con caratteristiche climatiche simili. L'idea è stata proposta da Köppen all'inizio del Novecento e poi rivista più volte da lui stesso e da un altro climatologo tedesco, **Rudolf Oskar Robert Williams Geiger** (1894-1981): oggi, infatti, si parla di classificazione Köppen-Geiger.

Carbonifero superiore

Eocene

Quaternario inferiore

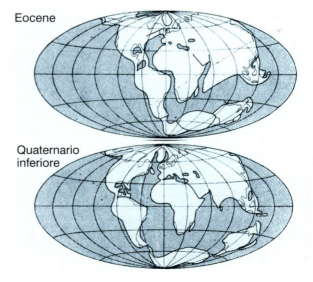

Figura ■ B
La deriva dei continenti, come fu illustrata da Wegener nella sua pubblicazione del 1929.

▶ I CONCETTI PER IMMAGINI
Prove geomorfologiche

Corrispondenza delle linee di costa

L'osservazione di un atlante geografico evidenzia una caratteristica morfologica delle aree continentali: i margini delle terre emerse, in molti casi, combaciano tra loro come se le terre si fossero staccate da un'unica massa continentale. Per esempio, la costa dell'Africa occidentale e quella orientale del Sudamerica collimano in modo abbastanza preciso, così come fanno i margini del Mar Rosso o quelli del Golfo Persico.

Prove geologiche

Corrispondenza tra le età delle rocce

Groenlandia
Scandinavia
Nordamerica
Catena caledoniana
Africa

Catene montuose oggi appartenenti a continenti diversi (come i monti della Norvegia, della Groenlandia e del Canada) hanno rocce dello stesso tipo e della stessa età, come se un tempo avessero costituito un unico sistema montuoso; simili concordanze si rilevano anche in certe rocce magmatiche del Brasile e dell'Africa occidentale.

Prove paleontologiche

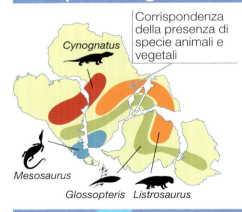

Corrispondenza della presenza di specie animali e vegetali

Cynognatus
Mesosaurus
Glossopteris   Listrosaurus

In Sudamerica, Africa, Madagascar, India, Australia e Antartide sono stati rinvenuti fossili di felci del medesimo genere *Glossopteris*. In Brasile e in Africa sud-occidentale, inoltre, i ricercatori hanno trovato fossili di *mesosauri*, antichi rettili acquatici. In nessun caso tali organismi avrebbero potuto attraversare le distese oceaniche che oggi separano i luoghi in cui ne sono stati ritrovati i resti.

Prove paleoclimatiche

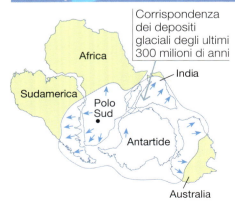

Corrispondenza dei depositi glaciali degli ultimi 300 milioni di anni

Africa
India
Sudamerica
Polo Sud
Antartide
Australia

Il modellamento della superficie terrestre operato dagli agenti esogeni costituisce una traccia indelebile del clima del passato. Un esempio è l'erosione glaciale che genera valli e rilievi caratteristici. Oggi, in zone tropicali, vi sono rocce che hanno subito una erosione tipicamente glaciale, come se un tempo si fossero trovate a latitudini ben maggiori.

Nel 1912, il geologo e meteorologo tedesco **Alfred Wegener** tentò di spiegare questi singolari aspetti delle terre emerse proponendo l'affascinante teoria della *deriva dei continenti*.

> La **teoria della deriva dei continenti** sostiene che nel passato geologico le terre emerse erano congiunte in un unico immenso continente, chiamato **Pangea**, circondato da un unico oceano, detto **Panthalassa**. I continenti attuali si formarono con la frammentazione di Pangea, poi si allontanarono l'un l'altro «galleggiando» sugli strati inferiori più densi, come enormi zattere alla deriva, per assumere infine le posizioni odierne.

I nomi Pangea e Panthalassa furono inventati da Wegener stesso, che unì la parola greca *pan*, «tutto», a *gea*, «terra» e *thalassa*, «mare». La teoria di Wegener è supportata dalle prove geomorfologiche, geologiche, paleoclimatiche e paleontologiche cui si è accennato, ma non riesce a spiegare efficacemente la ragione fisica dei colossali movimenti orizzontali delle masse continentali. L'intuizione dello scienziato fu quindi criticata da molti esperti che consideravano impossibili dei movimenti così imponenti dei continenti.

Henry Hess e l'espansione dei fondali oceanici

Poco dopo la morte di Wegener, scoppiò la Seconda guerra mondiale. Questo conflitto venne combattuto in molti frangenti sul mare, per cui la ricerca geofisica e lo studio dei fondali ebbero un forte impulso. La diffusione dei sottomarini rese necessario scandagliare i fondali oceanici per comprenderne la morfologia e tracciare le vie di navigazione. Furono perfezionati strumenti come il **sonar** (o *ecoscandaglio*), che emette onde sonore e registra il ritardo del segnale riflesso dal fondale, fornendo una mappatura dei pavimenti oceanici (**figura** ■ **5.25**).

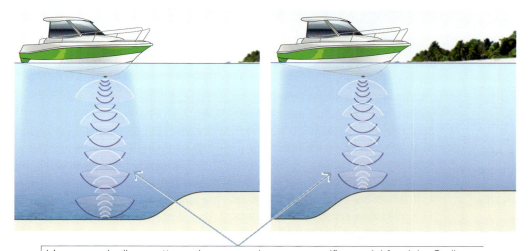

L'ecoscandaglio emette onde sonore che vengono riflesse dal fondale. Se il fondale è più profondo, il suono torna indietro con ritardo maggiore.

Conclusa la guerra, il geofisico statunitense **Henry Hess** integrò i dati provenienti dalle varie ricerche in special modo e propose la **teoria dell'espansione dei fondali oceanici** (**figura** ■ **5.26** a pagina seguente).

> La teoria di Hess sostiene che la litosfera oceanica si muove orizzontalmente trascinata dalle masse sottostanti dell'astenosfera, a loro volta in continuo movimento.

🇬🇧 **Continental drift**
(Deriva dei continenti)
The theory according to which current continents were originally joined together and derive from a single supercontinent. The theory was developed in 1910s by the German geologist and meteorologist Alfred Wegener.

Figura ■ **5.25**
Il sonar applicato alle navi permette di rilevare la morfologia del fondale oceanico e quindi fornisce dei dati sulle caratteristche di tutta la superficie terrestre.

Figura ■ 5.26

In base alla teoria dell'espansione dei fondali oceanici, i moti dell'astenosfera fanno allontanare i margini continentali, creando le condizioni di pressione per la risalita di masse fuse sottostanti.

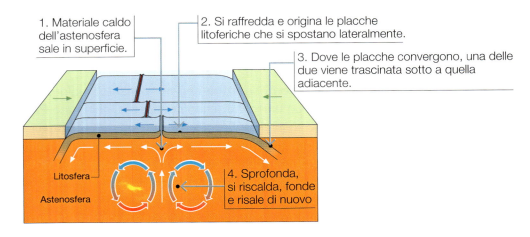

1. Materiale caldo dell'astenosfera sale in superficie.

2. Si raffredda e origina le placche litoferiche che si spostano lateralmente.

3. Dove le placche convergono, una delle due viene trascinata sotto a quella adiacente.

Litosfera

Astenosfera

4. Sprofonda, si riscalda, fonde e risale di nuovo

la scienza nella storia — Marie Tharp e la dorsale medio-atlantica

Si dice che un'immagine dica più di mille parole, un'affermazione che è ancor più vera per alcune teorie scientifiche, per le quali una prova visibile è il primo passo per l'accettazione definitiva. All'inizio del Novecento, Alfred Wegener aveva ipotizzato che i continenti attuali fossero tessere di un grande puzzle geologico che 200 milioni di anni fa era riunito nella Pangea, un unico mega-continente. Quello che mancava era una prova concreta del movimento delle terre emerse, così la sua teoria è stata messa in disparte per lungo tempo.

Negli anni Cinquanta del Novecento, però, gli scienziati cominciano a pensare che la crosta terrestre sia suddivisa in placche che si muovono galleggiando su strati sottostanti. La prova tenta di fornirla Jacques Cousteau, quando, nel 1959, mostra al primo Congresso Internazionale di oceanografia di New York le prime immagini di quella che oggi viene chiamata la dorsale medio-atlantica, un'immensa catena montuosa sottomarina che va dal Polo nord all'Atlantico meridionale. A generarla è un'incessante attività vulcanica che da milioni di anni sta facendo allontanare le Americhe da Europa e Africa. L'«immagine» che serviva per rivalutare Wegener e le sue teorie è servita, ma su quali basi Cousteau va alla ricerca della dorsale? A scoprirla è stata Marie Tharp, una schiva oceanografa americana che voleva diventare musicista.

Le inaspettate conseguenze della Seconda guerra mondiale

Ypsilanti, in Michigan, è solo una delle innumerevoli tappe di una vita familiare raminga, quella di William Tharp, un ispettore del suolo del Dipartimento dell'Agricoltura degli Stati Uniti.

La figlia Marie nasce il 30 luglio del 1920 e, nonostante all'Università dell'Ohio scelga di studiare musica e letteratura, probabilmente nella vita famigliare aveva incontrato spesso di rilievi topografici, calcoli di estimo e analisi del terreno che le devono aver dato un po' di familiarità con la geologia e la cartografia.

La scelta universitaria è però anche guidata dai pregiudizi nei confronti delle donne che decidono di avvicinarsi alle discipline scientifiche e in particolare alle scienze della Terra: dei dottorandi americani tra il 1920 e il 1970 le donne sono state solamente il 4% del totale e, negli anni Quaranta del Novecento, molte facoltà scientifiche non accettano ancora studentesse.

La vita di Marie Tharp cambia con l'entrata in guerra degli Stati Uniti. A causa della partenza di molti uomini per il fronte bellico, molti posti di lavoro vengono assegnati a donne. Negli anni Quaranta prende rapidamente una laurea in geologia all'Università del Michigan e comincia a lavorare

per un'azienda petrolifera, la Standard Oil and Gas di Tulsa, in Oklahoma. La guerra le ha dato l'opportunità di studiare geologia, ma capisce presto che a conflitto concluso non c'è molto spazio per una donna in quell'ambiente. Nel 1948, però, dopo un dottorato in matematica, trova un posto al neonato Lamont Geological Laboratory della Columbia University a New York. Qui il fondatore, Maurice Ewing, vuole impiegare un inatteso «regalo» della guerra per studiare il fondo degli oceani: il *sonar*. Con questo strumento è convinto di poter dimostrare che i fondali non sono piatti e ricoperti uniformemente di fango, come si credeva allora.

Raccogliere dati, calcolare, disegnare

Il sonar era uno strumento di recente concezione che consente di determinare la distanza di oggetti che si trovano sott'acqua, misurando il tempo di andata e ritorno degli ultrasuoni che si riflettono sull'oggetto. Durante la Seconda guerra mondiale era stato largamente usato per individuare i sommergibili, ma ora in tempo di pace diventa lo strumento ideale per capire che forma abbiano i fondali dei mari. Al Lamont Geological Laboratory Marie trova impiego come disegnatrice e il suo compito è interpretare i dati che le navi sperimentali raccolgono battendo palmo a palmo l'Oceano Atlantico, cominciando da

In particolare,

- sulle dorsali oceaniche, i margini delle rift valley si allontanano, permettendo a nuovo magma di risalire, per cui in quei punti si genera continuamente nuova crosta basaltica dal raffreddamento della lava;
- il pavimento oceanico ai due lati della dorsale si allontana in modo simmetrico in un lentissimo moto orizzontale;
- nelle fosse oceaniche la crosta oceanica sprofonda nel mantello.

Il ciclo con cui la litosfera si genera e si distrugge è dunque continuo, alimentato dai moti dell'astenosfera sottostante da cui la litosfera è trascinata. Ma quale fenomeno determina il movimento dell'astenosfera?

Ricorda
Le **rift valley** sono grandi fratture sulla cresta delle dorsali (le catene montuose) oceaniche, che si allargano progressivamente nel tempo e rappresentano le fasi iniziali del processo che porterà alla formazione di un nuovo oceano.

Nord. Marie Tharp non può partecipare alle campagne in mare perché il regolamento della marina di allora vieta la presenza di donne a bordo. Nel frattempo, però, ha incontrato Bruce Heezen, un geologo di quattro anni più vecchio di lei, che sarà per trent'anni suo partner di ricerca e di vita: lui a bordo delle navi a raccogliere le ecolocazioni del sonar, lei al tavolo da disegno a tradurle in mappe (figura ■ A).

Si tratta di un lavoro monotono e faticoso. Prima dell'avvento dei computer, Marie Tharp deve combinare tra loro un'enorme quantità di dati provenienti dagli scandagli effettuando tutti i calcoli necessari a mano, mettendo a frutto gli studi matematici e le tecniche di disegno imparate lavorando per l'azienda petrolifera. In un saggio del 1999 racconta che, nonostante la fatica, il lavoro la entusiasmava: «avevo una tela bianca da riempire con possibilità straordinarie

[...] Era l'occasione della vita, un'opportunità unica nella storia del mondo per chiunque, ma in particolar modo per una donna in quegli anni».

Durante questo lungo lavoro, Marie comincia ad accorgersi di qualcosa di inaspettato. In mezzo all'Atlantico si delinea un'enorme valle nel mezzo della catena montuosa che sta mappando. È così profonda da costringerla controllare più volte i propri calcoli. Se non si sbaglia, si trova di fronte alla prova diretta dell'esistenza di una gigantesca valle sottomarina nel bel mezzo dell'Atlantico settentrionale. Nel corso degli anni successivi, mano a mano che nuovi dati arrivano anche dal medio Atlantico e dall'Atlantico meridionale, Marie Tharp può disegnare sulla propria mappa un lunghissimo rift che taglia a metà tutto l'Atlantico, quasi da Polo a Polo.

Oggi quella valle che Marie Tharp ha visto e disegnato per prima è nota

con il nome di **dorsale medio-atlantica** ed è la prova che l'Atlantico si sta allargando a causa della continua risalita di magma dalla profondità. Questo si raffredda, dando origine alle montagne sottomarine, e viene progressivamente allontanato verso Ovest e verso Est. All'epoca, però, si trattava di un'idea provocatoria, al punto che quando inizialmente Marie ne parla con Bruce, lui la bolla come «chiacchiere da donna». Wegener e la deriva dei continenti erano stati accantonati, perché né lo scienziato tedesco né nessun altro per i successivi trent'anni era stato in grado di fornire una spiegazione sensata del meccanismo con il quale i pezzi della fantomatica Pangea si potessero essere spostati. Alla comunità internazionale dei geologi l'idea che i continenti si potessero muovere come degli iceberg sembrava ridicola, sebbene non avessero un modo diretto per negarla. Secondo la biografa di Marie Tharp, Hali Felt, quell'idea inizialmente ritenuta assurda e poi confermata da decenni di studi può essere paragonata al momento «quando gli astronauti hanno scattato le prime foto della Terra dallo spazio: c'erano già prove che la Terra fosse una sfera, ma non c'era modo di vederlo». Ora, grazie a Marie Tharp, c'era l'immagine giusta per convincerli.

Figura ■ A
Mappe delle dorsali oceaniche.

La spiegazione viene individuata grazie alle anomalie del flusso di calore. Sappiamo infatti che in corrispondenza delle dorsali vi sono anomalie positive (il flusso di calore è più alto della media), mentre nelle fosse le anomalie sono negative (il flusso è minore della media).

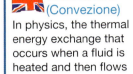

Convection
(Convezione)

In physics, the thermal energy exchange that occurs when a fluid is heated and then flows away, carrying the thermal energy along.

> L'astenosfera, pur essendo in massima parte solida, nei lunghissimi tempi geologici si comporta come un fluido che riceve calore dal suo interno e lo trasmette all'esterno mediante **moti convettivi**.

Le masse più calde risalgono verso la superficie con moti ascensionali (alle dorsali) mentre le masse più fredde sprofondano verso il basso (nelle fosse); fra le une e le altre, le masse rocciose sono trascinate orizzontalmente. Il risultato è un circuito il cui movimento è lentissimo, ma incessante.

Esaminando le età e la magnetizzazione dei fondali che si trovano alla stessa distanza dalla dorsale, ma da parti opposte, si rilevano delle particolarità che forniscono prove indipendenti al modello di Hess:

- le rocce equidistanti dalla dorsale hanno **uguale età**, segno che si sono formate contemporaneamente;
- le rocce hanno lo stesso **stato di magnetizzazione**, cioè mostrano che si sono raffreddate quando il campo magnetico terrestre aveva la stessa polarità; inoltre si riscontra che le inversioni di polarità di cui la roccia è testimone, hanno un andamento orizzontale uguale a quello che generalmente la roccia presenta verticalmente (**figura** ■ 5.27).

Figura ■ **5.27**
Una delle prove dell'espansione dei fondali oceanici deriva dalla magnetizzazione delle rocce che compongono il fondale.

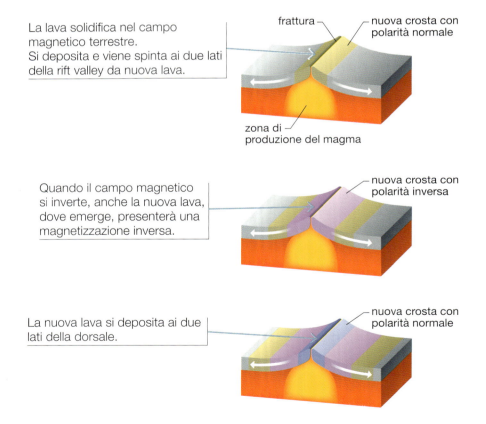

La lava solidifica nel campo magnetico terrestre.
Si deposita e viene spinta ai due lati della rift valley da nuova lava.

frattura — nuova crosta con polarità normale

zona di produzione del magma

Quando il campo magnetico si inverte, anche la nuova lava, dove emerge, presenterà una magnetizzazione inversa.

nuova crosta con polarità inversa

La nuova lava si deposita ai due lati della dorsale.

nuova crosta con polarità normale

La teoria dell'espansione dei fondali oceanici è risultata così convincente da essere stata completamente incorporata nella teoria globale della tettonica delle placche, che verrà esaminata nel prossimo capitolo.

▶ **Lavorare con le mappe**

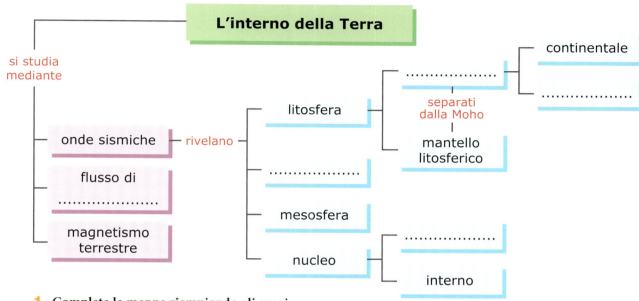

1. Completa la mappa riempiendo gli spazi.
2. Descrivi i diversi elementi della mappa.
3. Arricchisci la mappa inserendo altri elementi relativi al flusso di calore e al magnetismo terrestre.
4. Costruisci una mappa sulle prove del movimento dei continenti.

▶ **Conoscenze e abilità**

Le terre emerse, i fondali oceanici

Indica la risposta corretta

1. **Quali tipi di roccia si possono trovare negli Appennini?**

A rocce sedimentarie e magmatiche ma non metamorfiche

B rocce sedimentarie e metamorfiche ma non magmatiche

C rocce sedimentarie, magmatiche e metamorfiche

D solo rocce sedimentarie

2. **Quale delle seguenti particolarità è caratteristica dei cratoni?**

A non vi sono mai stati rilievi

B hanno le rocce più recenti della crosta

C hanno le rocce più antiche della crosta

D non possiedono rocce magmatiche

3. **Gli scudi continentali**

A sono vulcani non molto alti di forma simile a scudi appoggiati per terra

B sono vaste zone interne ai continenti leggermente digradanti

C sono montagne isolate con la forma di scudo

D sono catene montuose

4. **In Europa lo scudo continentale si trova**

A nei Paesi intorno al mar Baltico

B nei Paesi che si affacciano sul mar Mediterraneo

C nella penisola iberica

D intorno al mar Nero

5. **La Sicilia e il Madagascar**

A sono isole vulcaniche

B sono isole che si sono formate in corrispondenza di una dorsale oceanica

C si sono formate come i continenti, ma sono più piccole

D non sono delle vere isole ma sono dei veri continenti

163

6. Il Giappone e le Filippine

A sono isole vulcaniche

B sono isole che si sono formate in corrispondenza di una dorsale oceanica

C si sono formate come i continenti, ma sono più piccole

D non sono delle vere isole ma sono dei veri continenti

7. 🏴 **What type of magmas can usually be found at mid-ocean ridges?**

A acidic magmas

B basic magmas

C intermediate magmas

D acidic/intermediate magmas

8. **Che cosa sono le rift valley, nelle dorsali oceaniche?**

A Fratture intermedie che emettono lava.

B Fratture trasversali che disarticolano la dorsale.

C Valli profonde che separano un tratto della dorsale dall'altro.

D Sono i fianchi della dorsale.

9. **Che cosa sono le correnti di torbida?**

A depositi alluvionali

B correnti cariche di detriti spinte dal vento

C correnti profonde lungo la scarpata

D canyon sottomarini

Completa la frase

10. Gli orogeni antichi sono stai livellati dall'erosione, hanno rilievi non molto alti e cime .... Sono situati in aree geologicamente più .... rispetto agli orogeni ....

11. Al largo della linea di costa, il mare è quasi sempre poco profondo, in media .... metri. Il fondale in queste aree prende il nome di .... Essa si può estendere al largo per parecchie decine o centinaia di chilometri come nel mare .... o nel mare del .... oppure solo per pochi chilometri come nel mar .... e nel mar ....

12. Le fosse oceaniche .... sono profonde che tagliano il pavimento oceanico fino alla profondità massima di .... nella fossa della .... Esse hanno andamento parallelo a .... insulari. Le isole di questi arcipelaghi sono di origine ....

Vero o falso?

13. I tavolati sono vaste pianure. V F

14. Le catene montuose più alte e imponenti sono anche le più antiche. V F

15. Le rocce più antiche della Terra si trovano negli orogeni antichi. V F

16. La corrente di torbida è un flusso detritico profondo. V F

17. La piana abissale è un fondale profondo più di 10 000 m. V F

18. 🏴 Mid-ocean ridges are volcanic chains. V F

19. 🏴 The Mid-Atlantic ridge crosses almost the whole central Atlantic Ocean from North to South. V F

Rispondi

20. Descrivi i lineamenti di crosta continentale che conosci. Quali sono i più attivi sismicamente? Quali i più stabili? Quali sono i più antichi? Quali i più recenti?

21. Descrivi i lineamenti di crosta oceanica che conosci. Che cosa sono le dorsali oceaniche?

L'interno della Terra

Indica la risposta corretta

22. **Fino a quale profondità è stato esplorato direttamente l'interno della Terra?**

A È stato interamente esplorato.

B È stato esplorato solo fino al mantello.

C È stato esplorato per circa 1/50 del raggio terrestre.

D È stato esplorato per circa 1/500 del raggio terrestre.

23. **Quali sono le densità medie della Terra, della crosta continentale e di quella oceanica?**

A Terra: 5,5 kg/m^3; crosta continentale: 3,0 kg/m^3; crosta oceanica: 2,7 kg/m^3

B Terra: 5,5 g/cm^3; crosta continentale: 3,0 g/cm^3; crosta oceanica: 2,7 g/cm^3

C Terra: 5,5 g/cm^3 crosta continentale: 2,7 g/cm^3; crosta oceanica: 3,0 g/cm^3

D Terra: 5,5 kg/m^3; crosta continentale: 2,7 kg/m^3; crosta oceanica: 3,0 kg/m^3

24. 🏴 **The information about the inner structure of the Earth has been gained mainly from**

A seismic waves

B X-rays

C satellite images

D Earth drillings

25. Quali fenomeni fisici mostrano le onde sismiche che incontrano una superficie di discontinuità nel mezzo attraversato?

[A] diffrazione, riflessione [C] riflessione, rifrazione
[B] riflessione, diffusione [D] diffrazione rifrazione

26. Quale informazione sull'interno della Terra si ricava dalle zone d'ombra delle onde S e delle onde P?

[A] A una certa profondità c'è una superficie di discontinuità.
[B] A una certa profondità le onde sismiche rallentano.
[C] A una certa profondità le onde sismiche diventano più veloci.
[D] A una certa profondità le onde sismiche incontrano un liquido.

27. 🏴 Which type of rock is the main component of oceanic floors?

[A] granite [C] sandstone
[B] basalt [D] granite gneisses

28. Secondo il modello reologico, qual è lo strato più esterno della Terra?

[A] crosta oceanica e crosta continentale
[B] litosfera
[C] mantello litosferico
[D] astenosfera

29. Quale stato di aggregazione prevale nell'astenosfera?

[A] solido [C] semiliquido
[B] liquido [D] semisolido

30. Quale particolarità ha l'astenosfera?

[A] Si comporta come un liquido fluido.
[B] Si comporta come un fluido molto viscoso.
[C] Si comporta come un solido rigido.
[D] Si comporta come un solido denso.

Vero o falso?

31. Le onde S sono rallentate dai liquidi mentre le onde P non li attraversano. V F
32. La crosta continentale è prevalentemente basaltica. V F
33. La crosta continentale è ovunque più antica della crosta oceanica. V F
34. La superficie di Moho è uno strato spesso di roccia alla base della crosta. V F
35. 🏴 Asthenosphere is mainly liquid. V F
36. 🏴 The mantle is composed primarily of solid rocks. V F
37. Il nucleo è costituito interamente di roccia allo stato liquido. V F

Rispondi

38. Descrivi le caratteristiche delle onde sismiche spiegando perché le onde S non attraversano il nucleo esterno.

39. Descrivi le principali differenze fra crosta continentale e crosta oceanica.

40. 🏴 What is the lithosphere? What layers is it made of?

Aspetti fenomenologici della dinamica terrestre e prime teorie

41. In quali delle seguenti regioni della crosta non si registrano ipocentri di sismi di origine tettonica?

[A] negli orogeni
[B] negli archi insulari
[C] negli scudi continentali
[D] in corrispondenza delle fosse abissali

42. Quale fenomeno può avvenire in seguito all'erosione che alleggerisce la crosta terrestre?

[A] la subsidenza
[B] fenomeni vulcanici
[C] fenomeni sismici
[D] sollevamento crostale

43. Quale dei seguenti aspetti riguardanti la litosfera può essere spiegato in base alle leggi dell'isostasia?

[A] l'esistenza della superficie Moho
[B] l'elevato spessore della crosta continentale
[C] la profondità della Moho al di sotto delle catene montuose
[D] il piano di Benioff

44. Quale dei seguenti fenomeni non è coinvolto nel flusso termico proveniente dall'interno della Terra?

[A] il decadimento radioattivo degli isotopi instabili
[B] il calore residuo dell'aggregazione del Pianeta
[C] l'energia gravitazionale liberata con i flussi di materia verso l'interno
[D] le reazioni di fusione nucleare

45. In quali punti della geoterma si registrano temperature più alte o uguali ai punti di fusione dei minerali che compongono i rispettivi strati?

[A] nella crosta e nell'astenosfera
[B] nella litosfera e nel mantello inferiore
[C] nel nucleo interno e nel nucleo esterno
[D] nell'astenosfera e nel nucleo esterno

46. Nei bacini oceanici si registra un flusso di calore pari a 1,3 HFU. Tale valore è

A più alto della media presa su tutta la superficie terrestre

B più basso della media

C pari alla media

D circa la metà della media

47. Che cosa accade a una calamita se viene scaldata al di sopra della temperatura di Curie?

A Si smagnetizza.

B Non accade niente.

C Si magnetizza.

D Si smagnetizza, ma solo se viene subito raffreddata.

48. In quali condizioni le rocce magmatiche ferromagnetiche presentano una magnetizzazione termoresidua?

A Se si raffreddano e si rifondono più volte.

B Se non si riscaldano più al di sopra della temperatura di Curie dopo che si sono litificate.

C Se dopo il raffreddamento il campo magnetico terrestre non cambia.

D Se dopo che si sono raffreddate la roccia non viene spostata.

49. Quali dei seguenti tipi di roccia, secondo te, non dovrebbero presentare una magnetizzazione residua?

A le arenarie

B il basalto

C i marmi

D il granito

50. In quale modo avviene, secondo Wegener, la deriva dei continenti?

A I continenti «spingono» la crosta oceanica nella direzione del loro movimento.

B Crosta continentale e crosta oceanica si muovono insieme.

C La crosta oceanica trascina con sé la crosta continentale nel suo moto continuo.

D I continenti «galleggiano» sulla crosta oceanica, più densa della crosta continentale.

51. In accordo con la teoria di Hess dell'espansione dei fondali oceanici, in quale parte dell'oceano si genera nuova crosta?

A fosse abissali

B pavimento oceanico

C dorsale oceanica

D margine continentale

52. Quale delle seguenti particolarità dei fondali oceanici non è in relazione diretta con la teoria dell'espansione di Hess?

A Lo stato di magnetizzazione presenta inversioni disposte in modo simmetrico ai lati della dorsale.

B Lo spessore dei sedimenti è tanto maggiore quanto più ci si allontana dalla rift valley.

C L'età del fondale aumenta allontanandosi dalla rift valley da ambo i lati in modo simmetrico.

D Le rocce magmatiche presentano una magnetizzazione termoresidua.

53. Quale delle seguenti è una affermazione che differenzia la teoria di Wegener dal modello di Hess?

A I continenti si spostano.

B I continenti «galleggiano» sulla crosta oceanica spostandosi su di essa.

C L'estensione degli oceani può variare.

D La localizzazione delle terre emerse nel passato era diversa da quella attuale.

Completa la frase

54. Con il termine *isostasia* si intende lo stato di .... di un corpo solido che sovrasta un materiale con maggiore .... che ha un comportamento ...., ossia è lentamente ...., simile a un fluido.

55. La Terra irradia calore dal suo interno diffondendolo oltre la sua .... esterna. La quantità di .... liberata dalla superficie terrestre da una unità di .... nell'unità di .... è detta ...., che ha come unità di misura .... Nei continenti esso ha un valore medio di circa ...., mentre nella crosta oceanica il flusso di calore ha valori più ....

56. Quando una sostanza ferromagnetica è immersa in un campo magnetico ...., i .... magnetici si allineano tutti con il campo perciò la sostanza ne è fortemente .... Quando cessa l'azione esterna, i .... magnetici mantengono l'allineamento, cosicché il materiale genera un proprio .... magnetico. Il fenomeno cessa quando il materiale viene .... al di sopra di una .... caratteristica

di ogni sostanza detta .... di Curie alla quale i domini magnetici tornano a orientarsi in modo ....

57. La teoria di Wegener fu supportata dai seguenti tipi
di prove:

  – prove ....: i margini di diverse terre ...., combaciano tra
  loro come se si fossero staccate da un unico ......
  ...., per esempio la costa africana
  .... combacia con quella del
  ....;

  – prove ....: rocce dello stesso
  tipo e della stessa età .... si
  trovano su catene .... appartenenti a .... diversi;

  – prove ....: fossili dello stesso genere si trovano in .... che
  oggi sono separati da vasti ....;

  – prove ....: gli agenti ....
  .... hanno modellato le rocce superficiali in modi caratteristici mostrando che il clima
  di certe aree continentali nel passato era ....
  .... da quello attuale.

58. L'astenosfera, pur essendo in massima parte ....
............................, si comporta come un fluido estremamente .... che riceve calore
dal suo interno e lo trasmette all'esterno mediante
....

Alle dorsali le masse più .... risalgono verso la superficie con moti ascensionali mentre
nelle fosse le masse più .... sprofondano verso il basso. Fra le une e le altre, le masse rocciose sono trascinate orizzontalmente dando
origine a un movimento continuo e ciclico.

Vero o falso?

59. La maggior parte dei vulcani attivi si trova
nella cosiddetta cintura di fuoco. **V F**

60. I vulcani attivi e gli epicentri dei sismi
generalmente non si trovano al centro
degli oceani. **V F**

61. Gli epicentri dei sismi sono collocati
approssimativamente lungo un piano verticale
al di sotto della linea di costa. **V F**

62. I depositi alluvionali appesantiscono la costa
e provocano riassestamenti isostatici come
la subsidenza. **V F**

63. Alla profondità di circa 30 m la temperatura
delle rocce non dipende dalle variazioni
atmosferiche. **V F**

64. Il flusso di calore è maggiore nelle aree
continentali che nei fondali oceanici. **V F**

65. Le linee di forza del campo magnetico
terrestre sono parallele ai meridiani. **V F**

66. Un sostegno alla teoria di Wegener venne dai
fossili di *Glossopteris* che furono i trovati in
Brasile e in Africa. **V F**

67. In accordo con le teorie di Wegener e di Hess
i continenti hanno dei movimenti orizzontali. **V F**

Rispondi

68. **Quale comportamento hanno i minerali ferromagnetici che li differenzia dai diamagnetici? A quale caratteristica degli atomi è dovuto?**

69. **Come può essere spiegata la migrazione dei poli
magnetici?**

70. **In che modo l'andamento delle età e dello stato di
magnetizzazione delle rocce dei fondali oceanici
avvalorano la teoria dell'espansione di Hess?**

▶ Il laboratorio delle competenze

71. OSSERVA E COLLEGA Osserva la carta dei fondali
del mar Mediterraneo centrale in figura a destra.

a. Traccia una linea lungo le scarpate continentali.

b. Riesci a individuare canyon sottomarini?

c. Quale caratteristica differenzia il mar Tirreno dall'A-
driatico?

d. Quale particolarità ha il mare Ionio?

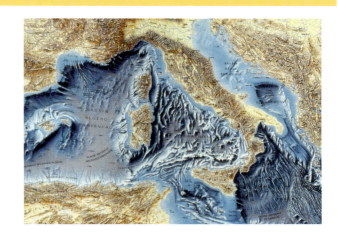

72. RICERCA Una convenzione internazionale firmata nel 1982 (convenzione di *Montego Bay*) sancisce, per i Paesi firmatari, il diritto di sfruttamento economico (di pesca, minerario e petrolifero) dell'intera piattaforma continentale degli Stati costieri.

▶ Informati sui paesi firmatari e indica su un planisfero quali sono i territori interessati a questo accordo.

73. CONFRONTA Confronta la teoria di Wegener con il modello di Hess.

a. Quali aspetti li accomunano?
b. Quali invece li distinguono?

74. DESCRIVI Descrivi la geoterma evidenziando le particolarità che si verificano nelle rocce alle profondità indicate dalle frecce.

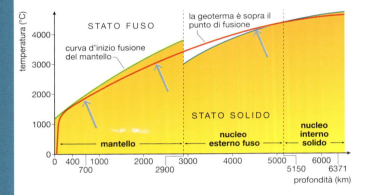

75. COLLEGA Quali elementi di litosfera sono situati in corrispondenza delle frecce?

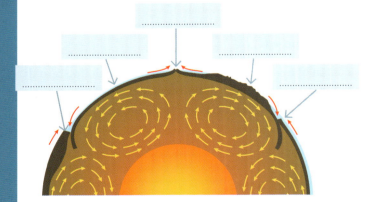

76. CLASSIFICA Individua, nella carta tematica i lineamenti di crosta continentale che hai studiato (orogeni, scudi, tavolati, bacini). Informati sui territori che sono interessati alle diverse formazioni e ricostruisci una tabella come quella seguente, con i nomi geografici dei territori che hai individuato.

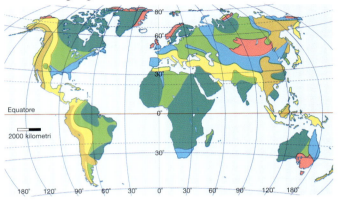

	Eurasia	Africa	Nord-america	Sud-america	Austra-lia
scudi					
tavolati					
orogeni antichi					
orogeni recenti					

77. CLASSIFICA Completa la tabella inserendo le caratteristiche che differenziano mediamente la crosta continentale da quella oceanica.

	Crosta oceanica	Crosta continentale
età		
densità		
rocce sedimentarie		
rocce magmatiche		

La tettonica delle placche

1. I movimenti delle placche litosferiche

Negli anni Sessanta del secolo scorso l'integrazione delle conoscenze sul movimento dei continenti e l'espansione degli oceani portò il geofisico canadese **John Tuzo Wilson** a formulare la **teoria della tettonica delle placche** (dal greco *tektōn*, «costruzione»). Da allora tale modello è stato perfezionato e arricchito e costituisce il fondamento delle scienze della Terra.

> ▶ Questa teoria fornisce una spiegazione unitaria di fenomeni molto diversi come il vulcanismo, l'attività sismica, l'orogenesi, la formazione delle strutture continentali e oceaniche, oltre a chiarire aspetti relativi alla composizione, all'età, alla chimica e alla magnetizzazione delle rocce. Inquadra, infine, in modo coerente gli eventi del passato geologico della Terra.

Plate tectonics
(Tettonica delle placche)
The scientific theory explaining the movements of the large plates that form the Earth's surface.

Per comprendere le linee essenziali di questa teoria si prendono in considerazione la *litosfera*, ossia lo strato più esterno e rigido della Terra solida, e la sottostante *astenosfera*, una parte solida, ma più plastica (cioè deformabile).

Come evidenziato dalla teoria dell'espansione dei fondali oceanici, il calore interno della Terra è responsabile dei moti convettivi nell'astenosfera. Esso fluisce in superficie dal nucleo al mantello e, nell'astenosfera, provoca la lenta *risalita* di masse caldissime, il *trascinamento* orizzontale degli strati rigidi sovrastanti e lo *sprofondamento* della litosfera.

Il punto centrale della tettonica delle placche è che la litosfera non è un unico guscio uniforme, ma è frammentata in porzioni rigide, staccate le une dalle altre, chiamate **placche** (**figura ■ 6.1**). Ciascuna placca è delimitata da un **margine** lungo il quale confina con un'altra placca adiacente. Le placche litosferiche, sempre aderenti all'astenosfera sottostante, ne seguono i movimenti. I blocchi rocciosi che le compongono sono trascinati dall'astenosfera e si spostano separatamente rispetto ai blocchi delle placche confinanti; essi possono perciò:

- *convergere* uno verso l'altro lungo un margine **convergente**;
- *allontanarsi* l'uno dall'altro lungo un margine **divergente**;
- *scorrere* l'uno accanto all'altro lungo un margine **trasforme**.

Figura ■ 6.1
Attraverso i moti convettivi, materiali caldissimi risalgono in superficie dalle profondità del mantello e si espandono lateralmente trascinando gli strati rigidi sovrastanti, per poi sprofondare nuovamente nell'astenosfera.

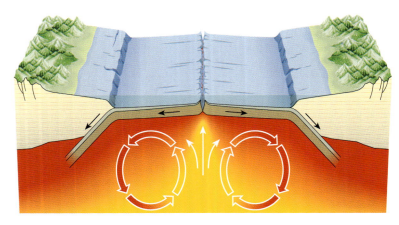

Figura ■ 6.2
Carta delle placche litosferiche in cui sono rappresentate le placche maggiori e alcune delle minori.

In tutta la litosfera si riconoscono una decina di placche principali, accompagnate da un certo numero di placche minori (**figura ■ 6.2**).

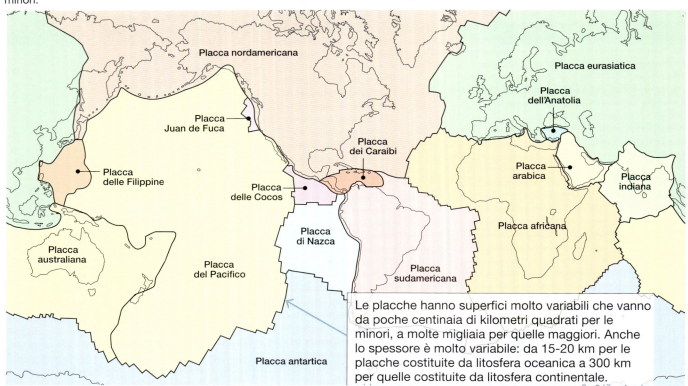

Placca nordamericana
Placca eurasiatica
Placca dell'Anatolia
Placca Juan de Fuca
Placca dei Caraibi
Placca delle Filippine
Placca arabica
Placca indiana
Placca delle Cocos
Placca africana
Placca di Nazca
Placca australiana
Placca del Pacifico
Placca sudamericana
Placca antartica

Le placche hanno superfici molto variabili che vanno da poche centinaia di kilometri quadrati per le minori, a molte migliaia per quelle maggiori. Anche lo spessore è molto variabile: da 15-20 km per le placche costituite da litosfera oceanica a 300 km per quelle costituite da litosfera continentale.

Plate boundaries
(Margini delle placche)
The location where two adjacent tectonic plates interact. Different types of plate boundaries exist.

Come si vede sul planisfero, alcune placche comprendono sia litosfera oceanica sia litosfera continentale (Placche *nordamericana, africana, eurasiatica, sudamericana*), altre sono costituite da sola litosfera oceanica (Placca del *Pacifico*, Placca di *Nazca*).

I margini di placca corrispondono alle zone più attive del pianeta, dove si trovano vulcani attivi ed epicentri di terremoti. L'interno delle placche, invece, è solitamente stabile e tranquillo.

In sintesi i punti essenziali della teoria della tettonica delle placche sono dunque i seguenti:

- la litosfera non è unitaria, ma è suddivisa in placche di estensioni molto diverse;
- ciascuna placca confina con placche adiacenti, lungo un margine;
- le placche non sono immobili, ma si muovono le une rispetto alle altre. Ai margini delle placche possono perciò verificarsi questi tre diversi fenomeni:
  - convergenza,
  - divergenza,
  - scorrimento;
- le placche litosferiche aderiscono, come su un lentissimo nastro trasportatore, all'astenosfera che, pertanto, è responsabile del loro movimento.

Le interazioni tra le placche lungo i margini che ne segnano i confini sono alla base dell'immensa varietà dei fenomeni endogeni.

I margini divergenti o costruttivi

I **margini divergenti** separano lembi di litosfera che si allontanano l'uno dall'altro (**figura ▪ 6.3**). In quei punti il moto convettivo dell'astenosfera è *ascensionale*: masse caldissime provenienti dal mantello risalgono e incontrano pressioni via via minori. In tali condizioni la roccia fonde e genera magmi basici, caldissimi e fluidi (cioè ricchi di ferro e magnesio e con una temperatura di 1200 °C), che danno luogo a eruzioni effusive di tipo lineare. I magmi, raffreddandosi, formano il **basalto**, una roccia effusiva basica (**figura ▪ 6.4**).

Ricorda
Un'eruzione è definita effusiva quando si ha emissione di lava liquida ed è invece lineare quando la lava fuoriesce da estese e profonde fratture.

Figura ▪ 6.3
In corrispondenza delle dorsali oceaniche, il magma risale dal mantello e fuoriesce sotto forma di lava basaltica che va a formare il fondale oceanico.

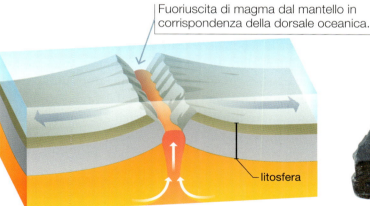

Fuoriuscita di magma dal mantello in corrispondenza della dorsale oceanica.

litosfera

Figura ▪ 6.4
Un campione di basalto, caratterizzato dal colore grigio scuro-nero.

La maggior parte dei margini divergenti corrisponde alle **dorsali oceaniche**. Ai due lati del margine la litosfera solidificata viene trascinata lateralmente dal moto convettivo dell'astenosfera, lasciando pertanto il posto alla risalita e al consolidamento di nuovo magma e alla formazione di nuova litosfera basaltica.

▶ In un margine divergente si genera nuova crosta, per cui i margini sono anche detti **costruttivi**.

Gli effetti di questo fenomeno sono evidenziati dalle età dei fondali oceanici (stimata con metodi radiometrici), dalla loro magnetizzazione residua e dal flusso di calore.

- **Età.** Allontanandosi dal margine, le rocce hanno età sempre più antiche e sono simmetriche rispetto alla rift valley, segno che due rocce oggi lontanissime, situate alla stessa distanza dalla dorsale (ma da parti opposte) solidificarono insieme dallo stesso magma, ma furono allontanate l'una dall'altra trascinate da moti opposti.
- **Magnetizzazione.** L'esame della magnetizzazione residua dei pavimenti oceanici mostra un andamento analogo: le alternanze della magnetizzazione dovute all'in-

Divergent boundaries
(Margini divergenti)
At **divergent** boundaries, plates move apart from each other.

versione della polarità del campo geomagnetico sono anch'esse simmetriche rispetto alla dorsale.

- **Flusso di calore.** Nei margini divergenti, il flusso di calore è superiore alla media stimata su tutta la superficie terrestre a causa dell'afflusso continuo di masse caldissime provenienti dal mantello.

Nei margini divergenti si concentrano ipocentri di *sismi poco profondi*, provocati dalle spinte di allontanamento che agiscono sui due blocchi litosferici, inoltre si verificano i seguenti fenomeni:

- risalgono magmi basici caldi e fluidi che danno origine a eruzioni effusive di tipo lineare;
- si origina crosta basaltica;
- il flusso di calore è maggiore della media;
- si generano sismi poco profondi.

I margini convergenti o distruttivi

Nei **margini convergenti**, due placche confinanti convergono tra loro, mentre una delle due sprofonda scorrendo sotto l'altra, trascinata dai moti *discensionali* dell'astenosfera. Lo scorrimento di una placca sotto l'altra è detto **subduzione**.

> In un margine convergente, la crosta viene incorporata nel mantello e si consuma a poco a poco; per cui i margini sono anche detti **distruttivi**.

Al contrario di quanto accade nei margini divergenti, masse fredde penetrano in profondità, perciò il flusso di calore è minore della media.

Nel corso della subduzione le masse rocciose che sprofondano incontrano temperature sempre maggiori. In tali condizioni, molti minerali fondono generando *magmi anatettici* o *secondari*, che hanno temperature più basse (700 °C) dei magmi basaltici e sono più acidi e più viscosi, per cui danno origine a un vulcanismo esplosivo. La roccia magmatica intrusiva che si origina dai magmi più acidi è il **granito** (figura ■ 6.5).

In base alla teoria del rimbalzo elastico, lo scorrimento non avviene in modo fluido e continuo, ma nel suo corso si accumulano pressioni grandissime che sono rilasciate improvvisamente, per cui al momento del rilascio si generano sismi. Gli ipocentri hanno profondità tanto maggiore quanto più ci si allontana dal margine, collocandosi sul piano di Benioff.

Le strutture litosferiche che si generano in corrispondenza dei margini convergenti sono assai varie e possono essere distinte in base alle caratteristiche delle placche che collidono.

▶ I CONCETTI PER IMMAGINI
Margini convergenti fra litosfera oceanica e litosfera oceanica

Quando ambedue le placche in convergenza sono costituite da litosfera oceanica, una delle due sprofonda sotto l'altra lungo il piano di Benioff. Lungo il margine, la crosta si incunea verso il basso generando profonde **fosse abissali**. La subduzione provoca la fusione parziale della litosfera che sprofonda, generando magmi a temperatura e fluidità minori rispetto ai magmi associati ai margini divergenti. I magmi risalgono in superficie attraverso la placca sovrastante il piano di Benioff e danno origine a vulcani che emergono dalla superficie oceanica parallelamente alla fossa. La catena vulcanica e la fossa costituiscono il cosiddetto **sistema arco-fossa**. Le rocce magmatiche di isole vulcaniche intrusive ed effusive degli archi insulari

⚓ Convergent boundaries
(Margini convergenti)
At **convergent** boundaries, tectonic plates move toward each other.

Ricorda
Nel vulcanismo esplosivo si formano vulcani a eruzione centrale con edifici a forma di cono.

Figura ■ 6.5
Un campione di granito, che può avere colori diversi ma è riconoscibile per le macchie più scure che caratterizzano tutta la roccia.

⚓ Arc-trench system
(Sistema arco-fossa)
The geological structure formed by a volcanic island arc and the adjacent oceanic trench.

sono caratterizzate da acidità intermedia. Sono esempi di archi insulari le isole del Giappone, le Filippine, le isole Marianne nel Pacifico e le Antille nell'oceano Atlantico.

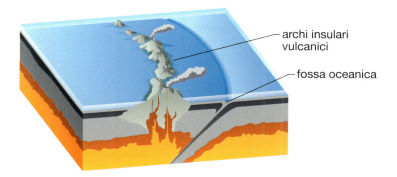

Margini convergenti fra litosfera oceanica e litosfera continentale

La crosta oceanica è costituita in prevalenza da basalto ed è povera di sedimenti, mentre nella crosta continentale prevalgono rocce granitiche che hanno densità minore di quelle basaltiche; inoltre la litosfera continentale è sormontata da spessi strati di rocce sedimentarie, con densità ancora minore. La differenza di densità provoca pertanto la subduzione della litosfera oceanica sotto quella continentale. In queste zone, lungo il margine si formano **fosse abissali** e **archi vulcanici** come nel caso precedente, a cui si aggiungono altri fenomeni tettonici assai complessi. La subduzione in generale non provoca lo sprofondamento dell'intero strato litosferico, perché le rocce sedimentarie che si trovano in superficie hanno una densità così bassa da non venire trascinate insieme con gli strati sottostanti. Esse pertanto, sottoposte alle forti spinte dovute alla collisione, si accumulano al di sopra della zona di subduzione verso il fianco interno della fossa e sul bordo del continente piegandosi, frammentandosi, sovrapponendosi l'una all'altra. Sul bordo del continente, per le forti spinte tettoniche e l'intensa attività vulcanica si eleva una **catena montuosa** con andamento parallelo al margine e alla fossa abissale. Per questa ragione, i margini convergenti fra una placca con crosta continentale e una placca con crosta oceanica sono caratterizzati da catene montuose con rocce di tipo sedimentario e archi vulcanici attivi. L'esempio più eclatante di questo tipo di margine è la cordigliera delle Ande, situata al confine fra la Placca sudamericana e la Placca oceanica di Nazca.

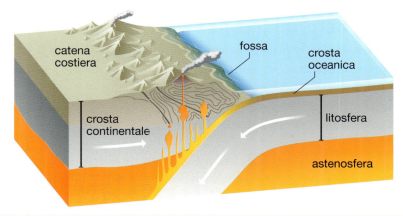

Margini convergenti fra litosfera continentale e litosfera continentale

Nel corso di una collisione, la placca oceanica trascina su di sé ogni struttura che contiene, perciò anche un intero continente può arrivare a collidere con un altro continente. In tal caso, due placche continentali premono l'una contro l'altra. A causa delle spinte gli strati rocciosi si inclinano e si piegano fino ad accavallarsi gli uni sugli altri. Si formano così le **catene montuose** con le vette più alte del pianeta. Tali catene sono costituite da rocce magmatiche, rocce sedimentarie di origine marina e continentale, rocce metamorfiche fino ai più elevati gradi di metamorfismo. Vi sono anche brandelli di roccia basaltica sfuggita alla subduzione che prendono il nome di *ofioliti*. Dopo una fase iniziale in cui le fortissime spinte tettoniche, accompagnate da intensa attività sismica e vulcanica, deformano e accavallano le rocce a formare la catena montuosa, il processo di convergenza si blocca e tutta l'intera zona continua lentamente ad alzarsi per isostasia. L'attività vulcanica si affievolisce e anche l'attività sismica si riduce a terremoti con ipocenti superficiali e intermedi. La collisione continentale ha dato origine alla catena dell'Himalaya, l'Hindu Kush (in Afghanistan) e alle Alpi.

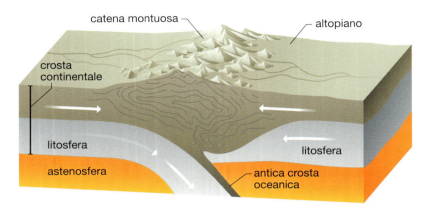

In sintesi, le caratteristiche dei margini convergenti differiscono dal tipo di placche coinvolte:

- fra placche oceaniche si formano fosse oceaniche e archi vulcanici insulari; sono la sede di terremoti con ipocentri da superficiali a profondi, distribuiti lungo il piano di Benioff;
- fra una placca continentale e una placca oceanica, la crosta oceanica subduce sotto quella continentale e si formano fosse oceaniche, archi vulcanici continentali, terremoti con ipocentri da superficiali a profondi, distribuiti lungo il piano di Benioff;
- fra due placche continentali si formano catene montuose, terremoti con ipocentri superficiali e intermedi.

I margini trasformi o conservativi

Nel **margine trasforme** le placche scorrono orizzontalmente l'una accanto all'altra con verso opposto e senza movimenti verticali.

▶ In un margine trasforme, la litosfera non si accresce né si consuma, quindi il margine viene detto **conservativo**.

Il moto relativo delle due placche dà origine a una frattura detta **faglia**, lungo la quale le rocce sono sottoposte a una continua tensione che si accumula e periodicamente si rilascia, generando terremoti con ipocentri superficiali e con elevate magnitudini.

Le **faglie trasformi** sono faglie particolari situate trasversalmente alle dorsali oceaniche, che hanno come effetto quello di suddividerle in vari tronconi in corrispondenza dei quali il moto di espansione del fondo oceanico risulta discordante (**figura ▪ 6.6A**). In altre parole, queste faglie separano placche adiacenti che, per quel tratto, scorrono parallelamente l'una all'altra, ma con verso opposto, ed è solo in quel tratto che si verificano terremoti (**figura ▪ 6.6B**).

Le faglie trasformi possono essere lunghe anche centinaia di kilometri e arrivare a interessare la litosfera continentale, come la faglia di San Andreas (**figura ▪ 6.6C**), in California, una delle zone a maggior rischio sismico del pianeta.

Transform boundaries
(Margini trasformi)
At **transform** boundaries, plates move past each other.

Fault
(Faglia)
In geology, a fracture in Earth's crust. The forces that act on fault lines cause the relative displacement of rocks lying on opposite sides.

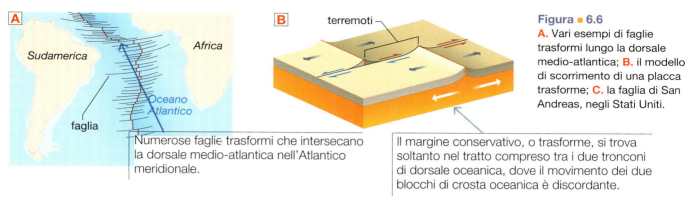

A Sudamerica · Africa · Oceano Atlantico · faglia

Numerose faglie trasformi che intersecano la dorsale medio-atlantica nell'Atlantico meridionale.

B terremoti

Il margine conservativo, o trasforme, si trova soltanto nel tratto compreso tra i due tronconi di dorsale oceanica, dove il movimento dei due blocchi di crosta oceanica è discordante.

Figura ■ 6.6
A. Vari esempi di faglie trasformi lungo la dorsale medio-atlantica; **B.** il modello di scorrimento di una placca trasforme; **C.** la faglia di San Andreas, negli Stati Uniti.

C **Faglia trasforme**
Ai due lati scorrono due placche con verso opposto: la Placca del Pacifico verso Nord-Est, la Placca nordamericana verso Sud-Ovest.

Anche la **faglia di San Andreas** separa la Placca del Pacifico da quella nordamericana, che hanno moto opposto, e attraversa il continente.

Placca nordamericana · Placca del Pacifico

Video Quali tipi di margini di placca esistono?

Scarica **GUARDA!** e inquadrami per guardare i video

La geografia delle placche

Alla luce delle differenze evidenziate finora, si può prendere in esame la **figura ■ 6.7**, che mostra le placche tettoniche e i relativi margini. I **margini convergenti** sono situati in corrispondenza degli archi insulari (Filippine, Marianne, Giappone, isole Kurili, Aleutine nel Pacifico e Antille nell'Atlantico), nella costa settentrionale del Nordamerica e lungo l'intera catena delle Ande, nel continente eurasiatico dall'area mediterranea fino all'Estremo Oriente con un andamento pressoché continuo.

Figura ■ 6.7
La mappa delle placche tettoniche con l'indicazione dei tipi di margini che le separano.

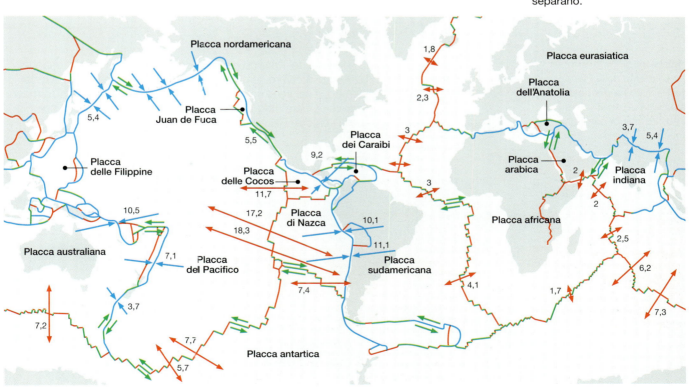

Placca nordamericana · Placca eurasiatica · Placca dell'Anatolia · Placca Juan de Fuca · Placca dei Caraibi · Placca arabica · Placca indiana · Placca delle Filippine · Placca delle Cocos · Placca di Nazca · Placca africana · Placca australiana · Placca del Pacifico · Placca sudamericana · Placca antartica

I **margini divergenti**, invece, sono collocati lungo tutte le dorsali oceaniche e nel continente africano, dalla regione dei Grandi Laghi al Mar Rosso. I **margini trasformi**, infine, sono indicati con linee verdi continue e si trovano negli oceani (trasversali alle dorsali oceaniche) e, raramente, all'interno dei continenti.

L'interno delle placche

I fenomeni geologici più significativi, come quelli vulcanici e gli ipocentri dei terremoti, si concentrano ai margini delle placche. L'interno delle placche tettoniche, invece, è abbastanza tranquillo, anche se non mancano eventi che rappresentano un'eccezione a questa regola. Esistono infatti flussi di calore molto intensi e isolati che provocano la risalita di magmi all'interno delle placche, lontano dai margini, detti *hot spot* o **punti caldi**. Si tratta di **vulcanismo intraplacca**.

Esempi famosi di hot spot sono l'area vulcanica del parco di Yellowstone e le isole Hawaii (**figura ■ 6.8**); entrambe queste aree vulcaniche sono situate al centro di una placca: la prima è una grande caldera sita all'interno della Placca nordamericana, la seconda è un arcipelago vulcanico nella Placca del Pacifico. L'arcipelago delle Hawaii, inoltre, ha una particolarità: i vulcani sono tanto più antichi quanto più ci si sposta verso Nord-Ovest come se il punto caldo, nel tempo, si fosse spostato verso Sud-Est. Considerando il moto globale delle placche, tuttavia, il fenomeno si spiega in modo opposto: non è il punto caldo a muoversi, ma l'intera placca del Pacifico (**figura ■ 6.9**).

Nei punti caldi, il flusso di calore è alimentato da **pennacchi** o *mantel plumes* di materiale fuso che risalgono, non si sa ancora se dalla superficie di Gutenberg al confine fra mantello e nucleo o dalla base del mantello superiore.

Figura ■ 6.8
Una vista dell'isola di Honolulu, alle Hawaii (Stati Uniti); in primo piano, il cono del vulcano *Diamond Head*.

Figura ■ 6.9
Il movimento della Placca del Pacifico ha permesso la nascita di nuovi vulcani e l'estinzione di quelli più antichi.

La Placca del Pacifico, spostandosi verso Nord-Ovest, espone al flusso di calore sempre nuova litosfera. Con il trascorrere del tempo, il calore si concentra in zone sempre diverse e si formano nuove camere magmatiche, mentre i vulcani più antichi, non più sulla verticale del punto caldo, si estinguono.

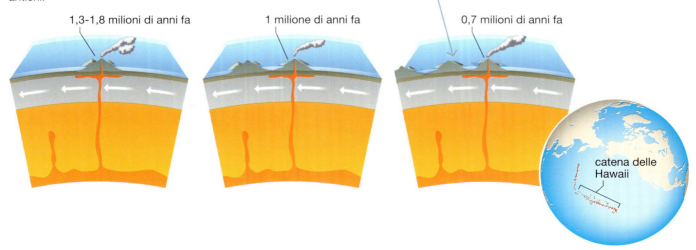

1,3-1,8 milioni di anni fa   1 milione di anni fa   0,7 milioni di anni fa

catena delle Hawaii

2. Le conseguenze del movimento delle placche

La formazione degli oceani

Dall'esame dei margini di placca risulta evidente che la maggioranza dei margini divergenti è collocata all'intero degli oceani, in corrispondenza delle dorsali oceaniche. Un'eccezione che spicca per imponenza è la grande **Rift Valley africana**, che si sviluppa dalla regione dei Grandi Laghi fino al Mar Rosso.

Che cosa accade quando il flusso ascensionale del moto convettivo nell'astenosfera emerge all'interno di un continente? Sottoposta a fortissima tensione, la litosfera continentale subisce un *inarcamento* a cui segue una *fratturazione longitudinale* lungo il margine che si viene a formare. I due lembi di crosta, trascinati dai moti convettivi divergenti dell'astenosfera sottostante, tendono ad allontanarsi generando nuove fratturazioni (**figura ■ 6.10A**).

Si formano valli profonde dette **fosse tettoniche** o *rift valley* (in inglese) o *graben* (in tedesco), delimitate da rilievi, *horst* (in tedesco), che corrono parallelamente al margine con scarpate continue e parallele fra loro (**figura ■ 6.10B**), mentre si innalzano vulcani caratterizzati da eruzioni di lava basaltica che si deposita nella valle tettonica. Nelle depressioni scorrono fiumi e si formano grandi laghi. La tensione fra le placche fa ampliare sempre di più le valli tettoniche che vengono via via invase dalle acque marine (**figura ■ 6.10C**). In questa fase, il margine si trova sotto la superficie del mare e continua a generare nuova crosta, allontanando sempre di più i continenti che lo affiancano.

La litosfera oceanica così formata, trascinata ai lati della dorsale dai moti convettivi dell'astenosfera, spinge lontano dalla rift valley le coste dei due neocontinenti che si sono staccati con la frattura, i cui margini sono detti **margini continentali passivi.** Il pavimento oceanico si allarga sempre di più innescando quel fenomeno noto come *espansione del fondale oceanico* (**figura ■ 6.10D**).

DOMANDA AL VOLO
Perché la crosta oceanica è più giovane della crosta continentale?

Video Che cos'è la tettonica delle placche?

Figura ■ 6.10
La serie di eventi che portano alla formazione di un oceano all'interno di un continente.

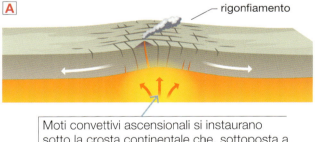

A — rigonfiamento

Moti convettivi ascensionali si instaurano sotto la crosta continentale che, sottoposta a tensione e a sforzi di taglio, si rompe.

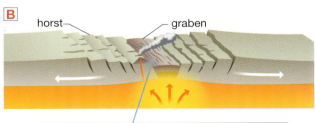

B horst — graben

La crosta continentale si separa e al centro affiora nuova crosta oceanica: questa struttura viene detta «fossa tettonica» o «rift valley».

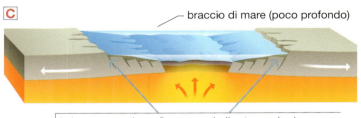

C — braccio di mare (poco profondo)

I due tronconi confinuano ad allontanarsi e le acque marine invadono l'avvallamento (rift) creando un bacino oceanico iniziale che si espanderà.

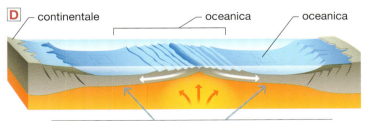

D — continentale — oceanica — oceanica

L'espansione del fondo oceanico allontana sempre più i due tronconi continentali e si forma lungo la linea mediana la dorsale medio-oceanica.

DOMANDA AL VOLO
La costa del Perù è un margine continentale attivo o passivo?

La grande Rift Valley africana è un'area che corrisponde alla prima fase di apertura di un oceano; il Mar Rosso, invece, si trova in una fase successiva perché sul fondo è già comparsa a tratti la crosta oceanica (**figura** ▪ 6.11).

Esistono luoghi sulla Terra in cui la crosta viene distrutta, andando in subduzione sotto un continente in corrispondenza di un margine di placca convergente. In tal caso il margine del continente viene detto **margine continentale attivo**. Si tratta di margini interessati da attività sismica e vulcanica, che caratterizzano oceani in contrazione, come l'Oceano Pacifico.

> Un oceano, quindi, si espande se nelle dorsale viene prodotta crosta oceanica in quantità maggiore di quella che si esaurisce in un margine convergente, mentre si riduce se accade il contrario.

Figura ▪ 6.11
La Rift Valley africana è una zona molto attiva dal punto di vista sismico e vulcanico a causa del continuo movimento delle placche tettoniche.

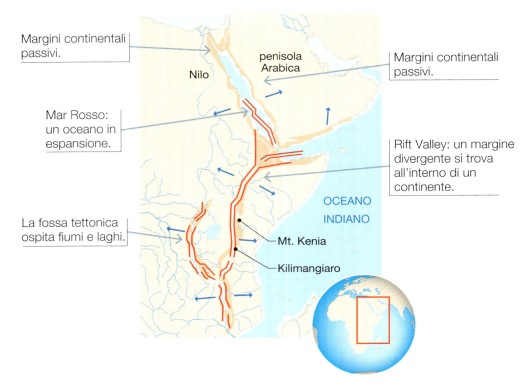

Margini continentali passivi.

penisola Arabica

Nilo

Margini continentali passivi.

Mar Rosso: un oceano in espansione.

Rift Valley: un margine divergente si trova all'interno di un continente.

OCEANO INDIANO

La fossa tettonica ospita fiumi e laghi.

Mt. Kenia

Kilimangiaro

L'orogenesi

> Il termine **orogenesi** (dal greco *oros*, «montagna» e *genesis*, «origine») esprime un insieme complesso di fenomeni che ha, come effetto, il sollevamento della litosfera e la formazione dei rilievi (**figura** ▪ 6.12).

Figura ▪ 6.12
A livello di un margine continentale attivo, la litosfera oceanica subduce e la collisione provoca l'innalzamento della litosfera continentale, con formazione di una catena montuosa.

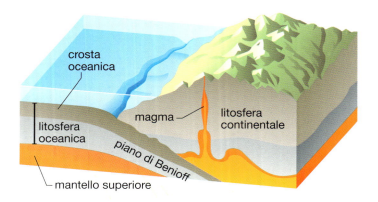

crosta oceanica

magma

litosfera continentale

litosfera oceanica

piano di Benioff

mantello superiore

La crosta continentale è costituita da vari tipi di rocce e molto spesso è sovrastata da strati di sedimenti *terrigeni* di origine minerale, derivanti cioè dall'accumulo di materiale asportato da rocce preesistenti. Questi sedimenti si estendono nella piattaforma continentale e sulla linea di costa. Il margine fra la placca oceanica e la placca continentale è sottoposto a spinte fortissime alle quali gli strati sedimentari rispondono frammentandosi, inclinandosi, piegandosi e accavallandosi gli uni sugli altri. Tutto ciò induce l'innalzamento generale della struttura (**figura ■ 6.12**).

Inoltre, le rocce, sottoposte ad altissime pressioni e all'innalzamento di temperatura dovuto alla presenza di magmi, subiscono *metamorfismo*, ossia si verificano variazioni nella loro composizione mineralogica. Nel margine attivo si accumulano anche i sedimenti oceanici che non partecipano alla subduzione, in quanto hanno bassa densità. Anch'essi formano rocce sedimentarie stratificate, inclinate, piegate e fagliate. Può accadere anche che brandelli di crosta oceanica basaltica si distacchino dalla placca in subduzione e, come i sedimenti oceanici, siano portati in superficie, metamorfosati e accavallati sul bordo del continente (*ofioliti*).

Nel tempo, quindi, si innalza un rilievo tanto più elevato quanto più durano le spinte tettoniche. Le fratture e le deformazioni che si verificano nella litosfera provocano sismi di varia entità e con epicentri più o meno profondi.

Il processo di orogenesi, però, viene accentuato se in una zona di convergenza la crosta oceanica trascina un continente verso il margine continentale attivo. In tal caso i due continenti sono destinati a scontrarsi. La subduzione continua per un certo tempo mentre le spinte colossali alle quali le rocce sono sottoposte producono un ulteriore sollevamento di masse rocciose. La crosta si corruga e si ispessisce (**figura ■ 6.13**).

Orogeny
(Orogenesi)
The structural events that led to the deformation of Earth's lithosphere and contributed to the formation of mountain ranges.

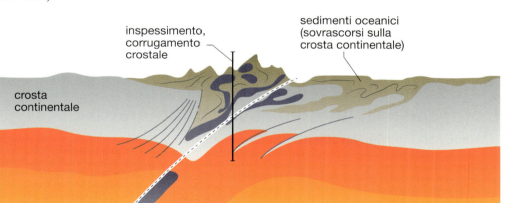

inspessimento, corrugamento crostale

sedimenti oceanici (sovrascorsi sulla crosta continentale)

crosta continentale

Figura ■ 6.13
Il processo di orogenesi che si verifica quando a scontrarsi sono blocchi di litosfera continentale.

Il fenomeno è assai complesso, perché si formano varie strutture continentali. Se sul fronte della catena montuosa in sollevamento prevalgono le spinte di compressione, nelle parti retrostanti si possono verificare anche fenomeni di distensione, che provocano il collasso di tratti della crosta e la creazione di fosse tettoniche di sprofondamento. Si modellano così catene di rilievi, parallele fra loro, separate da brevi valli tettoniche.

Nella composizione delle catene montuose si riscontra ogni tipo di roccia:

- rocce magmatiche intrusive derivanti dal lento raffreddamento dei magmi anatettici,
- rocce magmatiche effusive derivanti dal raffreddamento delle lave eruttate dai vulcani,
- rocce sedimentarie di origine terrigena,
- rocce sedimentarie di origine marina,
- rocce metamorfiche derivanti dal metamorfismo di altre rocce,
- rocce basaltiche appartenenti all'antico fondale oceanico.

Il ciclo di Wilson

I margini di placca, attivi per un certo tempo, possono esaurirsi, mentre se ne possono formare di nuovi che modificano la disposizione dei continenti e dei bacini oceanici. Esaminando la tettonica attuale si può risalire alle strutture litosferiche del passato. Ogni 500 milioni di anni, i continenti si saldano per poi smembrarsi, con la produzione, di nuovi oceani. I continenti odierni derivano dalla frammentazione del supercontinente **Pangea** (**figura ■ 6.14**), esistito 250 milioni di anni fa e preceduto da un altro supercontinente chiamato *Pannotia*, che risale a 600 milioni di anni fa, e prima ancora da *Rodinia*, risalente a circa un miliardo di anni fa.

> L'alternarsi di espansione e contrazione dei bacini oceanici viene chiamato **ciclo di Wilson**.

L'Oceano Pacifico, per esempio, si è aperto 300 milioni di anni fa e si chiuderà completamente fra 200 milioni di anni.

🇬🇧 **Wilson cycle**
(Ciclo di Wilson)
The cycle of geological events that leads to the opening and subsequent closing of an ocean basin.

Figura ■ 6.14
Pangea è il supercontinente che riuniva tutte le terre emerse circa 250 milioni di anni fa; tutto intorno c'era il mare Panthalassa.

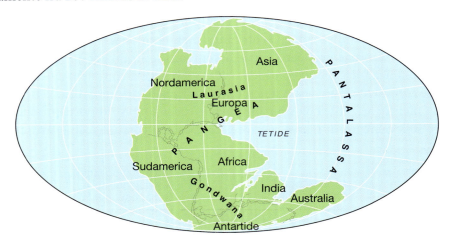

L'orogenesi alpino-himalayana: l'antefatto

Il **sistema alpino-himalayano** è costituito da una lunghissima serie di catene montuose che, quasi senza interruzioni, percorre la crosta continentale dall'area mediterranea fino all'Asia Sudorientale (**figura ■ 6.15**). Comprende l'Atlante (in Marocco),

Figura ■ 6.15
In grigio è indicato il sistema di montagne che collega il Mediterraneo occidentale con il sud-est asiatico.

i Pirenei, le Alpi, gli Appennini, i Balcani, i Carpazi, il Caucaso, i Monti Zagros (in Iran), la catena dell'Hindu Kush, l'altopiano del Pamir (nell'Asia centrale), la catena dell'Himalaya (a Nord dell'India), le catene del sud della Cina e dell'Indocina, fino ai monti dell'Indonesia.

La complessa successione di eventi che ha prodotto l'innalzamento del sistema alpino-himalayano ha avuto inizio circa 100 milioni di anni fa, nel periodo *Cretaceo* del *Mesozoico*. Tuttavia, per comprenderne i meccanismi, bisogna risalire alla fine dell'era precedente, il *Paleozoico*, quando esisteva il supercontinente Pangea (**figura ▪ 6.14**).

Le terre emerse erano unite in un unico continente ed erano circondate da un solo vastissimo oceano chiamato **Panthalassa** (dal greco *pan* = tutto e *thalassa* = mare). Pangea era suddivisa in due tronconi maggiori da un immenso golfo oceanico detto **Tetide: Laurasia** a Nord e **Gondwana** a Sud (**figura ▪ 6.16A**). La regione che sarebbe diventata Italia si trovava nella parte marginale della Tetide, in un'area caratterizzata da un clima tropicale e da acque poco profonde in cui si depositavano sedimenti calcarei di origine marina, evaporiti (rocce sedimentarie di origine chimica) e arenarie (rocce sedimentarie clastiche di origine continentale).

La geografia del pianeta, tuttavia, fu modificata profondamente nell'era *mesozoica* (252-66 milioni di anni fa), con la frammentazione e la dispersione del supercontinente Pangea.

Ricorda

La storia della Terra può essere suddivisa in eoni, ere, periodi, epoche ed età. Il **Precambriano** è l'intervallo di tempo più antico e più lungo; inizia quando nasce della Terra e prosegue fino alla comparsa di forme di vita pluricellulari. Il **Paleozoico** è l'era nella quale dominano gli organismi invertebrati, si originano anfibi e rettili, e termina con il supercontinente Pangea; il **Mesozoico** è l'era nella quale si diffondono e dominano i rettili e in cui Pangea si frammenta; il **Cenozoico** è l'era dei mammiferi, che inizia 66 milioni di anni fa e nella quale i continenti assumono le forme attuali con le orogenesi alpino-himalayana e andina.

Figura ▪ 6.16

In seguito alla frattura della Pangea si ebbe la formazione dell'Oceano Atlantico centrale e dell'Oceano Ligure-Piemontese.

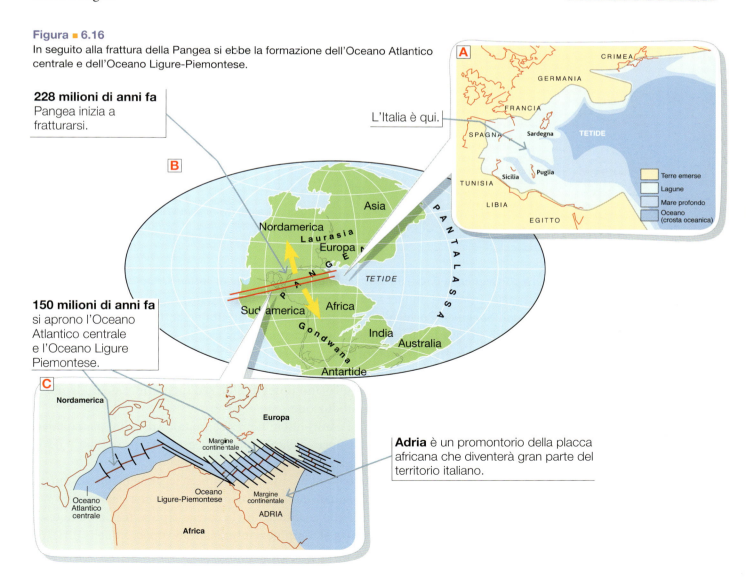

228 milioni di anni fa
Pangea inizia a fratturarsi.

L'Italia è qui.

150 milioni di anni fa
si aprono l'Oceano Atlantico centrale e l'Oceano Ligure Piemontese.

Adria è un promontorio della placca africana che diventerà gran parte del territorio italiano.

La formazione delle Alpi

Alla fine del *Triassico* (228 milioni di anni fa), Pangea iniziò a lacerarsi, con la separazione del Nordafrica dal Nordamerica in corrispondenza dell'attuale area caraibica; le stesse fratture si propagarono verso Est fino all'attuale Mediterraneo e alla Tetide (**figura ■ 6.16B**).

Nel *Giurassico* (150 milioni di anni fa), la deriva dell'Africa verso Sud-Est provocò l'apertura dell'**Oceano Atlantico centrale** e, conseguentemente, l'apertura di un oceano con direzione Nord-Sud nell'area dell'odierno Mediterraneo: l'**Oceano Ligure-Piemontese**, oggi scomparso. Il margine orientale di questo oceano era costituito da *Adria*, un promontorio della grande Placca africana che comprendeva gran parte dell'attuale territorio italiano (Sicilia e Sardegna escluse), del Mare Adriatico e parte delle odierne Croazia, Albania, e Grecia (**figura ■ 6.16C**).

L'espansione dei due oceani continuò fino al Cretaceo (130 milioni di anni fa), quando avvenne un profondo cambiamento nei moti delle placche: il Sudamerica si staccò dall'Africa e iniziò ad aprirsi l'**Oceano Atlantico meridionale** (**figura ■ 6.17**).

Figura ■ 6.17
L'apertura dell'Oceano Atlantico meridionale.

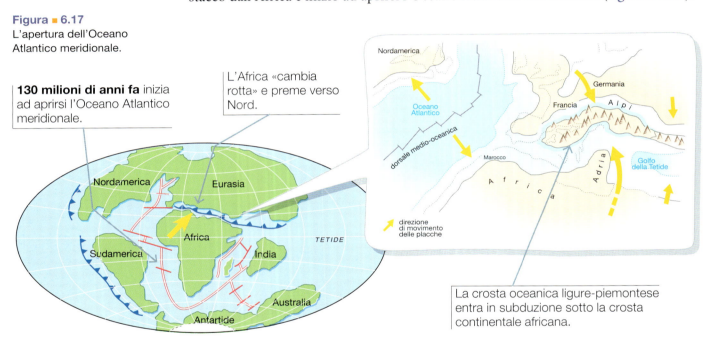

130 milioni di anni fa inizia ad aprirsi l'Oceano Atlantico meridionale.

L'Africa «cambia rotta» e preme verso Nord.

La crosta oceanica ligure-piemontese entra in subduzione sotto la crosta continentale africana.

In conseguenza di ciò, l'Africa subì una «variazione di rotta» e, ruotando in senso antiorario, iniziò ad andare verso Nord, contro l'Europa, mentre la penisola iberica (le attuali Spagna e Portogallo) spingeva verso Est. Stretta nella morsa tra la Placca euroasiatica e quella africana, la crosta oceanica dell'Oceano Ligure-Piemontese andò lentamente in subduzione sotto la crosta continentale africana fino a scomparire del tutto. Mentre la subduzione trascinava in profondità anche i resti dell'antica crosta oceanica della Tetide, si accumulavano potenti falde sedimentarie e alcuni lembi di crosta oceanica strappati alla subduzione.

Quando la crosta oceanica si esaurì (40 milioni di anni fa), Adria finì per collidere con i margini del continente europeo, dalla Spagna alla Germania, provocando il sollevamento della catena montuosa delle **Alpi** (**figura ■ 6.18**).

Al sollevamento seguirono fenomeni erosivi e fenomeni legati al magmatismo del margine convergente, accompagnati da assestamenti isostatici che generarono numerose faglie. Oggi, nelle rocce che costituiscono la catena alpina, troviamo le testimonianze della loro appartenenza al margine continentale europeo, a quello africano o all'antico oceano che li separava.

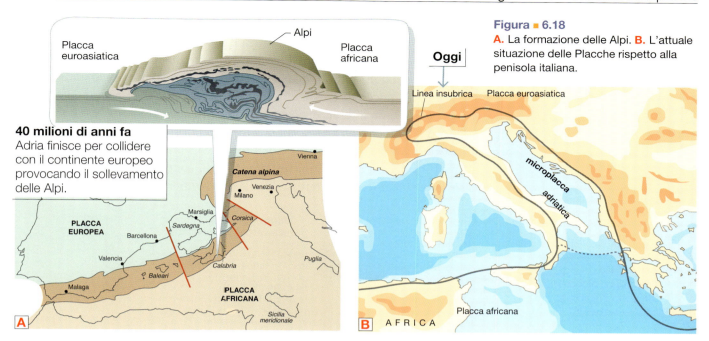

L'orogenesi degli Appennini

Circa 28 milioni di anni fa, dalla regione che oggi corrisponde alla Provenza (nella Francia meridionale), si staccò un frammento di crosta, il **Blocco sardo-corso**, che iniziò lentamente a ruotare in senso antiorario fino a portarsi nella posizione attuale (**figura ■ 6.19**).

Le conseguenze furono enormi: a ovest la crosta lentamente sprofondò e si aprì il **Mediterraneo occidentale**, a Est il Blocco sardo-corso andò in collisione con il margine occidentale di Adria e portò all'innalzamento degli **Appennini**. Gli strati rocciosi si piegarono e formarono falde che si accavallarono verso est accompagnate da un'intensa attività sismica e vulcanica.

In quel periodo si formarono anche le **Alpi meridionali**, la cui *vergenza* (cioè la direzione di accavallamento delle falde tettoniche) è rivolta verso Sud, opposta a quella delle Alpi vere e proprie, che è rivolta verso Nord. Le Alpi meridionali sono separate dalle Alpi da un'importante faglia, oggi inattiva, detta *Linea insubrica* (**figura ■ 6.20**).

Figura ■ 6.19
La dinamica che ha portato alla formazione degli Appennini è dipesa dal movimento del blocco sardo-corso proveniente dalla Francia meridionale.

Figura ■ 6.20
Le Alpi non hanno un'origine geologica unica, ma sono suddivise dalla Linea insubrica in Alpi e Alpi meridionali.

Dopo alcuni milioni di anni di relativa calma, circa 8 milioni di anni fa si verificò un nuovo evento che portò la catena appenninica e la penisola italiana alla loro conformazione attuale: l'apertura del **Mare Tirreno**. Durante quella fase tettonica si completò anche la collocazione definitiva delle rocce dell'**Arco calabro-peloritano** (figura ■ 6.21), un altro Blocco di crosta europea che si trovava in corrispondenza della Provenza e che, insieme al blocco sardo-corso, si era spostato verso est con movimento rotatorio. L'Arco calabro-peloritano corrisponde ai **monti della Sila e dell'Aspromonte** (in Calabria) e dei **monti Peloritani** (in Sicilia). Le spinte tettoniche connesse all'apertura del Mare Tirreno, tutt'ora in atto, sono responsabili dell'intensa attività sismica e vulcanica che interessa l'Italia centro-meridionale.

Figura ■ 6.21
L'arco calabro-peloritano ha la stessa origine della Sardegna e della Corsica, perché deriva dallo spostamento di un blocco di crosta che si era distaccato dalla Placca eurasiatica.

La Placca africana si muove in subduzione sotto alla Placca eurasiatica, causando terremoti molto forti e accendendo vulcani esplosivi come quelli delle isole Eolie.

La storia geologica dell'area mediterranea ebbe una nuova tappa intorno a 6,5 milioni di anni fa, quando si verificò il sollevamento della Soglia di Gibilterra (zona che delimita due bacini). Quell'evento provocò la chiusura dello stretto e l'isolamento delle acque del Mediterraneo da quelle dell'Oceano Atlantico.

Il Mediterraneo divenne un mare chiuso, nel quale l'intensa evaporazione provocò l'abbassamento del livello delle acque e il conseguente affioramento di terreni prima sommersi. In tutto il bacino si depositarono rocce evaporitiche come gessi e salgemma (figura ■ 6.22). Le acque tornarono a penetrare dall'Atlantico al Mediterraneo 4,8 milioni di anni fa dallo stretto di Gibilterra, per cui cascate alte fino a 3000 metri riversarono acqua oceanica nel bacino del Mediterraneo, che in breve tempo si colmò e assunse l'aspetto attuale.

Figura ■ 6.22
A. Un campione di salgemma, NaCl; **B.** un campione di gesso, $CaSO_4 \cdot 2H_2O$.

La catena himalayana

La catena dell'**Himalaya** (dal sanscrito «casa della neve») è la più elevata al mondo, con almeno quattordici cime che superano gli 8000 metri. Si è originata da una serie di eventi che ebbero inizio 80 milioni di anni fa, quando un frammento continentale corrispondente al subcontinente indiano si staccò dal Gondwana, portandosi verso Nord-Est. Allontanandosi dalle coste africane, attraversò l'intero oceano per circa 30 milioni di anni trascinato verso il margine convergente all'altezza della costa eurasiatica (figura ■ 6.23).

Mano a mano che il continente indiano si avvicinava al margine eurasiatico, la subduzione trascinava in profondità nel mantello il fondo basaltico dell'oceano, mentre i sedimenti si accumulavano e si innalzavano, emergendo sotto forma di isole. Quando infine l'oceano si chiuse (45 milioni di anni fa), i due continenti arrivarono a collidere. I due blocchi continentali si fusero lungo una linea che oggi corrisponde alla valle dell'Indo e si innalzò la catena himalayana (figura ■ 6.24).

La collisione continentale non si arrestò, ma proseguì per un certo tempo e, in seguito alle fortissime spinte, anche il margine continentale indiano, si incastrò sotto il margine continentale eurasiatico, provocando un raddoppiamento di spessore crostale che giustifica la quota raggiunta oggi dall'altopiano tibetano.

La spinta della Placca indiana continua ancora oggi, per cui la zona è spesso interessata da terremoti di forte entità. Un esempio è stato il terremoto che ha colpito il Nepal e le zone confinanti il 25 aprile 2015 (figura ■ 6.25).

Figura ■ 6.23
Il movimento della Placca indiana dalla Placca africana a quella eurasiatica.

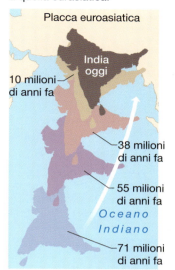

Figura ■ 6.24
La dinamica che ha condotto alla formazione della catena himalayana.

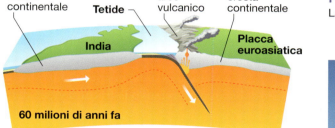
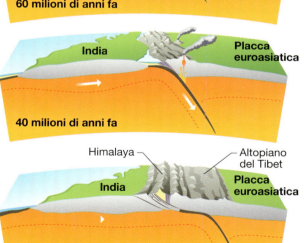

Figura ■ 6.25
Gli effetti del terremoto che ha colpito il Nepal nel 2015, causando 8000 morti e danni pesanti in molte città, tra cui la capitale Katmandu.

3. La deformazione delle rocce

L'aspetto del paesaggio, i rilievi, le valli, le pianure, le coste, sono il risultato di eventi che agiscono in modo lento e continuo sulle rocce, sul suolo, sui fondali marini.

▶ Le forme che si osservano in superficie sono state plasmate da fenomeni **endogeni** (cioè interni alla Terra), come i movimenti tettonici o i fenomeni vulcanici, e da processi **esogeni** (esterni), come l'erosione o la sedimentazione.

Le forze che muovono la litosfera sottopongono le rocce a forti tensioni che producono **deformazioni**. La risposta delle rocce a tali sollecitazioni dipende dalle loro proprietà meccaniche.

Le rocce duttili hanno un comportamento *plastico*, cioè si deformano in modo permanente, mantenendo la deformazione anche al cessare della sollecitazione. Le rocce rigide, invece, hanno un comportamento *elastico*, cioè si deformano temporaneamente e tornano alla forma originaria quando cessano le sollecitazioni.

Qualunque deformazione però, non può essere illimitata: superato un certo limite le rocce subiscono una **frattura**.

▶ In generale, nelle rocce sedimentarie prevale il comportamento plastico, mentre nelle rocce magmatiche e metamorfiche prevale il comportamento elastico.

Il comportamento meccanico di ogni tipo di roccia varia in relazione alla temperatura e alla pressione, mentre le forze che agiscono sulle rocce possono essere di due tipi:

- **forze di compressione**, che inducono lo schiacciamento e il raccorciamento delle masse rocciose;
- **forze di distensione**, che provocano stiramento e allungamento.

A seconda che il comportamento delle rocce in risposta alle forze esterne sia di tipo plastico o elastico si distinguono due tipi di strutture tettoniche: le *faglie* e le *pieghe*.

Le **faglie** sono il risultato del comportamento delle rocce rigide e fragili quando le deformazioni cui sono sottoposte superano il loro punto di rottura. Una faglia è un piano di frattura della roccia lungo il quale vi è stato uno spostamento relativo delle due parti; se, invece, non vi è stato alcuno spostamento relativo la frattura viene definita **diaclasi** (figura ■ 6.26).

Figura ■ 6.26
Le diaclasi sono fratture delle rocce lungo le quali non si è verificato uno spostamento significativo tra le parti.
A. Sono comuni nei grandi massicci granitici e calcarei, compatti e rigidi, ma
B. possono formarsi anche durante il raffreddamento di colate laviche.

Diversi tipi di faglie

A seconda degli spostamenti relativi tra i due blocchi si distinguono tre tipi di faglie:

- **normali** o *dirette* o *di distensione*;
- **inverse** o *di compressione*;
- **trascorrenti**.

▶ I CONCETTI PER IMMAGINI

Faglie normali

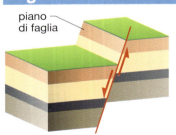

piano di faglia

Nelle **faglie normali**, il blocco di roccia che si trova sopra il piano di faglia scende rispetto all'altro. Le forze che agiscono sono forze di distensione e il risultato è lo stiramento e l'allungamento della porzione di crosta.

Faglie inverse

Nelle **faglie inverse**, il blocco di roccia che si trova sopra il piano di faglia sale rispetto all'altro. Le forze che agiscono sono forze di compressione e il risultato è il raccorciamento della porzione di crosta.

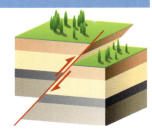

Faglie trascorrenti

Nelle **faglie trascorrenti** si verifica un movimento relativo orizzontale dei due blocchi, in assenza o quasi di spostamenti verticali. Queste faglie si distinguono in destre e sinistre a seconda che il blocco situato sul lato della faglia opposto a quello di chi la osserva si sia spostato a destra o a sinistra. Il piano di faglia è generalmente sub-orizzontale (cioè «sotto l'orizzonte»).

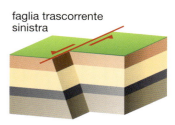

faglia trascorrente sinistra

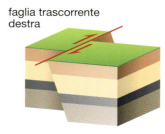

faglia trascorrente destra

Sistemi di faglia dirette, in aree in cui prevalgono forze di distensione, possono modellare il territorio generando profonde valli di sprofondamento dette **fosse tettoniche** (o graben, o rift valley) delimitate ai lati da zone relativamente sollevate e stabili dette **pilastri tettonici** (o horst; **figura ▪ 6.27**).

Una faglia inversa con inclinazione del piano di scivolamento inferiore ai 45°, invece, può evolvere nel tempo in un **sovrascorrimento** (**figura ▪ 6.28**), se è sottoposta a forze di compressione intense e prolungate. Si forma, così, una struttura tettonica in cui un blocco roccioso scorre e si accavalla sopra quello adiacente fino a ricoprirlo.

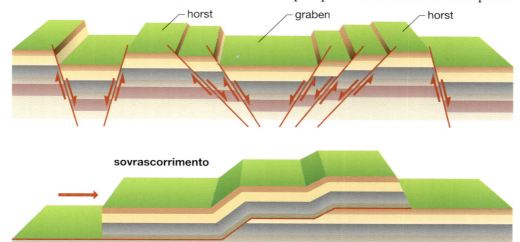

Figura ▪ 6.27
Il fenomeno delle faglie normali causa la formazione di rift valley e horst.

Figura ▪ 6.28
Schema di un sovrascorrimento, un fenomeno tettonico che si rileva in alcuni settori delle Alpi.

Le pieghe nelle rocce

Le **pieghe** sono il risultato del comportamento plastico delle rocce (**figura ▪ 6.29**). Si tratta di strutture in cui le rocce si mostrano inclinate con continuità senza fratture o dislocazioni. Le pieghe possono essere distinte in base a vari parametri, come convessità e inclinazione del piano assiale.

Si dicono **anticlinali** le pieghe che mostrano una convessità verso l'alto e **sinclinali** quelle che mostrano una convessità verso il basso (**figura ▪ 6.30**).

Figura ▪ 6.29
Un esempio di piega nella roccia a Creta, in Grecia.

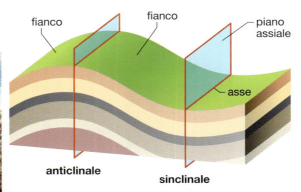

Figura ▪ 6.30
La distinzione tra piega anticlinale e sinclinale dipende dalla convessità.

In base all'inclinazione del piano assiale, invece, le pieghe si classificano in: *dritte, inclinate, rovesciate* e *coricate* (**figura ■ 6.31**). Durante la sua evoluzione nel tempo, una piega può passare da una di queste categorie all'altra. Una piega coricata, se sottoposta a spinte intense e prolungate può evolvere in una **piega-faglia**, ciò accade quando il fianco che raccorda l'anticlinale con la sinclinale adiacente si stira sempre più fino a rompersi.

Figura ■ 6.31
Le pieghe dritte hanno il piano assiale verticale (**A**); le pieghe inclinate hanno il piano assiale debolmente inclinato (**B**); le pieghe rovesciate hanno il piano assiale molto inclinato e i fianchi che pendono dalla stessa parte (**C**); le pieghe coricate hanno il piano assiale quasi orizzontale (**D**).

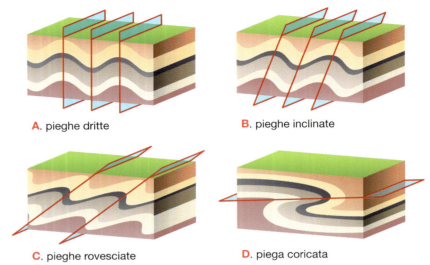

A. pieghe dritte

B. pieghe inclinate

C. pieghe rovesciate

D. piega coricata

🇬🇧 **Folds**
(Pieghe)
In geology, wave-like structures formed by the deformation of rocks that under compressional stress bend onto each other.

A sua volta, una piega-faglia può evolvere in un sovrascorrimento e lo stesso può accadere a una faglia inversa. L'evoluzione di faglie inverse e di pieghe-faglie su scala regionale possono produrre estesi accavallamenti di masse rocciose che prendono il nome di **falde di ricoprimento**. Il verso del trasporto tettonico è detto **vergenza**.

Se l'erosione, in seguito allo smantellamento di una falda di ricoprimento, mette a nudo le rocce sottostanti, lo squarcio attraverso il quale esse affiorano viene definito **finestra tettonica**; se rimangono dei lembi scoperti, invece, questi prendono il nome di scogli tettonici (o *klippe*, in tedesco) (**figura ■ 6.32**).

Figura ■ 6.32
Il Cervino è un klippe, cioè un lembo isolato di una grande falda. Le rocce che lo costituiscono sono scivolate, insieme al resto della falda, sopra ad altre rocce. Le prime facevano parte del «continente» africano; quelle sottostanti costituivano il fondo dell'antico oceano che 180 milioni di anni fa separava Africa ed Europa.

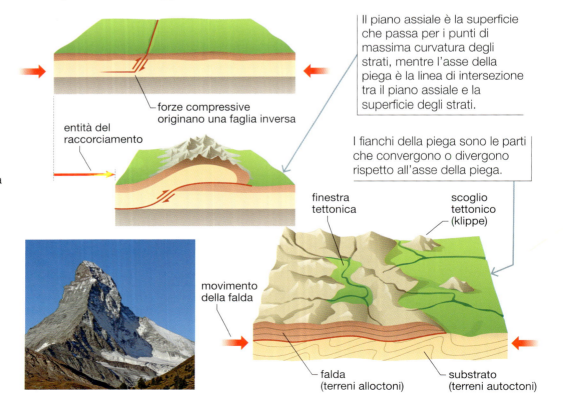

forze compressive originano una faglia inversa

entità del raccorciamento

Il piano assiale è la superficie che passa per i punti di massima curvatura degli strati, mentre l'asse della piega è la linea di intersezione tra il piano assiale e la superficie degli strati.

I fianchi della piega sono le parti che convergono o divergono rispetto all'asse della piega.

finestra tettonica

scoglio tettonico (klippe)

movimento della falda

falda (terreni alloctoni)

substrato (terreni autoctoni)

▶ Lavorare con le mappe

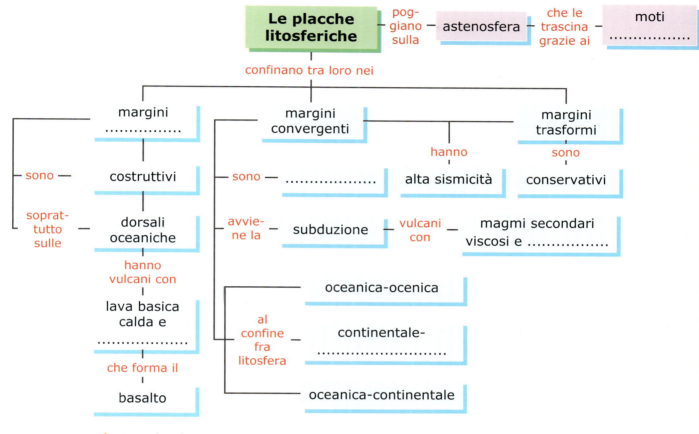

1. Completa la mappa riempiendo gli spazi.

2. Elabora un riassunto della mappa descrivendo i singoli elementi e le loro relazioni.

3. Arricchisci la mappa inserendo gli esempi geografici dei vari elementi.

4. Costruisci una mappa sull'orogenesi e una sull'origine degli oceani.

▶ Conoscenze e abilità

Le placche litosferiche, i margini delle placche

Indica la risposta corretta

1. **Da quale strato della Terra è costituita una placca?**

   A la crosta continentale

   B la crosta

   C la litosfera

   D il mantello litosferico

2. **Quale dei seguenti fenomeni non è una caratteristica dei margini costruttivi?**

   A Vi affluiscono magmi basici caldi e fluidi.

   B Si generano sismi con ipocentri a varia profondità sul piano di Wadati-Benioff.

   C Si origina litosfera basaltica.

   D Il flusso di calore è maggiore della media.

3. **Quale dei seguenti elementi non è caratteristico dei margini convergenti fra lembi di crosta oceanica?**

   A fosse oceaniche

   B archi insulari vulcanici

   C ipocentri di terremoti anche profondi lungo il piano di Benioff

   D vulcanismo fessurale

Osserva bene la figura prima di rispondere alle domande da 4 a 16.

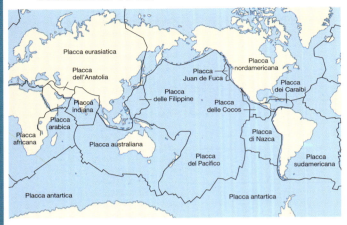

4. **Quali fra le seguenti placche comprendono soltanto crosta oceanica?**

A antartica, Pacifico, Nazca
B Pacifico, Nazca, sudamericana
C antartica, Pacifico, Nazca, Cocos
D Filippine, Pacifico, Nazca, Cocos

5. **Quali margini continentali sono anche margini di placca?**

A Sudamerica occidentale   C Australia
B Africa occidentale   D Nordamerica orientale

6. **Quale placca comprende soltanto crosta continentale?**

A nordamericana
B eurasiatica
C arabica
D nessuna delle precedenti

7. **Quale continente si trova lontano da margini di placca?**

A Eurasia   C Sudamerica
B Nordamerica   D Australia

8. **Quali tipi di margini si trovano in corrispondenza della dorsale medio-atlantica?**

A convergente   C solo trasforme
B divergente + trasforme D solo divergente

9. **La linea di costa dell'Africa occidentale è**

A un margine convergente
B un margine continentale inattivo
C un margine divergente
D un margine trasforme

10. **Quale tipo di margine corre parallelamente alle coste del Cile?**

A un margine convergente

B un margine continentale inattivo
C un margine divergente
D un margine trasforme

11. **Quale dei seguenti luoghi geografici è percorso da un margine divergente?**

A costa occidentale del Sudamerica
B costa orientale del Sudamerica
C Mar Rosso
D Tibet

12. 🇬🇧 **Which of the following places is crossed by a convergent boundary?**

A Mediterranean Sea
B Red Sea
C Iceland
D North America East coast

13. **I grattacieli dell'isola di Manhattan (New York) sono soggetti a elevato rischio sismico?**

A Non per i sismi di origine tettonica, perché New York si trova al centro di una placca.
B Sì perché New York si trova al margine di una placca.
C Non per i sismi tettonici, perché New York si trova al margine di una placca.
D Sì perché New York si trova al centro di una placca.

14. **Quale delle seguenti affermazioni riguardanti la Placca africana non è corretta?**

A Contiene il continente africano, parte dell'Oceano Atlantico, dell'Oceano Antartico, del Mediterraneo, dell'Oceano Indiano.
B Contiene solo il continente africano.
C Confina con la Placca nordamericana e con la Placca sudamericana.
D Non confina con la Placca del Pacifico.

15. **Per l'intero oceano Atlantico**

A c'è il lunghissimo margine fra placche confinanti
B c'è una sola placca
C non ci sono margini
D c'è un unico margine fra due placche

16. **Il mare Mediterraneo**

A è al centro di una placca, perciò comprende zone altamente sismiche
B è al margine fra due placche, perciò non comprende zone altamente sismiche
C è al margine fra due placche, perciò comprende zone altamente sismiche
D è al centro di una placca, perciò non comprende zone altamente sismiche

17. Un margine divergente si sta formando nell'Africa orientale. Che cosa accadrà a quella regione?

A Si formerà una catena montuosa.
B Si formerà una fossa abissale.
C Si formerà un oceano.
D Il continente sarà inciso da una valle profonda ma rimarrà stabile.

18. Quali sono i margini trasformi nella figura?

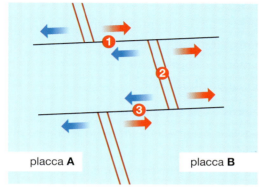

placca **A**   placca **B**

A 1 e 2   **C** 1, 3
B 1, 2, 3   **D** solo 1

19. In corrispondenza dei margini a scorrimento laterale

A non ci sono ipocentri di terremoti né vulcani
B non ci sono terremoti ma ci sono vulcani
C ci sono sia terremoti sia vulcani
D ci sono terremoti ma non vulcani

20. 🇬🇧 **California's San Andreas faul**

A is a convergent boundary
B is a divergent boundary
C is a transform boundary
D is not a plate boundary

21. Come è possibile che l'astenosfera (prevalentemente solida) possa avere movimenti convettivi tipici dei fluidi (liquidi e gas)?

A I movimenti, infatti, non si verificano.
B I movimenti sono più veloci di quelli dei fluidi.
C I movimenti sono lentissimi.
D L'astenosfera si sposta «a blocchi».

Completa la frase

22. In corrispondenza dei margini divergenti il moto .... dell' .... è ascensionale, pertanto masse caldissime provenienti dal mantello risalgono verso l'alto dove incontrano pressioni minori. In tali condizioni la roccia .... generando magmi caldissimi (1200 °C), ... ossia ricchi di ferro e magnesio, e .... che raffreddandosi, formano il .... Ai due lati del margine in modo simmetrico, la litosfera così solidificata viene .... dal moto .... dell'astenosfera, lasciando pertanto il posto alla risalita e consolidamento di nuova ...., per questo motivo i margini divergenti sono anche detti ....

23. In corrispondenza di margini convergenti che separano litosfera oceanica e litosfera continentale avviene la .... della litosfera oceanica sotto quella continentale. In queste zone, lungo il margine si formano .... e archi .... Le rocce sedimentarie si accumulano lungo il .... in quanto hanno una .... così bassa da non venire trascinate insieme con gli strati sottostanti. Esse, sottoposte alle forti spinte della collisione, si modellano dando origine a .... e .... anche coricandosi e sovrapponendosi l'una sull'altra con l'innalzamento di rilievi paralleli al .... e il ricoprimento delle .... I margini convergenti fra crosta continentale e crosta oceanica sono caratterizzati da .... montuose con rocce di tipo .... e archi .... Un esempio imponente è la catena delle ....

24. Nei margini a scorrimento laterale i lembi delle placche .... l'uno accanto all'altro con verso .... La litosfera non si .... né si ...., pertanto il margine viene detto conservativo. Il moto dei due lembi di crosta dà origine a una faglia nella quale le rocce sono sottoposte a una continua .... che si accumula e si rilascia generando .... con .... superficiali, pertanto con elevate magnitudini. La faglia è detta .... quando è situata trasversalmente rispetto a una dorsale oceanica, pertanto ai suoi lati scorrono in modo .... ma con verso ....

25. L'interno delle placche tettoniche comprende le zone più .... della superficie terrestre. Fanno eccezione flussi di .... isolati che generano .... come nel caso delle .... che si trovano all'interno della placca .... dove un .... ha provocato la formazione delle diverse isole .... dell'arcipelago a causa del moto della ....

Vero o falso?

26. In corrispondenza di tutti i margini continentali avviene la subduzione.   V F

27. I margini costruttivi sono situati anche all'interno di continenti.   V F

28. I margini costruttivi sono chiamati così perché vi si forma nuova crosta.   V F

29. L'Oceano Atlantico è percorso da un margine convergente.   V F

30. Il Nordamerica occidentale si trova nel centro di una placca.   V F

31. Con la subduzione tutti i minerali della litosfera che sprofonda fondono, alimentando i magmi.   V F

32. Gli abissi oceanici si trovano in corrispondenza di margini di subduzione.   V F

33. 🇬🇧 Mid-ocean ridges are found at divergent boundaries.   V F

34. 🇬🇧 Any type of rock can be found at convergent boundaries between continental plates.   V F

Rispondi

35. Perché i margini divergenti sono anche detti costruttivi?

36. 🇬🇧 Briefly describe the different types of plate boundaries and the phenomena occurring at their site.

Formazione degli oceani, orogenesi e deformazioni delle rocce

Domande a scelta multipla

37. Le coste del Mar Rosso sono

A margini continentali passivi

B margini divergenti

C margini convergenti

D margini trasformi

38. La costa orientale del Sudamerica è

A un margine continentale attivo

B un margine continentale passivo

C un margine divergente

D un margine convergente

39. La costa occidentale del Sudamerica è

A un margine continentale passivo

B un margine divergente

C un margine convergente

D un margine trasforme

40. Che cos'è una fossa tettonica?

A Una valle originata da un moto tettonico di distensione.

B Una valle originata dall'affondamento di una placca sotto l'altra.

C Una frattura che si forma in seguito ai moti tettonici.

D Un vulcano fessurale da cui esce lava basaltica (rift valley).

41. A quale dei seguenti fenomeni è destinato un continente che si trova al di sopra di un flusso convettivo ascensionale dell'astenosfera?

A subduzione

B formazione di una faglia trasforme

C inarcamento crostale e formazione di una rift valley

D collisione continentale

42. Il subcontinente indiano probabilmente si è staccato dalle coste orientali dell'Africa meridionale. Quale dei seguenti fenomeni potrebbe essere associato a tale comportamento?

A un margine divergente fra subcontinente indiano e costa africana

B un margine convergente fra subcontinente indiano e costa africana

C un piano di Benioff sulle coste occidentali del subcontinente indiano

D un margine convergente lungo le coste africane

43. Le Alpi sono il risultato di una collisione continentale. Quali tipi di roccia lo testimoniano?

A solo le rocce sedimentarie di origine marina

B solo le rocce magmatiche

C solo le rocce magmatiche intrusive

D le rocce magmatiche, sedimentarie e metamorfiche.

44. Quale delle seguenti affermazioni relative al ciclo di Wilson è <u>errata</u>?

A La Pangea ipotizzata da Wegener è esistita ed è stata l'unico supercontinente terrestre.

B L'Oceano Pacifico è destinato a chiudersi completamente fra 200 milioni di anni.

C L'Oceano Pacifico si aprì 300 milioni di anni fa.

D Gli oceani si sono chiusi e riaperti più volte nel passato geologico terrestre.

45. Nel corso del Mesozoico che cosa succede al grande golfo Tetide e alla zona chiamata Adria?

A Si contrae mentre l'Adria sprofonda.

B Si espande mentre l'Adria si innalza.

C Si contrae mentre l'Adria si innalza.

D Si espande mentre l'Adria sprofonda.

46. Con l'apertura dell'Oceano Atlantico meridionale che cosa accade all'Oceano Ligure-Piemontese che darà origine al Mediterraneo?

A Si contrae mentre l'Adria sprofonda.

B Si espande mentre l'Adria si innalza.

C Si contrae mentre l'Adria si innalza.

D Si espande mentre l'Adria sprofonda.

47. 🇬🇧 The more ductile a rock is,

A the more plasticity it displays

B the more rigidity it displays

C the more fragility it displays

D the more elasticity it displays

48. Quali effetti sugli strati sedimentari sono provocati da fenomeni di compressione?

A pieghe e faglie

B pieghe e stiramenti

C faglie trascorrenti

D stiramento e fagliazione

49. In quale struttura si può verificare il fenomeno del sovrascorrimento?

A pieghe

B pieghe-faglie

C fosse tettoniche

D faglie trascorrenti

Completa la frase

50. Se un margine divergente si presenta all'interno di un continente accade inizialmente un *inarcamento* della crosta a cui segue una .... longitudinale lungo il .... I due lembi di crosta, tra-

scinati dai moti .... divergenti dell'astenosfera sottostante, tendono ad allontanarsi dando origine a profonde .... dette .... tettoniche o «graben», delimitate da rilievi che corrono parallelamente al margine (............................) mentre si innalzano vulcani con lava .... che si deposita nella valle tettonica. La depressione diviene sempre più ampia ricevendo le .... di fiumi e laghi fino a quando non sarà invasa dal ....

51. Nei margini continentali attivi gli strati sedimentari non partecipano alla .... Ma, a causa delle forti spinte, formano .... e/o .... e si .... dando origine a catene montuose con rocce ....

52. Se in una zona di convergenza la crosta .... trascina con sé un continente, questo è destinato a scontrarsi con un altro .... La subduzione continua mentre la litosfera, sottoposta a fortissime spinte si .... La crosta diventa pertanto più .... mentre gli strati rocciosi si .... In rari casi accade che un lembo di crosta .... si incunei sotto l'altra sollevandola e generando così un ....

53. I continenti odierni derivano dalla frammentazione del ...., già ipotizzato da ...., esistito .... milioni di anni fa e preceduto dall'ultimo supercontinente del Precambriano chiamato Pannotia (600-540 milioni di anni fa) e prima ancora da Rodinia, ... L'alternarsi di espansione e contrazione degli .... è chiamato ciclo di ....

Rispondi

54. Descrivi in breve il fenomeno della collisione continentale.

55. Descrivi le principali tappe dell'orogenesi hymalaiana.

56. Che cos'è la Linea insubrica?

57. Lungo le pendici del Monte Ferrato vi sono cave di serpentinite, una roccia metamorfica derivante dal metamorfismo del basalto, dal bel colore verde (chiamata marmo verde di Prato).

▶ Come si spiega l'esistenza di rocce di origine oceanica all'interno di un continente?

58. Descrivi brevemente il meccanismo di subduzione e i suoi effetti nella morfologia del territorio.

59. 🇬🇧 Why is California (USA) considered a seismically unstable region?

60. Come è spiegata, in base alla teoria della tettonica a placche, l'origine degli archi insulari vulcanici e dei sistemi arco-fossa?

61. 🇬🇧 How did the Hawaiian Islands form?

Vero o falso?

62. Il Mar Baltico è una zona tranquilla perché si trova al centro di una placca.   **V F**

63. Il Mar Rosso è un giovane oceano destinato ad allargarsi.   **V F**

64. La penisola arabica è una zona instabile perché si trova fra due margini di placca.   **V F**

65. I margini continentali sono sempre interessati a fenomeni di subduzione.   **V F**

66. Nei margini distruttivi la litosfera oceanica è in subduzione rispetto alla litosfera continentale.   **V F**

67. Le catene montuose parallele a margini convergenti fra litosfera oceanica e litosfera continentale (come le Ande) presentano rocce vulcaniche ma difficilmente rocce sedimentarie.   **V F**

68. Le fosse tettoniche si formano a causa di movimenti di distensione della litosfera.   **V F**

69. 🇬🇧 Usually, transform boundaries are seismically very active.   **V F**

70. 🇬🇧 Volcanos cannot be found within plates.   **V F**

71. 🇬🇧 Mariana Trench is located on a divergent boundary.   **V F**

72. La Placca euroasiatica confina con la Placca nordamericana lungo un margine prevalentemente divergente.   **V F**

73. Le faglie inverse sono caratteristici effetti dei moti litosferici di compressione.   **V F**

▶ Il laboratorio delle competenze

74. CLASSIFICA Osserva attentamente l'immagine.

a. Assegna i nomi geografici ai margini di placca che riesci a individuare.

b. Quale tipo di attività (vulcanica, sismica con epicentri superficiali o profondi) caratterizza le zone 1, 2, 3, 4 indicate nella carta?

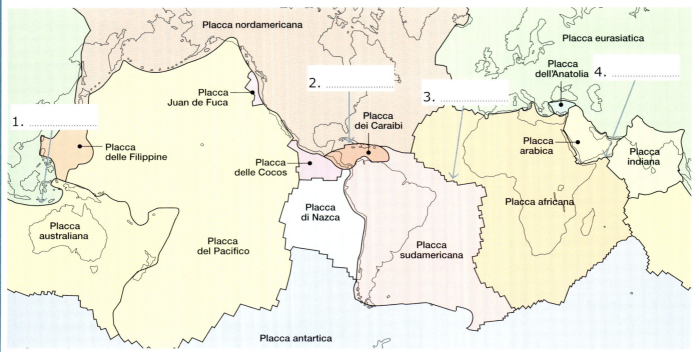

75. COLLEGA Completa la figura inserendo i tipi di magma negli spazi.

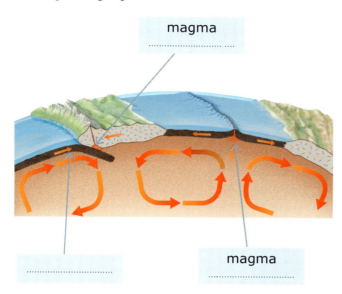

magma
....

magma
....

76. CONFRONTA Considera la teoria di Wegener della deriva dei continenti.

a. Quali aspetti si possono ritrovare nella teoria della tettonica a placche?

b. Quali invece sono stati modificati drasticamente?

c. Quali fenomeni hanno determinato le prove geomorfologiche, paleoclimatiche e paleontologiche che la sostengono?

77. CONFRONTA Quali aspetti della teoria dell'espansione dei fondali oceanici sono ancora presenti nella teoria della tettonica a placche?

78. COLLEGA In base alla teoria della tettonica a placche, come mai la maggior parte dei margini divergenti sono sottomarini?

79. 🇬🇧 EXPLAIN According to plate tectonic theory, oceanic crust is, on average, more recent than continental crust. Explain why.

80. SPIEGA In base alla teoria della tettonica a placche, spiega come mai i continenti hanno spessore maggiore dei fondali oceanici e possiedono strati più spessi di roccia sedimentaria.

81. 🇬🇧 CONNECT Which type of fault line is the one shown in the following picture?

A direct (normal)
B reverse
C strike-slip
D fault-bend fold

82. SPIEGA In che modo lo studio sulla migrazione dei poli magnetici ha contribuito alla genesi della teoria della tettonica a placche?

83. SPIEGA Come si spiega, in base alla teoria della tettonica a placche, l'elevato spessore della litosfera continentale? Come si spiega la natura basaltica dei fondali oceanici?

84. DESCRIVI In base a quanto hai appreso sui margini convergenti che separano la litosfera continentale dalla litosfera oceanica, descrivi le principali tappe dell'orogenesi delle Ande.

85. 🇬🇧 EXPLAIN Based on the notions you learned, explain why the Italian Peninsula is characterized by high seismic activity.

86. DEDUCI L'immagine mostra lo spostamento del Blocco sardo-corso.

▶ Quali tipi di prove cercheresti per avvalorare la descrizione che trovi in figura?

1 20 milioni di anni fa

2 19 milioni di anni fa

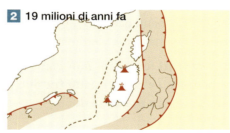

3 16 milioni di anni fa

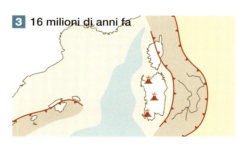

4 7 milioni di anni fa

Contenuti e conoscenze di base

Tempo: 30 minuti
… / 60 punti

Indica la risposta corretta (2 punti a risposta)

1. **Quali sono le caratteristiche che differenziano la crosta continentale da quella oceanica?**

A   La crosta oceanica ha maggiore densità, età, spessore della crosta continentale.

B   La crosta oceanica ha minore densità, età, spessore della crosta continentale.

C   La crosta oceanica ha maggiore densità, minore età e minore spessore della crosta continentale.

D   La crosta oceanica ha minore densità ed età e maggiore spessore della crosta continentale.

2. **Come si spiega, secondo la teoria dell'isostasia, che lo spessore della litosfera continentale sia massimo in corrispondenza delle catene montuose?**

A   La continentale ha minore densità dell'oceanica.

B   La continentale ha minore densità dell'oceanica.

C   La massa che sovrasta l'astenosfera è maggiore e vi «sprofonda».

D   La litosfera si accresce continuamente in corrispondenza delle dorsali oceaniche.

3. **I seguenti fenomeni possono supportare la teoria di Hess sull'espansione dei fondali oceanici, tranne uno. Quale?**

A   il paleomagnetismo dei fondali oceanici

B   l'età dei fondali oceanici

C   lo spessore dei sedimenti oceanici

D   la presenza della piattaforma continentale

4. **Quale fra i seguenti fenomeni non è una caratteristica di un margine convergente fra due lembi di crosta oceanica? La presenza di**

A   spessi rilievi sedimentari

B   una fossa oceanica

C   archi insulari vulcanici

D   sismi con ipocentro sul piano di Wadati Benioff

5. **La regione dei Grandi Laghi, in Africa, corrisponde a un margine**

A   costruttivo   C   distruttivo

B   continentale   D   conservativo

6. **Una piega coricata è tipica**

A   di un fenomeno di compressione

B   di un fenomeno di distensione

C   di una faglia trasforme

D   di un fenomeno di compressione seguito da una distensione

Rispondi in breve (4 punti a risposta)

7. Che cosa sono e dove si trovano gli scudi continentali?

8. Quali rocce, partendo dalla superficie verso l'interno, costituiscono i fondali oceanici?

9. Che cos'è la litosfera? In che cosa si differenzia dall'astenosfera?

10. In che cosa consistono le prove paleontologiche della teoria di Wegener?

11. Quando è esistita l'ultima Pangea?

12. In che modo il paleomagnetismo supporta la teoria dell'espansione dei fondali oceanici?

13. Quali caratteristiche accomunano i margini convergenti?

14. Spiega in breve il ciclo di Wilson.

15. Fai il maggior numero di esempi riguardanti margini distruttivi fra lembi di crosta oceanica.

16. Che cosa sono le ofioliti?

17. Quali rocce si possono trovare in un margine convergente fra lembi di crosta continentale?

18. Che cosa sono le fosse tettoniche?

Elaborazione e riflessione

Tempo: 30 minuti
… / 40 punti

Rispondi ai quesiti (8 punti a risposta)

19. Quali aspetti della teoria di Wegener sulla deriva dei continenti sono stati conservati e invece quali sono stati abbandonati?

20. Come si spiega, con la teoria della tettonica delle placche, l'età elevata delle rocce continentali in corrispondenza dei cratoni?

21. Come si spiega l'elevata sismicità della penisola italiana?

22. Come si spiega l'elevato spessore della crosta continentale in rapporto a quello della crosta oceanica?

23. Volendo verificare che il mare Tirreno si sta espandendo, quali evidenze sperimentali cercheresti nei fondali (disponendo della tecnologia attuale)?

L'atmosfera e l'ecosistema globale

1. La Terra è un sistema dinamico

Le condizioni fisiche, chimiche e ambientali della miriade di ecosistemi presenti sulla Terra, pur soggette a continue variazioni, si mantengono entro un intervallo di valori favorevoli alla vita. Quando in un sistema dinamico le condizioni chimiche o fisiche devono mantenersi entro certi limiti per essere favorevoli a un dato fenomeno, gli scienziati parlano di principio di *Goldilock*, (in italiano «Riccioli d'oro»), dal nome della protagonista dell'omonima favola che, nella casa dei tre orsi, cerca il cibo «né troppo caldo né troppo freddo» o un letto «né troppo grande né troppo piccolo».

Il termine è usato nella ricerca di pianeti extrasolari che, per essere abitabili, devono essere appunto *goldilocks*: né troppo vicini alla propria stella, né troppo lontani, né troppo caldi, né troppo freddi ecc. Tra i numerosi requisiti che rendono il nostro pianeta abitabile, e quindi unico nel Sistema solare, vi sono le condizioni di temperatura e la composizione chimica dell'atmosfera, delle acque, dei suoli e delle rocce.

Per semplificarne lo studio, si trattano separatamente i vari comparti che nell'insieme costituiscono il nostro pianeta: atmosfera, idrosfera, litosfera, biosfera. Sappiamo tuttavia che ciascuno di essi è un *sistema dinamico*, in continua e strettissima relazione con gli altri e con l'energia del Sole. In queste pagine affronteremo tali relazioni, evidenziando il flusso continuo di materia e di energia che li caratterizza e rende possibili le meraviglie del nostro pianeta.

Figura ▪ 7.1
La biosfera (i viventi), l'idrorsfera (le acque e i ghiacci), la litosfera (le montagne e i vulcani) e atmosfera (l'aria) sono sistemi strettamente correlati tra di loro.

2. Flussi di materia e di energia

La litosfera, le terre emerse, i suoli

La litosfera è un sistema dinamico in continua evoluzione. I moti delle placche tettoniche, trascinate dai moti convettivi dell'astenosfera, alimentati dal flusso del calore interno della Terra, sostengono il ciclo litogenetico e determinano il modellamento della litosfera. L'interazione della litosfera con l'atmosfera e l'idrosfera modifica continuamente l'aspetto della superficie terrestre.

L'azione dell'acqua e dell'aria sui corpi rocciosi è intensa e continua. La **degradazione meteorica** (*weathering*) è innescata da fenomeni *fisici*, come l'alternarsi del caldo e del freddo, il congelamento dell'acqua (**figura** ■ 7.2), l'esposizione ad aria secca o, al contrario, all'aerosol salmastro delle coste, e da processi *chimici* a carico dei minerali che compongono la roccia (ossidazione, idratazione, carbonatazione).

Esistono anche forme di degradazione provocate dagli organismi viventi. La roccia, indebolita dalla degradazione meteorica, è soggetta all'**erosione**, ossia alla progressiva asportazione dei materiali che la compongono da parte degli agenti atmosferici che pertanto modellano lentamente il paesaggio.

Il suolo è uno dei componenti più fragili delle terre emerse: esso si genera dai prodotti di disgregazione della roccia madre arricchiti di materiali organici di origine biologica e di sostanze in soluzione acquosa, in un arco di tempo che va da a centinaia a migliaia di anni. L'azione erosiva del deflusso superficiale delle acque lo asporta riducendone lo spessore.

Un caso allarmante di impoverimento del suolo riguarda le rigogliose foreste pluviali, sottoposte a diboscamento. Esse poggiano su un suolo molto sottile nel quale i nutrienti si riciclano rapidamente. Con l'abbattimento del manto forestale, il suolo, dilavato dalle frequenti piogge equatoriali, diviene rapidamente sterile.

Nei nostri territori l'inquinamento del suolo è un fenomeno che richiede massima attenzione e atteggiamenti consapevoli. Responsabili dell'immissione nel suolo di sostanze estranee sono soprattutto le attività industriali, i centri abitati, le discariche, l'agricoltura (**figura** ■ 7.3). In particolare lo smaltimento inadeguato dei rifiuti provoca l'immissione nel suolo di sostanze inquinanti molto diversificate che, accumulate, possono trasformarsi e generare altre sostanze nocive. La contaminazione dei suoli agricoli può essere prodotta dall'uso incontrollato di fertilizzanti e pesticidi e dallo sversamento dei liquami che derivano dagli allevamenti di bestiame.

ghiaccio

Figura ■ **7.2**
Il crioclastismo è un fenomeno di *weathering* dovuto allo stress prodotto dal congelamento dell'acqua nelle fessure delle rocce.

Erosion
(Erosione)
The process by which weathering promotes the progressive removal of materials from rocks. Living organisms, such as plants, can promote rock erosion.

Figura ■ **7.3**
A. Le discariche, se gestite in modo scorretto, possono rilasciare nel suolo sostanze pericolose ed essere fonte di inquinamento per le falde acquifere. **B.** L'uso di fertilizzanti agricoli immette nel suolo numerose sostanze chimiche.

La biosfera e la CO_2

Con l'atmosfera gli organismi viventi scambiano continuamente materia ed energia mediante la fotosintesi (organicazione di CO_2 e liberazione di O_2); la respirazione cellulare e i processi di decomposizione invece liberano CO_2 consumando ossigeno; all'incremento della quota di diossido di carbonio atmosferico contribuisce l'azione umana con le attività industriali, l'impiego di motori a combustione e l'utilizzo dei combustibili fossili.

A tutto ciò si aggiungono le esalazioni vulcaniche e i gas prodotti dall'erosione delle rocce calcaree (ancora CO_2). Affronteremo lo studio del ciclo del carbonio più avanti nel capitolo.

Le acque marine

Gli oceani ricoprono il 71% della superficie terrestre. Le acque marine interagiscono con l'atmosfera e con le terre emerse partecipando al ciclo idrologico e costituiscono il principale serbatoio idrico del pianeta, responsabile, si stima, dell'86% dell'evaporazione totale.

L'interazione fra le terre emerse e i mari è strettissima. Detriti solidi provenienti dai continenti, insieme a sostanze in soluzione e componenti gassosi, si riversano nel mare tramite le acque superficiali e sotterranee contribuendo alla formazione dei fondali oceanici (piattaforma continentale) ed entrando nella composizione delle acque marine.

Il mescolamento delle acque oceaniche, escludendo quelle delle zone di piattaforma e di scarpata continentale, è lentissimo; i sedimenti pertanto hanno il tempo di depositarsi sul fondo e di litificare formando roccia sedimentaria. Il sollevamento degli strati sedimentari, provocato dai movimenti tettonici, porta in superficie gli strati rocciosi così formati che si possono sollevare a formare alte montagne.

A causa del lento mescolamento, la disponibilità di nutrienti minerali per le comunità biologiche che si depositano sul fondo è in generale piuttosto scarsa. In prossimità delle coste tuttavia essi risalgono in superficie grazie a un fenomeno di risalita delle acque profonde detto *upwelling* (**figura ■ 7.4**). I venti costieri spingono le acque superficiali lontano dalla riva richiamando in superficie le acque fredde ricche di nutrienti dalle profondità del mare. In queste zone di risalita si sviluppano organismi fotosintetici che alimentano la catena trofica e rendono i mari più pescosi.

Più in generale le correnti marine condizionano il clima, trasportano le sostanze disciolte uniformandone le concentrazioni e diffondono gli organismi acquatici.

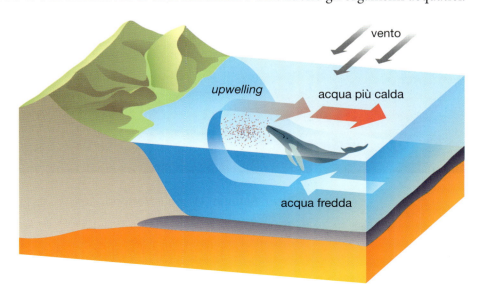

Figura ■ 7.4
L'*upwelling* è un fenomeno innescato dai venti costieri. I venti spingono le acque costiere superficiali verso il largo, richiamando in superficie acque profonde ricche di nutrienti.

Le acque dolci

Le acque povere di sali (acque dolci) sono contenute nei fiumi, nei laghi, nei ghiacciai e nelle falde sotterranee (falde acquifere). L'interazione di queste acque con le rocce è intensa e continua, determinando un modellamento massiccio delle rocce superficiali e dei suoli (**figura ■ 7.5**).

I laghi e i fiumi ricevono dalle acque di deflusso (che scorrono sul suolo) nutrienti minerali disponibili per la comunità biologica che li assorbe e il incorpora. La proliferazione di organismi aerobi provoca nelle acque l'impoverimento di ossigeno in profondità e di nutrienti minerali in superficie. Le acque lacustri si rimescolano grazie a un *turnover* (ricambio) annuale: in primavera la fusione dei ghiacci immette acqua fredda e densa che si dispone in profondità facendo risalire in superficie le acque profonde povere di ossigeno. In autunno lo stesso fenomeno si verifica a causa dei venti che raffreddano le acque superficiali facendole sprofondare.

L'atmosfera

I pianeti del Sistema Solare, con la sola esclusione di Mercurio, sono avvolti da miscele di gas, ossia da **atmosfera** con varia composizione e diverso spessore (**figura ■ 7.6**). La sfera gassosa non ha un confine netto, ma si rarefa gradualmente fino alla densità tipica del mezzo interplanetario. I gas atmosferici, specialmente quelli costituiti da molecole più leggere, si disperdono verso lo spazio esterno, mentre altri

Figura ■ 7.5
Lo scorrimento delle acque contribuisce al modellamento delle rocce superficiali.

Figura ■ 7.6
Tranne Mercurio, tutti i pianeti del Sistema Solare possiedono un'atmosfera.

Marte, la **Terra** e **Venere** hanno masse molto minori e maggiore irraggiamento solare rispetto a Giove, Saturno e Nettuno. Hanno atmosfere nelle quali l'idrogeno e l'elio sono presenti solo in tracce. Su Marte e Venere prevale per oltre il 90% il diossido di carbonio (CO_2).

fascia degli asteroidi

Sole

Venere   Marte

Mercurio   Terra

Giove

Saturno

Urano

Nettuno

Fascia di Kuiper

Mercurio, il pianeta con massa minore e più vicino al Sole, è l'unico del Sistema Solare che non possiede atmosfera a causa dell'elevata intensità della radiazione solare e della bassa gravità.

Giove, **Saturno**, **Urano** e **Nettuno** sono i pianeti più massicci. Grazie alla gravità elevata, possiedono un'atmosfera di gas con molecole leggerissime (H_2, He_2).

gas si aggiungono provenendo dall'interno del pianeta. L'irraggiamento solare favorisce la dispersione, mentre la gravità la frena.

Le molecole dei gas atmosferici interagiscono tra loro, con la radiazione solare, con i materiali esterni del pianeta e con l'energia da esso liberata, costituendo un sistema dinamico in continua trasformazione.

Al livello del suolo, nella *troposfera*, l'aria è costituita da un miscuglio di gas e vapori in percentuali abbastanza costanti a esclusione del vapore acqueo la cui quantità è molto variabile. Per questa ragione i dati seguenti si riferiscono all'**aria secca** ossia priva di acqua allo stato di vapore (**figura** ▪ **7.7**).

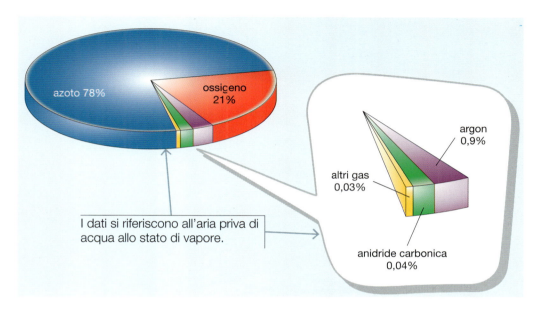

Figura ▪ **7.7**
La composizione dell'aria secca.

- **Azoto** (N$_2$): **78%**. È il gas più abbondante nell'aria. È un gas *inerte*, ossia assai poco reattivo.
- **Ossigeno** (O$_2$): **21%**. L'atmosfera terrestre, alla sua origine, non conteneva ossigeno molecolare. Negli ultimi 2 miliardi di anni gli organismi fotosintetici lo hanno prodotto e rilasciato nell'aria che si è così arricchita progressivamente delle sue molecole.
- **Argon** (**Ar**): **0,9%**. È un gas nobile e pertanto è ancora più inerte dell'azoto, formato da molecole monoatomiche.
- Il restante **0,1%** è costituito da piccole quantità di vari elementi e composti, tra i quali il **diossido di carbonio** (**CO$_2$**) con la concentrazione dello **0,04%**.
- L'idrogeno, altri gas nobili (elio, neon, kripton, xeno, radon) e il metano, tutti insieme non raggiungono lo 0,003%.

L'**acqua** gassosa, ossia il vapore acqueo, che non abbiamo considerato nei dati precedenti, è presente in concentrazioni variabili fino al 5–7%.

Negli strati superiori dell'atmosfera troviamo composizioni diverse. Nella *stratosfera* l'ossigeno è presente sotto forma di **ozono** (**O$_3$**). Ancora più in alto compare il gas nobile **elio** (**He**), il secondo gas più abbondante dell'Universo dopo l'idrogeno, quasi assente al livello del suolo. Il vapore acqueo scompare quasi del tutto al di sopra della troposfera, il primo strato atmosferico.

L'atmosfera terrestre assorbe e filtra le radiazioni provenienti dal Sole: al suolo giungono quasi esclusivamente radiazioni *visibili*, radiazioni *infrarosse,* radiazioni *ultraviolette di tipo A* e *onde radio*. Le radiazioni più ricche di energia come le ultraviolette B e C, i raggi X, i raggi gamma, che sono estremamente pericolosi per gli organismi viventi, sono assorbiti dagli strati atmosferici più esterni.

3. L'atmosfera

Gli strati atmosferici

Dal basso verso l'alto si riconoscono strati concentrici che, pur senza un confine netto, si distinguono l'uno dall'altro per l'andamento della temperatura in base alla quota o *gradiente termico verticale* (**figura** ▪ 7.8).

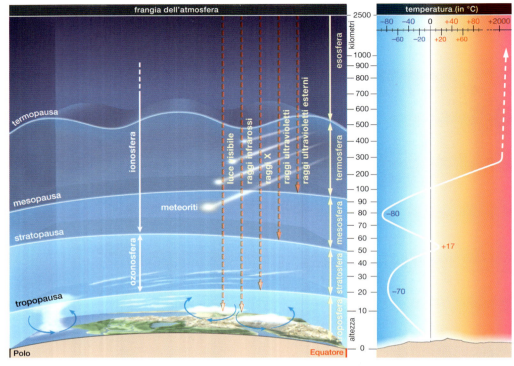

Figura ▪ 7.8
I vari strati atmosferici e le radiazioni solari che vi penetrano, oltre all'andamento della temperatura e della pressione.

Video Come è suddivisa l'atmosfera?

Scarica **GUARDA**!
e inquadrami
per guardare i video

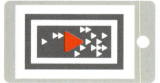

- La **troposfera**, a contatto con il suolo, ha spessore variabile da 8 km ai Poli a 20 km all'Equatore. Contiene circa l'80% della massa di tutta l'aria terrestre. La temperatura diminuisce con la distanza dal suolo pertanto *il gradiente termico verticale è negativo*. Le masse d'aria si rimescolano continuamente e si generano così i fenomeni meteorologici. Il confine superiore della troposfera è detto *tropopausa*.

- La **stratosfera** si estende mediamente da una quota di circa 10 km fino a circa 50 km. Qui *il gradiente termico verticale diventa positivo* in quanto la temperatura aumenta salendo di quota. Perciò non vi sono moti convettivi e i gas tendono a stratificarsi (da qui il nome «stratosfera»). Nella stratosfera si forma l'*ozono* atmosferico (O_3), con una reazione che produce il calore responsabile dell'aumento della temperatura (vedi **O, O_2 e O_3 e i processi fotochimici dell'atmosfera**).

- **Mesosfera**, **termosfera**, **esosfera** sono esterni alla stratosfera e la composizione dell'aria varia gradualmente: l'ossigeno e l'anidride carbonica a poco a poco scompaiono mentre aumentano **idrogeno** ed **elio** provenienti dal Sole e catturati dal campo magnetico terrestre.
  Nella *mesosfera* (50–80 km di quota) cessano le reazioni di formazione dell'ozono che riscaldano l'atmosfera, perciò la temperatura diminuisce con l'altitudine (*gradiente termico negativo*). Nella *termosfera* (fino a 1000 km) la temperatura torna ad aumentare. Queste temperature non sono misurate con mezzi ordinari ma stimate in base alle velocità medie delle particelle gassose sono perciò chiamate *temperature cinetiche*. Nello strato più esterno, l'*esosfera*, le temperature cinetiche aumentano ancora e l'aria si compone quasi solo di idrogeno ed elio. All'altitudine di 1500 km la composizione, la densità e la temperatura dell'atmosfera sono ormai indistinguibili da quelle dello spazio interplanetario.

■ **La ionosfera** si sovrappone agli strati precedenti a partire da 60 km di quota. I gas atmosferici, bombardati dalle radiazioni solari ricche di energia e dai raggi cosmici, vengono ionizzati e sono ancora abbastanza densi da interferire con le radiocomunicazioni.

Il campo magnetico terrestre fa deviare le particelle cariche elettricamente che provengono dal Sole o che si formano a causa delle radiazioni ionizzanti. Se ciò non accadesse, flussi continui di particelle cariche giungerebbero al suolo con effetti devastanti sulle molecole biologiche e su tutti gli organismi viventi. Invece esse sono confinate a grande distanza dalla superficie terrestre formando due strati a forma di «ciambella», detti **fasce di Van Allen**, senza giungere al suolo.

La prima fascia si estende fra 1000 km e 6000 km di quota, la seconda fra 65 000 km e 100 000 km. Nelle regioni polari le linee di forza si concentrano e si inclinano, consentendo alle cariche elettriche di avvicinarsi al suolo. Qui l'interazione con i gas atmosferici genera il fenomeno delle **aurore polari** (**figura** ■ 7.9).

Figura ■ 7.9
Un'aurora polare.

per *saperne di più*

O, O₂, O₃ e i processi fotochimici dell'atmosfera

I diversi strati atmosferici contengono ossigeno sotto varie forme:

■ al di sopra della stratosfera prevale l'ossigeno monoatomico **O**;

■ nella stratosfera esistono le tre forme: **O**, **O₂** e **O₃**;

■ nella troposfera prevale **O₂** mentre O e O₃ sono pressoché assenti.

Negli strati atmosferici più alti l'elevata intensità della radiazione solare, non ancora filtrata, ha potere ionizzante. Le radiazioni a maggiore frequenza come i **raggi ultravioletti, i raggi X** e **i raggi gamma** (**figura** ■ A) hanno infatti energia sufficiente per estrarre elettroni da atomi e molecole neutre formando ioni, perciò sono dette **radiazioni ionizzanti**. Sono prodotte da reazioni nucleari da altissime temperature o negli acceleratori di particelle. Il Sole emette radiazioni ionizzanti dalla corona solare che, giunte sulla Terra vengono schermate dagli strati più alti dell'atmosfera.

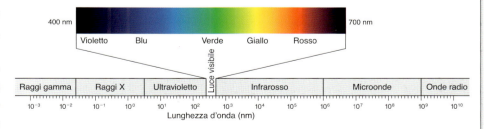

Figura ■ A
Lo spettro della radiazione elettromagnetica.

Le radiazioni ultraviolette C (UVC) con lunghezza d'onda 100–280 nm rendono possibile la seguente reazione:

$$O_2 + \text{fotone UVC} \rightarrow 2\,O$$

Nei più alti strati atmosferici, dove le radiazioni UVC sono intense, tale reazione provoca la scissione di *quasi tutte* le molecole di O_2 che pertanto risultano assenti.

Le radiazioni UVC penetrano con sempre minore intensità negli strati più profondi dell'atmosfera (**figura** ▪ **B**) perché sono state assorbite dall'ossigeno sovrastante, pertanto, a una certa altitudine, non sono più sufficienti a scindere tutte le molecole di O_2 presenti. In questa regione O e O_2 coesistono. La loro presenza rende possibile la reazione di formazione dell'ozono:

$$O_2 + O \rightarrow O_3 + \text{calore}$$

Questa reazione è *esotermica* e provoca il riscaldamento delle molecole atmosferiche alle quote in cui si verifica generando così l'*inversione del gradiente termico* nella stratosfera. Qui l'aria più fredda, situata in basso, non si rimescola per convezione con quella più calda in alto e i gas si stratificano in base alle densità. Più in basso, alla quota in cui le radiazioni UVC si esauriscono, la scissione di O_2 non può più avvenire, pertanto non c'è ossigeno monoatomico (O) e neanche ozono, inizia qui la *troposfera*, lo strato più basso dell'atmosfera, dove l'ossigeno è pressoché tutto in forma di O_2.

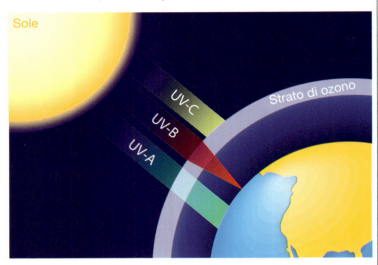

Figura ▪ **B**
Le radiazioni UV sono filtrate dagli strati dall'atmosfera.

Nella stratosfera l'ozono viene distrutto mediante il seguente processo fotochimico:

$$O_3 + \text{fotone UVB (320 nm)} \rightarrow O_2 + O$$

e poi

$$O + O_3 \rightarrow 2O_2$$

Questa reazione è lenta perché ha un'elevata energia di attivazione, pertanto l'ozono stratosferico si trova in uno *stato stazionario* determinato da reazioni che lo producono ed altre che lo distruggono.

Il buco dell'ozono

Alcuni gas di origine antropica come i clorofluorocarburi (CFC) funzionano da catalizzatori per la reazione di distruzione dell'ozono. Il risultato è una eccessiva diminuzione della quantità di questo gas soprattutto nelle regioni polari, fenomeno noto come «**buco dell'ozono**».

L'assorbimento degli UVB è prezioso per la biosfera poiché impedisce che tali radiazioni ionizzanti penetrino in profondità e interagiscano con le biomolecole.

I danni dovuti al «buco dell'ozono» possono essere riassunti come segue:

- una diminuzione dell'1% di O_3 comporta un aumento del 2% delle radiazioni UVB alla superficie terrestre;
- le radiazioni UVB sono assorbite dal DNA che ne può essere danneggiato;
- quasi tutte le forme di cancro alla pelle sono dovute a sovraesposizione alle radiazioni UVB soprattutto in età precoce;
- le radiazioni UVB provocano danni anche alla vista e al sistema immunitario.

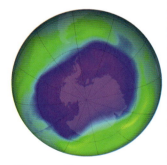

Figura ▪ **C**
Un'immagine del buco dell'ozono sopra la zona polare.

I CFC trovavano impiego come gas inerti per la produzione di resine espanse (gommapiuma, polistirolo espanso) e come propellenti di bombolette spray. Dal 1987 una convenzione intenzionale (protocollo di Montreal) ne ha vietata la produzione. Il provvedimento, a distanza di 30 anni, ha dato i suoi frutti: nel 2017 l'agenzia spaziale statunitense (NASA) ha registrato una riduzione del buco dell'ozono (**figura** ▪ **C**), rientrato alle dimensioni precedenti al 1988.

4. I flussi di energia

La radiazione solare

L'energia che alimenta la circolazione dell'aria, che muove le correnti marine e che sostiene l'intera biosfera ha origine nel nucleo solare dove la temperatura stimata supera i 15 milioni di gradi, la densità è superiore di 150 volte quella dell'acqua, la pressione è 500 miliardi di volte quella della nostra atmosfera e la materia si trova sotto forma di plasma.

In queste condizioni avvengono reazioni termonucleari a catena di **fusione nucleare** nelle quali nuclei di idrogeno si combinano formando elio, mentre una quota della massa dei nuclei reagenti si converte in energia.

L'energia prodotta nel nucleo si trasferisce lentamente verso gli strati periferici della stella mediante processi *radiativi* (irraggiamento) e *convettivi* (flussi di materia). Si stima che questa energia impieghi circa 10 milioni di anni per giungere alla fotosfera solare dove la temperatura si porta a un valore di circa **5780 K**.

Dalla fotosfera l'energia del Sole si libera sotto forma di radiazioni luminose che percorrono lo spazio in tutte le direzioni e raggiungono la Terra in un tempo pari a circa 8 minuti (**figura ■ 7.10A**).

> Chiamiamo **costante solare** la potenza della radiazione solare che raggiunge *perpendicolarmente* un metro quadrato di atmosfera terrestre *nel suo strato più esterno*. Il suo valore stimato è **1366 W/m²** (Watt al metro quadro).

Attraversando l'atmosfera l'intensità dell'irraggiamento si attenua:

- una parte dell'energia luminosa viene riflessa verso lo spazio dalle nubi, dall'aerosol e dal pulviscolo dispersi nell'aria;
- una parte viene diffusa in tutte le direzioni dalle molecole dei gas atmosferici;
- una parte viene assorbita dagli stessi gas e riemessa in tutte le direzioni con prevalenza di radiazione infrarossa.

L'energia che giunge al suolo è pertanto ridotta di **circa la metà** (**figura ■ 7.10B**).

Figura ■ 7.10
A. L'energia prodotta nel nucleo solare si trasferisce sulla Terra.
B. Bilancio della radiazione solare.

A

Nel nucleo del Sole, ogni secondo circa 700 milioni di tonnellate di idrogeno sono convertite in elio.

Dal Sole la luce impiega circa 8 minuti per giungere alla Terra.

zona convettiva
zona di radiazione
nucleo

L'energia prodotta nel nucleo dalla fusione dell'idrogeno raggiunge la superficie in circa 10 milioni di anni, sotto forma di luce.

B

riflessa in totale (albedo) **35%**

riflessa dall'atmosfera **7%**

riflessa dalle nubi **24%**

riflessa dalla superficie terrestre **4%**

assorbita direttamente dall'atmosfera e dalle nubi **18%**

diretta e diffusa che è assorbita dalla superficie terrestre **47%**

Occorre inoltre considerare che la quantità di energia che investe effettivamente un metro quadro si superficie atmosferica varia molto durante il giorno, nel corso dell'anno e in base alla latitudine del luogo esposto. Facendo una media complessiva (annuale, diurna e latitudinale) si ottiene un valore di circa un quarto.

Occorre fare una media sia annua sia latitudinale perché la luce varia la propria inclinazione durante il giorno, nel corso dell'anno e anche in base alla latitudine del punto di osservazione. In base all'inclinazione della luce solare un metro quadro di superficie riceve tanta più energia quanto più verticale è la direzione della luce. Tutto ciò influisce grandemente sulle condizioni termiche dell'atmosfera, dei mari, del suolo e degli ecosistemi.

> **Ricorda**
> La **latitudine** è la distanza angolare di un punto della superficie terrestre dall'Equatore.

per *saperne di più*

L'effetto serra e i gas serra

Le radiazioni dell'infrarosso termico (IR a *onda lunga*) emesse dalla superficie terrestre non attraversano liberamente l'atmosfera, ma sono intercettate da certi gas (come *diossido di carbonio* e *vapore acqueo*) che le assorbono e le riemettono in tutte le direzioni, una parte di esse è pertanto orientata verso il basso, determinando un ulteriore riscaldamento dell'aria. Questo comportamento è chiamato **effetto serra**. I gas capaci di assorbire e riemettere l'IR termico sono detti *gas serra* perché, come i vetri di una serra, sono trasparenti all'energia che proviene dal Sole, ma non lo sono all'energia in uscita.

La troposfera, grazie ai gas serra, ha potuto conservare una temperatura adeguata alla presenza di acqua liquida. Facendo una media globale, la temperatura dell'aria al livello del suolo oggi si attesta intorno ai +15 °C, in assenza i gas serra essa sarebbe invece di quasi −19 °C, incompatibile con lo sviluppo della vita.

Nel secolo appena trascorso si è riscontrato un progressivo e graduale aumento della concentrazione di diossido di carbonio nell'aria, che ancora non si arresta.

La percentuale di CO_2 nell'aria secca è di circa 0,04% (400 ppm), superiore, si stima, di circa 0,01% (100 ppm) rispetto all'epoca preindustriale, alla fine dell'Ottocento. Questo gas infatti è emesso, oltre che da sorgenti naturali, come emissioni vulcaniche e organismi viventi, anche dai processi di combustione che avvengono in misura sempre più rilevante nel mondo industrializzato. Nello stesso tempo è stato rilevato anche un aumento continuo della temperatura media atmosferica al livello del suolo, fenomeno conosciuto con il nome di riscaldamento globale (*global warming*).

L'aumento del diossido di carbonio atmosferico, oltre che sul clima, può avere un enorme impatto anche sugli ecosistemi. La CO_2 che s'immette negli oceani produce infatti acido carbonico aumentando l'acidità dell'acqua e compromettendo la crescita delle biocostruzioni coralline. Le barriere coralline (*reef*) costituiscono una difesa naturale delle coste tropicali e sono fra i principali luoghi di riproduzione della fauna acquatica. Una riduzione di queste preziose strutture, oltre ad alterare in modo permanente l'ecosistema marino, comprometterebbe la sicurezza delle coste e l'entità delle risorse ittiche.

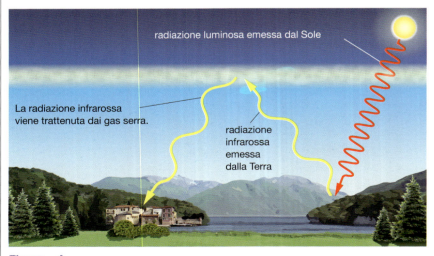

Figura ▪ A
L'effetto serra: i gas serra riemettono la radiazione infrarossa termica in tutte le direzioni, perciò anche verso il basso.

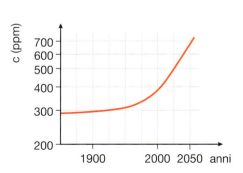

Figura ▪ B
La concentrazione della CO_2 nella troposfera dall'epoca preindustriale (280 ppm) è aumentata costantemente ed è destinata ad aumentare ancora.

Il gradiente termico nella troposfera

Con l'aumentare della quota, la temperatura della troposfera diminuisce mediamente di **6,5 °C per ogni km** di altitudine, anche se con ampie variazioni rispetto alla media. Il riscaldamento della troposfera, infatti, è dovuto in prevalenza all'irraggiamento da parte del suolo. Evidenziamo qui i punti salienti.

Il riscaldamento dell'atmosfera è dovuto in massima parte alle radiazioni elettromagnetiche che riescono a eccitare l'agitazione termica delle molecole dell'aria. Fra tutte le lunghezze d'onda, quelle che più delle altre hanno tale capacità, sono le radiazioni del **lontano infrarosso** dette anche **IR termico** o **IR a onda lunga**.

La luce solare è costituita prevalentemente da radiazione *visibile* e *infrarossa a onda corta* (o *vicino infrarosso*), mentre la percentuale di IR a onda lunga è limitata. La radiazione emessa dal suolo invece ha intensità massima proprio in corrispondenza dell'IR termico, pertanto è il suolo terrestre, più della radiazione solare diretta, responsabile del riscaldamento dell'aria nella troposfera, la cui temperatura, così, diminuisce dal basso verso l'alto.

Il riscaldamento globale

Con l'espressione **riscaldamento globale** (o global warming) indichiamo l'aumento che la temperatura media atmosferica misurata al livello del suolo ha subito nel tempo. Un aumento che ha registrato un incremento a partire dall'inizio del XX secolo.

L'atmosfera terrestre non è nuova a variazioni climatiche che hanno condotto il pianeta attraverso fredde ere glaciali alternate a ere interglaciali più calde. L'origine di queste variazioni è imputabile a cambiamenti periodici delle orbite di rivoluzione e di rotazione della Terra unite a fenomeni come le variazioni di attività solare e le eruzioni vulcaniche. Nell'ultimo secolo tuttavia è stato stimato un aumento tale da non essere riconducibile ai fenomeni precedentemente citati. I climatologi, basandosi sui modelli climatici, prevedono che nei prossimi 100 anni la temperatura possa innalzarsi di 1,5–3 °C, in particolare nell'emisfero nord.

Gli effetti del riscaldamento atmosferico sono catastrofici sia per le comunità umane che per l'intera biosfera. Si stimano le seguenti conseguenze:

- la riduzione di tutti i ghiacciai (**figura** ■ **7.11**);
- l'aumento dei fenomeni estremi come siccità e uragani;
- un calo della produzione agricola, dovuto alla siccità;
- l'innalzamento del livello delle acque marine dovuto alla fusione dei ghiacciai continentali;
- il dissolvimento del permafrost con la liberazione dei gas che vi sono imprigionati come il metano (un gas serra);
- la diffusione nelle zone temperate di insetti e microrganismi portatori di malattie tropicali, come già avviene per *chikungunya*, *dengue* e *malaria*.

Questi fenomeni sono già in atto e si prevede che si intensificheranno in futuro.

Al riscaldamento atmosferico concorrono, oltre all'aumentata concentrazione dei gas serra, molte variabili come le oscillazioni dell'attività solare e le variazioni dell'orbita terrestre, ma la grande maggioranza dei climatologi individua nell'aumento di CO_2 la responsabilità principale del *global warming*.

L'attività industriale, la produzione di elettricità nelle centrali termoelettriche a petrolio, a carbone e a gas, il riscaldamento e illuminazione civili, i motori a combustione unite a un crescente aumento della popolazione mondiale, hanno incrementato enormemente la quantità di CO_2 immessa nell'atmosfera la cui concentrazione sta aumentando di circa 2 ppm ogni anno.

Greenhouse effect
(Effetto serra)
The progressive warming of the Earth's surface and air caused by the presence of greenhouse gasses, such as water vapour and carbon dioxide, that limit the dispersion of infrared rays.

Figura ■ **7.11**
La riduzione dei ghiacciai è una delle conseguenze del riscaldamento globale.

Tra le misure correttive individuate vi sono principalmente le seguenti azioni:

- abbattimento delle emissioni di gas serra mediate l'impiego di fonti di energia alternative ai combustibili fossili (**figura** ■ **7.12**), unita alla riduzione degli sprechi;
- sequestro di CO_2 mediante il rimboschimento (affinché la fotosintesi sottragga la CO_2 atmosferica) o l'impiego di opportuni filtri industriali.

Per stimare l'entità del fenomeno, per monitorare le condizioni atmosferiche e individuare le misure correttive l'Organizzazione delle Nazioni Unite (ONU) ha istituito dal 1988 un gruppo di lavoro internazionale chiamato *Intergovernmental Panel on Climatic Change* (IPCC). Nel 1997 è stato approvato il **protocollo di Kyoto**, firmato da più di 180 Paesi tra cui l'intera Unione Europea, un trattato che obbliga i paesi firmatari a ridurre le emissioni di gas serra.

I flussi di energia nella biosfera

L'energia solare sostiene quasi interamente il fabbisogno energetico della biosfera alimentando la fotosintesi che, a propria volta, innesca la catena alimentare. Mentre la materia entra e esce dagli ecosistemi ciclicamente, il flusso energetico è unidirezionale e, con poche eccezioni, proviene dal Sole che alimenta la fotosintesi. Di questo flusso fanno parte anche i combustibili fossili (petrolio, gas naturale, carbone) che hanno immagazzinato l'energia della fotosintesi nel passato. Solo rari ecosistemi che popolano cavità sotterranee o sorgenti idrotermali sottomarine non utilizzano l'energia solare, ma sfruttano l'energia di particolari reazioni chimiche (chemiosintesi).

Chiamiamo **produzione primaria** l'energia accumulata nei composti organici che hanno origine dalla CO_2, da cui dipende l'esistenza di tutti gli ecosistemi. La produzione primaria è affidata agli organismi *autotrofi*, o *produttori primari*, dei quali i più numerosi sono *fotoautotrofi*. La quantità totale di tale energia è detta **produzione primaria lorda.** Gran parte di essa viene impiegata per il metabolismo degli stessi organismi produttori, mentre una quota, chiamata **produzione primaria netta**, resta disponibile per i consumatori che la incorporano, innescando la catena trofica (o catena alimentare). In media soltanto il 10% di energia si trasferisce da un livello trofico al successivo, i consumatori di ogni livello sono di conseguenza meno numerosi di quelli del livello trofico precedente (**figura** ■ **7.13**).

La variabilità delle condizioni chimico fisiche degli ambienti terrestri è assai elevata, di conseguenza si differenziano molto i valori di produzione primaria. In corrispondenza dell'equatore, dove le temperature si mantengono alte e l'umidità è particolarmente elevata, la produzione primaria è assai abbondante. Con l'aumentare della latitudine essa è limitata o dalla scarsa umidità (zone desertiche) o dalle basse temperature (zone polari) o da entrambe le condizioni.

Nelle acque degli oceani, entra in gioco la luminosità che diminuisce con la profondità e la distribuzione dei nutrienti che sono parzialmente uniformati dalle correnti.

A partire dal livello dei produttori, costituito dagli autotrofi, in generale fotosintetici (piante, alghe e microrganismi) ciscun dei livelli comprende organismi in numero minore.

Figura ■ **7.12**
L'uso di combustibili fossili è una delle principali cause delle emissioni di gas serra.

Figura ■ 7.13
Ogni livello alimentare o livello trofico dipende da una comune risorsa di energia

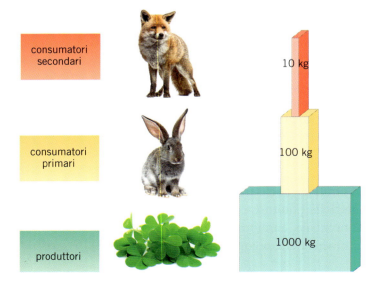

consumatori secondari

consumatori primari

produttori

10 kg

100 kg

1000 kg

L'irraggiamento solare

Le condizioni atmosferiche ricavate da una media statistica sul lungo periodo (30 anni) definiscono il **clima** di una certa area geografica. A propria volta il clima seleziona il tipo di ecosistemi adatti alle caratteristiche atmosferiche dell'area, tanto che le denominazioni di certi climi derivano dai biomi che ne sono caratterizzati (clima della savana, clima della foresta pluviale ecc.). Le grandi varietà di climi sulla Terra sono una conseguenza dell'irraggiamento solare.

La quantità di energia con la quale il Sole irradia la Terra è in prima approssimazione costante, quantificata dalla costante solare. L'estrema variabilità dei climi dipende dalla quantità di energia che il suolo effettivamente riceve e che, a sua volta, dipende dalla *durata dell'esposizione alla luce* e dall'*inclinazione della radiazione incidente* (**figura** ■ **7.14**).

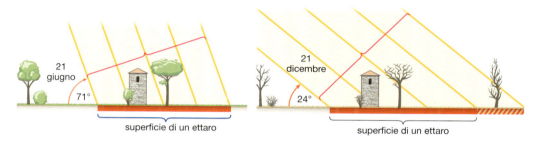

Figura ■ 7.14
L'irraggiamento dipende dall'angolo di incidenza dei raggi solari. È massimo quando la luce ha direzione verticale (angolo di incidenza z = 0) ed è nullo quando la direzione è parallela alla superficie (angolo di incidenza z = 90°)

L'irraggiamento è influenzato dalla *latitudine* della superficie esposta, dall'ora del giorno e dalla stagione che dipendono a propria volta dai moti di rotazione e di rivoluzione della Terra (**figura** ■ **7.15**).

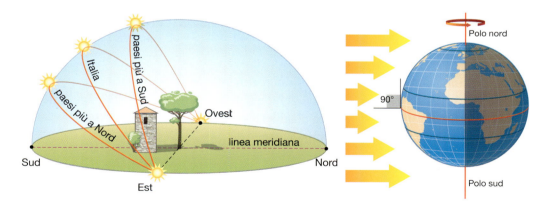

Figura ■ 7.15
Archi diurni all'equinozio. Il percorso apparente del Sole nel cielo varia in base alla latitudine Al mezzodì, quando il Sole culmina, in ogni giorno dell'anno, la direzione dei raggi solari è tanto più verticale quanto più ci si avvicina all'Equatore.

Dall'equatore verso i poli, al livello del mare la temperatura media annua diminuisce di circa 0,4 °C per ogni grado di latitudine (in distanza lineare mediamente 110 km). Le regioni con latitudini più elevate presentano inoltre ampie variazioni annue nella durata del dì e della notte e pertanto escursioni termiche diurne e stagionali più ampie.

In base alle variazioni annuali dell'irraggiamento solare, sulla superficie terrestre si distinguono 5 ampie fasce chiamate **zone astronomiche**: una *zona torrida* compresa fra i due tropici, due *zone temperate* comprese fra il tropico e il circolo polare di ciascuno dei due emisferi, e due *zone polari* delimitate dal circolo polare e comprendenti il polo del rispettivo emisfero.

La **figura** ■ **7.16** a pagina seguente mette a confronto le zone astronomiche e la carta delle **isoterme** (linee che uniscono punti con uguale temperatura). La circolazione delle masse d'aria, la vicinanza al mare o a grandi laghi, la presenza di rilievi sono responsabili delle ampie variazioni che sussistono su scala globale fra i due diagrammi.

Geographical zones
(Zone astronomiche)
Based on the relationship between latitude and temperatures, the Earth's surface is divided into five broad geographical zones: one central *tropical* zone, two *temperate* zones (North and South) and two *frigid* zones (North and South).

5. La circolazione dell'atmosfera

Il 99,5% di tutta la massa atmosferica è compresa nella troposfera e nella stratosfera. Nella stratosfera l'aria calda sovrasta l'aria fredda, perciò i moti convettivi sono impediti e il moto delle masse d'aria è essenzialmente laminare. Nella troposfera, invece, le masse d'aria riscaldate al suolo tendono spontaneamente a fluire verso l'alto, rimescolandosi con quelle fredde mediante continui moti convettivi (**figura ■ 7.17**). In pratica tutti i fenomeni meteorici si svolgono essenzialmente all'interno della troposfera.

ALTA PRESSIONE   **BASSA PRESSIONE**

aria fredda   vento ad alta quota

vento a bassa quota   aria calda

La circolazione atmosferica è guidata principalmente dai seguenti fattori:

- Il riscaldamento delle masse oceaniche e continentali dovuto all'**irraggiamento solare**, che diminuisce, per unità di superficie, dall'equatore verso i poli;
- la **rotazione della Terra sul proprio asse**;
- l'**attrito interno dell'atmosfera**;
- l'**evaporazione** e la **condensazione dell'acqua**: la prima è un fenomeno *endotermico* che assorbe il calore latente di evaporazione, mentre la seconda è un processo *esotermico* che invece lo libera.

L'irraggiamento solare è massimo nella cintura equatoriale dove l'aria calda e umida genera *bassa pressione* e tende a salire verso l'alto, rimpiazzata da altra aria proveniente da Sud e da Nord, mentre in alta quota l'aria si distribuisce fra i due emisferi generando correnti dirette verso latitudini maggiori. Nelle regioni polari, al contrario, la bassa temperatura genera *alta pressione*, perciò i moti sono discensionali e, al suolo, le masse d'aria fluiscono verso latitudini minori sostituite da flussi d'aria d'alta quota. Se la Terra non ruotasse intorno al proprio asse, in ciascun emisfero si potrebbe immaginare un enorme circuito convettivo con venti costanti al suolo provenienti dai poli e diretti verso l'equatore (**figura ■ 7.18A**) e l'inverso in alta quota. La rotazione terrestre fa cambiare questo quadro spezzando le celle convettive (**figura ■ 7.18B**).

Per comprendere l'enorme influenza della rotazione terrestre sui moti dell'aria dobbiamo ricordare che, in conseguenza di essa, ogni corpo che si muove liberamente sulla Terra subisce uno spostamento verso destra nell'emisfero Nord e verso sini-

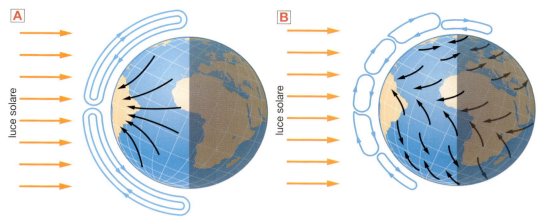

A. Se la Terra non ruotasse attorno al proprio asse, la circolazione atmosferica sarebbe costituita da due enormi celle convettive con venti al suolo diretti dai poli all'equatore e venti in quota diretti dall'equatore ai poli. **B.** Il moto di rotazione terrestre, però, innesca delle forze apparenti (forze di Coriolis) che complicano il quadro generale frammentando il sistema convettivo in più celle.

stra nell'emisfero Sud come se venisse spinto da una forza (apparente) chiamata **forza di Coriolis**. Più in generale la forza di Coriolis è responsabile della formazione di vortici ruotanti in senso orario nell'emisfero boreale e in senso antiorario nell'emisfero australe (vedi scheda **Le forze di Coriolis**).

Una prima conseguenza della forza di Coriolis sui moti dell'aria è che i venti che convergono sull'equatore (*alisei*) provenendo da latitudini maggiori, sono deflessi verso Ovest e spirano così da Nordest (e non da Nord) nell'emisfero settentrionale e da Sudest (non da Sud) nell'emisfero meridionale.

La forza di Coriolis provoca un altro effetto macroscopico che descriveremo per l'emisfero settentrionale, ricordando che il fenomeno è del tutto analogo a quello che si verifica nell'emisfero meridionale.

per *saperne di più*

Le forze di Coriolis

La rotazione terrestre influenza il moto di ogni corpo che si sposta sulla superficie terrestre. Ricordiamo che, mentre la velocità angolare del moto di rotazione della Terra è costante (360°/24 h), la velocità *lineare* di ogni punto della sua superficie varia in funzione della latitudine.

Consideriamo un oggetto che si sposta verso Nord partendo dall'equatore (**figura A**) dove la velocità lineare della superficie terrestre è di 1670 km/h. Il corpo, nel corso del suo spostamento, mantiene per inerzia tale velocità. Poiché più a Nord la velocità della superficie terrestre è minore (per esempio a 30° di latitudine essa è 1446 km/h), l'oggetto non si muove esattamente da Sud a Nord ma sopravanza il moto della superficie terrestre giungendo a destinazione spostato verso Est, come se fosse soggetto a una forza diretta verso destra rispetto alla sua spinta iniziale. Allo stesso modo, ma verso sinistra, si verifica la deviazione nell'emisfero meridionale. Tale forza apparente è detta **forza di Coriolis**. Pertanto ogni corpo che si muove liberamente sulla Terra subisce uno spostamento verso destra nell'emisfero nord e verso sinistra nell'emisfero sud.

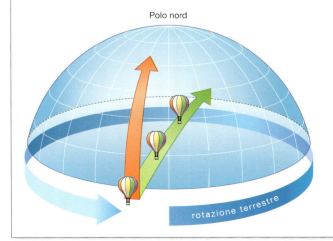

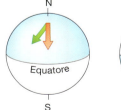 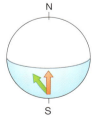 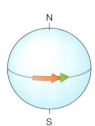

Figura ■ A
A causa dell'effetto Coriolis, un corpo che si muove sulla Terra e nell'atmosfera viene deviato dalla sua direzione iniziale verso destra se si trova nell'emisfero boreale o verso sinistra se si trova in quello australe.

Le masse d'aria che spirano ad alta quota partendo dall'equatore, non riescono a raggiungere il polo perché l'effetto della forza di Coriolis si intensifica allontanandosi dall'equatore.

Alla latitudine di 30° una parte di quest'aria fluisce ormai in direzione parallela all'equatore generando una *corrente a getto* (vedi più avanti) ad alta quota, mentre un'altra parte precipita verso il basso con moto discensionale (generando *alta pressione*). Quest'aria è ormai secca e avida d'acqua, pertanto a queste latitudini si trova la maggioranza dei deserti. La cella convettiva, di conseguenza, si interrompe e si divide in due. A questa latitudine vi è pertanto una cintura di *alta pressione* che fa da confine a due celle convettive: la prima (dall'equatore a 30° di latitudine) è detta **cella di Hadley**, la seconda (da 30° a 60°) è detta **cella di Ferrel**.

Nella cella di Ferrel, al suolo l'aria calda circola verso Nord caricandosi mano a mano di umidità, con la consueta deviazione verso destra, generando i *venti occidentali,* tipici di queste latitudini, provenienti da Sud-Ovest. La deflessione diviene sempre più intensa fin quando la cella si chiude su se stessa alla latitudine di circa 60°.

Qui la cella di Ferrel confina con la **cella polare**. È questa una zona estremamente importante per la meteorologia della nostra area geografica: le masse d'aria calda e ormai umida provenienti dalle regioni tropicali incontrano l'aria fredda di origine polare generando perturbazioni atmosferiche; la *pressione è bassa* e il flusso d'aria è ascensionale. Il confine fra le due celle (e le masse d'aria con temperature e umidità diverse) è il cosiddetto **fronte polare**. Ad alta quota si ha una seconda *corrente a getto*. Riassumendo, per ciascun emisfero (**figura ■ 7.19**):

■ **equatore:** bassa pressione, moti ascensionali, *cella di Hadley*: al suolo venti *alisei;*

■ **latitudine di 30°:** alta pressione, moti discensionali, ad alta quota corrente a getto, *cella di Ferrel*: al suolo *venti occidentali;*

■ **latitudine di 60°:** bassa pressione, moti ascensionali, fronte polare, corrente a getto *cella polare;*

■ **polo:** alta pressione polare.

Figura ■ 7.19
Circolazione generale dell'atmosfera.

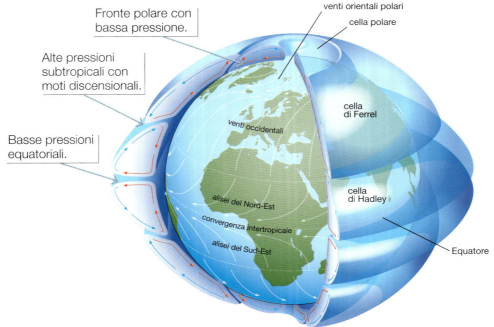

Fronte polare con bassa pressione.

venti orientali polari

cella polare

Alte pressioni subtropicali con moti discensionali.

cella di Ferrel

venti occidentali

Basse pressioni equatoriali.

cella di Hadley

alisei del Nord-Est

convergenza intertropicale

alisei del Sud-Est

Equatore

Le correnti a getto

Alle latitudini di circa 30° e 60° in entrambi gli emisferi, situate al confine fra due celle convettive al limite superiore della troposfera (8–12 km di quota) scorrono le **correnti a getto** (*jet stream*) (**figura ■ 7.20**).

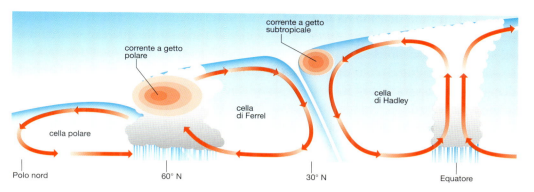

Figura ▪ 7.20
Le correnti a getto sono intensi flussi d'aria che scorrono parallelamente alla superficie terrestre da Ovest fino a oltre 500 km/h al limite superiore della troposfera alle latitudini di 30° e 60° nei due emisferi.

Si tratta di flussi continui d'aria, ossia di venti intensi, che scorrono da Ovest a Est, con velocità superiori a 90 km/h (ma possono raggiungere e superare anche i 500 km/h), con uno spessore verticale di 3–4 km. Mentre le correnti a getto subtropicali hanno un andamento abbastanza uniforme e si spostano latitudinalmente durante l'anno, le correnti a getto polari formano tipiche incurvature a meandro che tendono a spostarsi longitudinalmente da Ovest a Est (**figura ▪ 7.21**).

Gli spostamenti delle correnti a getto sono monitorati continuamente in meteorologia perché sono connessi con le aree di alta e bassa pressione dell'atmosfera al livello del suolo e pertanto anche con l'andamento delle aree cicloniche e anticicloniche, come vedremo più avanti.

Figura ▪ 7.21
Le correnti a getto tropicali hanno un andamento abbastanza uniforme mentre quelle polari formano ampi e numerosi meandri.

La circolazione atmosferica guida le correnti oceaniche

La circolazione atmosferica globale è responsabile anche dell'andamento generale delle **correnti oceaniche** (**figura ▪ 7.22**).

In entrambi gli emisferi gli alisei soffiano da Est verso l'Equatore. Nell'oceano Atlantico l'acqua è spinta verso le coste americane, alzandone il livello. Per questo ai

Figura ▪ 7.22
Mappa delle correnti oceaniche.

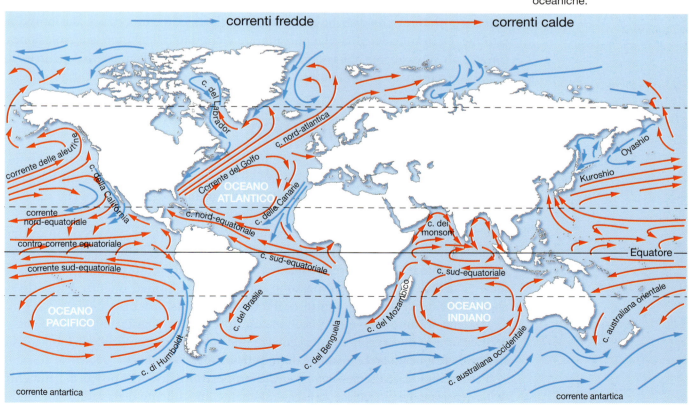

correnti fredde ⟶   correnti calde ⟶

corrente delle aleutine · c. della California · corrente nord-equatoriale · contro-corrente equatoriale · corrente sud-equatoriale · OCEANO PACIFICO · c. di Humboldt · corrente antartica · c. del Labrador · Corrente del Golfo · c. nord-atlantica · OCEANO ATLANTICO · c. delle Canarie · c. nord-equatoriale · c. sud-equatoriale · c. del Brasile · c. del Benguela · c. del Mozambico · c. dei monsoni · c. sud-equatoriale · OCEANO INDIANO · c. australiana occidentale · c. australiana orientale · Equatore · Kuroshio · Oyashio · corrente antartica

due lati dell'istmo di Panama le acque del versante atlantico si trovano a un livello superiore rispetto a quelle del versante pacifico. La massa d'acqua che si accumula viene spinta verso Nord nell'emisfero settentrionale e verso Sud in quello meridionale alimentando due circuiti distinti. Il circuito settentrionale dà origine alla Corrente del Golfo che arriva a lambire le coste atlantiche dell'Europa prima di piegare a Sud lungo le coste africane chiudendo il ciclo.

Conformemente agli effetti delle forze di Coriolis, si riconoscono numerosi circuiti che hanno andamento orario nell'emisfero settentrionale e antiorario in quello meridionale.

Il sistema delle correnti provoca la risalita di acque profonde e fredde ricche di nutrienti che alimentano la fauna marina. Periodicamente tali flussi si alterano fino a invertirsi modificando il clima e anche la pescosità del mare. Su scala globale le acque di tutti gli oceani sono collegate dalla **circolazione termoalina** (da *thermós*, caldo e ἅλς, sale) che unisce le correnti superficiali a quelle profonde (**figura** ■ 7.23).

Figura ■ **7.23**
Mappa del sistema della circolazione termoalina.

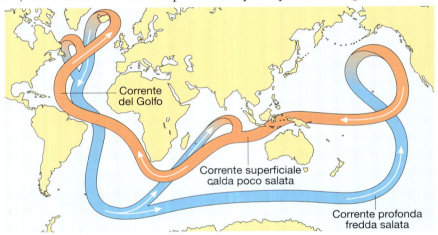

Nell'Atlantico settentrionale, per esempio, le acque superficiali, dense e salate, si inabissano fluendo poi in profondità con verso opposto a formare una sorta di «nastro trasportatore» che distribuisce il calore mitigando le temperature alle latitudini estreme. La fusione dei ghiacciai può alterare il circuito rallentando la circolazione e causare un conseguente abbassamento delle temperature nell'emisfero settentrionale. Questo fenomeno ha influenzato anche la durata delle ere glaciali.

6. Il sistema climatico

Qualunque studio sull'evoluzione del clima non può prescindere dall'esame combinato dei diversi comparti che compongono il pianeta e delle interazioni che li legano. Chiamiamo **sistema climatico** l'insieme delle strutture e delle relazioni che sussistono fra *atmosfera, idrosfera, biosfera, litosfera* e *criosfera* (**figura** ■ 7.24).

Ciascuno di tali sottoinsiemi è un sistema *termodinamicamente aperto* in quanto scambia calore, energia cinetica, acqua e altri tipi di materia con tutti gli altri, invece il sistema climatico può essere considerato un sistema *chiuso* poiché gli scambi di materia della Terra con l'esterno sono estremamente limitati, mentre l'apporto di energia che riceve dal Sole costituisce il motore stesso del sistema climatico.

Ciascun sottoinsieme è in relazione con tutti gli altri. Ogni cambiamento che si verifica in uno di essi genera conseguenze non solo su ognuno degli altri, ma anche su se stesso. Questo meccanismo è detto **retroazione** o **feedback**.

Per esempio, una *diminuzione della temperatura* dell'aria provoca l'aumento dell'estensione dei ghiacciai e conseguentemente un aumento della radiazione rifles-

sa da questi verso lo spazio da cui deriva una *ulteriore diminuzione della temperatura* dell'aria. In questo caso abbiamo un **feedback positivo**, chiamato così perché la variazione di temperatura ha come conseguenza l'intensificarsi della variazione stessa.

Un altro esempio è l'aumento della quantità di anidride carbonica dell'aria che ha come conseguenza un incremento dell'effetto serra, che provoca un riscaldamento dell'aria e delle acque. Le acque oceaniche a propria volta, a causa della maggiore temperatura, rilasciano un'ulteriore quantità di CO_2 che si concentra ancora di più nell'atmosfera. Anche qui il feedback è positivo.

Il feedback può avere anche un effetto opposto. Per esempio, un *aumento della temperatura* atmosferica può portare a un aumento della copertura di nubi che ha come conseguenza una diminuzione dell'irraggiamento solare del suolo, che *fa diminuire la temperatura* dell'aria. In questo caso abbiamo un **feedback negativo** poiché, al contrario dei casi precedenti, la conseguenza di una azione è la diminuzione degli effetti dell'azione stessa.

Le proprietà atmosferiche

Per affrontare lo studio dei fenomeni atmosferici sia da un punto di vista meteorologico che climatico occorre tener presente l'andamento di almeno tre proprietà atmosferiche: la **pressione**, la **temperatura** e l'**umidità**. Rivediamole in modo schematico.

▶ I CONCETTI PER IMMAGINI
La temperatura

La **temperatura** esprime macroscopicamente l'entità dell'agitazione termica delle molecole e si misura con i **termometri**. In meteorologia le temperature vengono espresse normalmente in **gradi centigradi** anche se l'unità di misura nel Sistema Internazionale è il Kelvin. *In base alla temperatura varia la tensione di vapore dell'acqua, ossia la pressione parziale del suo vapore saturo;* in altre parole, varia la capacità dell'aria di disperdere vapore acqueo senza che questo condensi. L'aria calda può contenere più acqua gassosa dell'aria fredda, perciò il raffreddamento di una massa di aria umida può provocare la condensazione dell'acqua. La temperatura dell'aria dipende principalmente dai seguenti fattori:

- **altitudine**: la temperatura diminuisce di circa 6,5 °C ogni km (gradiente termico verticale);
- **latitudine**; la temperatura diminuisce dall'equatore ai poli;
- **vicinanza al mare o grandi laghi** che rendono le temperature più miti;
- **mese dell'anno**: in estate il sole culmina ad altezze maggiori che in inverno;
- **ora del giorno**: alla culminazione (mezzodì astronomico) la radiazione è meno inclinata che nel resto del giorno.

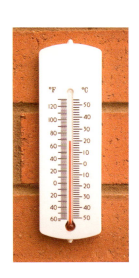

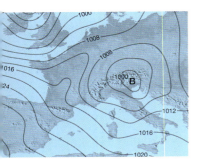

La pressione

La **pressione** atmosferica esprime quanto intensamente il peso dell'aria grava su una superficie. Si misura con il **barometro**. Per la legge generale dei gas essa, per un certo volume di gas, con temperatura costante, dipende direttamente dal numero di moli (e quindi di molecole) che compongono il gas. L'unità di misura impiegata in meteorologia è l'**ettopascal** (hPa) che ha lo stesso valore del **millibar** (**mbar**) perciò: **1 hPa = 1 mbar**

La pressione media dell'atmosfera al livello del mare è **1013,25 hPa** (o **mbar**). Valori più alti sono convenzionalmente considerati **alta pressione** e valori minori **bassa pressione**. La pressione atmosferica dipende principalmente dai seguenti fattori:

- **altitudine**: la pressione diminuisce all'aumentare della quota;
- **temperatura**: la pressione diminuisce all'aumentare della temperatura;
- **umidità**: la pressione diminuisce all'aumentare dell'umidità assoluta.

In una carta del tempo le linee **isobare** uniscono i punti con uguale pressione (figura). Le isobare sono linee chiuse che delimitano internamente aree di alte pressioni dette **anticicloniche** aree di bassa pressione dette **cicloniche**.

Chiamiamo **gradiente barico** la variazione orizzontale di pressione fra due punti. Le differenze di pressione determinano la circolazione dei **venti** in quanto le masse d'aria tendono spontaneamente a *diffondere da zone di maggior pressione verso zone dove la pressione è minore*.

L'umidità

L'**umidità assoluta dell'aria** è la *quantità in grammi di vapore acqueo contenuta in un metro cubo d'aria*, perciò la sua unità di misura è **g/m³**. Si misura con l'**igrometro**. Il valore di umidità assoluta in condizioni vapore saturo è detto in meteorologia **limite di saturazione**. Si chiama **umidità relativa** il valore dell'umidità assoluta rapportato al limite di saturazione espresso in percentuale. In formula:

$$\text{umidità relativa (\%)} = \frac{\text{umidità assoluta}}{\text{limite di saturazione}} \cdot 100$$

Il limite di saturazione aumenta all'aumentare della temperatura. Pertanto, se in una massa d'aria la temperatura diminuisce, l'umidità assoluta non varia ma aumenta l'umidità relativa. Quando questa raggiunge il limite di saturazione o lo oltrepassa divenendo **soprasatura**, l'acqua condensa in forma di minutissime goccioline. Questo fenomeno è alla base della formazione di nubi e nebbie.

La temperatura alla quale l'aria con una certa umidità diventa satura di vapore è detta **punto di rugiada**.

7. I fenomeni atmosferici

I venti

▶ I **venti** sono masse d'aria che fluiscono spostandosi da zone di alta pressione verso zone di bassa pressione con una deviazione, dovuta alla forza di Coriolis, verso destra nell'emisfero nord e verso sinistra nell'emisfero sud.

Il vento è tanto più intenso quanto più elevata è la variazione di pressione da punto a punto ossia il gradiente barico (figura ▪ 7.25).

La deviazione dovuta alla forza di Coriolis è tanto più marcata quanto maggiore è il gradiente barico e quindi la velocità del vento.

Figura ▪ 7.25
La direzione del vento è determinata dal gradiente barico e dalla forza di Coriolis.

Le nubi e le nebbie

Quando la temperatura di una massa d'aria si abbassa al di sotto del punto di rugiada l'acqua di solito *non condensa subito*, ma il vapore diventa **soprasaturo**. In tali condizioni una piccola perturbazione (il pulviscolo sollevato dal vento o particelle del vento solare) può provocare la rapida condensazione del vapore in eccesso. Si formano microscopiche goccioline di acqua liquida, con dimensioni di circa 10 µm, che rimangono in sospensione nell'aria formando una **nube**. Se tutto questo avviene in condizioni di bassa temperatura e pressione l'acqua solidifica per brinamento sotto forma di sottilissimi aghi di ghiaccio. Al suolo lo stesso fenomeno genera la **nebbia**.

Le nubi si classificano in base all'altitudine e alla loro estensione in tre gruppi di nubi a sviluppo prevalentemente orizzontale, le *nubi alte*, le *nubi medie* e le *nubi basse*, e in un quarto gruppo di *nubi a sviluppo verticale* (**figura** ■ 7.26).

Figura ■ **7.26**
Le nubi si distinguono in base all'altitudine, alla forma e allo sviluppo orizzontale o verticale.

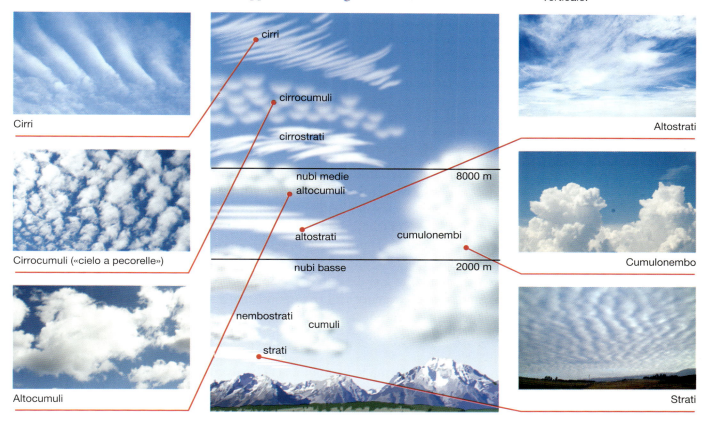

Cirri

Cirrocumuli («cielo a pecorelle»)

Altocumuli

cirri
cirrocumuli
cirrostrati
nubi medie   8000 m
altocumuli
altostrati   cumulonembi
nubi basse   2000 m
nembostrati   cumuli
strati

Altostrati

Cumulonembo

Strati

Le **nubi alte** si formano tra gli 8000 e i 1200 metri di quota.
- I *cirri* hanno l'aspetto di soffici ciuffi filamentosi; sono formati da sottili aghi di ghiaccio trascinati dai venti e non sono portatori di precipitazioni.
- I *cirrocumuli* sono formati da piccoli batuffoli bianchi disposti in file o a gruppi (cielo «a pecorelle») e di solito annunciano la pioggia.
- I *cirrostrati* costituiscono un sottile strato biancastro e quasi trasparente che crea un alone attorno al Sole e alla Luna.

Le **nubi medie** si formano tra i 2000 e gli 8000 metri di quota.
- Gli *altocumuli* sono vaste distese di cumuli, distinti ma molto vicini tra loro a formare strati dall'aspetto ondulato; sono costituiti da goccioline di acqua e cristalli di ghiaccio.
- Gli *altostrati* hanno l'aspetto di una cortina grigiastra più o meno densa che lascia appena intravedere il Sole e la Luna; producono precipitazioni fini e leggere che solitamente evaporano prima di raggiungere il suolo.

Le **nubi basse** si formano sotto i 2000 metri di quota.

- Gli *strati* sono nubi sottili dal colore grigiastro che si possono presentare a banchi o in estese coperture e generalmente non danno origine a precipitazioni.
- Gli *stratocumuli* si presentano come una distesa continua di masse rotondeggianti oscure, generalmente allungate, tra le quali si trovano nubi più sottili che spesso lasciano intravedere il sole.
- I *nembostrati* generano un'estesa copertura grigio-scura che oscura quasi completamente il cielo.

Le **nubi a sviluppo verticale** si evolvono in conseguenza dei moti convettivi dell'aria e possono raggiungere spessori considerevoli.

- I *cumuli* si presentano in masse isolate bianche e soffici con sommità arrotondate e basi piatte quando non portano precipitazioni, o scure e minacciose con sommità cupoliformi sfrangiate quando portano brutto tempo.
- I *cumulonembi* hanno un elevato sviluppo verticale e possono raggiungere anche i 12 000 metri di altezza; la loro sommità è generalmente chiara e a forma sferica, mentre la base, dove si sviluppano violenti temporali, è orizzontale e di colore scuro.

Il prefisso «cirro» indica le nubi alte, il prefisso «alto» indica le nubi medie, il prefisso e il suffisso «nembo» indicano che le nubi sono portatrici di precipitazioni.

Le precipitazioni

Precipitation
(Precipitazione)
Any form of liquid or solid water that reaches the Earth's surface. The main forms of precipitation are rain, snow and hail.

Le **precipitazioni** sono tutte le forme in cui l'acqua liquida o solida cade al suolo: la **pioggia**, la **neve** e la **grandine**. Se la temperatura è al di sopra di 0 °C le correnti d'aria ascensionali provocano il fenomeno della **coalescenza:** le gocce di acqua liquida collidono tra loro fondendosi e aumentando di volume fino a raggiungere un diametro di 200 μm al quale non possono restare in sospensione e cadono verso il basso ingrandendosi ancora di più.

Se la temperatura è al di sotto di 0 °C i microcristalli di ghiaccio in sospensione aggregano su di sé il vapore acqueo ingrandendosi fino a precipitare.

Se anche all'esterno della nube la temperatura rimane al di sotto di 0 °C fino al suolo, si forma la neve altrimenti i cristalli di neve fondono, trasformandosi in gocce di pioggia.

La **grandine** si forma nelle nubi a sviluppo verticale (cumulonembi) nelle quali le gocce, spinte dalle forti correnti ascensionali, si innalzano fino a quote alle quali l'acqua congela, poi ricadono alla base della nube per risalire nuovamente e ripetere il ciclo più volte prima di precipitare al suolo sotto forma di chicchi di ghiaccio.

Le precipitazioni si possono innescare in diverse condizioni atmosferiche:

- per il contatto fra una massa d'aria fredda con una massa d'aria calda e umida che pertanto si raffredda divenendo soprasatura di vapore acqueo;
- per i *moti convettivi ascendenti* di aria umida, che, con l'aumento di quota, si raffredda;
- per il *sollevamento orografico* che si verifica quando l'aria umida si innalza lungo il versante di un rilievo, l'aria si raffredda e le gocce si condensano;
- a causa di fenomeni di vaste proporzioni come i *monsoni* o i *cicloni tropicali*;
- in seguito a azioni dell'uomo come il *cloud seeding* (inseminazione delle nuvole) che consiste nella dispersione nelle nubi di sostanze che agiscono da nuclei di condensazione.

L'unità di misura dell'entità della pioggia è il **millimetro** (**mm**) che corrisponde allo spessore di 1 L di pioggia caduto sulla superficie di 1 m². Lo strumento di misura è il **pluviometro** (**figura** ▪ 7.27).

Figura ▪ **7.27**
Un pluviometro.

Si distinguono:

- **pioggia debole**: da 0 a 2 mm/h (millimetri di pioggia in un'ora);
- **moderata**: fino a 6 mm/h;
- **forte**: superiore a 6 mm/h;
- **rovescio**: scroscio improvviso superiore a 30 mm/h (anche di neve o di grandine)
- **piovasco**: scroscio di pioggia improvviso e di breve durata con grosse gocce.

Le perturbazioni e i temporali

Le **perturbazioni** sono modificazioni delle condizioni atmosferiche associate ad *annuvolamenti*, *piogge* e *temporali*. Si verificano in una certa area in associazione con lo spostamento delle *aree cicloniche* (bassa pressione).

I **temporali** sono perturbazioni violente e passeggere, accompagnate da rovesci di pioggia, scariche elettriche, vento e talvolta grandine. Si distinguono dalla **tempesta** perché in questa mancano le scariche elettriche (fulmini). Le nubi temporalesche sono ammassi con sviluppo verticale (cumulonembi o nembostrati) nei quali la circolazione convettiva provoca l'elettrizzazione delle particelle in sospensione. Si generano pertanto forti differenze di potenziale elettrico all'interno della nube, fra la nube e il suolo e fra diverse nubi, che arrivano a decine di migliaia di volt che danno origine alla scarica.

Il fronte polare

Esaminiamo ora da un altro punto di vista il contatto fra la cella polare e la cella di Ferrel che riguarda la zona di bassa pressione alle medie latitudini. Qui l'aria calda e umida proveniente dalle regioni tropicali entra in contatto con l'aria fredda e secca di origine polare. Le due masse d'aria hanno densità molto diversa perciò per un certo tempo non si mescolano ma si mantengono separate fluendo entrambe verso l'alto su una superficie inclinata. In meteorologia questa la superficie di contatto è detta **fronte polare**. È facile immaginare che il brusco raffreddamento provoca la condensazione del vapore acqueo e la formazione di nubi e precipitazioni, proprio come accade all'aria di una stanza umida e riscaldata quando incontra i vetri freddi di una finestra sui quali condensa. I luoghi sovrastati dal fronte polare sono perciò caratterizzati da un tempo assai perturbato.

Il fronte polare è quasi sempre ondulato e le incurvature si spostano di giorno in giorno da Ovest a Est. In certi tratti, detti **fronte freddo**, l'aria fredda spinge verso l'alto quella calda prendendone il posto. In altri segmenti, detti **fronte caldo**, è l'aria calda che avanza su quella fredda. Il fronte caldo è molto inclinato, perciò copre ampie regioni geografiche sulle quali le nubi sono stratificate. Il fronte freddo ha invece scarsa inclinazione perciò di solito vi si formano nubi a sviluppo verticale come i cumulonembi. Le regioni con tempo sereno sono pertanto distanti dai fronti caldo e freddo (**figura** ▪ **7.28**).

🇬🇧 **Weather disturbance** (Perturbazione)
Any change in weather conditions leading to cloud covers, rainfalls and thunderstorms. They are usually associated to the movement of low-pressure air masses.

Figura ▪ **7.28**
Il fronte freddo è poco inclinato perciò vi si formano cumulonenmbi con sviluppo verticale. Il fronte caldo è molto inclinato e le nubi sono stratificate.

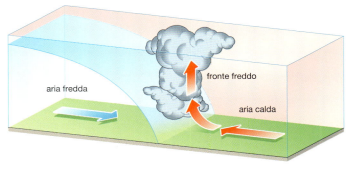

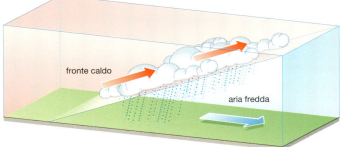

Osserva nella **figura** ▪ **7.29** l'evoluzione di un fronte polare nel corso di alcuni giorni. Il fronte freddo è indicato con i triangolini mentre i piccoli semicerchi indicano il fronte caldo. Il fronte freddo si sposta verso Est più velocemente del fronte caldo, perciò il fronte è destinato a richiudersi su se stesso (**fronte occluso**).

Figura ▪ **7.29**
Evoluzione di un fronte polare nell'arco di cinque giorni. Il fronte si sposta verso Est modificandosi di giorno in giorno.

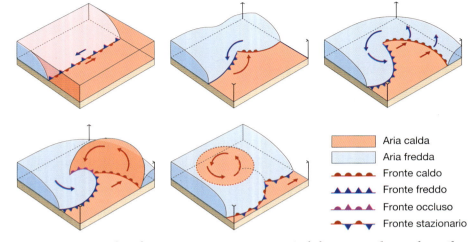

🟧	Aria calda
🟦	Aria fredda
🔴	Fronte caldo
🔺	Fronte freddo
🔻	Fronte occluso
🔻	Fronte stazionario

🇬🇧 **Polar front**
(Fronte polare)
In meteorology, the boundary surface that forms between the polar cell and the Ferrel cell in mid-latitudes. Due to the difference in density, the two air masses do not merge in to each other and tend to remain separate.

A un certo punto i due fronti si sovrappongono: è il **fronte occluso**, dove il tempo sarà molto perturbato ma solo per pochi giorni.

Nota anche che il vertice dell'ondulazione del fronte polare corrisponde alla zona di **bassa pressione** cioè a un **ciclone**. I venti circolano vorticosamente in questa area fin tanto che l'increspatura non si esaurisce. Le increspature del fronte polare riflettono le ondulazioni e i meandri della **corrente a getto** sovrastante.

La carta sinottica del tempo

I bollettini meteo televisivi presentano spesso carte come quella illustrata in **figura** ▪ **7.30**, dette **carte sinottiche del tempo** (dal greco *syn* = insieme, e *òpsis* = vista, sguardo d'insieme) che mostrano insieme le linee isobare e il fronte polare.

Figura ▪ **7.30**
Carta sinottica del tempo.

Fronte occluso: ancora nuvole, ma per poco.

Pressione alta

Lontano dai fronti, il tempo è sereno.

Fronte freddo, si formano nubi a sviluppo verticale: cumulonembi.

Pressione bassa

La pressione è espressa in ettopascal (o millibar). 1013,25 hPa corrispondono al valore medio della pressione atmosferica (1 atm). Valori maggiori sono considerati alta pressione, valori minori sono di bassa pressione.

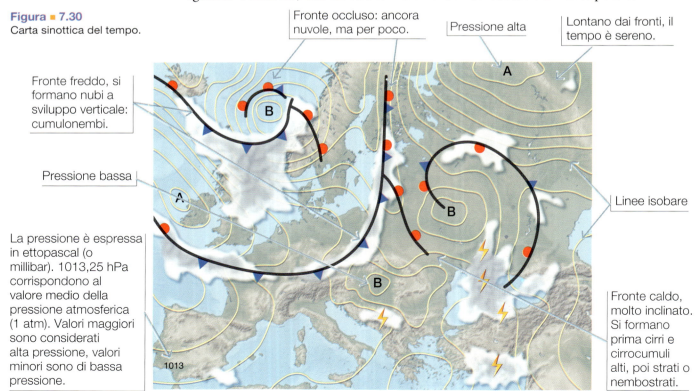

Linee isobare

Fronte caldo, molto inclinato. Si formano prima cirri e cirrocumuli alti, poi strati o nembostrati.

Esaminando queste carte possiamo fare diverse deduzioni sul tempo atmosferico nelle diverse aree rappresentate.

- Il tempo è perturbato lungo i fronti; in particolare lungo il fronte freddo sono probabili i temporali, mentre sul fronte caldo vi sono nubi stratificate.
- I venti soffiano verso l'esterno delle linee isobare ruotati a destra nelle zone anticicloniche (alta pressione). Sono invece rivolti verso l'interno dell'area ciclonica (bassa pressione) ruotati a destra. Sono inoltre tanto più intensi quanto più le isobare sono ravvicinate.

Sapendo che le increspature del fronte polare si spostano verso Est i meteorologi possono fare una previsione per i giorni successivi.

Fenomeni meteorologici estremi

I fenomeni atmosferici sono detti *estremi* se sono rari per intensità o durata, per uno o più parametri (entità della pioggia, velocità del vento ecc.).

Il **ciclone tropicale** chiamato anche **uragano** (nell'Atlantico) o **tifone** (Pacifico occidentale, mare della Cina) è un vortice che si sviluppa intorno a una zona di bassa pressione associato a numerosi fronti temporaleschi (**figura** ■ 7.31).

Figura ■ 7.31
I cicloni tropicali si formano in corrispondenza dell'Equatore dove le acque marine superficiali raggiungono e superano i 26,5 °C in estate. Le frecce indicano le traiettorie seguite dai cicloni durante i loro spostamenti.

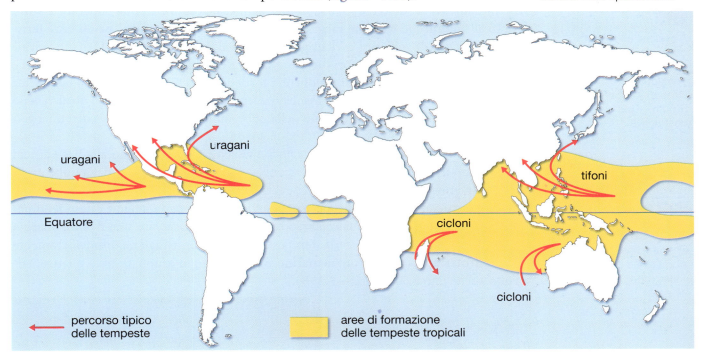

percorso tipico delle tempeste

aree di formazione delle tempeste tropicali

Non va confuso con il *ciclone extratropicale*, che, come abbiamo visto, corrisponde a un'area di bassa pressione accompagnata da perturbazioni, tipica delle regioni temperate.

I cicloni hanno origine vicino all'equatore alla latitudine di circa 10°, si spostano verso latitudini maggiori con moto orario e antiorario rispettivamente negli emisferi nord e sud, fino a esaurirsi. I meccanismi che portano alla formazione di un ciclone sono ancora oggetto si studio, ma si è compreso che essi si formano in mari profondi e caldi (con temperatura superiore a 26,5 °C), dove il gradiente termico verticale è elevato (la temperatura deve diminuire rapidamente con la quota) nella zona in cui convergono i venti alisei dei due emisferi. L'intenso riscaldamento dal basso verso l'alto determina una forte convezione che provoca venti rotatori ascendenti. Si genera una zona di bassa pressione intorno alla quale l'aria si solleva con moto rotatorio (**figura** ■ 7.32 a pagina seguente).

Tropical cyclone
(Ciclone tropicale)
Tropical cyclones are intense circular storm-systems with a low-pressure centre.
Atlantic tropical cyclones are also called *hurricanes*, while tropical cyclones in the Northwestern Pacific Basin are called *typhoons*.

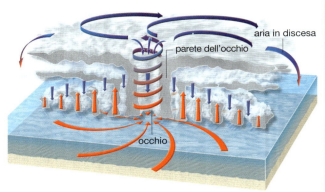

aria in discesa
parete dell'occhio
occhio

Video Che cosa condiziona il clima?

Tornado
(Tromba d'aria)
A cyclone of air that connects a cumulonimbus cloud to the Earth's surface. Tornados have a very short lifespan – usually only a few minutes – but can be highly destructive.

Waterspout
(Tromba marina)
An intense vortex of swirling air that takes origin from a storm cloud over a body of water.

Il vapore acqueo, con il sollevamento dell'aria si condensa liberando l'energia (calore latente di evaporazione) che alimenta una circolazione violenta con venti fortissimi. Da un diametro iniziale di poche decine di kilometri il ciclone tropicale si allarga fino a coprire un massimo di 800–1000 km. La durata raggiunge le 2–3 settimane.

Un **tornado** (o **tromba d'aria**) è un vortice d'aria violento e velocissimo che si sviluppa dalla base di un cumulonembo fino al suolo (**figura ■ 7.33A**).

Il diametro al suolo è di 100–500 m ma, in casi eccezionali può superare 1 km. I venti al suo interno possono raggiungere i 500 km/h sviluppando una potenza terrificante capace di sollevare carichi pesantissimi: durante un famoso tornado, verificatosi nel 1977, ben 37 trattori furono spostati di 1 km. In base alla forza dei venti e ai danni che sono in grado di produrre, i tornado sono distinti in 6 classi della scala Fujita da F0 a F5. I tornado sono associati a fenomeni temporaleschi nei quali vi sono vortici d'aria all'esterno e all'interno della nube, alimentati anche dalle correnti a getto di alta quota.

Le **trombe marine** sono vortici veloci e violenti che si formano alla base di una nube temporalesca sopra il mare. Si riconoscono facilmente perché dalla nube inizia a formarsi una lunga «proboscide» che termina sulla superficie dell'acqua con un caratteristico «ciuffo» di piccole gocce e spruzzi. Lungo le coste italiane questi fenomeni non sono del tutto inusuali, perciò se capitasse di osservare una tromba marina dalla riva, è bene riconoscerla tempestivamente per rifugiarsi immediatamente nell'entroterra. Spesso le trombe marine si presentano in gruppi di tre o quattro, talvolta anche fino a 50 (**figura ■ 7.33B**).

Figura ■ 7.33
A. I tornado sono fenomeni assai frequenti nelle vaste pianure degli Stati Uniti centrali.
B. Una tromba marina.

Le glaciazioni

Nel corso della storia terrestre, più volte si sono verificati abbassamenti prolungati della temperatura media che hanno prodotto una forte estensione delle coperture glaciali. Tali condizioni climatiche sono chiamate **glaciazioni**.

Si ritiene che la glaciazione più intensa si sia verificata 2,4–2,1 miliardi di anni fa (*glaciazione uroniana*), conseguente a un periodo di eccezionale abbondanza di ossigeno atmosferico. Quest'ultimo fu responsabile dell'ossidazione del metano atmosferico che si trasformò in anidride carbonica.

Poiché il metano è un gas serra più efficace della CO_2, si ritiene che questa ossidazione sia responsabile di un raffreddamento atmosferico così forte da provocare una glaciazione tanto intensa da ridurre la Terra a una «palla di neve».

Nel periodo geologico più recente, il *Quaternario*, quello in cui viviamo, le glaciazioni sono sono state numerose (almeno sette), l'ultima avvenne circa 11 000 anni fa.

Nel corso dell'avanzamento dei ghiacci, l'acqua congelata, sottratta agli oceani, diminuiva il livello delle acque marine lasciando scoperti bracci di mare come in Europa il canale della Manica. L'avanzata dei ghiacci provocava l'erosione delle valli e la deposizione dei materiali trasportati, a ciò si aggiungevano gli aggiustamenti isostatici dovuti all'aumento della massa che gravava sui territori sepolti (vedi il fenomeno dell'Isostasia al capitolo 5). L'interruzione della corrente del Golfo provocava un'ulteriore raffreddamento delle aree coinvolte. Il ritiro dei ghiacciai lasciava ampie valli a U, depositi morenici, laghi glaciali e provocava l'innalzamento isostatico dell'area interessata.

Le possibili ragioni delle glaciazioni sono ancora ampiamente studiate. È accertato che un ruolo centrale è stato giocato dalle *oscillazioni millenarie dell'orbita terrestre* alle quali si aggiungono le *variazioni dell'attività solare*. Tale relazione fu ipotizzata per la prima volta dal matematico e climatologo serbo **Milutin Milankovič** (1879–1958). Anche le eruzioni vulcaniche e l'impatto con grandi meteoriti sono ca enumerare nelle possibili concause.

Le variazioni millenarie dell'orbita terrestre e le glaciazioni

Sappiamo che l'orbita della rivoluzione terrestre intorno al Sole ha oscillazioni con periodi millenari. A causa di questi moti ogni solstizio (e ogni equinozio) non avviene sempre nello stesso punto dell'orbita, ma si sposta a poco a poco tornando nella stessa posizione dopo 21 000 anni (*precessione degli equinozi*).

Oggi la Terra si trova sul perielio nei primi giorni di gennaio, e in afelio ai primi di luglio, ma non è sempre stato così: circa 11 000 anni fa (metà del periodo) durante l'estate boreale la Terra era prossima al perielio cioè alla minore distanza dal Sole e in inverno era in afelio, cioè lontana da esso. Gli inverni erano allora più freddi e lunghi di quelli attuali, e le spesse coltri di neve riversate sulla superficie settentrionale venivano mantenute a lungo. Le estati erano più calde ma anche più brevi, pertanto la fusione del ghiaccio non ne compensava l'accumulo e i ghiacciai avanzavano. La stessa condizione si verificherà fra 11 000 anni. Questo fenomeno è intensificato da altri moti millenari come le variazioni di eccentricità dell'orbita (che si verificano con un periodo di 92 000 anni) e le variazioni di inclinazione dell'asse terrestre (periodo di 42 000 anni) (**figura A**).

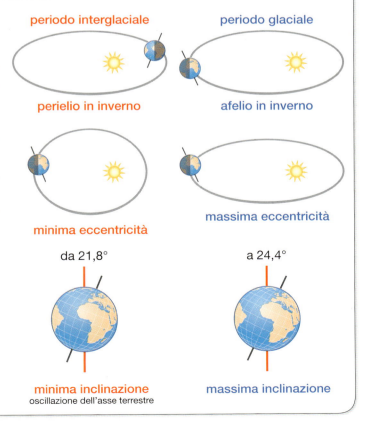

Figura ■ A
Cicli glaciali boreali e moti millenari.

8. I cicli biogeochimici

Gli atomi di ogni elemento appartenente alla biosfera terrestre subiscono un insieme di varie trasformazioni e reazioni mediante le quali essi circolano di volta in volta in sistemi e ambienti diversi. Ogni atomo è protagonista di continui processi chimici che avvengono con velocità e meccanismi molto differenziati nell'aria, nelle acque, nei suoli, nelle rocce, negli organismi viventi e nei sistemi tecnologici. Il sistema che comprende la maggiore quantità dell'elemento in un ciclo è detta *zona di accumulo* o *serbatoio*.

▶ L'insieme delle trasformazioni che un particolare atomo o una particolare sostanza può subire negli ambienti terrestri è detto **ciclo biogeochimico**.

Nel primo volume abbiamo già affrontato il ciclo idrologico, ossia il ciclo dell'acqua, che qui pertanto non approfondiamo. Ci limitiamo a ricordare che la Terra è l'unico pianeta conosciuto nel quale l'acqua sia presente nei tre stati di aggregazione: solido, liquido e gassoso.

Le *acque oceaniche* sono un immenso serbatoio idrico in quanto comprendono più del **97**% di tutta l'acqua terrestre.

Le *acque dolci,* con contenuto di sali minore dello 0,05%, si trovano principalmente allo stato solido nei **ghiacciai** polari e di montagna (**2**%). Seguono le **acque sotterranee** (**1**%), nel suolo e nelle falde. Solamente lo **0,02**% appartiene a **fiumi e laghi**. Una percentuale circa *20 volte minore* è allo stato aeriforme nell'atmosfera mentre gli **ecosistemi** dell'intera biosfera contengono soltanto lo 0,00004% di tutta l'acqua planetaria.

Il ciclo idrologico comprende ogni compartimento della sfera terrestre: le molecole d'acqua transitano dagli oceani all'atmosfera alle terre emerse in un insieme ininterrotto di spostamenti e di cambiamenti a cui contribuiscono fenomeni come l'evaporazione, la condensazione, il congelamento, il brinamento, la sublimazione, la precipitazione, l'infiltrazione, lo scorrimento, il deflusso superficiale, il flusso sotterraneo, i venti, le correnti marine.

Il ciclo dell'azoto

Esaminiamo il ciclo dell'azoto iniziando dall'atmosfera terrestre (**figura** ■ 7.34).

Figura ■ 7.34
Ciclo dell'azoto.

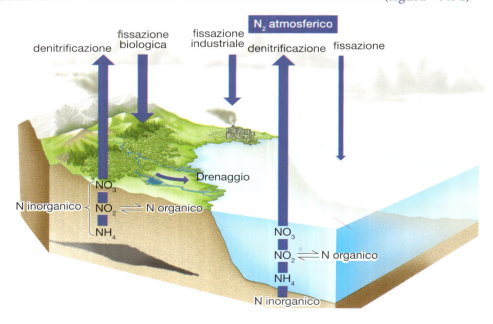

Dall'atmosfera al suolo

L'atmosfera terrestre è la zona di accumulo dell'azoto sotto forma di molecole N_2.

In questo immenso serbatoio le molecole biatomiche sono molto stabili pertanto la loro trasformazione in composti azotati, detta **fissazione dell'azoto**, richiede condizioni assai drastiche che si realizzano in due modi distinti: per *fissazione atmosferica* e per *fissazione biologica*.

La **fissazione atmosferica** avviene grazie all'innesco fornito da *radiazioni cosmiche* e *scariche elettriche*. In tali condizioni le molecole di N_2 reagiscono con l'ossigeno o con l'idrogeno formando *ossidi di azoto* e *ammoniaca*. Tali gas sono poi trasportati nel terreno dalle piogge. Da essi derivano i **nitrati** e i **sali di ammonio** solubili nelle acque che si infiltrano nel suolo.

La **fissazione biologica** avviene grazie all'azione catalitica dell'enzima **nitrogenasi** di cui sono provvisti alcuni ceppi di batteri e cianobatteri, detti per questo **batteri azotofissatori**. Alcuni di essi vivono liberi, altri in simbiosi con altri organismi. Fra questi ultimi ricordiamo i batteri del genere *Rhizobium* che vivono in colonie nei noduli radicali delle *leguminose* (**figura** ■ **7.35**).

L'enzima nitrogenasi catalizza la seguente semireazione nella quale l'azoto elementare viene ridotto a formare **ione ammonio**:

$$N_2 + 8H^+ + 6e^- \rightarrow 2NH_4^+$$

Figura ■ **7.35**
Noduli di *Rhizobium* sulle radici di un fagiolo di campo per la fissazione dell'azoto.

Dal suolo alla comunità biologica

Grazie alla fissazione atmosferica e alla fissazione biologica il suolo si arricchisce di nitrati e sali d'ammonio che, disciolti in acqua, possono essere assorbiti dalle radici delle piante.

Le piante e i loro enzimi sono protagoniste della fase successiva, l'**organicazione dell'azoto**. Essa consiste in un insieme di processi mediante i quali l'azoto presente nello ione ammonio reagisce con molecole organiche generando **amminoacidi** e altri **composti organici azotati**.

All'interno della comunità biologica

Tramite la catena alimentare i composti organici azotati sono assorbiti dagli organismi eterotrofi e circolano nell'ecosistema.

Attraverso i rispettivi processi metabolici gli animali trasformano l'azoto organico assunto con l'alimentazione, nelle molecole azotate necessarie.

I resti e i prodotti di escrezione degli animali e i detriti vegetali rilasciati nel terreno contengono **azoto organico** che viene degradato ad opera di numerosi microrganismi in un processo detto **ammonificazione**, mediante il quale le biomolecole rilasciano ammoniaca o ione ammonio che rientra nel ciclo.

Gli enzimi **proteasi** e **peptidasi** catalizzano l'idrolisi delle proteine che si trasformano in amminoacidi. Successivamente, da ciascun amminoacido viene rimosso il gruppo amminico ($-NH_2$) che genera ammoniaca e sali di ammonio che si disciolgono nel terreno.

Altri microrganismi, i **batteri nitrificanti**, trasformano l'ammonio in nitrato rendendolo nuovamente disponibile per le piante.

Dal suolo all'atmosfera

Nei suoli poveri di ossigeno entrano in azione i batteri **denitrificanti** che trasformano i nitrati e i nitriti dapprima in ossidi di azoto e poi in azoto elementare che rientra nel serbatoio atmosferico.

$$NO_2^- \text{ (nitriti), } NO_3^- \text{ (nitrati)} \rightarrow N_2 \text{ gassoso}$$

 **Nitrogen fixation**
(Fissazione dell'azoto)
The process by which atmospheric nitrogen, characterized by relatively inert biatomic molecules, is combined to other elements and assimilated to molecules readily available to living organisms.

Dalle attività umane al ciclo dell'azoto

L'azoto atmosferico può combinarsi con l'ossigeno anche grazie alle alte temperature che si hanno nei processi di combustione. Pertanto l'attività industriale e i trasporti a motore sono una fonte antropica di ossidi di azoto che partecipano al ciclo.

A causa delle alte temperature (oltre 1200 °C) presenti nelle camere di scoppio dei motori a combustione, l'ossigeno, oltre a favorire la combustione della benzina, reagisce con l'azoto (N_2) dell'aria formando piccole quantità di ossidi di azoto (NO e NO_2) che, immessi in atmosfera, concorrono alla formazione delle piogge acide.

Anche i composti azotati prodotti nell'industria partecipano al ciclo dell'azoto.

Il ciclo dell'ossigeno

Di tutto l'ossigeno presente sulla Terra la grande maggioranza è *allo stato combinato* nelle rocce, nell'acqua e, in generale, nella biosfera. Solo una minima parte, (meno dello 0,5%) è allo stato elementare come gas atmosferico (O, O_2 e O_3) oppure disciolto nelle acque marine e continentali (O_2) (**figura ∎ 7.36**).

Figura ∎ 7.36
L'ossigeno sulla Terra si trova quasi tutto combinato nelle rocce della litosfera e solo in minima parte nell'atmosfera e nella biosfera.

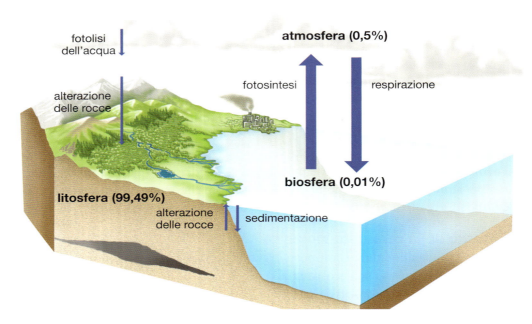

Pressoché tutto l'ossigeno elementare deriva dalla **fotosintesi** delle piante, delle alghe e dei microrganismi autotrofi.

Ricordiamo che la fotosintesi è un insieme di processi, catalizzati da numerosi enzimi e promossi da molecole fotosensibili, mediante i quali molecole di diossido di carbonio e di acqua si trasformano in zuccheri liberando ossigeno:

$$6CO_2 + 6H_2O + energia \rightarrow C_6H_{12}O_6 + 6O_2$$

Da notare che in questo processo il ciclo dell'ossigeno si interseca con il ciclo del carbonio.

Questa reazione è responsabile della presenza della quasi totalità *di ossigeno elementare sulla Terra.*

Una minima parte, quasi trascurabile, dell'ossigeno elementare deriva dalla **fotolisi dell'acqua**. Questo processo avviene negli strati più alti dell'atmosfera dove le radiazioni ultraviolette provenienti dal Sole promuovono la scissione fotochimica di molecole di acqua gassosa secondo la reazione:

$$2H_2O + UV \rightarrow 4H + 2O$$

Gli atomi di idrogeno, a causa della loro piccola massa, sfuggono all'atmosfera, mentre quelli di ossigeno vi permangono formando O_2 e O_3.

Le attività biologiche, geologiche e antropiche consumano l'ossigeno elementare riportandolo allo stato ridotto.

Esse comprendono (**figura** ■ **7.37**):

■ la **respirazione cellulare** mediante la quale gli organismi aerobi acquisiscono energia per produrre molecole di ATP:

$$C_6H_{12}O_6 + 6O_2 \rightarrow 6CO_2 + 6H_2O + \text{energia}$$

$$\text{energia} + ADP + P \rightarrow ATP$$

■ l'**alterazione delle rocce** affioranti, come per esempio l'ossidazione dei minerali ferrosi in ferrici:

$$Fe^{2+} \rightarrow Fe^{+3} + e^-$$

$$O_2 + 4e^- + 4H^+ \rightarrow 2H_2O$$

■ le **combustioni**;
■ le **decomposizioni di resti biologici**.

Figura ■ **7.37**
La molecola di diossido di carbonio ha una geometria lineare costituita da un atomo di carbonio centrale legato a due atomi di ossigeno tramite un doppio legame covalente.

Il carbonio atmosferico

Secondo una stima del 2016 il **diossido di carbonio** (anidride carbonica, CO_2) presente nell'atmosfera terrestre ammonta allo **0,04%** (**400 ppm**). È un gas inodore incolore insapore (**figura** ■ **7.37**).

Ha un'elevata solubilità in acqua, nella quale si comporta da acido debole instaurando i seguenti equilibri:

$$CO_2 + H_2O \leftrightarrows H_2CO_3 \leftrightarrows HCO_3^- + H^+ \leftrightarrows CO_3^{2-} + 2H^+$$

Nei mari ha una concentrazione media di 10 mg/L.

Il destino del diossido di carbonio è strettamente intrecciato con quello degli organismi viventi in quanto è il reagente essenziale, insieme all'acqua, della *fotosintesi*, alla quale si deve l'*organicazione del carbonio* e l'avvio della catena alimentare.

$$6CO_2 + 6H_2O + \text{energia} \rightarrow C_6H_{12}O_6 + 6O_2$$
fotosintesi

Al contrario, la respirazione cellulare, la decomposizione dei resti biologici, la fermentazione producono CO_2 riportandola nell'atmosfera e nelle acque.

$$C_6H_{12}O_6 + 6O_2 \rightarrow 6CO_2 + 6H_2O + \text{energia}$$
respirazione cellulare

$$C_6H_{12}O_6 \rightarrow 2C_2H_5OH + 2CO_2$$
fermentazione alcolica

La quantità di CO_2 immessa nell'atmosfera e nelle acque dai processi di combustione associati alle attività umane ha subito un forte incremento dall'inizio della rivoluzione industriale del XIX secolo, fino ad arrivare ai preoccupanti valori odierni stimati in 50 000 tonnellate al minuto.

Il diossido di carbonio è uno dei cosiddetti *gas serra* (altri sono l'acqua gassosa e il metano) per la sua capacità di assorbire e riemettere la radiazione infrarossa termica proveniente dal suolo terrestre impedendole di disperdersi completamente nello spazio.

I cicli del carbonio

Il carbonio si trova sulla Terra in diversi stati:

- nelle rocce, prevalentemente sotto forma di ioni carbonato CO_3^{2-};
- nei depositi fossili;
- nell'aria come diossido di carbonio CO_2 (0,04% = 400 ppm) e metano CH_4 (0,0002% = 2 ppm);
- nell'acqua come ione idrogeno carbonato HCO_3^-;
- nelle molecole organiche.

Il carbonio può entrare in due diversi cicli biochimici:

1. un ciclo a breve termine che coinvolge animali e piante;
2. un ciclo con periodo lungo e lunghissimo (alla scala del tempo geologico) che riguarda i fossili e le rocce e al quale partecipa l'acqua con la sua azione erosiva sulle rocce e di deposito di carbonati insolubili.

L'intervento antropico si manifesta in entrambi cicli con la deforestazione, l'attività agricola e industriale e l'estrazione e l'impiego di combustibili fossili per il riscaldamento e per i trasporti.

Ciclo del carbonio con periodo breve

Con il processo di **fotosintesi** le piante incorporano il carbonio atmosferico della CO_2 producendo molecole organiche.

La catena alimentare rende disponibile il carbonio organico nell'intero ecosistema. Con i processi di **decomposizione** e di **respirazione cellulare** la CO_2 viene restituita all'ambiente. La fotosintesi è più intensa in estate che in inverno. Pertanto la concentrazione della CO_2 presenta nel tempo oscillazioni annuali (**figura ■ 7.38**).

Figura ■ 7.38
Oscillazioni annuali (linea rossa) della concentrazione di CO_2 rilevate dall'osservatorio americano di oceanografia alle Isole Hawaii. La linea nera rappresenta invece l'andamento della concentrazione media annua e mostra come in quasi sessant'anni si sia passati da poco meno di 320 ppm a 400 ppm.

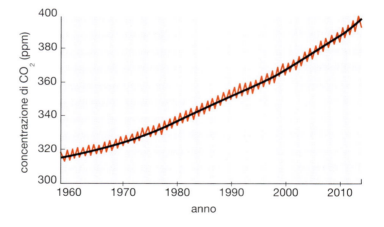

Le attività umane partecipano al ciclo del carbonio immettendo nell'atmosfera e nelle acque ogni anno 27 miliardi di tonnellate di diossido di carbonio.

Anche i fenomeni vulcanici contribuiscono alle immissioni di CO_2 in atmosfera, con una quota confrontabile con quella di origine antropica.

Cicli del carbonio su scala geologica

Le conchiglie di molti animali marini e i gusci di alcuni protozoi acquatici (foraminiferi) sono costituiti di minerali carbonatici come calcite e aragonite. Alla morte degli organismi questi scheletri si depositano sul fondo dei mari generando sedimenti calcarei che una volta litificati costituiranno rocce sedimentarie calcaree (calcari e dolomie).

Responsabili della formazione di rocce calcaree sono anche alcuni organismi biocostruttori come i coralli e le alghe rosse la cui attività fisiologica è legata alla costruzione di strutture di sostegno di carbonato di calcio che nel tempo, per accumulo, formano delle vere e proprie scogliere calcaree (**figura** ■ **7.39**). Altre rocce calcaree di origine chimica si formano per precipitazione di $CaCO_3$ in seguito al fenomeno carsico.

Figura ■ **7.39**
Il Monte Civetta, situato nelle Dolomiti bellunesi, è un maestoso massiccio calcareo le cui rocce, circa 240 milioni di anni fa, costituivano una scogliera corallina tropicale.

Le rocce sedimentarie calcaree, una volta formatesi sul fondo dei mari, possono essere sollevate in seguito a fenomeni tettonici, messe a giorno ed esposte all'azione degli agenti atmosferici. L'azione erosiva delle acque provoca la dissoluzione del calcare trasformando lo ione carbonato CO_3^{2-}, insolubile, in ione bicarbonato HCO_3^-, solubile e disponibile per gli organismi viventi.

Una parte del carbonio contenuto nelle rocce deriva dalla lenta trasformazione di materia organica di origine sia animale sia vegetale, spesso in assenza di ossigeno (**figura** ■ **7.40**). In questo modo si formano i carboni fossili (torba, lignite, litantrace e antracite) e gli idrocarburi (petrolio e gas naturale).

Figura ■ **7.40**
Ciclo del carbonio completo (con periodo breve e su scala geologica).

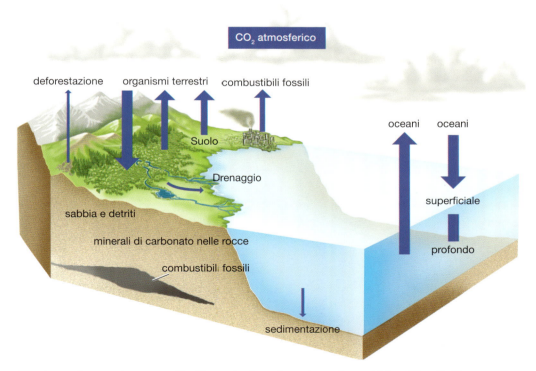

Si stima che ogni anno sulla Terra la fotosintesi produca 100 miliardi di tonnellate (1017 g) di sostanze organiche e che, approssimativamente, una pari quantità venga decomposta con la respirazione ad anidride carbonica ed acqua.

Il bilancio tuttavia non è in pareggio poiché la deforestazione e i processi antropici di combustione, provocano un aumento della produzione di CO_2 a discapito della sua assimilazione.

Concludiamo

Terminiamo queste pagine dedicate ai complessi cicli degli atomi e delle molecole che ci circondano (e di cui siamo composti) accennando alle parole di un gigante della letteratura contemporanea: Primo Levi.

Nell'ultimo capitolo della sua opera *Il Sistema Periodico* (di cui consigliamo la lettura integrale) egli scrive in modo indimenticabile un passaggio saliente sul ciclo del carbonio.

«[Un atomo di carbonio] È di nuovo tra noi, in un bicchiere di latte. È inserito in una lunga catena, molto complessa, tuttavia tale che quasi tutti i suoi anelli sono accetti al corpo umano. Viene ingoiato: e poiché ogni struttura vivente alberga una selvaggia diffidenza verso ogni apporto di altro materiale di origine vivente, la catena viene meticolosamente frantumata, e i frantumi, uno per uno, accettati o respinti. Uno, quello che ci sta a cuore, varca la soglia intestinale ed entra nel torrente sanguigno: migra, bussa alla porta di una cellula nervosa, entra e soppianta un altro carbonio che ne faceva parte. Questa cellula appartiene a un cervello, e questo è il mio cervello, di me che scrivo, e la cellula in questione, ed in essa l'atomo in questione, è addetta al mio scrivere, in un gigantesco minuscolo gioco che nessuno ha ancora descritto. È quella che in questo istante, fuori da un labirintico intreccio di sì e di no, fa sì che la mia mano corra in un certo cammino sulla carta, la segni di queste volute che sono segni; un doppio scatto, in su e in giù, fra due livelli d'energia guida questa mia mano ad imprimere sulla carta questo punto: questo.»

Il sistema periodico - Primo Levi

Primo Levi (1919-1987), uno dei massimi scrittori italiani del secondo Novecento, partigiano antifascista, deportato ad Auschwitz e testimone della tragedia dei campi di sterminio nazisti, era un chimico.

Uno dei suoi capolavori è dedicato proprio alla chimica, sin dal titolo: **Il sistema periodico**. Si tratta di una raccolta di racconti dedicati a vari elementi della tavola periodica ognuno dei quali fa da traccia per la narrazione. In certi racconti il comportamento chimico dell'elemento è una metafora di una certa situazione umana, in altri l'elemento stesso è il reale protagonista della vicenda. Leggi qualcuno di questi racconti, anche in ordine sparso, per «sentire» la chimica come espressione profonda dell'animo umano oltre che del pensiero razionale e sistematico.

PRIMO LEVI
IL SISTEMA PERIODICO

ET SCRITTORI

Lavorare con le mappe

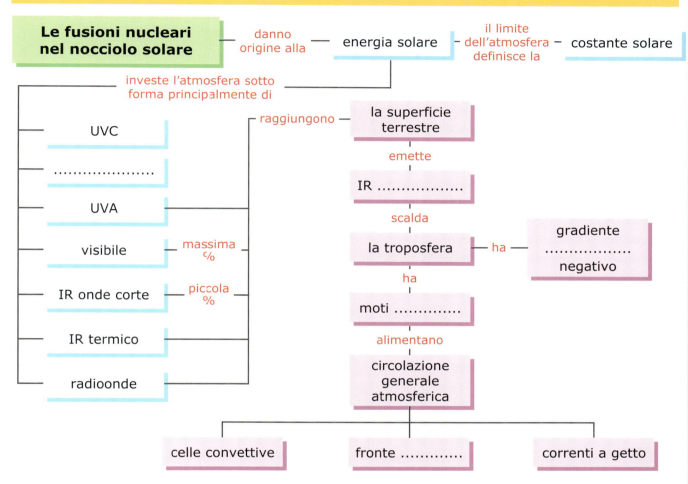

1. Completa la mappa riempiendo gli spazi.
2. Elabora un riassunto della mappa descrivendo i singoli elementi e le loro relazioni.
3. Arricchisci la mappa inserendo i meccanismi di assorbimento di UVA, UVB, UVC.
4. Costruisci una mappa sulla circolazione generale nella troposfera.
5. Costruisci una mappa sui diversi strati atmosferici.

Conoscenze e abilità

I flussi di materia e di energia

Indica la risposta corretta

1. **Il suolo delle foreste pluviali a seguito del disboscamento è**

    A spesso e ricco di nutrienti

    B sottile e ricco di nutrienti

    C spesso e povero di nutrienti

    D sottile e povero di nutrienti

2. **La disponibilità dei nutrienti che si trovano nelle acque oceaniche**

    A è abbondante ovunque

    B è in genere scarsa, ma più abbondante spostandosi in profondità

    C è in genere scarsa, ma più abbondante in superficie

    D è in genere abbondante, ma più scarsa spostandosi in profondità

3. Nei laghi, che cosa si intende per *turnover* delle acque?

[A] lo scambio di acqua fra l'atmosfera e il lago
[B] lo scambio di nutrienti con l'ambiente
[C] lo scambio stagionale di acque superficiali e profonde
[D] le variazioni termiche del lago

4. 🇬🇧 Which astronomical object in the Solar system is the only one without an atmosphere?

[A] Uranus
[B] Neptune
[C] Venus
[D] Mercury

5. Qual è l'ordine di abbondanza dei seguenti gas nella troposfera terrestre?

[A] ossigeno → azoto → CO_2 → vapore acqueo
[B] ossigeno → azoto → vapore acqueo → CO_2
[C] azoto → ossigeno → CO_2 → vapore acqueo
[D] azoto → ossigeno → vapore acqueo → CO_2

6. Quale porzione dell'energia solare, che investe perpendicolarmente l'esterno dell'atmosfera, giunge in media al suolo?

[A] circa un ottavo
[B] circa un quarto
[C] circa la metà
[D] circa tre quarti

7. 🇬🇧 Which of the following radiations are most responsible for the heating of the atmosphere?

[A] UV
[B] visible radiations
[C] short-wave infrared radiations
[D] long-wave infrared radiations

8. Quale frazione dell'energia primaria lorda si trasferisce mediamente da un livello trofico al seguente?

[A] circa la metà
[B] circa il 90%
[C] circa un terzo
[D] circa il 10%

Completa la frase

9. Il suolo si genera dalla .... della roccia madre e con la pioggia si arricchisce di ...., sostanze .... e inorganiche in .... acquosa. Si stima che per formare il suolo occorrano .... o .... di anni.

10. Nella troposfera il .... termico verticale è negativo pertanto vi sono continui moti .... dell'aria che distribuiscono l' .... solare. Nella stratosfera, invece, tale valore è ...., perciò l'aria è soggetta soltanto a moti laminari.

11. L'ozono si presenta naturalmente nella .... per la presenza contemporanea di .... e di ...., che reagiscono fra loro formando O_3. Quest'ultima reazione è ...., perciò libera il calore responsabile della inversione .... della stratosfera.

Vero o falso?

12. L'interazione fra litosfera e atmosfera modella la superficie terrestre. V F

13. Il mescolamento delle acque oceaniche è molto veloce. V F

14. Il fenomeno di upwelling si verifica prevalentemente al largo, lontano dalla costa. V F

15. La Terra è l'unico pianeta del Sistema solare che possiede acqua. V F

16. L'ossigeno compone poco più di un quinto dell'aria secca. V F

17. La superficie terrestre è la principale responsabile del riscaldamento atmosferico. V F

18. L'ozono stratosferico è distrutto principalmente dai gas serra. V F

19. La luce del Sole impiega circa 8 minuti per giungere dalla fotosfera solare fino all'esterno dell'atmosfera terrestre. V F

20. 🇬🇧 In the troposphere, temperatures drop about 0.65 °C for every increase in altitude of 100 m. V F

21. 🇬🇧 The increase in atmospheric temperatures has already proved to contribute to pathogens spreading. V F

Rispondi

22. Che cosa si intende per *upwelling*?

23. Quali sono le interazioni che conosci fra atmosfera e litosfera?

24. Quali sono le ragioni che rendono il suolo deforestato della foresta pluviale particolarmente povero di nutrienti?

25. 🇬🇧 Fill in the gaps in the following diagram.

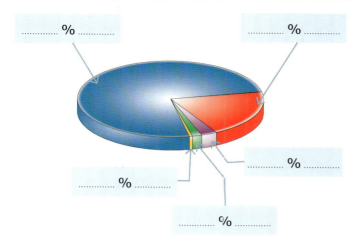

.... %   ....
.... %   ....
.... %   ....
.... %   ....
.... %   ....

26. 🇬🇧 **Why does the percentage of nitrogen, oxygen, argon and CO_2 in the air usually refers to dry air? Why is water vapour not taken into account?**

27. Che cosa si intende con produzione primaria lorda e produzione primaria netta?

28. Quale percentuale della produzione primaria lorda viene incorporata in ogni livello della catena trofica?

La circolazione atmosferica e i fenomeni meteorici

Indica la risposta corretta

29. **Di quanto diminuisce la temperatura media atmosferica con l'aumentare di un grado di latitudine?**
- A circa 1,0 °C
- B circa 6,5 °C
- C circa 0,4 °C
- D circa 4,0 °C

30. **Quali sono i moti prevalenti dell'aria nelle aree di bassa pressione?**
- A orizzontali
- B diretti verso est
- C ascendenti
- D discendenti

31. **A quali latitudini si collocano mediamente i confini fra le celle convettive nella troposfera in entrambi gli emisferi?**
- A 45°
- B 30° e 60°
- C 30° o 60°
- D non ci sono confini, c'è una sola cella convettiva

32. 🇬🇧 **The boundary between the polar cell and the Ferrel cell is characterized by**
- A low pressure
- B high pressure
- C variable pressure

- D high pressure at high altitudes and low pressure at lower altitudes

33. **Gli alisei sono venti costanti presenti nelle regioni equatoriali. Da dove provengono?**
- A da Nord-Est (emisfero nord) e da Sud-Est (emisfero sud)
- B da Nord-Ovest (emisfero nord) e da Sud-Ovest (emisfero sud)
- C da Nord-Est (emisfero nord) e da Sud-Ovest (emisfero sud)
- D da Sud-Est (emisfero nord) e da Nord-Ovest (emisfero sud)

34. **Che cosa si intende per circolazione termoalina?**
- A il circuito generale delle correnti
- B il circuito generale dei venti
- C il flusso generale delle correnti superficiali e profonde
- D la circolazione delle correnti a getto

35. 🇬🇧 **Isobar maps allow to forecast**
- A high and low temperatures
- B humidity variations
- C winds directions
- D the amount of rainfall precipitations

36. **Che cosa si intende per gradiente barico orizzontale?**
- A la differenza di pressione fra due punti alla stessa quota
- B la differenza di temperatura fra due punti alla stessa quota
- C la differenza di pressione fra due punti alla stessa latitudine
- D la differenza di temperatura fra due punti alla stessa altitudine

37. **Che cosa si può verificare per sollevamento orografico?**
- A una precipitazione
- B scariche elettriche
- C aumento di pressione
- D niente: è un fenomeno che non riguarda i fenomeni atmosferici, ma la formazione di catene montuose

38. **Quali fenomeni atmosferici sono tipici dei fronti freddi?**
- A tempo variabile con schiarite
- B cumulonembi e temporali
- C nubi stratificate su vaste aree anche lontane dal fronte
- D bel tempo

39. 🇬🇧 **What is it meant by *cyclone*?**

- A   a high-pressure area
- B   a hurricane or a typhoon
- C   a tornado
- D   a low-pressure area

Completa la frase

40. I fattori che principalmente influenzano la circolazione atmosferica sono l'........................ solare e la .... della Terra.

41. Le correnti a getto sono flussi d'aria che scorrono diretti da .... a .... nelle regioni polari e in quelle tropicali di entrambi gli emisferi con un andamento .... ma regolare.

42. La superficie inclinata sulla quale l'aria calda e umida proveniente dalle regioni .... entra in contatto con l'aria fredda e secca di origine .... è il .... Le due masse d'aria hanno .... molto diversa, perciò, per un certo tempo non si .... ma si mantengono separate fluendo entrambe verso ....; il brusco raffreddamento provoca la .... del vapore acqueo e la formazione di .... e ....

43. Sul fronte freddo, l'aria fredda e .... si incunea .... la massa d'aria ...., perciò il fronte è poco .... e caratterizzato dalla presenza di nubi a sviluppo .... e precipitazioni ....

44. Sul fronte caldo, l'aria calda e .... sovrasta la massa d'aria ...., perciò il fronte è molto .... e caratterizzato dalla presenza di nubi ....

Vero o falso?

45. L'irraggiamento per unità di superficie è determinato dall'inclinazione della radiazione solare.   V F

46. I fenomeni meteorici si svolgono quasi esclusivamente nella troposfera.   V F

47. Un flusso d'aria spinto da Nord a Sud nell'emisfero settentrionale è deviato verso ovest a causa della rotazione terrestre.   V F

48. 🇬🇧 Polar winds are cold and characterized by high humidity.   V F

49. Le correnti a getto sovrastano i confini fra le celle convettive atmosferiche.   V F

50. La fusione dei ghiacci polari può alterare la circolazione termoalina.   V F

51. La pressione atmosferica, a parità di altre condizioni, diminuisce all'aumentare dell'umidità.   V F

52. Con l'aumentare della temperatura aumenta il limite di saturazione dell'aria umida.   V F

53. La pioggia si forma quando l'aria è soprasatura di vapore acqueo.   V F

54. Nel fronte caldo le masse d'aria calda e umida si incuneano sotto l'aria fredda e secca generando cumulonembi.   V F

55. 🇬🇧 In a given area, cold fronts are usually preceded by warm fronts.   V F

56. 🇬🇧 Waterspouts typically form in tropical regions, whereas they generally are not reported in Italy.   V F

Rispondi

57. **Che cosa sono le zone astronomiche?**

58. **Come varia la temperatura media dell'aria in funzione della latitudine?**

59. **Quale, fra i fenomeni che hai studiato, è influenzato dalla rotazione terrestre?**

60. **What is a polar front? Why do meteorologists continuously monitor polar fronts?**

I cicli biogeochimici

Indica la risposta corretta

61. **Quale fenomeno è associato all'evaporazione dell'acqua?**

- A   la cessione di calore, perciò il riscaldamento dell'aria
- B   l'assorbimento di calore, perciò il raffreddamento dell'aria
- C   la cessione di calore, perciò il raffreddamento dell'aria
- D   l'assorbimento di calore, perciò il riscaldamento dell'aria

62. **Quali meccanismi promuovono il reintegro di N_2 atmosferico a partire da nitriti e nitrati?**

- A   azotofissazione
- B   organicazione
- C   ammonificazione
- D   denitrificazione

63. 🇬🇧 **What phenomenon is responsible of releasing most of the O_2 present in the air?**

- [A] cell respiration
- [B] photosynthesis
- [C] combustion
- [D] water photolysis

64. In quale forma prevalente si trova il carbonio disciolto nelle acque?

- [A] CO_2
- [B] HCO_3^-
- [C] CO_3^{2-}
- [D] C

65. In quale modo viene sottratto CO_2 all'atmosfera?

- [A] tramite la fotosintesi e la dissoluzione delle rocce calcaree
- [B] tramite la fotosintesi e la precipitazione delle rocce calcaree
- [C] tramite le combustioni e la dissoluzione del calcare
- [D] tramite la respirazione cellulare e la precipitazione delle rocce calcaree

Completa la frase

66. Il ciclo idrologico comprende l'evaporazione, la ...., il congelamento, il brinamento, la sublimazione, la ...., l'infiltrazione, lo scorrimento, il deflusso ...., il flusso sotterraneo, i venti e le correnti ....

67. I batteri .... sono provvisti dell' .... nitrogenasi che promuove la scissione della molecola di azoto e la sua assimilazione nelle loro biomolecole.

68. Le piante incorporano il carbonio atmosferico con il processo di .... producendo

molecole ....; il carbonio organico si rende disponibile nell'intero ecosistema grazie alla catena .... Il CO_2 viene restituito all'ambiente con i processi di .... e di .... cellulare.

Vero o falso?

69. Le acque dolci sono contenute principalmente in fiumi e laghi. V F

70. La condensazione dell'acqua atmosferica produce il riscaldamento dell'aria. V F

71. L'acqua piovana in gran parte si infiltra nel sottosuolo. V F

72. 🇬🇧 Human beings are not involved in the nitrogen cycle. V F

73. L'ossigeno atmosferico viene prodotto principalmente per fotolisi dell'acqua. V F

74. 🇬🇧 Limestone rock formation contributes to removing carbon dioxide from the atmosphere. V F

Rispondi

75. In quali fenomeni, a tuo parere, il ciclo del carbonio si interseca con il ciclo dell'acqua e con quello dell'ossigeno?

76. Quale, fra i fenomeni che hai studiato, è alla base della formazione delle piogge acide?

77. Quali fattori atmosferici (temperatura, pressione, umidità) influiscono e sono influenzati dall'evaporazione dell'acqua?

78. 🇬🇧 **What kind of systems could help reduce the concentration of carbon dioxide in the atmosphere?**

▶ Il laboratorio delle competenze

79. SPIEGA Spiega in termini fotochimici il gradiente termico verticale della stratosfera.

80. COLLEGA E SPIEGA La solubilizzazione dei gas nei liquidi obbedisce alla legge di Henry. Ti ricordi che cosa enuncia?
▶ Quale meccanismo di feedback (positivo o negativo) innesca l'aumento di CO_2 atmosferico, in relazione a tale legge?

81. IPOTIZZA Il ritiro dei ghiacciai comporta anche

una diminuzione di albedo da parte della Terra. Si ricorda che viene definita albedo l'energia riflessa dalla superficie terrestre (terre emerse, mari, oceani, ghiacciai e nubi) verso lo spazio esterno.
▶ Quale effetto di feedback ha questo fenomeno?

82. 🇬🇧 EXPLAIN Explain how the progressive melting of polar caps can affect thermohaline circulation.

83. SPIEGA Spiega perché la pressione atmosferica diminuisce all'aumentare della quota.

84. 🇬🇧 **EXPLAIN** Explain why hot air is usually more humid than cold air.

85. **OSSERVA** Le immagini seguenti rappresentano l'evoluzione del fronte polare in un'area ciclonica.

▶ Metti le immagini in ordine dalla 1 alla 5 e commentale.

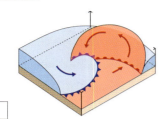

☐

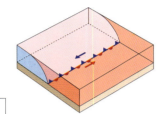

☐

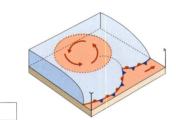

☐

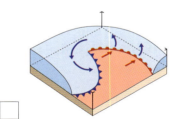

☐

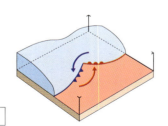

☐

86. **OSSERVA E IPOTIZZA** L'immagine rappresenta un'area interessata al fronte polare.

a. Com'è probabilmente il tempo nei tre luoghi indicati con i numeri 1, 2 e 3.
b. Che cosa accadrà negli stessi posti nei giorni successivi?
c. Motiva la tua risposta.

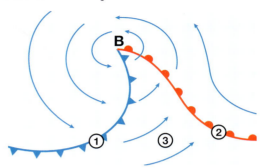

87. **SPIEGA** Perché i venti non spirano in direzione radiale (dalla periferia verso il centro) verso aree di bassa pressione?

88. **OSSERVA E SPIEGA** Commenta la seguente immagine, spiegando che cosa sono le celle convettive e come si generano i venti nella circolazione generale della troposfera.

▶ Contenuti e conoscenze di base

Indica la risposta corretta (2 punti a risposta)

1. Che cosa si intende per *upwelling*?
A la circolazione generale oceanica
B l'insieme delle correnti fredde
C la risalita presso le coste di acque profonde
D l'immersione di acque superficiali

2. Quale fenomeno determina l'inversione termica nella stratosfera?
A la scissione dell'ozono
B la formazione di ozono
C l'effetto serra
D la presenza di CO_2

3. In quale direzione viene spinta una massa d'aria, nell'emisfero settentrionale, se a Sud c'è alta pressione e a Nord bassa?
A da Nord-Est a Sud-Ovest
B da Nord-Ovest a Sud-Est
C da Sud-Ovest a Nord-Est
D da Sud-Est a Nord-Ovest

4. Quale pressione tipicamente si presenta al confine fra la cella di Ferrel e la cella di Hadley?
A bassa
B alta
C bassa ad alta quota e alta a quote inferiori
D variabile

5. Quali tipi di fenomeni atmosferici sono tipici dei fronti caldi?
A tempo variabile con schiarite
B cumulonembi e temporali
C nubi stratificate su vaste aree anche lontane dal fronte
D bel tempo

6. Quale fra questi fenomeni non fornisce un innesco per la fissazione dell'azoto atmosferico?
A le radiazioni cosmiche
B enzimi appartenenti a particolari batteri e cianobatteri
C le alte temperature
D gli enzimi coinvolti nel metabolismo del glucosio

Rispondi in breve (4 punti a risposta)

7. Che cosa si intende per produttività primaria lorda e netta?

8. Descrivi il ricambio stagionale (turnover) delle acque lacustri.

9. Quale concentrazione, espressa in ppm ha la CO_2 atmosferica?

10. Quali radiazioni UV sono bloccate dall'ozono atmosferico?

11. Fino a quali quote si estende la troposfera?

12. Come è definita la costante solare e qual è il suo valore?

13. Perché la radiazione solare non è la principale responsabile del riscaldamento della troposfera?

14. Che cosa sono le forze di Coriolis e quali effetti hanno?

15. Come si forma una precipitazione?

16. Che cosa si intende per umidità assoluta e umidità relativa?

17. Definisci il fronte polare.

18. Descrivi in breve le tappe principali del ciclo dell'ossigeno.

▶ Elaborazione e riflessione

Rispondi ai quesiti (8 punti a risposta)

19. Spiega l'azione dei «gas serra» sulle radiazioni termiche

20. Quali possono essere gli effetti prevedibili dell'innalzamento termico globale?

21. Quali effetti possono derivare dalla riduzione dell'ozono stratosferico?

22. Quali fenomeni meteorologici ci si aspettano in un territorio attraversato dal fronte freddo? E come evolverà probabilmente ?

23. Come evolve nell'arco di pochi giorni il fronte polare? Quali sono gli effetti dei meandri da esso formati?

24. Descrivi in breve il ciclo biogeochimico del carbonio a breve termine.

Prove sulle competenze

Per mettere in atto le competenze acquisite durante il corso di scienze naturali, cimentati nelle seguenti prove basate su situazioni reali. Le soluzioni sono disponibili sul sito online.zanichelli.it/klein

Chimica organica

A Selezione del personale

Un'azienda chimica svolge una selezione per cercare una persona che ricopra il ruolo di assistente nel laboratorio di ricerca e sviluppo. Il responsabile del laboratorio sottopone dapprima i candidati a una prova scritta, dove chiede di illustrare la strategia di risoluzione di un problema concreto, e poi a un colloquio finale. Tu decidi di partecipare al concorso.

Leggi il testo della prova e rispondi ai quesiti.

L'azienda, per specifiche esigenze di mercato, deve produrre il 2-cloropropano e l'1-cloropropano. Il candidato deve:

- indicare quali reazioni sceglierebbe per sintetizzare i composti da mettere in produzione (almeno due opzioni per composto);
- descrivere nel dettaglio almeno una delle reazioni scelte, evidenziando i reagenti necessari e il meccanismo di azione.

Sei arrivato al colloquio finale; rispondi alla domanda, aiutandoti con carta e penna.

- Saprebbe indicare quale tra le reazioni di sua conoscenza non può essere applicata per la produzione del 1-cloropropano. Perché?

Un aiuto per la risposta

Il 2-cloropropano e l'1-cloropropano sono alogeno derivati: devi fare una ricerca sulle reazioni di sintesi di questa classe di composti e scegliere la reazione opportuna, in base al prodotto di interesse.

Biologia

B Il laboratorio di biologia molecolare

Durante l'anno scolastico, ti sei recato con la tua classe in un laboratorio universitario per svolgere un test del DNA che prevedeva l'impiego della PCR.

Il tecnico di laboratorio ha spiegato alla classe i passaggi della procedura e ha descritto i materiali necessari, che sono elencati nel protocollo sperimentale. Un tuo compagno, che era assente, ti chiede di aiutarlo a ricostruire l'esperimento seguendo la lista dei materiali.

Risolvi i quesiti, giustificando la tua risposta.

- Che cos'è e a che cosa serve ciascun materiale? Completa la tabella.
- Perché per la PCR si usa la Taq polimerasi e non una DNA polimerasi qualsiasi?
- Che cosa succederebbe se si utilizzasse un unico primer?
- Per diluire i reagenti si usa acqua sterile; gli operatori indossano i guanti e impiegano set di pipette sigillati. Perché sono necessarie queste precauzioni?

Materiale	Che cos'è	A cosa serve?
DNA stampo	Un DNA a doppio filamento.	
Buffer	Soluzione tampone.	Il tampone serve a mantere costanti le condizioni di pH della soluzione, in modo che l'enzima non venga inattivato.
Primer forward	Primer di innesco sul filamento 3' – 5'	
Primer reverse		
Taq polimerasi		

Un aiuto per la risposta

Devi ricordare la struttura del DNA e conoscere le fasi della PCR, le temperature a cui avvengono e che cosa comportano tali temperature. Ricorda inoltre che la PCR è una tecnica molto sensibile alla presenza di qualsiasi DNA.

Prove sulle competenze

Scienze della Terra

C Interpretare i dati sismici

L'Italia è caratterizzata da una sismicità diffusa. Per rendersi conto dell'attività tellurica, basta consultare la lista dei terremoti registrati dall'INGV (Istituto Nazionale di Geofisica e Vulcanologia).

Per sensibilizzare i giovani alla prevenzione del rischio sismico, la tua scuola ha organizzato un incontro con un docente universitario, che mostra alcune tabelle, contenenti dati estratti dagli elenchi dell'INGV.

Analizza le tabelle e risolvi i quesiti, giustificando la tua risposta.

- Dai dati emerge che l'Italia si trova ai margini di una placca. Che tipo di margine sarà?
- Quali differenze evidenti ci sono tra i terremoti registrati a Bologna e quelli registrati nel mar Tirreno?
- Nei tre casi sono evidenziati sismi di magnitudo superiore ai 4,0 gradi della scala Richter. Secondo te, dove si registra il grado maggiore della scala MCS?

Un aiuto per la risposta

Ricorda che la profondità dei sismi è correlata alla distanza dalla zona di subduzione. Inoltre ricorda anche che la scala MCS misura l'intensità, non la magnitudo di un terremoto.

Tabella ∎ 1 Terremoti registrati nella zona di Bologna.

Data e ora	Magnitudo	Latitudine dell'epicentro (°)	Longitudine dell'epicentro (°)	Profondità dell'ipocentro (km)
2015-09-16 09:15:25	2,0	44,17	10,88	10
2015-02-17 20:36:49	2,1	44,19	11,43	9
2015-01-23 03:45:13	2,1	44,13	11,15	10
2015-01-23 05:35:25	2,9	44,14	11,13	10
2015-01-23 06:51:20	**4,3**	**44,13**	**11,12**	**10**
2015-01-23 18:36:38	2,0	44,13	11,14	10
2015-02-23 11:31:07	2,0	44,18	10,90	11
2015-04-16 16:52:19	2,0	44,20	10,89	10
2015-04-17 00:29:14	2,2	44,20	10,89	10

Tabella ∎ 2 Terremoti registrati sulla costa calabra occidentale.

Data e ora	Magnitudo	Latitudine dell'epicentro (°)	Longitudine dell'epicentro (°)	Profondità dell'ipocentro (km)
2015-10-16 00:16:23	**4,4**	**39,42**	**15,73**	**250**
2015-08-02 06:58:05	**4,0**	**39,40**	**15,74**	**247**
2015-09-30 04:18:44	2,6	39,50	15,68	225
2015-03-09 11:15:56	2,2	39,31	16,02	60
2015-03-04 03:42:22	2,4	39,50	15,75	82
2015-04-17 06:37:39	2,6	39,47	15,63	214
2015-10-14 10:11:37	2,0	39,41	15,92	55
2015-05-29 18:02:07	2,1	39,39	15,98	54
2015-05-21 03:05:27	3,3	39,71	15,57	288

Tabella ∎ 3 Terremoti registrati nel mar Tirreno meridionale.

Data e ora	Magnitudo	Latitudine dell'epicentro (°)	Longitudine dell'epicentro (°)	Profondità dell'ipocentro (km)
2015-08-03 01:10:55	2,1	38,49	15,56	129
2014-10-05 06:06:25	2,7	38,75	14,21	28
2015-01-14 07:58:34	2,1	38,77	15,64	100
2015-06-25 05:03:19	2,7	38,41	15,32	130
2014-10-13 22:05:39	2,0	39,16	15,64	96
2014-04-14 19:20:51	2,5	38,60	15,57	133
2015-02-13 20:46:31	2,1	38,43	15,31	254
2015-11-15 19:40:15	2,2	39,25	15,55	155
2015-10-14 10:20:51	4,2	38,82	14,83	301

Cell Respiration

Part 1: Energy from Glucose

🎧 LISTENING Track 1

1a. 15 min **Complete the following text with appropriate missing word(s). Then listen to check your answers.**

To understand how we extract .... from a molecule of

.... which comes from the ....

.... we eat, we must remember that glucose in food was originally produced through

.... And we must remember that photosynthesis uses

.... energy to combine 6 ....

.... and $6H_2O$ to form a 6-carbon molecule of glucose plus ....

.... molecules of O_2. The C-C bonds (*legami*) within a molecule of glucose therefore represent a

.... of ....,

originally solar, now .... When there is sufficient oxygen to

totally metabolise glucose, to totally break it back down into CO_2 again, the process ....

.... a lot of ex-solar energy.

> The cardiac muscle cells (myocytes) never stop working, contracting about three billion (10^9) times during our lives and pumping more than seven thousand (10^3) litres of blood per day. Where does each cardiac myocyte get its energy?
> The answer is: *from the energy which has been stored in each molecule of glucose.*

1b. 15 min **The following figure summarizes this information. Complete the four missing chemical formulas.**

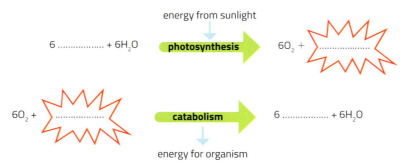

1c. 10 min **Now add four things. On the left, draw a leaf or a human in the correct position. Then decide which one sholud be labelled with *Autotroph: produce, use and store glucose*, and which whould be labelled *Heterotroph: obtain, use and store glucose*.**

2. 10 min **Tick the six sentences which are true about photosynthesis and catabolism (the process in which large molecules are broken down into smaller molecules to release energy).**

A Catabolism uses stored energy while photosynthesis stores energy.

B Photosynthesis stores solar energy while catabolism stores chemical energy.

C Photosynthesis stores energy and so does catabolism.

D Photosynthesis is independent of catabolism.

E Both catabolism and photosynthesis occur in plants.

240

F Photosynthesis stores energy but catabolism does not.

G Catabolism uses stored energy but photosynthesis does not.

H Photosynthesis produces only oxygen.

I Catabolism occurs only in humans.

J The energy that organisms need to live ultimately (*in definitiva*) comes from the Sun.

3a. 10 min Too much free glucose can cause cell damage, there are two good reasons to regulate glucose concentrations inside and outside cells. Read the text below and fill in the gaps with the following words:

hypotonic · hypertonic · shrink · burst

First of all, intracellular and extracellular concentrations of glucose must be regulated to maintain optimal cell volume and therefore cell functioning. If the extracellular concentration of glucose is very high – a .... condition – our cells would ....; on the other hand, if extracellular concentration of glucose is too low – a .... extracellular condition _ our cells would ....

Therefore, although the energy requirements (*requisiti*) of a cell may vary, intracellular glucose concentration must not vary. Secondly, using one molecule of glucose liberates a large amount of energy, which the cell may not need all at once, at that moment.
The energy stored within one molecule of glucose is therefore redistributed and stored in approximately 30 molecules of **ATP - adenosine triphosphate**. ATP is a way to store smaller aliquots of energy which can be used, in appropriate quantities, when needed.

3b. 6 min Choose the picture which would best represent the transformation of energy from glucose to adenosine triphosphate.

4a. **15 min** ATP is actually a molecule of adenosine diphosphate, ADP, with an inorganic phosphate, Pi. How does ADP become ATP and how does ATP become a way to store energy? Read the following text which will help you complete the pictures below.

ADP has only two inorganic phosphates (Pi) and is a stable and happy molecule: Adenosine-Pi-Pi-OH (two Pi-buddies and another OH-friend). To make ATP, it is necessary to remove the OH-friend and attach the third Pi onto ADP to make ATP. This is like having a third unknown person sitting next to two phosphate-buddies, all sitting on a two-person seat on a crowded bus: a lot of energy is needed to sit next to this third unknown phosphate-person. The level of discomfort is very high and the two buddies are not very happy to have this third person crowding their comfortable seat. Therefore, ATP is really [**ADP+ENERGY+Pi**]. So, when an occasion comes for ATP to separate into ADP and Pi, a lot of ENERGY is released. When Pi leaves, its position is occupied again by the OH-friend, and ADP is much happier to sit with its OH-friend rather than that unknown Pi-person. Of course the Pi-person is totally indifferent to the whole situation.

▶ **Now complete the following pictures with the appropriate expressions shown below.**

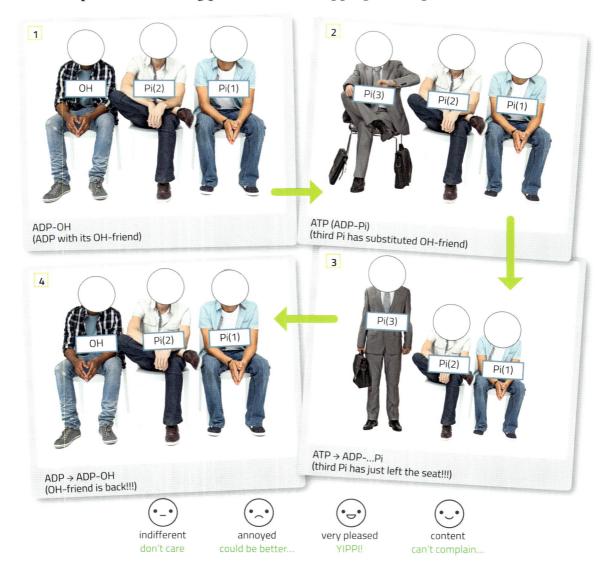

1

OH | Pi(2) | Pi(1)

ADP-OH
(ADP with its OH-friend)

2

Pi(3) | Pi(2) | Pi(1)

ATP (ADP-Pi)
(third Pi has substituted OH-friend)

3

Pi(3) | Pi(2) | Pi(1)

ATP → ADP-...Pi
(third Pi has just left the seat!!!)

4

OH | Pi(2) | Pi(1)

ADP → ADP-OH
(OH-friend is back!!!)

indifferent
don't care

annoyed
could be better...

very pleased
YIPPI!

content
can't complain...

4b. 20 min Complete the text below with the following words.

Pi · ADP · ADP-Pi · ADP-OH · ADP · ATP

A large amount of energy is needed to bond the third inorganic phosphorous (Pi) to .... This means that, in a molecule of ...., the bond between ADP and the third Pi is a store of energy. When this .... bond is broken and ATP is hydrolysed into ...., energy contained in this ADP-Pi bond is released. The .... is again bonded to an OH group and the .... is liberated until it is recycled into another molecule of ATP.

 ## LISTENING Track 2

▶ **Make sure that everyone in your class agrees on the same text before you listen to check your decision.**

4c. 10 min Put the following two pieces of information into the appropriate pictures in exercise 4a.

a. Write **FORMATION OF HIGH ENERGY BOND** in the picture showing the third Pi next to the two Pi-s of ADP, occupying the OH position.

b. Write **HYDROLYSIS OF ATP: ENERGY LIBERATED** in the picture where Pi is being removed from ATP.

5. 10 min How many moles of ATP does Jane need to hydrolyse to have enough energy to survive her week? Fill in the gaps in the table.

Jane	Monday	Tuesday	Wednesday	Thursday	Friday
Thermogenesis (kcal)	126.4	126.4	126.4	126.4	126.4
Basal metabolism (kcal)	1264	1264	1264	1264	1264
Activities and calories needed to perform these tasks for 4 hours (kcal)	making beds ironing	cooking washing dishes	cooking washing the floors	washing windows jogging	writing her thesis food-shopping
	1260	1480	1680	2188	1100
Total calories needed (kcal)	2650.4	2870.4	3070.4	3578.4	2490.4
Moles of ATP needed	....	....	....	....	....

Part 2: Electrons, Protons and ATP

6a. 10 min So, where is ATP produced? Complete the following text with these words:

are · by · found · is · many

a. ATP molecules .... produced in the mitochondria.

b. Cells have only one nucleus but .... mitochondria (*mitochondrion* singular).

c. Mitochondria are .... in the cytoplasm.

d. Up to 40% of the cytoplasm of a cardiac myocyte is occupied .... mitochondria.

e. Around 25% of the cytoplasm of liver cells .... occupied by mitochondria

6b. 5 min Now label the following images by choosing between

liver cell · cardiac myocyte · incorrect

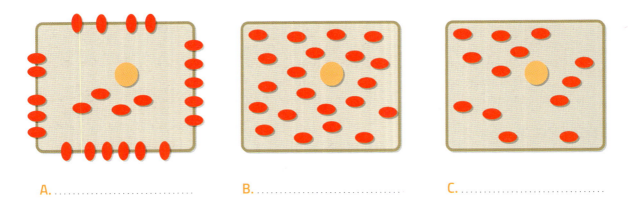

A. ....   B. ....   C. ....

6c. 10 min How do mitochondria produce ATP? Read the text below and work together to understand the anatomy of a mitochondrion. Then use the words in bold to label the mitochondrion.

Mitochondria have an **external membrane** which encloses two compartments, an *internal compartment* and an *external compartment*. The two compartments are separated by the **inner mitochondrial membrane**, which is highly folded into many waves called **cristae**. The compartment <u>within</u> (*all'interno*) the inner mitochondrial membrane is called the **matrix** and the compartment outside the inner mitochondrial membrane is called the **intermembrane space**.

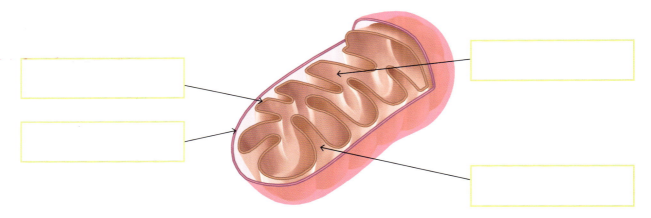

Remember
- The large amount of energy in one molecule of glucose is redistributed and «repackaged» into smaller aliquots of energy – in molecules of ATP.
- Energy can be neither created nor destroyed but can only change form.

Therefore, glucose is a form of stored energy – in large quantities – and ATP is also a form of stored energy – in smaller quantities.

7. 20 min The catabolic process of transforming glucose into ATP is called *cellular respiration*. The figure below shows a highly simplified schematic representation of a few important steps in cellular respiration. Read the text below and do the following activity.

a. **Glucose** is a hexose and enters the **cell** from the **blood** by the process of **diffusion**.

b. In the **cytoplasm**, glucose is converted to a 3-carbon molecule called **pyruvate**. This first process during cellular respiration is called **glycolysis**.

c. Pyruvate enters the **mitochondria** and is incorporated into the second phase of catabolism and cellular respiration, the **Kreb's cycle**.

d. The last phase of catabolism and cellular respiration involves (*coinvolge*) the **electron transport chain**.

These catabolic processes produce not only some ATP but also **two important energy-rich molecules** called NADH and FADH$_2$ which enter the electron transport chain. The electron transport chain is often illustrated like someone running down the stairs and, as we will see below, is probably one of the most amazing biological processes that exist.

▶ **Complete the figure below by using the eleven words/phrases in bold to label the picture correctly. Hint: the sequence of the bold words more or less corresponds to the numbers.**

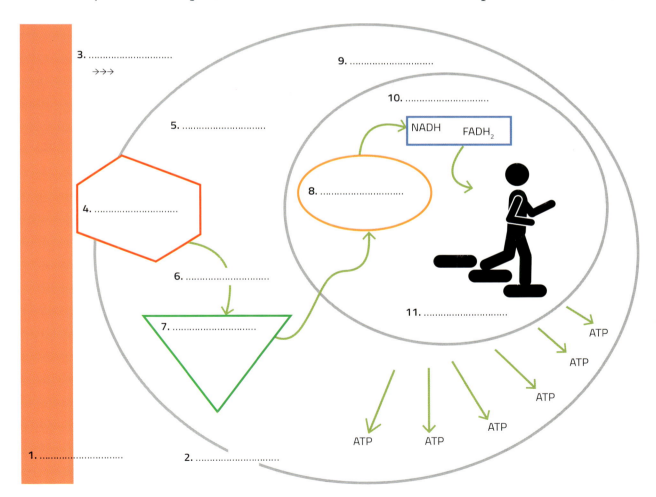

FARE UNA PRESENTAZIONE SULLE ESPERIENZE DI LAVORO

All'esame dovrai cominciare il **colloquio** parlando dell'Alternanza Scuola-Lavoro: che compiti hai svolto e quali competenze hai acquisito. Hai davanti tutti i professori della commissione, con i quali vuoi fare bella figura.

Parlare in pubblico non è facile, ma alcuni accorgimenti ti aiuteranno a essere efficace e persuasivo. Lo avevano capito gli antichi Romani, che hanno perfezionato l'arte dell'**oratoria**: che cosa dire e come dirlo bene.

Cicerone, politico e scrittore romano vissuto nel primo secolo prima di Cristo (106 a.C.-43 a.C.), ha individuato cinque fasi per costruire un discorso: l'**inventio** (trova che cosa dire), la **dispositio** (metti in ordine quello che hai trovato), l'**elocutio**, (dillo bene), la **memoria** (imparalo a memoria) e l'**actio** (recitalo come un attore).

Segui i consigli di Cicerone. Hai a disposizione una **decina di minuti**. Devi essere **chiaro**, **efficace** e **interessante**.

Inventio

Trova che cosa dire
Inizia a mettere insieme le idee.

Che cosa vuoi raccontare?

A chi parli?

Quale messaggio vuoi trasmettere?

Dispositio

Metti in ordine quello che hai trovato
Organizza il discorso con una buona **struttura**.

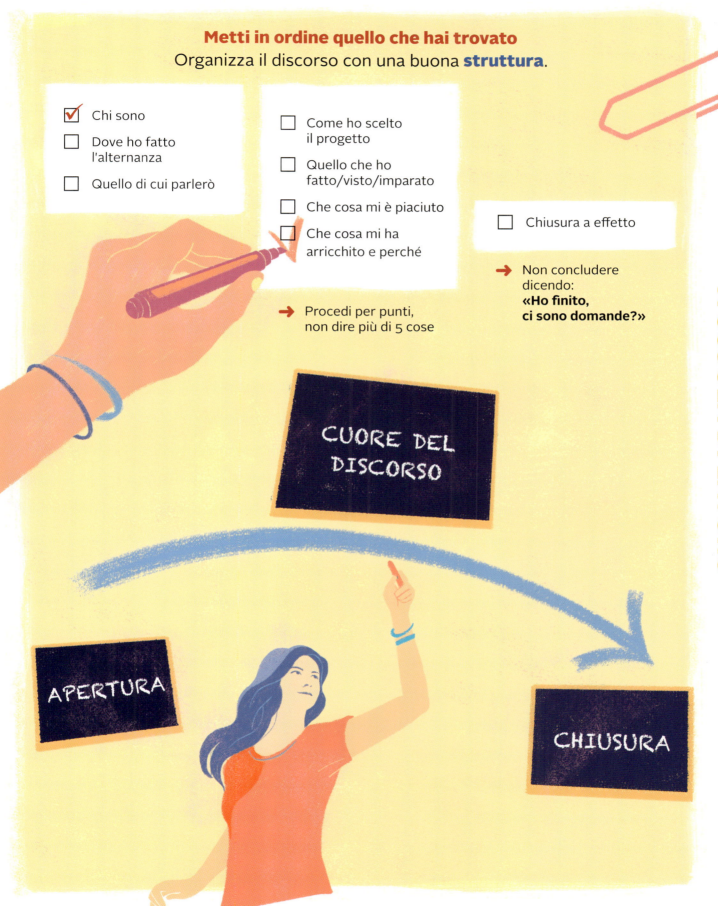

☑ Chi sono

☐ Dove ho fatto l'alternanza

☐ Quello di cui parlerò

☐ Come ho scelto il progetto

☐ Quello che ho fatto/visto/imparato

☐ Che cosa mi è piaciuto

☐ Che cosa mi ha arricchito e perché

➡ Procedi per punti, non dire più di 5 cose

☐ Chiusura a effetto

➡ Non concludere dicendo: **«Ho finito, ci sono domande?»**

CUORE DEL DISCORSO

APERTURA

CHIUSURA

➡ su.zanichelli.it/ascuoladilavoro

Elocutio

Dillo bene

Decidi che **stile** dare al tuo racconto.
Fai molti esempi per catturare l'attenzione.

APERTURA

*Buongiorno a tutti, sono **Valentina** e vi voglio raccontare la mia esperienza di Alternanza Scuola-Lavoro...*

CUORE DEL DISCORSO

Mi piacciono molto i musei e ho scelto questo progetto perché speravo di poter conoscere che cosa si fa...

CHIUSURA

Questa esperienza ha confermato il mio interesse per... e ora sono pronta a...

APERTURA

Buongiorno a tutti, sono Valentina e voglio raccontarvi la mia esperienza di Alternanza Scuola Lavoro presso il Museo Civico. Vi spiegherò perché ho scelto questa esperienza, che cosa ho fatto in concreto e cosa ho imparato.

CUORE DEL DISCORSO

Mi piacciono molto i musei e il progetto in collaborazione con il Museo Civico mi ha incuriosito perché speravo di poter conoscere cosa si fa davvero in un museo. Durante le due settimane trascorse nel museo ho imparato che cosa si fa appena si apre: si controllano le luci, i bagni, la cartellonistica, la funzionalità di cassa e i computer.

Ho aiutato in biglietteria, ho monitorato le sale, ho assistito i visitatori.
Ho anche avuto modo di conoscere le guide, i manager, il personale di sala: perché un museo non è solo gli oggetti che contiene ma il modo in cui ene fatto vivere!

CHIUSURA

sta esperienza ha conferma- il mio interesse per i musei oprattutto, mi ha reso dav- esperta del nostro Museo o: sono pronta a farvi da privata quando volete.

Memoria

Imparalo a memoria

Prova molte volte il tuo discorso.
Fai partire il **cronometro** e **ripetilo**
prima da solo, poi davanti a un amico.

Buongiorno…

i tuoi amici

Ti aiuterà a:

- Tenere sotto controllo il tempo
- Rendere fluido il discorso
- Correggere e modificare alcuni punti
- Diventare più sicuro e naturale

Actio

Recitalo come un attore

È il grande giorno: **vai in scena!**
Ricordati di sorridere e cerca di divertirti

usa un tono di voce chiaro e sostenuto

guarda i tuoi interlocutori negli occhi

LA MIA ESPERIENZA DI ALTERNANZA

mantieni una postura eretta

non gesticolare troppo

Aiuto multimediale

- Hai al massimo **10 minuti** non preparare più di **10 slide**
- Usa poco testo: il pubblico deve ascoltare te, non leggere belle slide
- Usa immagini significative dell'esperienza: poche, grandi e di impatto

- Usa caratteri standard, per esempio l'Arial e una grafica pulita e semplice
- Mentre parli non girare le spalle al pubblico per guardare le slide

→ su.zanichelli.it/ascuoladilavoro

Indice analitico

Indice analitico

Tavola periodica degli elementi
(versione essenziale)

Legenda

- numero atomico
- simbolo
- nome
- massa atomica (u)[1]
- elettronegatività (secondo Pauling)
- numeri di ossidazione
- configurazione elettronica

Esempio: 1 — H — idrogeno — 1,008 — 2,20 — ±1 — 1s¹

[1] Per gli elementi radioattivi che non hanno isotopi stabili, il valore della massa atomica è quello dell'isotopo a vita più lunga e viene riportato tra parentesi quadre [].

GRUPPI / PERIODI

Gruppo	Z	Simbolo	Nome	Massa atomica	Elettroneg.	N. ossidazione	Config. elettronica
1 (I)	1	H	idrogeno	1,008	2,20	±1	1s¹
	3	Li	litio	6,941	0,98	+1	[He]2s¹
	11	Na	sodio	22,99	0,93	+1	[Ne]3s¹
	19	K	potassio	39,10	0,82	+1	[Ar]4s¹
	37	Rb	rubidio	85,47	0,82	+1	[Kr]5s¹
	55	Cs	cesio	132,9	0,79	+1	[Xe]6s¹
	87	Fr	francio	[223]	0,70	+1	[Rn]7s¹
2 (II)	4	Be	berillio	9,012	1,57	+2	[He]2s²
	12	Mg	magnesio	24,31	1,31	+2	[Ne]3s²
	20	Ca	calcio	40,08	1,00	+2	[Ar]4s²
	38	Sr	stronzio	87,62	0,95	+2	[Kr]5s²
	56	Ba	bario	137,3	0,89	+2	[Xe]6s²
	88	Ra	radio	[226]	0,90	+2	[Rn]7s²
3	21	Sc	scandio	44,96	1,36	+3	[Ar]3d¹4s²
	39	Y	ittrio	88,91	1,22	+3	[Kr]4d¹5s²
			57 – 71				
			89 – 103				
4	22	Ti	titanio	47,87	1,54	+2+3+4	[Ar]3d²4s²
	40	Zr	zirconio	91,22	1,33	+4	[Kr]4d²5s²
	72	Hf	afnio	178,5	1,30	+4	[Xe]4f¹⁴5d²6s²
	104	Rf	rutherfordio	[261]		+4	[Rn]5f¹⁴6d²7s²
5	23	V	vanadio	50,94	1,63	+2+3+4+5	[Ar]3d³4s²
	41	Nb	niobio	92,91	1,60	+3+5	[Kr]4d⁴5s¹
	73	Ta	tantalio	180,9	1,50	+5	[Xe]4f¹⁴5d³6s²
	105	Db	dubnio	[262]			[Rn]5f¹⁴6d³7s²
6	24	Cr	cromo	52,00	1,66	+2+3+6	[Ar]3d⁵4s¹
	42	Mo	molibdeno	95,95	2,16	+1+2+3+4+5+6	[Kr]4d⁵5s¹
	74	W	tungsteno	183,8	2,36	+2+3+4+5+6	[Xe]4f¹⁴5d⁴6s²
	106	Sg	seaborgio	[266]			[Rn]5f¹⁴6d⁴7s²
7	25	Mn	manganese	54,94	1,55	+2+3+4+6+7	[Ar]3d⁵4s²
	43	Tc	tecnezio	[98,91]	1,90	+4+5+6+7	[Kr]4d⁵5s²
	75	Re	renio	186,2	1,90	+4+6+7	[Xe]4f¹⁴5d⁵6s²
	107	Bh	bohrio	[264]			[Rn]5f¹⁴6d⁵7s²
8	26	Fe	ferro	55,85	1,83	+2+3	[Ar]3d⁶4s²
	44	Ru	rutenio	101,1	2,2	+2+3+4+4,5+6+7	[Kr]4d⁷5s¹
	76	Os	osmio	190,2	2,2	+2+3+4+6+8	[Xe]4f¹⁴5d⁶6s²
	108	Hs	hassio	[265]			[Rn]5f¹⁴6d⁶7s²
9	27	Co	cobalto	58,93	1,88	+2+3	[Ar]3d⁷4s²
	45	Rh	rodio	102,9	2,28	+3	[Kr]4d⁸5s¹
	77	Ir	iridio	192,2	2,20	+3+4	[Xe]4f¹⁴5d⁷6s²
	109	Mt	meitnerio	[268]			[Rn]5f¹⁴6d⁷7s²
10	28	Ni	nichel	58,69	1,91	+2+3	[Ar]3d⁸4s²
	46	Pd	palladio	106,4	2,20	+2+4	[Kr]4d¹⁰
	78	Pt	platino	195,1	2,28	+2+4	[Xe]4f¹⁴5d⁹6s¹
	110	Ds	darmstadio	[271]			[Rn]5f¹⁴6d⁸7s²
11	29	Cu	rame	63,55	1,90	+1+2	[Ar]3d¹⁰4s¹
	47	Ag	argento	107,9	1,93	+1	[Kr]4d¹⁰5s¹
	79	Au	oro	197,0	2,54	+1+3	[Xe]4f¹⁴5d¹⁰6s¹
	111	Rg	roentgenio	[272]			[Rn]5f¹⁴6d⁹7s²
12	30	Zn	zinco	65,38	1,65	+2	[Ar]3d¹⁰4s²
	48	Cd	cadmio	112,4	1,69	+2	[Kr]4d¹⁰5s²
	80	Hg	mercurio	200,6	1,90	+1+2	[Xe]4f¹⁴5d¹⁰6s²
	112	Cn	copernicio	[285]			[Rn]5f¹⁴6d¹⁰7s²
13 (III)	5	B	boro	10,81	2,04	+3	[He]2s²2p¹
	13	Al	alluminio	26,98	1,61	+3	[Ne]3s²3p¹
	31	Ga	gallio	69,72	1,81	+3	[Ar]3d¹⁰4s²4p¹
	49	In	indio	114,8	1,78	+3	[Kr]4d¹⁰5s²5p¹
	81	Tl	tallio	204,4	2,04	+1+3	[Xe]4f¹⁴5d¹⁰6s²6p¹
	113	Nh	nihonio	[284]			[Rn]5f¹⁴6d¹⁰7s²7p¹
14 (IV)	6	C	carbonio	12,01	2,55	-4+2+4	[He]2s²2p²
	14	Si	silicio	28,09	1,90	-4+2+4	[Ne]3s²3p²
	32	Ge	germanio	72,63	2,01	+2+4	[Ar]3d¹⁰4s²4p²
	50	Sn	stagno	118,7	1,96	+2+4	[Kr]4d¹⁰5s²5p²
	82	Pb	piombo	207,2	2,33	+2+4	[Xe]4f¹⁴5d¹⁰6s²6p²
	114	Fl	flerovio	[289]			[Rn]5f¹⁴6d¹⁰7s²7p²
15 (V)	7	N	azoto	14,01	3,04	±1+2+3+4+5	[He]2s²2p³
	15	P	fosforo	30,97	2,19	±3+5	[Ne]3s²3p³
	33	As	arsenico	74,92	2,18	+3+5	[Ar]3d¹⁰4s²4p³
	51	Sb	antimonio	121,8	2,05	+3+5	[Kr]4d¹⁰5s²5p³
	83	Bi	bismuto	209,0	2,02	+3+5	[Xe]4f¹⁴5d¹⁰6s²6p³
	115	Mc	moscovio	[288]			[Rn]5f¹⁴6d¹⁰7s²7p³
16 (VI)	8	O	ossigeno	16,00	3,44	-2	[He]2s²2p⁴
	16	S	zolfo	32,07	2,58	-2+4+6	[Ne]3s²3p⁴
	34	Se	selenio	78,96	2,55	-2+4+6	[Ar]3d¹⁰4s²4p⁴
	52	Te	tellurio	127,6	2,10	-2+4+6	[Kr]4d¹⁰5s²5p⁴
	84	Po	polonio	[209]	2,00	+2+4+6	[Xe]4f¹⁴5d¹⁰6s²6p⁴
	116	Lv	livermorio	[293]			[Rn]5f¹⁴6d¹⁰7s²7p⁴
17 (VII)	9	F	fluoro	19,00	3,98	-1	[He]2s²2p⁵
	17	Cl	cloro	35,45	3,16	±1+3+5+7	[Ne]3s²3p⁵
	35	Br	bromo	79,90	2,96	±1+5+7	[Ar]3d¹⁰4s²4p⁵
	53	I	iodio	126,9	2,66	±1+5+7	[Kr]4d¹⁰5s²5p⁵
	85	At	astato	[210]	2,20	±1+3+5+7	[Xe]4f¹⁴5d¹⁰6s²6p⁵
	117	Ts	tennessinio	[294]			[Rn]5f¹⁴6d¹⁰7s²7p⁵
18 (VIII)	2	He	elio	4,003	–	–	1s²
	10	Ne	neon	20,18	–	–	[He]2s²2p⁶
	18	Ar	argon	39,95	–	–	[Ne]3s²3p⁶
	36	Kr	cripton	83,80	3,00	–	[Ar]3d¹⁰4s²4p⁶
	54	Xe	xenon	131,3	2,60	–	[Kr]4d¹⁰5s²5p⁶
	86	Rn	radon	[222]	–	–	[Xe]4f¹⁴5d¹⁰6s²6p⁶
	118	Og	oganessio	[294]			[Rn]5f¹⁴6d¹⁰7s²7p⁶

LANTANIDI

Z	Simbolo	Nome	Massa atomica	Elettroneg.	N. ossidazione	Config. elettronica
57	La	lantanio	138,9	1,10	+3	[Xe]5d¹6s²
58	Ce	cerio	140,1	1,12	+3+4	[Xe]4f¹5d¹6s²
59	Pr	praseodimio	140,9	1,13	+3	[Xe]4f³6s²
60	Nd	neodimio	144,2	1,14	+3	[Xe]4f⁴6s²
61	Pm	promezio	[145]		+3	[Xe]4f⁵6s²
62	Sm	samario	150,4	1,17	+2+3	[Xe]4f⁶6s²
63	Eu	europio	152,0		+2+3	[Xe]4f⁷6s²
64	Gd	gadolinio	157,3	1,20	+3	[Xe]4f⁷5d¹6s²
65	Tb	terbio	158,9	1,20	+3	[Xe]4f⁹6s²
66	Dy	disprosio	162,5	1,22	+3	[Xe]4f¹⁰6s²
67	Ho	olmio	164,9	1,23	+3	[Xe]4f¹¹6s²
68	Er	erbio	167,3	1,24	+3	[Xe]4f¹²6s²
69	Tm	tulio	168,9	1,25	+2+3	[Xe]4f¹³6s²
70	Yb	itterbio	173,0	1,10	+2+3	[Xe]4f¹⁴6s²
71	Lu	lutezio	175,0	1,27	+3	[Xe]4f¹⁴5d¹6s²

ATTINIDI

Z	Simbolo	Nome	Massa atomica	Elettroneg.	N. ossidazione	Config. elettronica
89	Ac	attinio	[227]	1,10	+3	[Rn]6d¹7s²
90	Th	torio	232,0	1,30	+4	[Rn]6d²7s²
91	Pa	protoattinio	231,0	1,50	+4+5	[Rn]5f²6d¹7s²
92	U	uranio	238,0	1,38	+3+4+5+6	[Rn]5f³6d¹7s²
93	Np	nettunio	[237]	1,36	+3+4+5+6	[Rn]5f⁴6d¹7s²
94	Pu	plutonio	[244]	1,28	+3+4+5+6	[Rn]5f⁶7s²
95	Am	americio	[243]	1,30	+3+4+5+6	[Rn]5f⁷7s²
96	Cm	curio	[247]	1,30	+3	[Rn]5f⁷6d¹7s²
97	Bk	berkelio	[247]	1,30	+3+4	[Rn]5f⁹7s²
98	Cf	californio	[251]	1,30	+3	[Rn]5f¹⁰7s²
99	Es	einsteinio	[252]	1,30	+3	[Rn]5f¹¹7s²
100	Fm	fermio	[257]	1,30	+3	[Rn]5f¹²7s²
101	Md	mendelevio	[258]	1,30	+2+3	[Rn]5f¹³7s²
102	No	nobelio	[259]	1,30	+2+3	[Rn]5f¹⁴7s²
103	Lr	laurenzio	[262]	1,30	+3	[Rn]5f¹⁴6d¹7s²

Tavola periodica degli elementi

GRUPPI / **PERIODI**

Legenda (esempio: idrogeno)

- nome → idrogeno
- numero atomico → 1
- simbolo → H
- massa atomica (u)[1] → 1,008
- temperatura di fusione (°C) → −259
- temperatura di ebollizione (°C) → −253
- energia di prima ionizzazione (kJ/mol) → 1312
- elettronegatività (secondo Pauling) → 2,20
- densità[2] → 0,0899
- numeri di ossidazione → ±1
- configurazione elettronica → 1s¹

(1) Per gli elementi radioattivi che non hanno isotopi stabili, il valore della massa atomica è quello dell'isotopo a vita più lunga e viene riportato tra parentesi quadre [].

(2) Per i solidi e i liquidi la densità è espressa in g/mL a 20 °C; per i gas in g/L a 0 °C e a 1 atm.

Z	Simbolo	Nome	Massa atomica (u)	T. fusione (°C)	T. ebollizione (°C)	E. ionizzazione (kJ/mol)	Elettroneg.	Densità	N. ossidazione	Config. elettronica
1	H	idrogeno	1,008	−259	−253	1312	2,20	0,0899	±1	$1s^1$
2	He	elio	4,003	−272	−269	2372	—	0,18	—	$1s^2$
3	Li	litio	6,941	181	1342	513	0,98	0,53	+1	$[He]2s^1$
4	Be	berillio	9,012	1288	2471	899	1,57	1,85	+2	$[He]2s^2$
5	B	boro	10,81	2300	3650	801	2,04	2,47	+3	$[He]2s^2 2p^1$
6	C	carbonio	12,01	3550	—	1086	2,55	2,26	+2+4	$[He]2s^2 2p^2$
7	N	azoto	14,01	−210	−196	1402	3,04	1,25	+1+2+3+4+5	$[He]2s^2 2p^3$
8	O	ossigeno	16,00	−219	−183	1314	3,44	1,43	−2	$[He]2s^2 2p^4$
9	F	fluoro	19,00	−220	−188	1681	3,98	1,70	−1	$[He]2s^2 2p^5$
10	Ne	neon	20,10	−249	−246	2081	—	0,90	—	$[He]2s^2 2p^6$
11	Na	sodio	22,99	98	883	496	0,93	0,97	+1	$[Ne]3s^1$
12	Mg	magnesio	24,31	650	1090	738	1,31	1,74	+2	$[Ne]3s^2$
13	Al	alluminio	26,98	660	2519	578	1,61	2,70	+3	$[Ne]3s^2 3p^1$
14	Si	silicio	28,09	1414	3280	786	1,90	2,33	+2+4	$[Ne]3s^2 3p^2$
15	P	fosforo	30,97	44	280	1012	2,19	1,82	±3+5	$[Ne]3s^2 3p^3$
16	S	zolfo	32,07	115	445	1000	2,58	2,09	−2+4+6	$[Ne]3s^2 3p^4$
17	Cl	cloro	35,45	−101	−35	1251	3,16	3,21	±1+3+5+7	$[Ne]3s^2 3p^5$
18	Ar	argon	39,95	−189	−186	1521	—	1,78	—	$[Ne]3s^2 3p^6$
19	K	potassio	39,10	63	760	419	0,82	0,86	+1	$[Ar]4s^1$
20	Ca	calcio	40,08	842	1484	590	1,00	1,53	+2	$[Ar]4s^2$
21	Sc	scandio	44,96	1541	2836	633	1,36	2,99	+3	$[Ar]3d^1 4s^2$
22	Ti	titanio	47,87	1668	3287	658	1,54	4,55	+2+3+4	$[Ar]3d^2 4s^2$
23	V	vanadio	50,94	1910	3407	651	1,63	6,11	+2+3+4+5	$[Ar]3d^3 4s^2$
24	Cr	cromo	52,00	1907	2672	653	1,66	7,19	+2+3+6	$[Ar]3d^5 4s^1$
25	Mn	manganese	54,94	1244	2061	717	1,55	7,43	+2+3+4+6+7	$[Ar]3d^5 4s^2$
26	Fe	ferro	55,85	1535	2861	759	1,83	7,86	+2+3	$[Ar]3d^6 4s^2$
27	Co	cobalto	58,93	1495	2927	758	1,88	8,90	+2+3	$[Ar]3d^7 4s^2$
28	Ni	nichel	58,69	1455	2913	737	1,91	8,90	+2+3	$[Ar]3d^8 4s^2$
29	Cu	rame	63,55	1084	2567	745	1,90	8,96	+1+2	$[Ar]3d^{10} 4s^1$
30	Zn	zinco	65,38	420	907	906	1,65	7,14	+2	$[Ar]3d^{10} 4s^2$
31	Ga	gallio	69,72	30	2204	579	1,81	5,91	+3	$[Ar]3d^{10} 4s^2 4p^1$
32	Ge	germanio	72,63	937	2830	762	2,01	5,32	+2+4	$[Ar]3d^{10} 4s^2 4p^2$
33	As	arsenico	74,92	817	937	947	2,18	5,73	+3+5	$[Ar]3d^{10} 4s^2 4p^3$
34	Se	selenio	78,96	221	685	941	2,55	4,81	−2+4+6	$[Ar]3d^{10} 4s^2 4p^4$
35	Br	bromo	79,90	−7	59	1140	2,96	3,12	±1+5+7	$[Ar]3d^{10} 4s^2 4p^5$
36	Kr	cripton	83,80	−157	−152	1351	3,00	3,75	—	$[Ar]3d^{10} 4s^2 4p^6$
37	Rb	rubidio	85,47	39	686	403	0,82	1,53	+1	$[Kr]5s^1$
38	Sr	stronzio	87,62	777	1384	549	0,95	2,60	+2	$[Kr]5s^2$
39	Y	ittrio	88,91	1523	3345	616	1,22	4,47	+3	$[Kr]4d^1 5s^2$
40	Zr	zirconio	91,22	1852	4409	660	1,33	6,49	+4	$[Kr]4d^2 5s^2$
41	Nb	niobio	92,91	2468	4742	664	1,60	8,57	+3+5	$[Kr]4d^4 5s^1$
42	Mo	molibdeno	95,95	2623	4639	685	2,16	10,20	+2+3+4+5+6	$[Kr]4d^5 5s^1$
43	Tc	tecnezio	[98,91]	2157	4265	702	1,90	11,50	+4+5+6+7	$[Kr]4d^5 5s^2$
44	Ru	rutenio	101,1	2334	4150	711	2,20	12,5	+2+3+4+5+6+7	$[Kr]4d^7 5s^1$
45	Rh	rodio	102,9	1966	3695	720	2,28	12,4	+3	$[Kr]4d^8 5s^1$
46	Pd	palladio	106,4	1553	2963	805	2,20	12,0	+2+4	$[Kr]4d^{10}$
47	Ag	argento	107,9	962	2162	731	1,93	10,5	+1	$[Kr]4d^{10} 5s^1$
48	Cd	cadmio	112,4	321	765	868	1,69	8,65	+2	$[Kr]4d^{10} 5s^2$
49	In	indio	114,8	157	2072	558	1,78	7,31	+3	$[Kr]4d^{10} 5s^2 5p^1$
50	Sn	stagno	118,7	232	2602	709	1,96	7,29	+2+4	$[Kr]4d^{10} 5s^2 5p^2$
51	Sb	antimonio	121,8	631	1587	834	2,05	6,68	+3+5	$[Kr]4d^{10} 5s^2 5p^3$
52	Te	tellurio	127,6	450	988	869	2,10	6,24	−2+4+6	$[Kr]4d^{10} 5s^2 5p^4$
53	I	iodio	126,9	114	184	1008	2,66	4,93	±1+5+7	$[Kr]4d^{10} 5s^2 5p^5$
54	Xe	xenon	131,3	−112	−107	1170	2,60	5,90	—	$[Kr]4d^{10} 5s^2 5p^6$
55	Cs	cesio	132,9	28	669	376	0,79	1,87	+1	$[Xe]6s^1$
56	Ba	bario	137,3	727	1897	503	0,89	3,59	+2	$[Xe]6s^2$
57	La	lantanio	138,9	920	3454	538	1,10	6,17	+3	$[Xe]5d^1 6s^2$
58	Ce	cerio	140,1	798	3424	528	1,12	6,77	+3+4	$[Xe]4f^1 5d^1 6s^2$
59	Pr	praseodimio	140,9	931	3520	523	1,13	6,77	+3	$[Xe]4f^3 6s^2$
60	Nd	neodimio	144,2	1010	3074	530	1,14	7,00	+3	$[Xe]4f^4 6s^2$
61	Pm	promezio	[145]	1080	—	523	—	7,22	+3	$[Xe]4f^5 6s^2$
62	Sm	samario	150,4	1072	1778	543	1,17	7,54	+2+3	$[Xe]4f^6 6s^2$
63	Eu	europio	152,0	822	1597	547	—	5,24	+2+3	$[Xe]4f^7 6s^2$
64	Gd	gadolinio	157,3	1311	3273	592	1,20	7,89	+3	$[Xe]4f^7 5d^1 6s^2$
65	Tb	terbio	158,9	1356	3230	564	1,20	8,27	+3+4	$[Xe]4f^9 6s^2$
66	Dy	disprosio	162,5	1409	2567	572	1,22	8,53	+3	$[Xe]4f^{10} 6s^2$
67	Ho	olmio	164,9	1470	2720	581	1,23	8,80	+3	$[Xe]4f^{11} 6s^2$
68	Er	erbio	167,3	1522	2868	589	1,24	9,05	+3	$[Xe]4f^{12} 6s^2$
69	Tm	tulio	168,9	1545	1950	596	1,25	9,33	+2+3	$[Xe]4f^{13} 6s^2$
70	Yb	itterbio	173,0	824	1427	603	1,10	6,98	+2+3	$[Xe]4f^{14} 6s^2$
71	Lu	lutezio	175,0	1656	3315	524	1,27	9,84	+3	$[Xe]4f^{14} 5d^1 6s^2$
72	Hf	afnio	178,5	2233	4602	642	1,30	13,3	+4	$[Xe]4f^{14} 5d^2 6s^2$
73	Ta	tantalio	180,9	3017	5425	761	1,50	16,7	+5	$[Xe]4f^{14} 5d^3 6s^2$
74	W	tungsteno	183,8	3422	5655	770	2,36	19,3	+2+3+4+5+6	$[Xe]4f^{14} 5d^4 6s^2$
75	Re	renio	186,2	3186	5627	760	1,90	21,0	+4+6+7	$[Xe]4f^{14} 5d^5 6s^2$
76	Os	osmio	190,2	3033	5027	839	2,20	22,6	+2+3+4+6+8	$[Xe]4f^{14} 5d^6 6s^2$
77	Ir	iridio	192,2	2446	4550	878	2,20	22,5	+3+4	$[Xe]4f^{14} 5d^7 6s^2$
78	Pt	platino	195,1	1768	3827	868	2,28	21,4	+2+4	$[Xe]4f^{14} 5d^9 6s^1$
79	Au	oro	197,0	1064	2856	890	2,54	19,3	+1+3	$[Xe]4f^{14} 5d^{10} 6s^1$
80	Hg	mercurio	200,6	−39	357	1007	2,00	13,6	+1+2	$[Xe]4f^{14} 5d^{10} 6s^2$
81	Tl	tallio	204,4	304	1473	589	2,04	11,8	+1+3	$[Xe]4f^{14} 5d^{10} 6s^2 6p^1$
82	Pb	piombo	207,2	328	1740	716	2,33	11,4	+2+4	$[Xe]4f^{14} 5d^{10} 6s^2 6p^2$
83	Bi	bismuto	209,0	271	1560	703	2,02	9,8	+3+5	$[Xe]4f^{14} 5d^{10} 6s^2 6p^3$
84	Po	polonio	[209]	254	962	812	2,00	9,2	+2+4	$[Xe]4f^{14} 5d^{10} 6s^2 6p^4$
85	At	astato	[210]	302	337	920	2,20	—	±1+3+5+7	$[Xe]4f^{14} 5d^{10} 6s^2 6p^5$
86	Rn	radon	[222]	−71	−62	1037	—	9,72	—	$[Xe]4f^{14} 5d^{10} 6s^2 6p^6$
87	Fr	francio	[223]	27	677	380	0,70	1,00	+1	$[Rn]7s^1$
88	Ra	radio	[226]	700	1140	509	0,90	5,00	+2	$[Rn]7s^2$
89	Ac	attinio	[227]	1051	3159	499	1,10	10,10	+3	$[Rn]6d^1 7s^2$
90	Th	torio	232,0	1750	4788	587	1,30	11,7	+4	$[Rn]6d^2 7s^2$
91	Pa	protoattinio	231,0	1572	—	568	1,50	15,4	+4+5	$[Rn]5f^2 6d^1 7s^2$
92	U	uranio	238,0	1135	4131	597	1,38	19,0	+3+4+5+6	$[Rn]5f^3 6d^1 7s^2$
93	Np	nettunio	[237]	644	3902	597	1,36	20,4	+3+4+5+6	$[Rn]5f^4 6d^1 7s^2$
94	Pu	plutonio	[244]	640	3228	585	1,28	19,7	+3+4+5+6	$[Rn]5f^6 7s^2$
95	Am	americio	[243]	1176	2011	578	1,30	13,7	+3+4+5+6	$[Rn]5f^7 7s^2$
96	Cm	curio	[247]	1345	—	581	1,30	13,5	+3	$[Rn]5f^7 6d^1 7s^2$
97	Bk	berkelio	[247]	1050	—	601	1,30	14,8	+3+4	$[Rn]5f^9 7s^2$
98	Cf	californio	[251]	—	—	608	1,30	15,1	+3	$[Rn]5f^{10} 7s^2$
99	Es	einsteinio	[252]	860	—	619	1,30	—	+3	$[Rn]5f^{11} 7s^2$
100	Fm	fermio	[257]	1527	—	627	1,30	—	+3	$[Rn]5f^{12} 7s^2$
101	Md	mendelevio	[258]	827	—	635	1,30	—	+2+3	$[Rn]5f^{13} 7s^2$
102	No	nobelio	[259]	827	—	642	1,30	—	+2+3	$[Rn]5f^{14} 7s^2$
103	Lr	laurenzio	[262]	—	—	—	1,30	—	+3	$[Rn]5f^{14} 6d^1 7s^2$
104	Rf	rutherfordio	[261]	—	—	—	—	—	+4	$[Rn]5f^{14} 6d^2 7s^2$
105	Db	dubnio	[262]	—	—	—	—	—	—	$[Rn]5f^{14} 6d^3 7s^2$
106	Sg	seaborgio	[266]	—	—	—	—	—	—	$[Rn]5f^{14} 6d^4 7s^2$
107	Bh	bohrio	[264]	—	—	—	—	—	—	$[Rn]5f^{14} 6d^5 7s^2$
108	Hs	hassio	[265]	—	—	—	—	—	—	$[Rn]5f^{14} 6d^6 7s^2$
109	Mt	meitnerio	[268]	—	—	—	—	—	—	$[Rn]5f^{14} 6d^7 7s^2$
110	Ds	darmstadio	[271]	—	—	—	—	—	—	$[Rn]5f^{14} 6d^8 7s^2$
111	Rg	roentgenio	[272]	—	—	—	—	—	—	$[Rn]5f^{14} 6d^9 7s^2$
112	Cn	copernicio	[285]	—	—	—	—	—	—	$[Rn]5f^{14} 6d^{10} 7s^2$
113	Nh	nihonio	[284]	—	—	—	—	—	—	$[Rn]5f^{14} 6d^{10} 7s^2 7p^1$
114	Fl	flerovio	[289]	—	—	—	—	—	—	$[Rn]5f^{14} 6d^{10} 7s^2 7p^2$
115	Mc	moscovio	[288]	—	—	—	—	—	—	$[Rn]5f^{14} 6d^{10} 7s^2 7p^3$
116	Lv	livermorio	[293]	—	—	—	—	—	—	$[Rn]5f^{14} 6d^{10} 7s^2 7p^4$
117	Ts	tennessinio	[294]	—	—	—	—	—	—	$[Rn]5f^{14} 6d^{10} 7s^2 7p^5$
118	Og	oganesson	[294]	—	—	—	—	1,30	—	$[Rn]5f^{14} 6d^{10} 7s^2 7p^6$

LANTANIDI (57–71)   **ATTINIDI** (89–103)

GRUPPI

PERIODI

Legenda:

nome
numero atomico
simbolo
massa atomica (u)[1]
temperatura di fusione (°C)
temperatura di ebollizione (°C)
energia di prima ionizzazione (kJ/mol)
elettronegatività (secondo Pauling)
densità[2]
numeri di ossidazione
configurazione elettronica

Esempio:

1	1312	-259
H		-253
idrogeno	±1	
1,008	2,20	0,0899
1s¹		

(1) Per gli elementi radioattivi che non hanno isotopi stabili, il valore della massa atomica è quello dell'isotopo a vita più lunga e viene riportato tra parentesi quadre [ ].

(2) Per i solidi e i liquidi la densità è espressa in g/ml a 20 °C; per i gas in g/L a 0 °C e a 1 atm.

Gruppo I

Z	Simbolo	Nome	T. fusione	T. ebollizione	E. ionizz.	Elettroneg.	Massa at.	Densità	N. ossidaz.	Config.
1	H	idrogeno	-259	-253	1312	2,20	1,008	0,0899	±1	1s¹
3	Li	litio	181	1342	513	0,98	6,941	0,53	+1	[He]2s¹
11	Na	sodio	98	883	496	0,93	22,99	0,97	+1	[Ne]3s¹
19	K	potassio	63	759	419	0,82	39,10	0,86	+1	[Ar]4s¹
37	Rb	rubidio	39	686	403	0,82	85,47	1,53	+1	[Kr]5s¹
55	Cs	cesio	28	669	376	0,79	132,9	1,87	+1	[Xe]6s¹
87	Fr	francio	27	677	380	0,70	[223]	1,00	+1	[Rn]7s¹

Gruppo II

Z	Simbolo	Nome	T. fusione	T. ebollizione	E. ionizz.	Elettroneg.	Massa at.	Densità	N. ossidaz.	Config.
4	Be	berillio	1288	2471	899	1,57	9,012	1,85	+2	[He]2s²
12	Mg	magnesio	650	1090	738	1,31	24,31	1,74	+2	[Ne]3s²
20	Ca	calcio	842	1484	590	1,00	40,08	1,53	+2	[Ar]4s²
38	Sr	stronzio	777	1384	549	0,95	87,62	2,60	+2	[Kr]5s²
56	Ba	bario	727	1897	503	0,89	137,3	3,59	+2	[Xe]6s²
88	Ra	radio	700	1140	509	0,90	[226]	5,00	+2	[Rn]7s²

Elementi di transizione (gruppi 3-12)

Z	Simbolo	Nome	T. fusione	T. ebollizione	E. ionizz.	Elettroneg.	Massa at.	Densità	N. ossidaz.	Config.
21	Sc	scandio	1541	2836	631	1,36	44,96	2,99	+3	[Ar]3d¹4s²
22	Ti	titanio	1668	3287	658	1,54	47,87	4,55	+2+3+4	[Ar]3d²4s²
23	V	vanadio	1910	3407	651	1,63	50,94	6,11	+2+3+4+5	[Ar]3d³4s²
24	Cr	cromo	1907	2672	653	1,66	52,00	7,19	+2+3+6	[Ar]3d⁵4s¹
25	Mn	manganese	1244	2061	717	1,55	54,94	7,44	+2+3+4+6+7	[Ar]3d⁵4s²
26	Fe	ferro	1535	2861	759	1,83	55,85	7,86	+2+3	[Ar]3d⁶4s²
27	Co	cobalto	1495	2927	758	1,88	58,93	8,80	+2+3	[Ar]3d⁷4s²
28	Ni	nichel	1455	2913	737	1,91	58,69	8,90	+2+3	[Ar]3d⁸4s²
29	Cu	rame	1084	2567	745	1,90	63,55	8,96	+1+2	[Ar]3d¹⁰4s¹
30	Zn	zinco	420	907	906	1,65	65,38	7,14	+2	[Ar]3d¹⁰4s²
39	Y	ittrio	1523	3345	616	1,22	88,91	4,47	+3	[Kr]4d¹5s²
40	Zr	zirconio	1852	4409	660	1,33	91,22	6,49	+4	[Kr]4d²5s²
41	Nb	niobio	2468	4742	664	1,60	92,91	8,57	+1+2+3+4+5	[Kr]4d⁴5s¹
42	Mo	molibdeno	2617	4639	685	2,16	95,95	10,20	+2+3+4+5+6	[Kr]4d⁵5s¹
43	Tc	tecnezio	2157	4265	702	1,90	[98,91]	11,50	+2+3+4+6+7	[Kr]4d⁵5s²
44	Ru	rutenio	2334	4150	711	2,20	101,1	12,5	+2+3	[Kr]4d⁷5s¹
45	Rh	rodio	1966	3695	720	2,28	102,9	12,4	+3	[Kr]4d⁸5s¹
46	Pd	palladio	1553	2963	805	2,20	106,4	12,0	+2+4	[Kr]4d¹⁰
47	Ag	argento	962	2162	731	1,93	107,9	10,5	+1	[Kr]4d¹⁰5s¹
48	Cd	cadmio	321	765	868	1,69	112,4	8,65	+2	[Kr]4d¹⁰5s²
72	Hf	afnio	2233	4602	642	1,30	178,5	13,3	+4	[Xe]4f¹⁴5d²6s²
73	Ta	tantalio	3017	5425	761	1,50	180,9	16,7	+5	[Xe]4f¹⁴5d³6s²
74	W	tungsteno	3422	5655	770	2,36	183,8	19,3	+2+3+4+5+6	[Xe]4f¹⁴5d⁴6s²
75	Re	renio	3186	5627	760	1,90	186,2	21,0	+4+6+7	[Xe]4f¹⁴5d⁵6s²
76	Os	osmio	3033	5027	840	2,20	190,2	22,6	+2+3+4+6+8	[Xe]4f¹⁴5d⁶6s²
77	Ir	iridio	2446	4550	870	2,20	192,2	22,5	+3+4	[Xe]4f¹⁴5d⁷6s²
78	Pt	platino	1768	3827	868	2,28	195,1	21,4	+2+4	[Xe]4f¹⁴5d⁹6s¹
79	Au	oro	1064	2856	890	2,54	197,0	19,3	+1+3	[Xe]4f¹⁴5d¹⁰6s¹
80	Hg	mercurio	-39	357	1007	1,90	200,6	13,6	+1+2	[Xe]4f¹⁴5d¹⁰6s²
104	Rf	rutherfordio	—	—	—	—	[261]	—	+4	[Rn]5f¹⁴6d²7s²
105	Db	dubnio	—	—	—	—	[262]	—	—	[Rn]5f¹⁴6d³7s²
106	Sg	seaborgio	—	—	—	—	[266]	—	—	[Rn]5f¹⁴6d⁴7s²
107	Bh	bohrio	—	—	—	—	[264]	—	—	[Rn]5f¹⁴6d⁵7s²
108	Hs	hassio	—	—	—	—	[265]	—	—	[Rn]5f¹⁴6d⁶7s²
109	Mt	meitnerio	—	—	—	—	[268]	—	—	[Rn]5f¹⁴6d⁷7s²
110	Ds	darmstadio	—	—	—	—	[271]	—	—	[Rn]5f¹⁴6d⁸7s²
111	Rg	roentgenio	—	—	—	—	[272]	—	—	[Rn]5f¹⁴6d⁹7s²
112	Cn	copernicio	—	—	—	—	[285]	—	—	[Rn]5f¹⁴6d¹⁰7s²

Gruppi III–VIII

Z	Simbolo	Nome	T. fusione	T. ebollizione	E. ionizz.	Elettroneg.	Massa at.	Densità	N. ossidaz.	Config.
5	B	boro	2300	3650	801	2,04	10,81	2,47	+3	[He]2s²2p¹
6	C	carbonio	3550	1086		2,55	12,01	2,26	±2+4	[He]2s²2p²
7	N	azoto	-210	-196	1402	3,04	14,01	1,25	±1+2+3+4+5	[He]2s²2p³
8	O	ossigeno	-219	-183	1314	3,44	16,00	1,43	-2	[He]2s²2p⁴
9	F	fluoro	-220	-188	1681	3,98	19,00	1,70	-1	[He]2s²2p⁵
10	Ne	neon	-249	-246	2081		20,18	0,90	—	[He]2s²2p⁶
13	Al	alluminio	660	2519	578	1,61	26,98	2,70	+3	[Ne]3s²3p¹
14	Si	silicio	1414	3280	786	1,90	28,09	2,33	±2+4	[Ne]3s²3p²
15	P	fosforo	44	280	1012	2,19	30,97	1,82	±2+3+5	[Ne]3s²3p³
16	S	zolfo	115	445	1000	2,58	32,07	2,09	-2+4+6	[Ne]3s²3p⁴
17	Cl	cloro	-101	-35	1251	3,16	35,45	3,21	±1+3+5+7	[Ne]3s²3p⁵
18	Ar	argon	-189	-186	1521		39,95	1,78	—	[Ne]3s²3p⁶
31	Ga	gallio	30	2204	579	1,81	69,72	5,91	+3	[Ar]3d¹⁰4s²4p¹
32	Ge	germanio	937	2830	762	2,01	72,63	5,32	+2+4	[Ar]3d¹⁰4s²4p²
33	As	arsenico	817	947		2,18	74,92	5,73	±3+5	[Ar]3d¹⁰4s²4p³
34	Se	selenio	221	685	941	2,55	78,96	4,81	-2+4+6	[Ar]3d¹⁰4s²4p⁴
35	Br	bromo	-7	59	1140	2,96	79,90	3,12	±1+3+5+7	[Ar]3d¹⁰4s²4p⁵
36	Kr	cripto	-157	-152	1351	3,00	83,80	3,75	—	[Ar]3d¹⁰4s²4p⁶
49	In	indio	157	2072	558	1,78	114,8	7,31	+3	[Kr]4d¹⁰5s²5p¹
50	Sn	stagno	232	2602	709	1,96	118,7	7,29	+2+4	[Kr]4d¹⁰5s²5p²
51	Sb	antimonio	631	1587	834	2,05	121,8	6,68	±3+5	[Kr]4d¹⁰5s²5p³
52	Te	tellurio	450	988	869	2,10	127,6	6,24	-2+4+6	[Kr]4d¹⁰5s²5p⁴
53	I	iodio	114	184	1008	2,66	126,9	4,93	±1+5+7	[Kr]4d¹⁰5s²5p⁵
54	Xe	xenon	-112	-107	1170	2,60	131,3	5,90	—	[Kr]4d¹⁰5s²5p⁶
81	Tl	tallio	304	1473	589	2,04	204,4	11,8	+1+3	[Xe]4f¹⁴5d¹⁰6s²6p¹
82	Pb	piombo	328	1740	716	2,33	207,2	11,4	+2+4	[Xe]4f¹⁴5d¹⁰6s²6p²
83	Bi	bismuto	271	1560	703	2,02	209,0	9,8	+3+5	[Xe]4f¹⁴5d¹⁰6s²6p³
84	Po	polonio	254	962	812	2,00	[209]	9,2	-2+4+6	[Xe]4f¹⁴5d¹⁰6s²6p⁴
85	At	astato	302	337	930	2,20	[210]	—	±1+5+7	[Xe]4f¹⁴5d¹⁰6s²6p⁵
86	Rn	radon	-71	-62	1037		[222]	9,72	—	[Xe]4f¹⁴5d¹⁰6s²6p⁶
113	Nh	nihonio	—	—	—	—	[284]	—	—	—
114	Fl	flerovio	—	—	—	—	[289]	—	—	—
115	Mc	moscovio	—	—	—	—	[288]	—	—	—
116	Lv	livermorio	—	—	—	—	[293]	—	—	—
117	Ts	tennessinio	—	—	—	—	[294]	—	—	—
118	Og	oganessio	—	—	—	—	[294]	—	—	—
2	He	elio	-272	-269	2372		4,003	0,18	—	1s²

LANTANIDI

Z	Simbolo	Nome	T. fusione	T. ebollizione	E. ionizz.	Elettroneg.	Massa at.	Densità	N. ossidaz.	Config.
57	La	lantanio	920	3454	538	1,10	138,9	6,17	+3	[Xe]5d¹6s²
58	Ce	cerio	798	3424	528	1,12	140,1	6,77	+3+4	[Xe]4f¹5d¹6s²
59	Pr	praseodimio	931	3520	523	1,13	140,9	6,77	+3	[Xe]4f³6s²
60	Nd	neodimio	1010	3074	530	1,14	144,2	7,00	+3	[Xe]4f⁴6s²
61	Pm	promezio	1080	2457	523	—	[145]	7,22	+3	[Xe]4f⁵6s²
62	Sm	samario	1072	1778	543	1,17	150,4	7,54	+2+3	[Xe]4f⁶6s²
63	Eu	europio	822	1597	547	—	152,0	5,24	+2+3	[Xe]4f⁷6s²
64	Gd	gadolinio	1311	3273	592	1,20	157,3	7,89	+3	[Xe]4f⁷5d¹6s²
65	Tb	terbio	1356	3230	564	—	158,9	8,27	+3+4	[Xe]4f⁹6s²
66	Dy	disprosio	1409	2567	572	1,22	162,5	8,53	+3	[Xe]4f¹⁰6s²
67	Ho	olmio	1470	2720	581	1,23	164,9	8,80	+3	[Xe]4f¹¹6s²
68	Er	erbio	1522	2868	589	1,24	167,3	9,05	+3	[Xe]4f¹²6s²
69	Tm	tulio	1545	1950	596	1,25	168,9	9,33	+2+3	[Xe]4f¹³6s²
70	Yb	itterbio	824	1427	603	1,10	173,0	6,98	+2+3	[Xe]4f¹⁴6s²
71	Lu	lutezio	1656	3315	524	1,27	175,0	9,84	+3	[Xe]4f¹⁴5d¹6s²

ATTINIDI

Z	Simbolo	Nome	T. fusione	T. ebollizione	E. ionizz.	Elettroneg.	Massa at.	Densità	N. ossidaz.	Config.
89	Ac	attinio	1051	3159	499	1,10	[227]	10,10	+3	[Rn]6d¹7s²
90	Th	torio	1750	4788	587	1,30	232,0	11,7	+4	[Rn]6d²7s²
91	Pa	protoattinio	1572	3756	568	1,50	231,0	15,4	+4+5	[Rn]5f²6d¹7s²
92	U	uranio	1135	4131	584	1,38	238,0	19,0	+3+4+5+6	[Rn]5f³6d¹7s²
93	Np	nettunio	640	3902	597	1,36	[237]	20,4	+3+4+5+6	[Rn]5f⁴6d¹7s²
94	Pu	plutonio	641	3228	585	1,28	[244]	19,7	+3+4+5+6	[Rn]5f⁶7s²
95	Am	americio	1176	2011	579	1,30	[243]	13,7	+3+4+5+6	[Rn]5f⁷7s²
96	Cm	curio	1345	—	581	1,30	[247]	13,5	+3	[Rn]5f⁷6d¹7s²
97	Bk	berkelio	1050	—	601	1,30	[247]	14,8	+3+4	[Rn]5f⁹7s²
98	Cf	californio	1060	—	608	1,30	[251]	—	+3	[Rn]5f¹⁰7s²
99	Es	einsteinio	860	—	619	1,30	[252]	—	+3	[Rn]5f¹¹7s²
100	Fm	fermio	1527	—	627	1,30	[257]	—	+3	[Rn]5f¹²7s²
101	Md	mendelevio	827	—	637	1,30	[258]	—	+2+3	[Rn]5f¹³7s²
102	No	nobelio	—	—	642	1,30	[259]	—	+2+3	[Rn]5f¹⁴7s²
103	Lr	laurenzio	—	—	—	1,30	[262]	—	+3	[Rn]5f¹⁴6d¹7s²

La tavola periodica Zanichelli

Scarica la app da: Google Play — Scarica su App Store

Scarica la tavola periodica interattiva: **tavolaperiodica.zanichelli.it**

Nuovi pittogrammi di pericolo secondo il regolamento CLP (*Classification Labelling and Packaging*) dell'Unione europea del 2008 (testo integrale su **eur-lex.europa.eu**).

Pittogramma di pericolo	Significato
(punto esclamativo)	Sostanza nociva per la salute (se ingerita, inalata o messa a contatto con la pelle) e per l'ambiente (danni all'ozono). Irritante per le vie respiratorie, per la pelle e per gli occhi. Può causare reazioni allergiche, sonnolenza o vertigini
(teschio)	Letale o tossico se ingerito, inalato o messo a contatto con la pelle
(ambiente acquatico)	Tossico per gli organismi acquatici, con effetti a lungo termine
(pericolo per la salute)	Dannoso per la salute. Se ingerito o inalato può essere letale o danneggiare gli organi; può nuocere alla fertilità o al feto. Può essere cancerogeno o causare alterazioni genetiche

Pittogramma di pericolo	Significato
(esplosione)	Pericolo di esplosione
(fiamma)	Sostanza altamente infiammabile
(fiamma su cerchio)	Sostanza comburente, che può provocare un incendio o un'esplosione
(bombola di gas)	Contiene gas sotto pressione, che può esplodere se riscaldato; oppure contiene un gas refrigerato che può provocare ustioni
(corrosione)	Può essere corrosivo per i metalli; causa gravi lesioni alla pelle e agli occhi

Legenda

- numero atomico e simbolo → **20 Ca B⁺** → nome: **calcio**
- dimensione relativa degli atomi → cerchio
- raggio atomico (10^{-10} m): **1,97**
- energia di prima ionizzazione (eV)[1]: **6,11**
- abbondanza sulla crosta terrestre (ppm)[2]: **$3,4\cdot10^4$**
- anno di scoperta: **1808**

comportamento degli ossidi: **A** = acido · **B** = basico · **AN** = anfotero · **+** = fortemente · **−** = debolmente

[1] 1 eV = 23,06 kcal/mol = $1,6\cdot10^{-19}$ joule
[2] Il segno ▲ indica una concentrazione dell'elemento inferiore a 0,003 ppm.

Gli elementi con il nome colorato in **verde** sono sintetici.

PERIODI DELLE SCOPERTE: Antichità · Alchimia · Secolo XVIII · Secolo XIX · Secoli XX e XXI

Tavola periodica degli elementi

Z	Simbolo	Ossidi	Nome	raggio	E. ioniz. (eV)	abbondanza (ppm)	anno
1	H	AN	idrogeno	0,30	13,6	$8,7\cdot10^3$	1766
2	He		elio	0,93	24,58	$3\cdot10^{-3}$	1895
3	Li	B⁺	litio	1,55	5,39	65	1817
4	Be	AN	berillio	1,12	9,32	6	1798
5	B	A⁻	boro	0,98	8,30	3	1808
6	C	A⁻	carbonio	0,91	11,26	800	Antichità
7	N	A⁺	azoto	0,92	14,53	300	1772
8	O	−	ossigeno	0,66	13,61	$4,95\cdot10^5$	1774
9	F	−	fluoro	0,64	17,42	270	1771
10	Ne		neon	1,60	21,56	▲	1898
11	Na	B⁺	sodio	1,90	5,14	$2,6\cdot10^4$	1807
12	Mg	B⁺	magnesio	1,60	7,64	$1,9\cdot10^4$	1755
13	Al	AN	alluminio	1,43	5,98	$7,5\cdot10^4$	1827
14	Si	AN	silicio	1,32	8,15	$2,57\cdot10^5$	1823
15	P	A⁻	fosforo	1,28	10,48	$1,2\cdot10^3$	Alchimia
16	S	A⁺	zolfo	1,04	10,36	600	Antichità
17	Cl	A⁺	cloro	0,99	13,01	$1,9\cdot10^3$	1774
18	Ar		argon	1,91	15,76	400	1894
19	K	B⁺	potassio	2,35	4,34	$2,4\cdot10^4$	1807
20	Ca	B⁺	calcio	1,97	6,11	$3,4\cdot10^4$	1808
21	Sc	B⁻	scandio	1,60	6,54	5	1879
22	Ti	AN	titanio	1,46	6,82	$5,8\cdot10^3$	1830
23	V	AN	vanadio	1,34	6,74	150	1830
24	Cr	A	cromo	1,27	6,76	200	1797
25	Mn	A⁺	manganese	1,26	7,43	$1\cdot10^3$	Antichità
26	Fe	AN	ferro	1,26	7,87	$4,7\cdot10^4$	Antichità
27	Co	AN	cobalto	1,25	7,68	23	1735
28	Ni	B⁻	nichel	1,24	7,63	90	1751
29	Cu	B⁻	rame	1,28	7,72	70	Antichità
30	Zn	B⁻	zinco	1,33	9,39	132	1746
31	Ga	AN	gallio	1,41	6,00	15	1875
32	Ge	AN	germanio	1,37	7,86	7	1886
33	As	A⁻	arsenico	1,39	9,81	5	Antichità
34	Se	A⁺	selenio	1,40	9,75	0,09	1817
35	Br	A⁺	bromo	1,14	11,84	1,62	1826
36	Kr		cripton	2,0	14,00	▲	1897
37	Rb	B⁺	rubidio	2,48	4,18	310	1861
38	Sr	B⁺	stronzio	2,15	5,69	300	1790
39	Y	B⁻	ittrio	1,79	6,38	28	1794
40	Zr	AN	zirconio	1,60	6,84	220	1789
41	Nb	A⁻	niobio	1,46	6,88	24	1801
42	Mo	A	molibdeno	1,39	7,1	1,2	1778
43	Tc	A	tecnezio	1,36	7,28	−	1937
44	Ru	A⁻	rutenio	1,33	7,36	▲	1844
45	Rh	B⁻	rodio	1,34	7,46	▲	1803
46	Pd	B⁻	palladio	1,38	8,33	0,01	1803
47	Ag	B⁻	argento	1,44	7,57	0,1	Antichità
48	Cd	B⁻	cadmio	1,54	8,99	0,15	1817
49	In	AN	indio	1,66	5,79	0,1	1863
50	Sn	AN	stagno	1,62	7,34	2,2	Antichità
51	Sb	A⁻	antimonio	1,59	8,64	1	Alchimia
52	Te	A⁻	tellurio	1,60	9,01	▲	1782
53	I	A⁺	iodio	1,33	10,45	0,3	1811
54	Xe		xenon	2,20	12,14	▲	1898
55	Cs	B⁺	cesio	2,67	3,89	7	1860
56	Ba	B⁺	bario	2,22	5,21	250	1808
72	Hf	AN	afnio	1,58	7,00	4,5	1923
73	Ta	A⁻	tantalio	1,46	7,88	2,1	1802
74	W	A⁻	tungsteno	1,39	7,98	34	1781
75	Re	A⁻	renio	1,37	7,87	▲	1925
76	Os	A⁻	osmio	1,34	8,7	▲	1803
77	Ir	B⁻	iridio	1,36	9,1	▲	1803
78	Pt	B⁻	platino	1,38	8,96	$5\cdot10^{-3}$	1803
79	Au	B⁻	oro	1,44	9,22	$5\cdot10^{-3}$	Antichità
80	Hg	B⁻	mercurio	1,57	10,43	0,3	Antichità
81	Tl	AN	tallio	1,71	6,11	1,8	1861
82	Pb	AN	piombo	1,75	7,42	16	Antichità
83	Bi	A⁻	bismuto	1,70	7,29	0,2	1739
84	Po	AN	polonio	1,76	8,43	▲	1898
85	At	−	astato	1,40	9,50	▲	1940
86	Rn		radon	2,50	10,75	▲	1900
87	Fr	B⁺	francio	2,72	4,0	▲	1939
88	Ra	B⁺	radio	2,20	5,28	▲	1898
104	Rf	−	rutherfordio				
105	Db	−	dubnio				
106	Sg	−	seaborgio				
107	Bh	−	bohrio				
108	Hs	−	hassio				1947
109	Mt	−	meitnerio				1982
110	Ds	−	darmstadio				1994
111	Rg	−	roentgenio				1994
112	Cn	−	copernicio				1996
113	Nh	−	nihonio				2004
114	Fl	−	flerovio				1999
115	Mc	−	moscovio				2004
116	Lv	−	livermorio				2000
117	Ts	−	tennessinio				2010
118	Og	−	oganessio				2006

LANTANIDI (57–71)

Z	Simbolo	Ossidi	Nome	raggio	E. ioniz. (eV)	abbondanza (ppm)	anno
57	La	B	lantanio	1,87	5,61	18,3	1839
58	Ce	B⁻	cerio	1,61	5,47	46,1	1803
59	Pr	B⁻	praseodimio	1,82	5,42	5,53	1885
60	Nd	B⁻	neodimio	1,82	5,49	23,6	1885
61	Pm	B⁻	promezio		−	−	1947
62	Sm	B⁻	samario	1,66	5,6	6,47	1879
63	Eu	B⁻	europio	2,04	5,67	1,06	1896
64	Gd	B⁻	gadolinio	1,79	6,16	6,36	1880
65	Tb	B⁻	terbio	1,77	6,74	0,91	1843
66	Dy	B⁻	disprosio	1,77	6,82	4,47	1886
67	Ho	B⁻	olmio	1,76	−	1,15	1879
68	Er	B⁻	erbio	1,75	6,08	2,47	1843
69	Tm	B⁻	tulio	1,74	5,81	0,20	1879
70	Yb	B⁻	itterbio	1,92	6,2	2,66	1878
71	Lu	B⁻	lutezio	1,58	6,15	0,75	1907

ATTINIDI (89–103)

Z	Simbolo	Ossidi	Nome	raggio	E. ioniz. (eV)	abbondanza (ppm)	anno
89	Ac	B	attinio	1,88	6,90	▲	1899
90	Th	B⁻	torio		6,95	11,5	1828
91	Pa	B⁻	protoattinio		−	▲	1917
92	U	AN	uranio		6,10	4	1789
93	Np	AN	nettunio		5,10	−	1940
94	Pu	AN	plutonio		−	−	1940
95	Am	−	americio		6,00	−	1944
96	Cm	−	curio			−	1944
97	Bk	−	berkelio			−	1949
98	Cf	−	californio			−	1950
99	Es	−	einsteinio			−	1952
100	Fm	−	fermio			−	1953
101	Md	−	mendelevio			−	1955
102	No	−	nobelio			−	1958
103	Lr	−	laurenzio			−	1961